Heimann · Die Flugzeuge der Deutschen Lufthansa

Erich H. Heimann

DIE FLUGZEUGE DER DEUTSCHEN LUFTHANSA

1926 bis heute

Motorbuch Verlag Stuttgart

Einband und Schutzumschlag: Siegfried Horn bzw. Deutsche Lufthansa AG.

Bildquellen: Deutsche Lufthansa AG, Köln. Archiv Dornier GmbH. Archiv Ernst Heinkel. Archiv Heimann. Archiv Nowarra. Archiv Schoenenberger.

Zeichnungen: Mattes Bermes und Werkzeichnungen

ISBN 3-613-01123-9

3., überarbeitete und ergänzte Auflage 1987

Eine Abteilung des Buch- und Verlagshauses Paul Pietsch GmbH & Co. KG

Satz und Druck: Rung-Druck, 7320 Göppingen
Bindung: Franz Spiegel Buch GmbH, 7900 Ulm/Jungingen
Printed in Germany

Inhalt

Vorwort 7

Die Vorgeschichte 9

Flugzeugtypen bis 1945

Rumpler CI, Type 5A2 und CIV 1926–1928 24
Junkers F 13 1926–1939 30
Fokker F. II und F. III 1926–1937 40
Dornier Do C Komet und Merkur 1926–1935 46
Junkers G 23 und G 24 1926–1935 54
Junkers W 33 und W 34 1928–1942 62
Rohrbach Ro VIII Roland 1926–1935 72
Junkers G 31 1928–1936 80
Heinkel He 12 1929–1932 88
Heinkel He 58 1930–1932 94
Junkers Ju 46 1932–1939 98
Junkers G 38 1931–1941 104
Messerschmitt M 20 1929–1943 116
Junkers Ju 52/3m 1932–1945 122
Heinkel He 70 Blitz 1933–1938 134
Boeing Model 247 1934–1935 142
Focke-Wulf Fw 200 »Condor« 1938–1944 150
Junkers Ju 90 1939–1944 162
Dornier Do J Wal 1926–1940 170
Dornier Do X 1933 180
Dornier Do 18 1936–1939 192
Dornier Do 26 1938–1939 198
Blohm & Voss/Hamburger Flugzeugbau 204
Ha 139 A/B 1938–1939

Die neue Lufthansa 213

Flugzeugtypen ab 1955

Convair 340/440 Metropolitan 1954–1968 234
Lockheed Super Constellation/Super Star 240
1955–1967
Vickers-Armstrong Viscount .814D 1958–1971 248
Boeing 707 1960–1985 256
Boeing 720 B 1961–1965 268
Boeing 727 seit 1964 272
Boeing 737 seit 1968 280
Boeing 747 seit 1970 292
McDonnell Douglas DC 10 seit 1973 308
Airbus A 300 seit 1976 318
Airbus A 310 seit 1983 326
Airbus A 320 ab 1990 338

Anhang 1 343

Anhang 2 349

Vorwort

Am 6. Januar 1986 gedachten wir der Gründung der Deutschen Luft Hansa, die vor 60 Jahren entstand und die bis dahin in einem mehr oder weniger ruinösen Konkurrenzkampf zersplitterten Kräfte des deutschen Luftverkehrs in einem zukunftsträchtigen Unternehmen vereinigte.

Sechzig Jahre Lufthansa sind nicht nur ein markantes Kapitel deutscher Luftfahrtgeschichte, sondern zählen mit vielen Pionierleistungen ebenso zur Geschichte des Weltluftverkehrs wie der Luftfahrttechnik.

Schon in ihrem Gründungsjahr entwickelte die Luft Hansa einen bemerkenswerten Pioniergeist, indem sie nicht nur die erste Passagier-Nachtflugstrecke zwischen Berlin und Königsberg einrichtete, sondern auch in einem aufsehenerregenden Erkundungsflug zweier Junkers G 24-Flugzeuge die 10 000 km-Distanz Berlin-Peking bewältigte.

Während das deutsche und europäische Streckennetz in den ausgehenden zwanziger Jahren ausgebaut wurde, visierten die Planer in der Berliner Lufthansa-Zentrale bereits interkontinentale Routen an, die mit leistungsfähigerem Fluggerät und zunächst abenteuerlich erscheinenden Konzepten Schritt für Schritt ausgebaut werden sollten.

Pionierflüge von Lufthansa-Flugzeugen sollten in der Folgezeit manches Kapitel in der Geschichte der zivilen Luftfahrt schreiben und Schlagzeilen für die in- und ausländische Presse liefern. Zu der Vielzahl bemerkenswerter Ereignisse, die dieses Buch anschaulich nachzeichnet, gehören die ersten Schleuderflüge von Bord der Bremen im Jahre 1929 ebenso wie der erste Einsatz des Riesenflugzeuges Junkers G 38 im Sommer 1930, aber auch die Aufnahme des planmäßigen Luftpostdienstes über den Südatlantik mit Dornier Wal-Flugbooten im Jahre 1934. Zu dieser Zeit revolutionierte die Junkers Ju 52/3m den Luftverkehr, indem sie mit ihrer überragenden Zuverlässigkeit neue Maßstäbe setzte. Mit einem sorgfältig restaurierten, flugtauglichen Exemplar jener legendären Ju 52 würdigt die neue Lufthansa diese Epoche, die nach einem letzten Höhepunkt, dem Nonstop-Flug einer Fw 200 mit Lufthansa-Besatzung von Berlin nach New York im Inferno des Zweiten Weltkrieges endete.

Als die neue Lufthansa am 1. April 1955 den Flugbetrieb wieder aufnahm, war der Transatlantik-Luftverkehr mit Landflugzeugen längst Wirklichkeit geworden, aber die Tage der Airliner mit Kolbenmotor waren bereits gezählt. Die Jet-Ära kündigte sich an! Sie begann für die Lufthansa im Jahre 1960 mit dem ersten Einsatz der Boeing 707, die, inzwischen ausgemustert, auch schon ein Stück Geschichte geworden ist.

Zu Beginn der siebziger Jahre wurde mit der B 747 das erste Großraumflugzeug in Dienst gestellt und setzte neue Maßstäbe an Komfort, Reichweite und Nutzlast. Der Markt für Großraumflugzeuge bot nun einem Firmenkonsortium die Möglichkeit, ein „europäisches" Flugzeug zu konstruieren, den Airbus A 300, der 1976 bei Lufthansa erstmals eingesetzt wurde.

Mit dem Folgemodell, der A 310, hielt die Digitaltechnik Einzug in das Cockpit und bietet den Piloten wesentlich

verbesserte Entscheidungsgrundlagen für eine sichere und wirtschaftliche Flugdurchführung.
Den nächsten Schritt in diese Richtung wird Lufthansa voraussichtlich zum Ende dieses Jahrzehnts mit der Indienststellung des Airbus A 320 und der Boeing B 747-400 tun.
Den weiten Bogen von umgerüsteten Kriegsveteranen des Ersten Weltkriegs, die das Fluggerät der Stunde Null des deutschen Luftverkehrs im Jahre 1919 bildeten, bis zur aktuellen Flotte der Lufthansa, einer der jüngsten und modernsten im internationalen Luftverkehr, spannt dieses interessante Buch, das auch viele Erinnerungen meines Fliegerlebens aufleben läßt und Ihnen hoffentlich mit der Fülle seiner fundierten Informationen ebensoviel Freude bereiten möge wie mir.
Flugkapitän Martin Gaebel   Frankfurt, im Dez. 1986

Die Vorgeschichte

Die ereignisreiche Geschichte des deutschen Luftverkehrs reicht in ihren Anfängen bis in das Jahr 1912 zurück, als am 18. Februar in der Mark Brandenburg ein gewisser Hermann Pentz zwischen den beiden benachbarten Orten Bork und Brück erstmals Post in einem Flugzeug beförderte. Die offizielle Anerkennung sollte diesem Ereignis allerdings versagt bleiben, denn da der eilige Flieger seinen Pilotenschein, der ihn zum alleinigen Führen eines Flugzeuges ermächtigte, erst zwei Tage nach seinem historischen Postflug erhielt, hatte das Ganze etwas außerhalb der Legalität stattgefunden.
Mit offiziellem Segen erfolgte dann die Luftpost-Premiere ein knappes halbes Jahr später, als Ferdinand von Hiddessen, seines Zeichens Leutnant des 24. hessischen Leibdragonerregimentes und als Inhaber des Flugzeugführerscheines 47 ohne jeden Zweifel zur Führung eines Flugzeuges als verantwortlicher Flugzeugführer befugt, mit seinem Euler Doppeldecker »Gelber Hund« insgesamt 297 kg an Flugpostkarten auf einem Rundflug von Frankfurt über Darmstadt, Worms und Mainz zurück nach Frankfurt beförderte. Für Aerophilatelisten, Sammler von Luftpost, ist dieser Flug besonders interessant, da eine Reihe der beförderten Karten durch eine Beschädigung des Sonderstempels den Aufdruck »Gelber Huna« tragen und zu gesuchten Raritäten wurden.
Sieht man einmal von der Luftschiff-Konkurrenz ab, so blieben die beiden Postflüge des Jahres 1912 zunächst isolierte Ereignisse, Demonstrationen praktischer Möglichkeiten ohne unmittelbare Konsequenzen.
Die Zeit war offenbar für den Luftverkehr noch nicht reif.
Bald sollten die zivilen Aspekte der Fliegerei ohnehin von den kriegerischen Ereignissen des Ersten Weltkrieges in den Hintergrund gedrängt werden. Während einerseits die technische Entwicklung des Fluggerätes stürmisch vorangetrieben wurde, erinnerte man sich in militärischen Kreisen offenbar auch früher Luftpost-Experimente. So gab es hüben wie drüben Kurierflüge für Post und wichtige Persönlichkeiten. Ende 1917 wurde so in Deutschland eine Militärpostlinie auf der Strecke Köln–Hannover–Berlin eingerichtet, nachdem zuvor schon eine militärische Luftpostlinie zwischen der Halbinsel Krim und Dünaburg die Feldpost erheblich beschleunigt hatte. Noch im gleichen Jahr entstand am 17. Dezember 1917 durch Umbildung der Gummiwerke Oberspree GmbH die Deutsche Luft-Reederei (DLR), an der neben der Luftschiffbau Zeppelin GmbH und der Reederei Hapag auch der Elektrokonzern AEG beteiligt war, der während des Ersten Weltkrieges zu einem bedeutenden Flugzeughersteller avanciert war.
Der Ausgang des Ersten Weltkrieges machte den ehrgeizigen Luftverkehrs-Ambitionen zunächst ein vorzeitiges Ende.
Den Grundstein für einen Neubeginn bildete die am 8. Januar 1919 ausgestellte Zulassungsbescheinigung für den Luftverkehr Nr. 1. Dieses Dokument erteilt im Namen des am 4. Dezember 1918 gegründeten und von August Euler, einem verdienten Flugpionier und Inhaber des ersten deutschen Pilotenscheines, geleiteten

Reichsluftamtes der bis dahin zur Untätigkeit verurteilten Deutschen Luft-Reederei eine vorläufige Verkehrserlaubnis. Mit Luftverkehr im heutigen Sinne hat der Inhalt dieser historischen Betriebserlaubnis allerdings nur wenig zu tun: »...Der Deutschen Luft-Reederei GmbH, Berlin, wird auf Grund der Verfügung des Rates der Volksbeauftragten vom 7. Dezember 1918, RGBL 175, die Erlaubnis erteilt, vom 10. Januar bis Ende Januar 1919 zu Propagandazwecken Luftverkehr mit Flugzeugen zu betreiben. Es sind nur Tagesflüge, welche von Berlin ausgehen und am gleichen Tage ohne Zwischenlandung in Berlin wieder enden, erlaubt. Die Zulassung zum Luftverkehr ist auf jederzeitigen Widerruf erteilt und erlischt von selbst am 31. Januar 1919 ... «
Daß dieses Dokument mit seinem eher entmutigenden und ein unausweichliches Ende bereits prophezeienden Inhalt den Beginn des deutschen Luftverkehrs mit Post-, Zeitungs- und bald auch Passagierbeförderung markiert, erscheint dem heutigen Leser kaum begreiflich. Daß es dennoch so war, zeigt überdeutlich, mit welchem Enthusiasmus die Pioniere des Luftverkehrs trotz überaus widriger Umstände nach einem verlorenen Krieg unter strengen Auflagen der Alliierten und angesichts einer überaus schwierigen wirtschaftlichen Lage ihr Ziel verfolgten. Glücklicherweise saßen nicht nur bei der DLR sondern auch im zuständigen Ministerium Leute, die von den Chancen eines zivilen Luftverkehrs überzeugt waren, und so wird die Politik der kleinen Schritte, mit der man sich damals behutsam vorantastete, verständlich.
Schon eine Woche nach Wirksamwerden der Zulassung zum Luftverkehr erweiterte das Reichsluftamt den Aktionsbereich der DLR, die vom Flugplatz Berlin-Johannisthal operierte, auf das Gebiet der Republik Preußen, wobei sich die Flugzeuge den von den Alliierten besetzten Gebieten und der neutralen Zone nur bis auf 20 Kilometer nähern durften.
Der Politik der kleinen Schritte folgend hob das Reichsluftamt schließlich am 28. Januar 1919 die zeitliche Begrenzung der Luftverkehrs-Lizenz für die DLR auf.
Nachdem die Nationalversammlung gewählt war und in Weimar tagte, hatte sich zwar die ursprüngliche Aufgabe der DLR, die Wahlwerbung, erledigt, zugleich war aber eine neue, wesentlich wichtigere aus den schwierigen Verkehrsverhältnissen des Jahres 1919 erwachsen. Die Eisenbahn litt gleichermaßen unter Kohlemangel und Streiks, und ein Eilbrief zwischen der Reichshauptstadt mit ihren Ämtern und Ministerien und Weimar, dem Tagungsort der Nationalversammlung, lief damals zwischen vier und fünf Tage. Hier knüpften die Flugzeuge der DLR eine schnelle und zuverlässige Verbindung.
Schon im Januar 1919 erschienen die ersten Werbeplakate der DLR mit dem von Professor Otto Firle, einem Freund des damaligen Geschäftsführers und Werbeleiters der DLR, Walther Mackenthun, entworfenen Signet des aufsteigenden Kranichs im Kreis, das später zum Firmenzeichen der Lufthansa werden sollte.
Der Maschinenpark der DLR bestand fast ausschließlich aus umgerüsteten, einmotorigen Aufklärern der Typen LVG C V und C VI sowie AEG JII, deren Balkenkreuze durch eine wehende schwarz-weiß-rote Postflagge übermalt waren. Zu den insgesamt 71 einmotorigen Doppelsitzern gesellten sich insgesamt 13 Großflugzeuge des Typs Friedrichshafen FF45 und AEG GV.
Nach Verlängerung der Erlaubnis zum Flugbetrieb schaltete die DLR am 5. Februar 1919 auf Linienbetrieb um. Zum Auftakt beförderte man 4000 Exemplare der »BZ am Mittag« per Doppeldecker nach Weimar. Am 6. Februar morgens um 7.10 Uhr starteten Flugzeugführer Otto Könnecke und sein »Wegführer« Höhndorf, wie man den guten alten »Franz« der Kriegsjahre nun zivil nannte, mit der ersten historischen Luftpost, einem Sack mit vierzig Briefen, in Berlin-Johannisthal und nahm Kurs auf Weimar. Die 200 km lange Strecke wurde in rund zwei Stunden überwunden.
Nach der geglückten Premiere wurde die Strecke Berlin–Weimar täglich beflogen. Man stellte bald fest, daß man bei der geringen Flughöhe auf den aus Kriegszeiten gewohnten Navigator verzichten konnte, ohne daß sich die Piloten auf dem Streckenflug ›verfranzten‹. Die Einsparung des Wegführers ermöglichte eine Steigerung der Nutzlast oder die Mitnahme eines Passagiers. Im ersten Betriebsmonat brachte es die DLR auf nicht weniger als 120 Flüge zwischen Berlin und Weimar. In dreiundzwanzig Februartagen, an denen trotz ungünstiger Witterung täglich ohne Ausfall geflogen wurde, vertrauten sich insgesamt 19 Passagiere den offenen ›Drahtkommoden‹ der DLR an. Dabei wurden zwölf Regierungsmitglieder, Abgeordnete und Kuriere unent-

Aus der Frühzeit des deutschen Luftverkehrs:
Entladen der Luftpostsendungen aus einem LVG CVI-Doppeldecker der DLR im Jahre 1919.

geltlich befördert. Zu den tollkühnen Männern aus den Kindertagen des Passagier-Luftverkehrs der DLR gehörte auch der erste Reichspräsident Friedrich Ebert. Die übrigen sieben, zahlenden ›Paxe‹ ließen sich das luftige Abenteuer stolze 450 Mark kosten. Fliegerkombination, warme Stiefel, Helm und Brille sowie Schal wurden dem Fluggast leihweise zur Verfügung gestellt, der rittlings auf einem in den Beobachterstand geklemmten Brett saß.

Schon am 1. März 1919 folgte mit Berlin–Hamburg die zweite Post- und Passagierstrecke der DLR. Am 15. April folgten zwei weitere Linien. Die eine führte von Berlin über Braunschweig und Hannover nach Gelsenkirchen, die zweite wurde gemeinsam mit der Gesellschaft Luftverkehr Sablatnig zwischen Berlin und Warnemünde geknüpft. Am 5. Juli 1919 wurden zusätzlich noch zwei Bäderdienste Berlin–Swinemünde und Hamburg–Westerland eingerichtet. Das Verkehrsaufkommen der Bäderstrecke nach Swinemünde rechtfertigte sogar den Einsatz der Großflugzeuge vom Typ Friedrichshafen FF45, die sechs Fluggäste aufnehmen konnten.

Im ersten Halbjahr verzeichnete die DLR trotz vieler Schwierigkeiten und häufigen Treibstoffmangels, der sogar zu Käufen auf dem Schwarzen Markt zwang, ein ansehnliches Ergebnis: 1574 beförderte Passagiere, 20963 kg Briefpost, 57081 kg Zeitungen und 5098 Pakete zum Standardtarif von 25 Mark. Insgesamt hatte die DLR im ersten Betriebshalbjahr 556155 Flugkilometer zurückgelegt, als sie am 31. Juli 1919 wegen Treibstoffmangels ihren Flugbetrieb bis zum November einstellen mußte.

Der Erfolg der DLR ermutigte trotz der unübersehbaren Schwierigkeiten auch andere Unternehmen, Luftverkehr zu betreiben. Das Jahr 1919 wurde zu einem wahren Gründerjahr für Luftverkehrsgesellschaften.

Im Juni 1919 konstituierte sich beispielsweise die Lloyd Luftverkehr Sablatnig, in der sich die Interessen des Norddeutschen Lloyd, des Flugzeugwerkes Sablatnig und sinnigerweise der Deutschen Petroleum Compagnie trafen. Mit den Albatros-Werken ging der Norddeutsche Lloyd ebenfalls eine Verbindung ein, die zu einer Flugverbindung von Königsberg und Danzig mit Berlin führte. Innerhalb Sachsens entstand die Sächsische Luft Reederei, die einige sächsische Städte durch Fluglinien verband. Auch im Süden hegte man Luftverkehrs-Ambitionen. Der Bayerische Luft Lloyd knüpfte mit einer Verbindung nach Frankfurt am Main an die DLR-Strecke Berlin–Frankfurt an und in Leipzig an die Verbindungen der Sächsischen Luft Reederei. Mit einer Linie nach Wien überschritten die Bayern sogar die deutschen Landesgrenzen im Süden, während der Lloyd Luftverkehr Sablatnig im Norden seine Verbindung Berlin–Stralsund bis Kopenhagen fortführen konnte.

Der Gedanke des grenzüberschreitenden Luftverkehrs war 1919 durchaus keine Utopie. Am 25. August 1919 trafen in Den Haag die Vertreter von sechs europäischen Luftfahrt-Gesellschaften am runden Tisch zusammen, um ihre Interessen abzustimmen und die Voraussetzungen für einen grenzüberschreitenden Luftverkehr auf der noch heute üblichen Basis der Gegenseitigkeit zu schaffen. Initiatoren dieser Konferenz, die zur Gründung der IATA (International Air Traffic Association) führte, waren in erster Linie George Holt Thomas und Sefton Brancker als Vertreter der britischen Fluggesellschaft Air Transport and Travel, die Thomas bereits im Oktober 1916 gegründet hatte. Die übrigen Konferenz- und Gründungsmitglieder der IATA waren die dänische Gesellschaft Det Danske Luftfartselskab, die norwegische Det Norske Luftfahrts Rederi, die Svenska Lufttrafik/AB aus Schweden, Vertreter der sich im Sommer 1919 gerade konstituierenden Nederlandsche en Koloniale Luchtverkeer Maatschappij, aus der die KLM hervorgehen sollte, und die Deutsche Luft-Reederei. Konferenzsprachen in Den Haag waren übrigens Deutsch und Englisch.

Nachdem der zivile Luftverkehr in Deutschland nach kurzer Blüte durch Kraftstoffmangel zusammengebrochen war, kamen die verschiedenen Linien der deutschen Luftverkehrsgesellschaften im Frühjahr 1920 erst wieder langsam in Gang. Ende Mai 1920 entschloß sich die Reichsregierung zur Förderung des Luftverkehrs durch eine kräftige Finanzspritze in Höhe von 3,5 Millionen Mark. Die Folge war ein ungeahnter Gründungsboom von Luftverkehrsgesellschaften. Zeitweise standen über 30 Firmen im Wettbewerb um die Gunst der Fluggäste oder vielleicht mehr noch um die staatlichen Subventionen. Der Wildwuchs führte bald dazu, daß man weder die Streckendienste aufeinander abstimmte noch nach einer Abstimmung zwischen dem bescheidenen Passagieraufkommen und der Kapazität der Gesellschaften suchte. Ein ruinöser Wettbewerb begann, der den noch jungen Luftverkehr in Deutschland zu ersticken drohte. Als einziger Ausweg bot sich eine Konzentration der Kräfte an.

Die Gründungsfirmen der Deutschen Luft-Reederei taten den ersten Schritt und schufen die Aero Union, in der neben der DLR bald die Danziger Luft Reederei und 1922 auch Sablatnig aufgingen. Sablatnig hatte ursprünglich zu der konkurrierenden Gruppe um den Norddeutschen Lloyd gehört, zu der auch die Albatros Werke zählten.

Am 4. April 1921 gründeten die an der DLR interessierten Gruppen (AEG, HAPAG, Luftschiffbau-Zeppelin und der Metallkonzern Frankfurt/M) die ›Aero Union‹ als Holding Gesellschaft.

Diese Entwicklung führte gleichzeitig zu einer Annäherung zwischen der DLR und dem Flugzeughersteller Dornier, der 1921 ein neues Ganzmetall-Verkehrsflugzeug mit vier Passagiersitzen, die Dornier CIII Komet, vorstellen konnte. Mit diesem Flugzeug flog die DLR am 31. Dezember 1922 zum erstenmal nach England.

Im Zeichen der deutsch-sowjetischen Annäherung, die schließlich zum Vertrag von Rapallo führen sollte, der am 16. April 1922 unterzeichnet wurde, zeigten sich auch Tendenzen zum Aufbau einer Luftverkehrsverbindung zwischen Deutschland und Sowjet-Rußland.

Längere Verhandlungen zwischen der gerade formierten Aero Union und der Handelsvertretung der Sowjetunion führten schließlich am 11. November 1921 zur Gründung der ›Deutsch-Russischen Luftverkehrsgesellschaft‹ m.b.H. (Deruluft) mit einem zu gleichen Teilen von den Partnern eingebrachten Stammkapital von fünf Millionen Reichsmark. Ab 1. Mai 1922 wurde mit Fokker F.III Hochdeckern eine Flugverbindung zwischen Königsberg und Moskau regelmäßig beflogen. Die Distanz Berlin–Moskau wurde 1922 in einem Tag überwunden. Die Konzentration der Kräfte in der Aero Union verbesserte zwar die Position der DLR als Luftverkehrsgesellschaft Nr. 1, löste aber das eigentliche Problem, nämlich das Nebeneinander vieler, aus eigener Kraft kaum lebensfähiger Klein- und Kleinstgesellschaften nicht.

Die Aero Union und in ihr insbesondere die DLR strebten deshalb 1922 nach einer umfassenden Vereinheitlichung des deutschen Luftverkehrs, um dem ruinösen Wettbewerb auf In- und Auslandsstrecken ein Ende zu setzen.

Der Plan, die Wettbewerber zur Gründung einer Einheitsgesellschaft an einen Tisch zu bringen, führte nur zu einer kleinen Lösung, indem die Aero Union und ihre Gesellschaften am 6. Februar 1923 mit dem kurz zuvor durch Zusammenschluß kleinerer konkurrierender Gesellschaften unter der Ägide des Norddeutschen Lloyd entstandenen ›Lloyd Luftdienst‹ die neue Dachgesellschaft ›Deutscher Aero Lloyd AG‹ bildeten. Zur Gruppe um den Norddeutschen Lloyd hatten neben dem Bayerischen Luft Lloyd, die Albatros Werke, der Deutsche Luft Lloyd, Austro Lloyd und Aero Lloyd Warschau gehört, die nun mit DLR und Deruluft eine leistungsfähige Organisation bildeten. Als Mitgift in diese Ehe brachte die Aero Union ihr nach der Inflation von 400 Millionen Mark auf 1,526 Millionen Reichsmark umgestelltes Kapital ein. Weiteres Kapital brachten Beteiligungen von 20 Industrieunternehmen, vier Handelsgesellschaften, zwei Schiffahrtslinien und nicht weniger als 39 Banken unter Führung der Deutschen Bank, Berlin ein. Mitte 1925 sollte das Kapital auf fünf Millionen Reichsmark aufgestockt werden, wobei mit einem Anteil von 26,8 Prozent erstmals deutsche Städte ihr Interesse am Luftverkehr tatkräftig bekundeten.

Wie bereits gesagt, bedeutete die Gründung der Deutschen Aero Lloyd AG nur eine Teillösung des eigentlichen Problems, denn noch gab es einen ernstzunehmenden Konkurrenten in Gestalt von Prof. Hugo Junkers, dem Erbauer der F13, der sich einer umfassenden Einheitsgesellschaft widersetzt hatte, weil er Nachteile für den Flugzeugverkauf seines Flugzeugunternehmens befürchtete.

Gegenpol zum Deutschen Aero Lloyd bildeten die von Junkers gegründeten oder geförderten Luftverkehrs-Unternehmen, mit denen Junkers den Markt für seine Flugzeuge öffnen wollte. Die Junkers-Ambitionen in Sachen Luftverkehr gingen ebenfalls bis ins Pionierjahr 1919 zurück. Im März dieses Jahres hatte Junkers auf Veranlassung der Anhaltischen Regierung einen Passagier- und Postdienst auf der Strecke Dessau–Weimar eröffnet. Diese Linie wurde mit dem Ganzmetall-Tiefdecker Junkers J10, ebenfalls einem ›Kriegsveteranen‹,

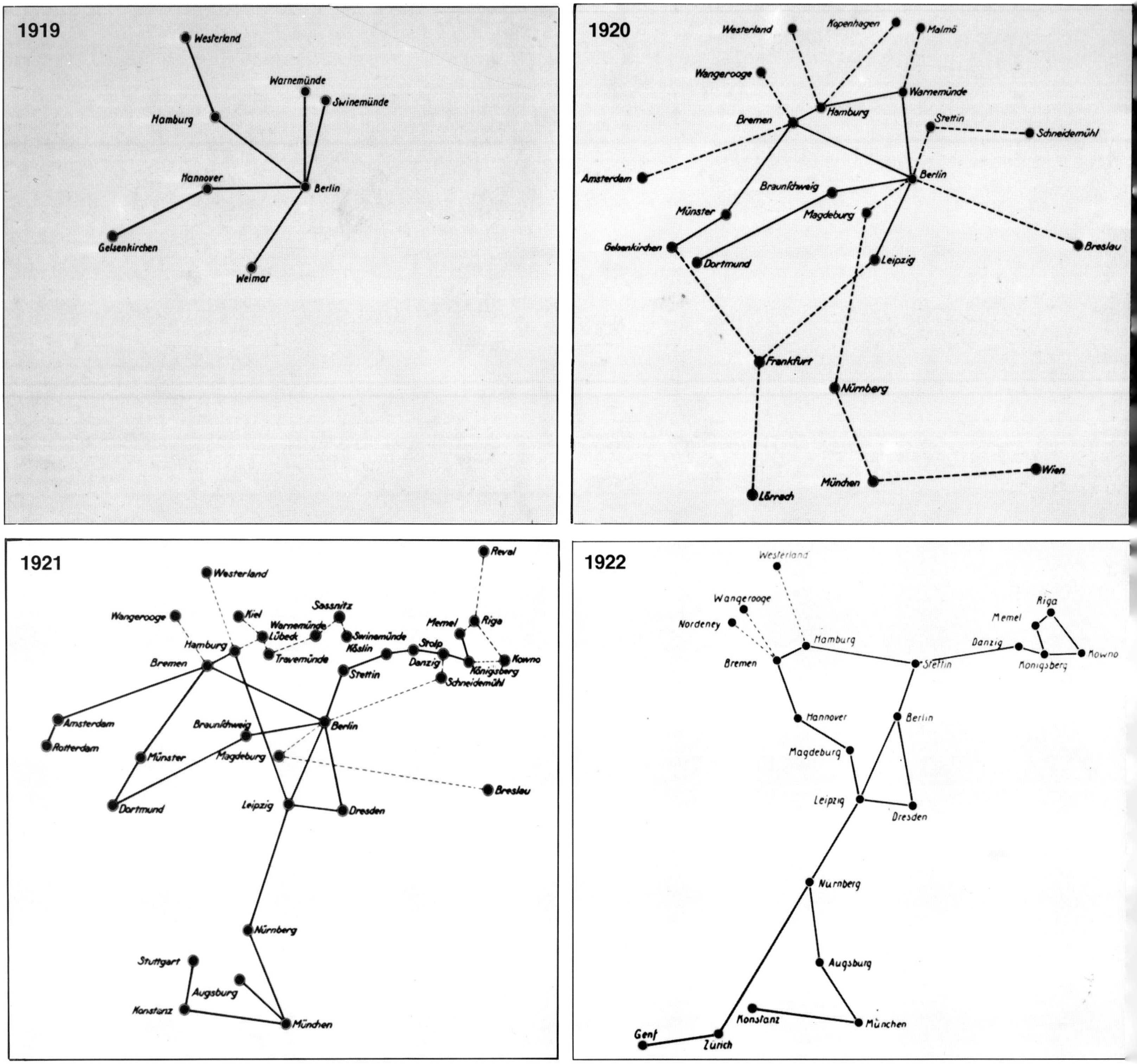

Die Streckenentwicklung von 1919 bis zur Gründung der Luft Hansa im Jahre 1926.

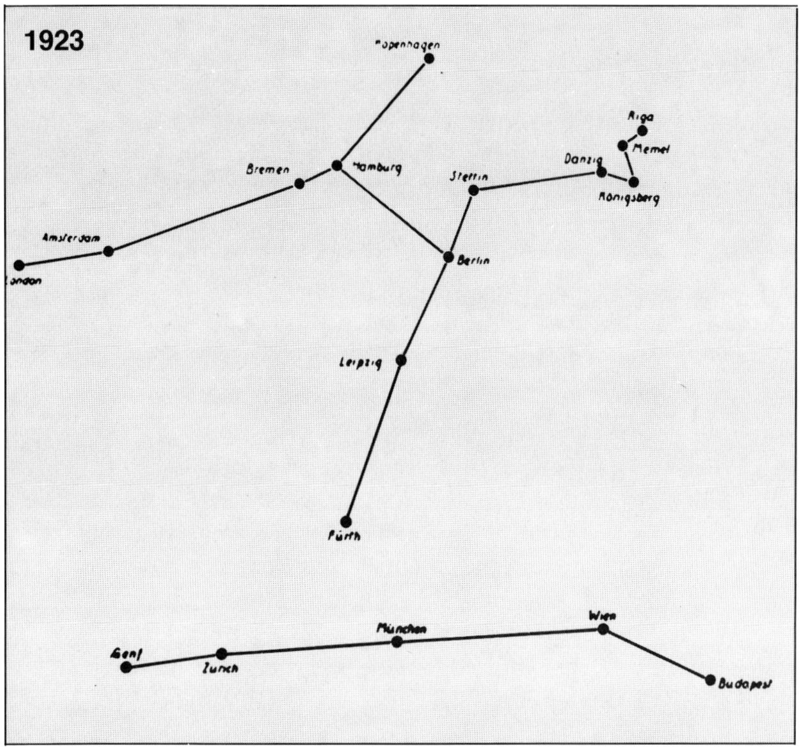
1923
Kopenhagen
Riga
Memel
Bremen
Hamburg
Stettin
Danzig
Königsberg
Amsterdam
London
Berlin
Leipzig
Fürth
München
Wien
Genf
Zürich
Budapest

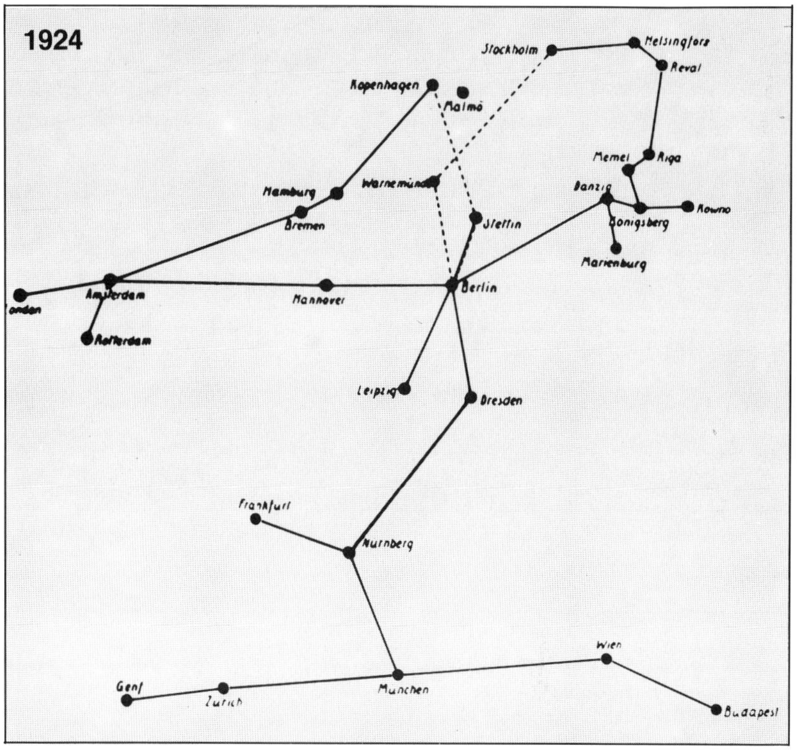
1924
Stockholm
Helsingfors
Reval
Kopenhagen
Malmö
Memel
Riga
Warnemünde
Hamburg
Danzig
Kowno
Bremen
Stettin
Königsberg
Marienburg
London
Amsterdam
Hannover
Berlin
Rotterdam
Leipzig
Dresden
Frankfurt
Nürnberg
Wien
Genf
Zürich
München
Budapest

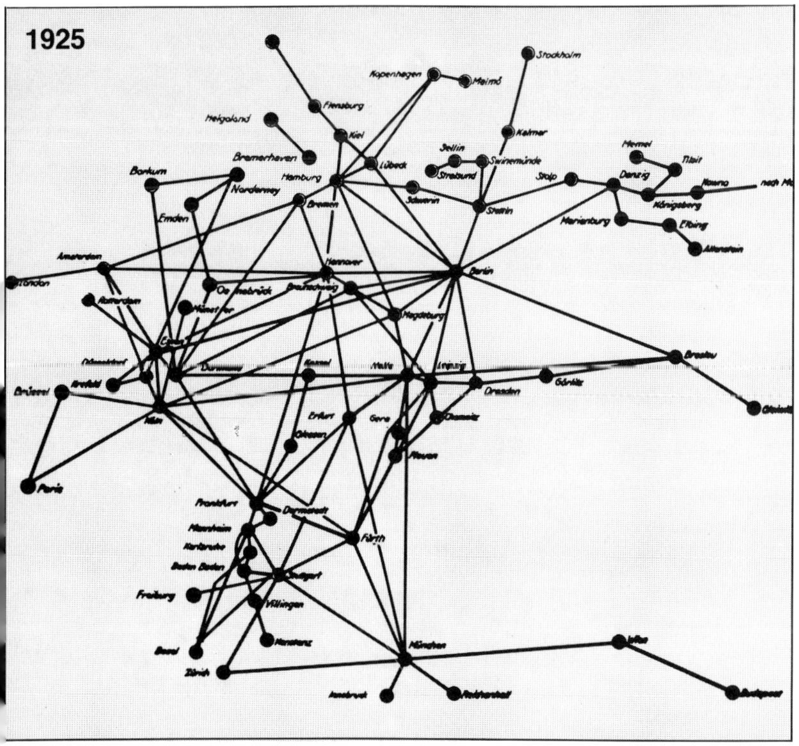
1925
Stockholm
Kopenhagen
Malmö
Flensburg
Helgoland
Kiel
Kalmar
Bremerhaven
Lübeck
Sellin
Swinemünde
Memel
Tilsit
Borkum
Hamburg
Stralsund
Stolp
Danzig
Kowno
Norderney
Königsberg
Bremen
Emden
Stettin
Marienburg
Elbing
Allenstein
Amsterdam
Hannover
Berlin
London
Rotterdam
Braunschweig
Magdeburg
Essen
Breslau
Düsseldorf
Dortmund
Kassel
Halle
Leipzig
Brüssel
Krefeld
Dresden
Görlitz
Köln
Gleiwitz
Erfurt
Gera
Chemnitz
Plauen
Paris
Frankfurt
Darmstadt
Mannheim
Fürth
Karlsruhe
Baden Baden
Stuttgart
Freiburg
Villingen
Konstanz
Basel
München
Wien
Zürich
Innsbruck
Reichenhall
Budapest

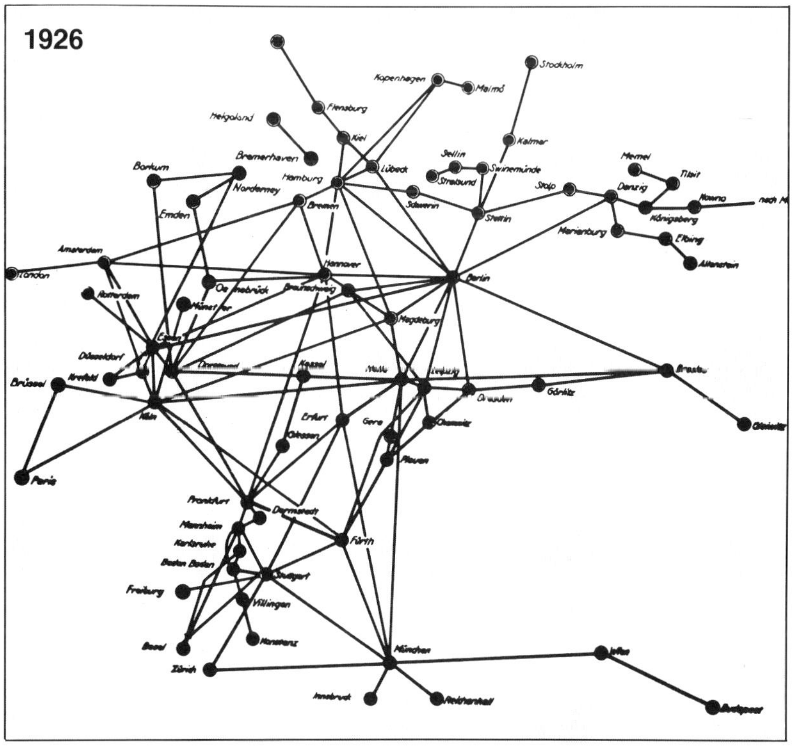
1926
Stockholm
Kopenhagen
Malmö
Flensburg
Helgoland
Kiel
Kalmar
Bremerhaven
Lübeck
Sellin
Swinemünde
Memel
Tilsit
Borkum
Hamburg
Stralsund
Stolp
Danzig
Norderney
Königsberg
Bremen
Emden
Stettin
Marienburg
Elbing
Allenstein
Amsterdam
Hannover
Berlin
London
Rotterdam
Braunschweig
Magdeburg
Essen
Breslau
Düsseldorf
Kassel
Halle
Leipzig
Brüssel
Krefeld
Dresden
Görlitz
Köln
Gleiwitz
Erfurt
Gera
Chemnitz
Plauen
Paris
Frankfurt
Darmstadt
Mannheim
Fürth
Karlsruhe
Baden Baden
Stuttgart
Freiburg
Villingen
Konstanz
Basel
München
Wien
Zürich
Innsbruck
Reichenhall
Budapest

beflogen. Der Beobachtersitz des im Mai 1918 erstmals im Fluge erprobten Aufklärers hatte für den zivilen Einsatz eine klappbare Abdeckung erhalten. Das Flugzeug trug an den Rumpfflanken die Aufschriften ›Junkers‹ und ›Dessau–Weimar‹.
Junkers hatte frühzeitig erkannt, daß der zivile Luftverkehr andere Maßstäbe setzte als die Militär-Luftfahrt, die in den Kriegsjahren das Denken und Planen beherrscht hatte. Zu Beginn des ersten Friedensjahres 1919 hatte Junkers die Konstruktion eines einmotorigen Ganzmetallflugzeuges mit geschlossener, viersitziger Passagierkabine und halboffenem Cockpit für zwei Piloten in Angriff genommen, das als Junkers F 13 am 25. Juli 1919 zum erstenmal flog und Luftfahrt-Geschichte machen sollte. Um für seine Verkehrsflugzeuge einen Markt zu schaffen, entschloß sich Junkers, durch Gründung eigener Luftverkehrsgesellschaften oder Beteiligung an fremden Gründungen, in die er Fluggerät und Ersatzteile einbrachte, Leistungsfähigkeit und Zuverlässigkeit seiner Maschinen unter Beweis zu stellen. Bereits 1920 machte Junkers einen ersten Anfang, indem er durch Bereitstellung von Fluggerät und eine Garantieerklärung seines Flugzeugwerkes einem in Danzig ansässigen Luftverkehrsunternehmen buchstäblich in die Luft verhalf.
Die Geschichte dieses Unternehmens spiegelt recht deutlich die abenteuerlichen Umstände, unter denen damals Fluglinien geboren wurden und arbeiteten.
Keimzelle der von Junkers mit Fluggerät ausgestatteten ›Lloyd Ostflug GmbH‹ war ein Unternehmen, das als ›Ostdeutsche Landwerkstätten GmbH‹ firmierte und eine Luftverkehrskonzession aber keine Flugzeuge besaß. Das Unternehmen war eine Gründung ehemaliger Angehöriger des Freikorps-Kampfgeschwaders Sachsenberg, die nach Rückkehr aus Kurland Mitte November 1919 in der Nähe des Flugplatzes Seerappen in Ostpreußen angesiedelt werden sollten.
Nach rund einjähriger Untätigkeit entstand am 7. November 1920 unter Junkers-Beteiligung die Lloyd Ostflug GmbH, an der neben dem Konzessionsinhaber ›Ostdeutsche Landwerkstätten GmbH‹ die Albatros Gesellschaft für Flugzeugunternehmungen mbH, Berlin-Johannisthal und die Lloyd Luftdienst GmbH, Bremen zu gleichen Teilen beteiligt waren. Hinter der Lloyd Luftdienst, die 1923 in der ›Deutschen Aero Lloyd AG‹ aufgehen sollte und damit zu den Gegenspielern von Junkers überwechselte, stand der Norddeutsche Lloyd. Das Kapital der ersten Luftverkehrsgesellschaft mit Junkers-Beteiligung betrug laut Akten vier Millionen Mark. Greifbar waren allerdings nur die materiellen Werte, die Junkers und Albatros in Form von Fluggerät einbrachten. Der Lloyd Luftdienst Bremen stellte Werbematerial zur Verfügung, die Ostdeutschen Landwerkstätten ihre Konzession für die Strecke Königsberg–Berlin, die bald durch weitere Konzessionen für die Strecken Hamburg–Stettin und Königsberg–Kowno–Riga erweitert werden sollten. Das Fehlen von Barmitteln sowie unterschiedliche Interessen der Partner führten schließlich zur Auflösung des jungen Unternehmens.
Junkers ließ sich hierdurch jedoch keineswegs entmutigen sondern gründete, während die Lloyd Ostflug dahinkümmerte, am 1. Januar 1922 ein eigenes, unter seiner persönlichen Führung stehendes Luftverkehrsunternehmen, die ›Junkers-Werke, Abteilung Luftverkehr‹. In das Management der neuen Gesellschaft übernahm Junkers unter anderen Gotthard Sachsenberg, Dr. Kaumann und Erhard Milch als Direktoren aus der Lloyd Ostflug.
Im Sommer 1922 schien es so, als könne es zwischen der zur Aero Union gehörenden DLR und dem Junkers Luftverkehr zu einer fruchtbaren, ergänzenden Zusammenarbeit kommen. Nach einem mit Billigung der Behörden durchgeführten und geglückten Postversuchsflug von Warnemünde nach Riga via Königsberg und Libau, den die DLR am 20. Oktober 1920 trotz heftiger Schneestürme erfolgreich abschließen konnte, hatte die DLR Konzessionsverhandlungen mit dem Freistaat Danzig, dem Memelgebiet, Litauen, Lettland und Finnland aufgenommen, um Verkehrsrechte in diesen Gebieten zu erlangen. Insbesondere Danzig war hierbei von Interesse. Die Stadt war nur durch den polnischen Korridor oder von See aus zugänglich, so daß eine Luftverkehrsverbindung zwischen der Freien Stadt Danzig und dem Deutschen Reich recht interessant erschien. Zudem ermöglichte eine in Danzig ansässige Tochtergesellschaft die Registrierung von größerem und stärker motorisiertem Fluggerät, dessen Zulassung in Deutschland aufgrund alliierter Verbote unmöglich war.

Am 26. Februar 1921 entstand in Danzig die ›Danziger Luftpost GmbH‹, die von Junkers beeinflußt war und auch Junkers-Flugzeuge einsetzte. Sie unterhielt eine Strecke Berlin–Stettin–Köslin–Stolp–Danzig und bot sich als Partner für die DLR an, um in Betriebsgemeinschaft eine neue Flugverbindung zwischen Danzig und Riga zu schaffen. Diese Strecke wurde tatsächlich am 29. Juli 1922 eröffnet. Sie führte über Königsberg und Memel. Verträge mit Estland und Finnland ermöglichten bald eine Fortsetzung der Linie über Reval nach Helsinki.

Die starken Aktivitäten der ›Junkers Luftverkehr‹ zeigten jedoch bald überdeutlich, daß es auf Dauer kaum zur Kooperation sondern eher zur Konfrontation zwischen der DLR auf Seiten der Aero Union und den Junkers Werken, Abteilung Luftverkehr kommen mußte.

Junkers expandierte hauptsächlich in Nord- und Süd-ost-Europa. An der Wende zum Jahre 1922 hatte der Junkers Luftverkehr bereits die Lettländische Luftverkehrs-Gesellschaft gegründet. Mitte 1922 kam in Estland die ›Aeronaut‹ hinzu. Im September stieß die bereits erwähnte Danziger Luftpost GmbH von Danzig aus über Warschau bis Lemberg vor. In Finnland stattete Junkers die am 19. Dezember 1923 gegründete finnische Gesellschaft Aero OY mit Fluggerät aus und tangierte damit die Interessensphäre der DLR, die sich um Verkehrsrechte in Finnland bemühte. Im Süden nahm Junkers zunächst Kontakt zum Rumpler-Luftverkehr auf, der nach Auslaufen der Rumpler-Produktion Anlehnung an einen Flugzeug-Lieferanten suchte. Die Schweizer-Fluggesellschaft Ad Astra erhielt die modernen Junkers F13-Maschinen und richtete in Zusammenarbeit mit Junkers am 1. Juni 1922 als erste Schweizer Auslandsverbindung Strecken von Genf und Zürich nach Nürnberg ein. Am 15. Mai trat München an die Stelle von Nürnberg, so daß sich die Ad-Astra-Strecke mit dem innerdeutschen Rumpler-Netz günstiger verknüpfte und sich zugleich ein Anschluß an die verkehrspolitisch interessanten Donaustaaten anbot.

Auch in diesen Ländern zeigte Junkers ausgeprägte Aktivitäten, indem er die Österreichische Luftverkehrs AG (ÖLAG) mit Junkers-Flugzeugen ausstattete. Nur elf Tage nach der Gründung der ÖLAG, die am 3. Mai 1923 auf Initiative von Banken und Eisenbahnkreisen ins Leben gerufen worden war, wurde eine Strecke Wien–München eingerichtet und so eine Verknüpfung mit den Streckennetzen von Ad Astra und Rumpler geschaffen.

In Ungarn entstand mit Junkers-Unterstützung die ›Aero Express‹, und bereits am 16. Juli 1923 nahmen ÖLAG und Aero Express den Flugbetrieb auf der Strecke Wien–Budapest auf.

Der planmäßige Ausbau der Junkers-Einflußsphäre führte schließlich auf der Gegenseite zu einer Konzentration der Kräfte in der am 6. Februar 1923 gegründeten Deutschen Aero Lloyd AG, die der sich abzeichnenden Pool-Bildung bei Junkers nur wenige Monate zuvorkam. Ab 22. Oktober 1923 gab es die ›Transeuropa Union‹, in der sich die südlichen Junkers Ableger zusammengefunden hatten. Im Nordosten firmierten die von Junkers gestützten Liniengesellschaften Danziger Luftpost GmbH, Lettländische Luftverkehrs AG, Riga, Aeronaut AG, Reval und Aero OY, Helsingfors künftig als ›Osteuropa Union‹.

Und Junkers schritt zielbewußt auf diesem Wege fort, indem er zunächst am 13. August 1924 die Junkers Luftverkehr AG gründete. Das neue, mit zwei Millionen Goldmark ausgestattete Unternehmen trat an die Stelle der Abteilung Luftverkehr der Junkers Werke, die jedoch weiterhin 1,995 Millionen Mark an Grundkapital beisteuerten, während die fehlenden 5000 Mark von Professor Junkers persönlich eingebracht wurden.

Nun standen sich zwei mächtige Gruppierungen im Deutschen Luftverkehr gegenüber: auf der einen die Junkers Luftverkehr AG und auf der anderen der Deutsche Aero Lloyd, dazwischen taktierte noch eine Anzahl kleinerer mehr oder weniger unabhängiger Gesellschaften, die auf weitgehend gleichen Strecken im harten Wettbewerb standen.

Junkers steckte seine Ziele immer weiter. Erkundungsflüge mit den einmotorigen Typen F13 und A20 und der ersten dreimotorigen Junkers, der G23, steckten neue Ziele in Europa und Südamerika ab. Auf diese Weise kam Junkers zu einer Luftverkehrs-Konzession für eine Streckenführung von Schweden über Rußland nach Persien. Diese Langstreckenverbindung kam zwar nie zustande, aber ein bedeutendes Teilstück, die Strecke Moskau–Baku, sollte später mit Unterstützung der Junkers-Niederlassung in Moskau–Fili tatsächlich linienmäßig beflogen werden.

Mit Erkundungsflügen stieß Junkers sogar über Budapest, Rustschuk und Konstantinopel bis Angora vor. Diese Unternehmungen waren als Vorstufen für zwei bedeutende Fernlinien gedacht, die Junkers plante. Die eine sollte von London über Wien und den Balkan nach Angora führen und in Wien mit der Stichstrecke von Marseille zusammentreffen.
Das Ziel eines internationalen Luftverkehrs versuchte Junkers schließlich durch Gründung der ›Europa Union KAG‹ voranzutreiben. Die zunächst mit 50000 Goldmark ausgestattete Gesellschaft stützte sich auch auf einige regionale Fluggesellschaften und sollte nach Junkers' Vorstellungen später mit einem Kapital von zehn Millionen Goldmark ausgestattet werden, um in der Lage zu sein, ein europäisches Luftverkehrsnetz zu schaffen und zu betreiben. Dieser ehrgeizige Plan sollte jedoch scheitern. Einmal zehrte der ruinöse Wettbewerb zwischen der Junkers-Gruppe und dem Deutschen Aero Lloyd an den Kräften und zum anderen fand der Alleingang von Junkers auch wenig Gegenliebe bei staatlichen Stellen, die eine weitere Zersplitterung des deutschen Luftverkehrs befürchteten.
Daß dies nicht unbegründet war, bewies die Realität. Insbesondere in den Jahren 1924 und 1925 zeigte sich, daß nicht nur die konkurrierenden Flugunternehmen einen starken Drang zur Expansion entwickelten. Der Luftverkehr fand auch bei Städten, Länderregierungen, Verbänden, Handelskammern und der Industrie Förderer, denen es daran gelegen war, daß auch ihre Region in das Liniennetz des deutschen Luftverkehrs einbezogen wurde. Mit Zuschüssen ermutigte man die Fluggesellschaften, immer mehr Städte anzufliegen. Sowohl der Aero Lloyd als auch der Junkers Luftverkehr gaben diesen Bestrebungen allzu gern nach, und so kam es zu der nahezu grotesken Situation, daß man sogar Flugplätze ins Streckennetz aufnahm, die nahezu kein Verkehrsaufkommen boten. Im Zeichen dieses Booms entstanden schließlich sogar Regional-Fluggesellschaften, die ohne eigenes Fluggerät auf eine Kooperation mit den beiden großen Gruppierungen angewiesen waren. So lehnten sich die Luftverkehrs-Gesellschaft Ruhrgebiet AG mit Sitz in Essen, die Südwestdeutsche Luftverkehrs-AG, Frankfurt a.M., die Oberschlesische Luftverkehrs-AG Gleiwitz, die Schlesische Luftverkehrs AG Breslau, die Badische Luftverkehrs-GmbH Karlsruhe, die Bayerische Luftverkehrs-AG München und die Sächsische Luftverkehrs AG Dresden an Junkers an, der vor allem den Absatz seiner Flugzeuge im Auge hatte. Auf Seiten des Aero Lloyd war das Bild der Satelliten-Gesellschaften nicht minder bunt. Sie umfaßten die Badisch-Pfälzische Luftverkehrs AG Mannheim, die Hessische Flugbetriebs-AG Darmstadt, die Luftverkehr Württemberg AG Stuttgart, den Mitteldeutschen Aero Lloyd AG Leipzig, den Süddeutschen Aero Lloyd AG München und die Welu Luftverkehrs AG Westfalen mit Sitz in Dortmund. Wie bei Junkers fehlte es auch beim Aero Lloyd nicht an ausländischen Beziehungen wie nach Rußland durch die Deruluft, nach Albanien zur Adria Aero Lloyd Tirana, nach Österreich mit der Austro Lloyd Luftdienst GmbH, Wien, in die Schweiz zur Basler Luftverkehr AG und sogar nach Übersee mit der Studiengesellschaft Condor-Syndikat, Berlin, die sich in Verbindung mit der SCADTA und dem Condor-Syndikat in Brasilien um den von deutscher Seite geförderten Ausbau des Luftverkehrs in Südamerika bemühte. Außerdem ist auch noch der Danziger Aero Lloyd zu nennen.
Der harte Konkurrenzkampf im Inland, wo insgesamt 70 Verkehrsflughäfen größtenteils sowohl vom Aero Lloyd als auch von der Junkers-Gruppe bedient wurden, und auch im Ausland zehrte die Finanzkraft beider Kontrahenten in diesem zweijährigen Wettbewerb aus. Ende 1925 war der Aero Lloyd nicht mehr in der Lage, die notwendigen Abschreibungen am Flugzeugpark vorzunehmen, und auch bei Junkers war die finanzielle Lage der Luftverkehrs AG überaus prekär geworden.
Das dichte innerdeutsche Luftverkehrsnetz war 1925 zwar mit den wichtigsten europäischen Metropolen wie London, Amsterdam, Kopenhagen, Malmö, Stockholm, Helsinki, Basel, Zürich, Wien und Budapest verbunden, und Junkers hatte mit seiner Gründung ›Luftverkehr Persien‹ Teheran und Isfahan an das russische Verkehrsnetz angeschlossen sowie eine Linie nach Buschir am Persischen Golf eingerichtet, aber die Kassen waren leer.
Schließlich griff die Reichsregierung, die seit langem eine Konzentration der Kräfte im deutschen Luftverkehr wünschte, zum einzigen Machtmittel, das die Gesellschaften an einen Tisch zu bringen vermochte: sie lehnte weitere Subventionen ab. Die Einsicht, daß eine

Einigung der bislang konkurrierenden Gesellschaften für den Fortbestand des deutschen Luftverkehrs unabdingbar war, wurde nicht nur von Ernst Brandenburg, der 1924 zum Leiter der Abteilung Luftfahrt im Reichsverkehrsministerium berufen worden war, sondern auch in der Spitze des Aero Lloyd propagiert.

In einer Denkschrift mit dem Titel »Zusammenschluß im Luftverkehr« veröffentlichte Dr. Kurt Weigelt, der von der Deutschen Bank zum Aero Lloyd gestoßen war, Ende 1925 seine Gedanken über einen wirtschaftlichen und international leistungs- und konkurrenzfähigen Luftverkehr, die in der Forderung zum Zusammenschluß gipfelten:

›Gerade auf diesem Gebiet werden die großen Fragen des internationalen Zusammenarbeitens erst volle Bedeutung gewinnen, wenn in Verfolg der Verständigung von Locarno die Begriffsbestimmungen fallen und unsere Arbeit in der IATA und im Ausschuß für Handelsluftfahrt bei der internationalen Handelskammer entsprechend der Lage Deutschlands und der Stärke des deutschen Luftverkehrs sich frei auswirken kann. Dieser Zeitpunkt wie unsere Mitarbeit an der großen Kontinentlinie nach dem Fernen Osten muß den deutschen Luftverkehr innerlich gekräftigt und geeint finden.

»Civilisation is transportation«, sagt Kippling etwas kühn, aber die Beschleunigung, mit der eine Nation auf einem bestimmten Verkehrsgebiet führend wird, kann von politischer und wirtschaftlich richtunggebender Bedeutung sein.‹

Während der Flugverkehr im Winter 1925/26 ruhte, trafen sich das Reichsverkehrsministerium, vertreten durch Geheimrat Fisch, der Deutsche Aero Lloyd, vertreten durch Dr. Kurt Weigelt, dem Mitbegründer des Deutschen Aero Lloyd wie auch der Deruluft, und Oberbaurat Bruno Heck als Vertreter der Junkers Luftverkehr AG am Verhandlungstisch, um die organisatorischen Maßnahmen für einen Zusammenschluß zu erörtern.

Bereits am 6. Januar 1926 stand die Gründungsversammlung der neuen Einheitsgesellschaft, der ›Deutsche Luft Hansa AG‹, auf dem Programm. An der Gründungssitzung nahmen als Vertreter des Reichsverkehrsministeriums Ministerialrat Brandenburg und Regierungsrat Koch teil. Der Deutsche Aero Lloyd hatte seine Direktoren Wronsky und Merkel als Bevollmächtigte entsandt. Die Junkers Luftverkehr AG wurde durch Direktor Erhard Milch vertreten. Außerdem nennt das Sitzungsprotokoll eine Reihe anderer illustrer Namen aus der Frühzeit des deutschen Luftverkehrs, so Dr. Weigelt und Dr. von Rieben, Direktor Mamroth, Generaldirektor Dr. Colsmann und Fritz Hailer. Die Interessen der Länder, die bereits in einem Fünfer-Ausschuß vereinigt sind, vertreten Ministerialrat Helmann, Oberbürgermeister Landmann, Landeshauptmann Dieckmann, Bürgermeister Kubitz und Handelskammerpräsident Lenel. Neben zwei Rechtsanwälten nennt das Protokoll noch 23 weitere Persönlichkeiten aus Ministerien und Verwaltungsgremien, die der Gründung der Luft Hansa beiwohnen, die sich bis 1934 noch in zwei Worten schrieb.

Wie es zu dieser Namensfindung kam, läßt sich heute nicht mehr präzise nachweisen, zumal es verschiedene Ansätze hierfür gibt. Aus der Feder des damaligen Pressechefs der Junkers Werke existierte eine Studie über Verkehrsluftfahrt und Verkehrspolitik die den Titel ›Luft Hansa‹ trug, zum anderen besaß der Aero Lloyd eine Tochtergesellschaft ohne eigenen Betätigungsbereich, die als Aero Hansa firmierte und ebenso bei der Namensgebung Pate gestanden haben mag. Manches deutet darauf hin, daß die Aero Hansa möglicherweise sogar als Gründungskern der neuen Einheitsgesellschaft diente, die zwar fortan allein Subventionen von der Reichsregierung erhalten sollte, aber kein Monopol für den Luftverkehr erhielt, denn es blieb jedem anderen Unternehmen belassen, in Deutschland selbständig Luftverkehr zu betreiben. Auch die heute noch von der neu gegründeten Nachkriegs-Lufthansa geführte Flagge spiegelt die Vorgeschichte der Luft Hansa wieder. Den schwarzen, aufsteigenden Kranich brachte die im Aero Lloyd aufgegangene Deutsche Luft-Reederei ein, die Farben Blau und Gelb waren nicht nur die Hausfarben der Junkers Luftverkehr sondern auch der beiden großen deutschen Reedereien, Hapag und Norddeutscher Lloyd, die sich huben und drüben in den Vorläufer-Gesellschaften engagiert hatten. Auch die diagonale Teilung der Flagge, das liegende Andreas-Kreuz, entspricht alter Reederei-Tradition. Die Gründungsversammlung vom 6. Januar 1926 stattete die Deutsche Luft Hansa AG mit einem Grundkapital von 50 000 Mark aus und bestellte den ehemaligen Aero Lloyd Direktor Merkel zum Vorstandsmitglied mit kaufmännisch-organisatorischem Aufgabenbereich, seinen Kollegen Wronsky zum Vorstandsmitglied mit verkehrspolitischen Aufgaben. Milch vom Junkers Luftverkehr wurde als Dritter im Bunde mit technischen Aufgaben betraut.

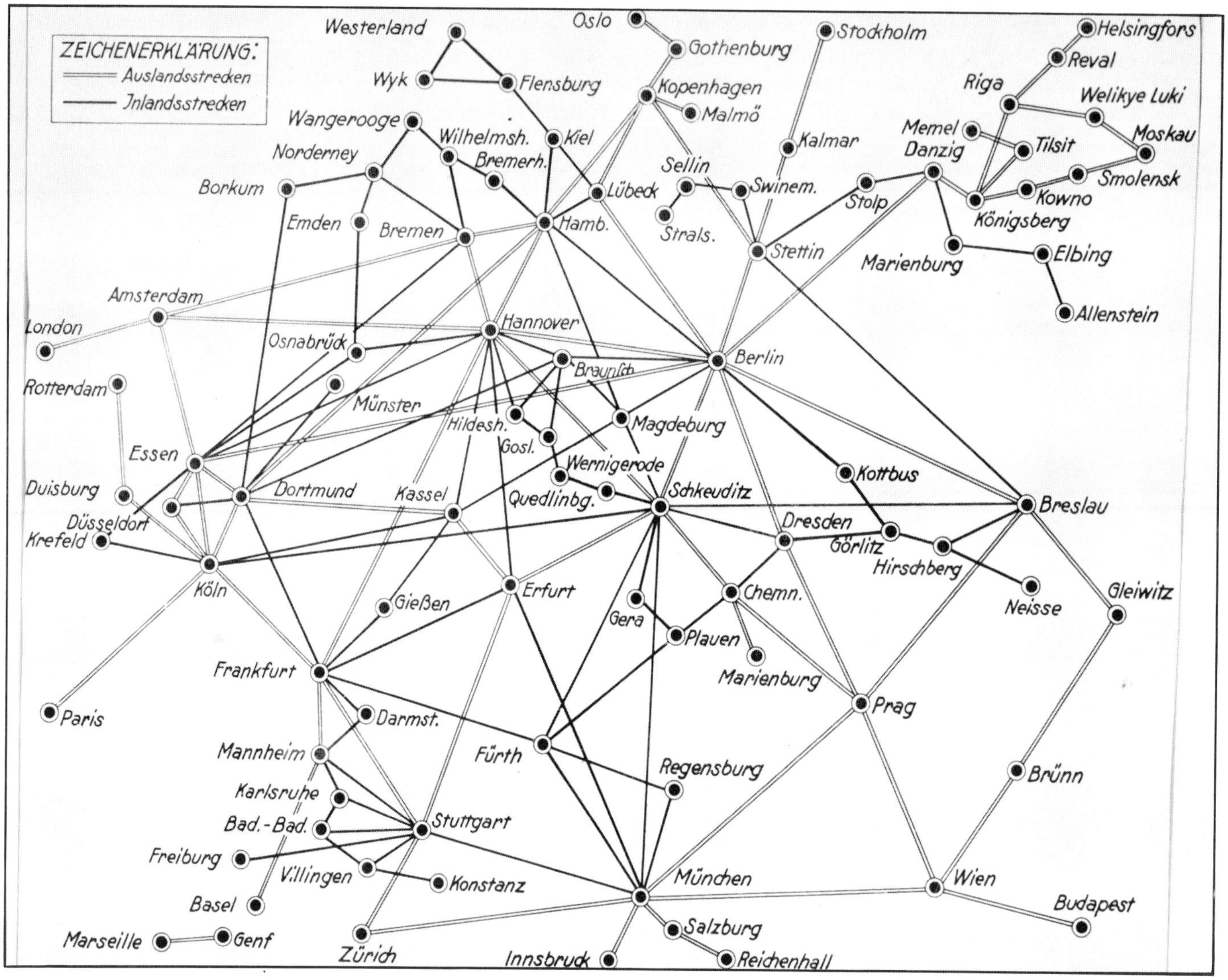

Deutsches Luftverkehrs-Streckennetz im Jahre 1927.

Der Aufsichtsrat, auf den man sich erst nach längeren Debatten hatte einigen können, sollte 22 Mitglieder umfassen, von denen neun von den Ländern und den regionalen Gesellschaften gestellt werden sollten.
Fliegerisch tritt die Luft Hansa erstmals vom 28. Februar bis zum 4. März mit einem Flugsonderdienst zur Leipziger Messe in Aktion. Im übrigen beschäftigt man sich damit, eine innere und äußere Betriebsorganisation aufzubauen, was durch das einsatzbereite und qualifizierte Personal der Vorläufergesellschaften relativ schnell gelingt, so daß am 6. April 1926 der planmäßige Flugdienst aufgenommen werden kann.
Die Luft Hansa ist entsprechend den vielfältigen Beteiligungen ein gemischtwirtschaftliches Unternehmen in der juristischen Form einer Aktiengesellschaft mit Sitz in Berlin. Die ehemals selbständigen Regionalgesellschaften bringen ihr Fluggerät in die neue Gesellschaft ein und verzichteten auf einen eigenständigen Flugbetrieb. Dabei kommt ihnen eine Mittlerrolle zwischen der Luft Hansa und ihren Heimatregionen zu.

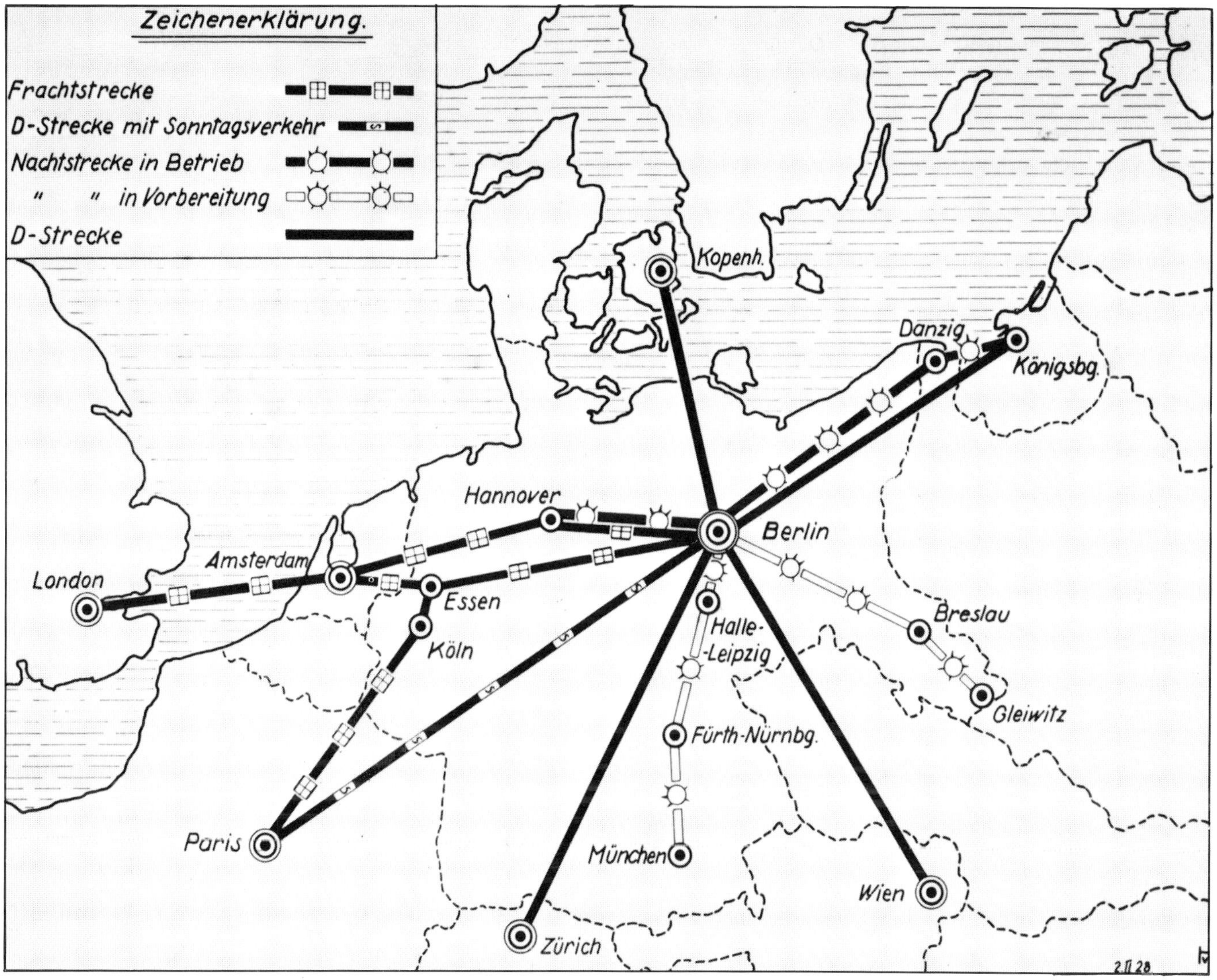

Frachtdienst- und Nachtstrecken im Sommerluftverkehr des Jahres 1928.

Die Geschäftsführung der Luft Hansa soll nach rein privatwirtschaftlichen Grundsätzen erfolgen.

Die konstituierende Generalversammlung der Luft Hansa findet schließlich am 15. Juni 1926 statt. Auf ihr wird das Gesellschaftskapital auf 25 Millionen Reichsmark erhöht, wovon das Reich als Hauptaktionär 26 Prozent hält. Die deutschen Länder, allen voran Preußen mit rund zwei Dritteln der Ländereinlage von 4,75 Millionen Reichsmark, bringen weitere 19 Prozent ein. Die in der Luft Hansa aufgehenden Regional-Gesellschaften stellen zusammen 27,5 Prozent des Aktienkapitals, einen weiteren gleichgroßen Anteil hält die Deutsche Aero Lloyd AG.

Die auf den ersten Blick verwunderliche Tatsache, daß Junkers in dieser Aufstellung fehlt, erklärt sich daraus, daß Junkers dem Reich Aktien in Höhe von 30 Millionen Mark zur Entschuldung überschreiben mußte. Im Hintergrund stand die geheime Wiederaufrüstung des Reiches, in die die Junkers-Filiale in Moskau-Fili eingespannt war. Hieraus entstandene, aber wohl kaum von

Junkers zu vertretende Verluste, für die überdies eine vom Staat übernommene Bürgschaft existierte, führten schließlich dazu, daß Junkers seine Anteile an der Luft Hansa dem Reich verpfänden mußte, das sich seiner Bürgschaftsverpflichtung entzogen hatte.
Der Flugzeugpark der neu gegründeten Luft Hansa umfaßte die stolze Zahl von 165 Maschinen und bot ein überaus buntes Bild. Der Typenwald von 19 verschiedenen Baumustern zehn unterschiedlicher Hersteller spiegelte recht deutlich die vorherige Zersplitterung und Eigenbrötlerei der deutschen Luftverkehrsunternehmen wieder. Die Palette reichte von veralteten, zu Verkehrsflugzeugen umgerüsteten Weltkriegs-Veteranen bis zu hochmodernen Junkers- und Dornier-Ganzmetall-Flugzeugen. Im einzelnen finden sich in der ersten Inventarliste folgende Typen:

4 AEG JII, die von der DLR mit einem Kabinenaufsatz versehen worden waren und jetzt als AEG Typ K bezeichnet wurden,
1 AEG NI,
3 Rumpler CI,
1 LVG C V,
1 LVG CH 2,
10 Sablatnig P III,
2 Albatros L58,
19 Fokker Grulich F II,
50 Junkers F13,
10 Junkers A20,
3 Junkers K16,
19 Junkers G24,
3 Dornier Komet II,
10 Dornier Komet III,
15 Focker F III,
4 Dornier Wal-Flugboote,
1 Udet U11,
5 Focke Wulf A16,
1 Focke Wulf GL18 und schließlich
3 Udet U8.

Ein Teil dieser Flotte ist für den Liniendienst kaum einzusetzen und wird deshalb nur zur Schulung oder zu Sonderaufgaben wie Vermessungsflügen und der Erstellung von Luftbildern eingesetzt.
Im folgenden werden 23 besonders interessante Typen der Vorkriegs-Luft Hansa als Querschnitt durch die technische Geschichte des Unternehmens in Rißzeichnung, Daten und Beschreibung vorgestellt. Die übrigen Baumuster sind im Tabellenanhang aufgeführt und mit einem Foto vertreten.

Flugzeugtypen bis 1945

Rumpler C I, Type 5A2 und C IV 1926–1928

Der 1872 in Wien geborene Flugzeugkonstrukteur Edmund Rumpler gehört zu den Pionieren der ersten Stunde des deutschen Flugzeugbaues. Im Jahre 1910 verbesserte er die von Igo Etrich, einem böhmischen Tuchfabrikanten, konstruierte Etrich Taube, und zog in Berlin Johannisthal eine Flugzeug-Produktion des Etrich-Eindeckers auf, der als Rumpler-Taube berühmt werden sollte. Zugleich legte die Taube den Grundstein für den Rumpler Flugzeugbau, der am 24. Oktober 1916 als Tochterunternehmen die ›Bayerischen Rumpler Werke AG Augsburg‹ gründete, um den Anforderungen der Bayerischen Heeresverwaltung besser entsprechen zu können.

Nachdem die Rumpler B I, ein doppelsitziger Aufklärer ohne MG für den Beobachter, bereits vor dem Kriege im Einsatz gewesen war, wurde dieser Typ 1915 von der Rumpler C I abgelöst, die über ein MG für den Beobachter verfügte und später noch ein zweites synchronisiertes MG erhielt.

Die Rumpler C I besaß eine hölzerne Struktur und war weitgehend stoffbespannt. Der Typ wurde von verschiedenen Firmen in großen Stückzahlen gebaut und stand bis Kriegsende im Einsatz. Standard-Triebwerk war der 160 PS Mercedes D.III. Für die Konstruktion zeichnete Edmund Rumpler verantwortlich. 1917 folgte die etwas größere und mit einem 260 PS Mercedes D.IVa stärker motorisierte Version C IV, die aerodynamisch sauberer durchgebildet war.

Sowohl die C I als auch die C IV kamen nach dem Kriege im zivilen Luftverkehr zum Einsatz. Haupt-Benutzer war der Rumpler-Luftverkehr, ein Ableger der Bayerischen Rumpler Werke, denen der agile Dipl. Ing. Otto Meyer als technischer Direktor vorstand. Der Rumpler-Luftverkehr gehörte wie die DLR zu den Gesellschaften der ersten Stunde und nahm 1919 mit Rumpler C I-Maschinen den Liniendienst auf der Route Augsburg–München–Nürnberg–Leipzig–Berlin auf. Es erscheint sicher, daß die D-97, die D-98, die D-100, die D-102, die D-103, die D-108 und die D-290 zur Flotte des Rumpler-Luftverkehrs gehörten. Davon gingen die D-100, die D-103 und die D-108 im Jahre 1926 in die Luft Hansa-Flotte über.

Besonderes Interesse verdient die D-290, die auch als C I Limousine oder Rumpler Luft-Limousine Typ 5A2 bezeichnet wurde und durch Umbau aus der C Ia entstand. Wahrscheinlich fand die Umrüstung 1920 statt. Dipl.-Ing. Otto Meyer versah den ursprünglich ebenfalls wie das Cockpit offenen Beobachtersitz mit einem allseitig geschlossenen Kabinenaufbau, der zwei Fluggästen Platz und Schutz vor Wind und Wetter bot, so daß man auf die damals übliche Vermummung mit Fliegerkombination, Brille, Helm und Schal verzichten konnte. Der Aufbau bestand aus gebogenem Sperrholz und war seitlich vorn und hinten mit unzerbrechlichem Triplex-Glas verglast. Gemessen an der spartanischen Einfachheit der damals noch weitgehend eingesetzten ehemaligen Militärmaschinen verdiente die Rumpler Luft-Limousine fürwahr die Bezeichnung ›luxuriös‹, mit der die Fachzeitschrift »Flugsport« und die »Illustrierte Flug-Welt« den Umbau in ihren Berichten aus dem Jahre 1920 hervorhoben. Letztere schrieb:

›Die Passagiere sind in einer luxuriös ausgestatteten, allseitig geschlossenen Kabine untergebracht. Weiche Samtpolster machen das Fliegen zu einem wahren Genuß und der Eindruck wird noch erhöht durch das mit großem Raffinement ausgestattete Innere der Kabine. Die Wände sind mit Stoffen drapiert, an denen sich oberhalb ein Mahagoni-Furnier anschließt. Vor beiden Polstersitzen befindet sich ein Mahagoni-Tischchen mit Schubladen. An allen vier Seiten der Kabine sind Fenster aus unzerbrechlichem Triplexglase angebracht, die oben durch einen kleinen Vorhang dekoriert sind. Eine an der Decke befindliche elektrische Birne wird durch Akkumulatoren gespeist und macht den Aufenthalt an trüben Tagen angenehmer. Für die Entlüftung der Kabine während des Fluges sorgen zwei vorn und hinten angebrachte Ventilationsschlitze, die je nach Bedarf verstellt werden können. Ein Sprachrohr vermittelt eine mündliche Verständigung zwischen den Fluggästen und dem Flugzeugführer. Der Einstieg in die Kabine geschieht durch Öffnen einer Seitentür oberhalb des oberen Rumpfholmes vermittels einer stets mitgeführten kleinen Leiter. Durch diese Konstruktion wurde erreicht, daß einesteils der obere Rumpfholm nicht zu hoch gezogen werden brauchte, da dadurch nur ein Plus an Gewicht und Luftwiderstand hervorgerufen worden wäre, andererseits war es nicht nötig, den Holm durch Einsetzen der Tür zu schwächen. So blieb die schlanke Form und eine in keiner Weise gefährdete Konstruktion des Rumpfbaues, eine Konstruktion, die sich bereits seit Jahren bewährt hatte. Teppich, Gummifußbank für die

Provisorisch entmilitarisierte
Rumpler C I

Links: Rumpler C I
der Rumpler Luftverkehr

Füße, Blumenvase und Aschenbecher vervollständigen den Gesamteindruck der Maschine zu dem Ideal des Verkehrsflugzeuges...‹

Die zeitgenössischen Berichte heben auch einige technische Details hervor. Die Spannweite der Limousine wird offensichtlich gerundet mit 12 Metern, die Länge mit 8 m und die Höhe mit 3 m angegeben. Leer d. h. ohne Personen und Betriebsstoffe wog die Maschine ca. 800 kg, ihr Fluggewicht ist mit 1300 kg angegeben. Besonders hervorgehoben wird die Tatsache, daß alle drei Treibstofftanks im Schwerpunkt liegen und so keine Trimmänderung beim Leerfliegen der Tanks eintreten konnte. Während der Haupttank zugleich den Pilotensitz bildete, gab es seitlich des Rumpfes ebenfalls in Höhe des Schwerpunktes zwei profilierte außenliegende Nottanks, die so den knappen Innenraum nicht beschnitten und nur einen geringen zusätzlichen Widerstand ergaben. Das Gesamt-Tankvolumen reichte für fünf Flugstunden, was bei einer Reisegeschwindigkeit von durchschnittlich 150 km/h einer maximalen Reichweite von 750 km entspricht. Als Beispiel für den Aktionsradius wurde in der ›Illustrierten Flugwelt‹ die Strecke Berlin–Reims angegeben, wobei allerdings kaum eine Reserve berücksichtigt ist.
Besonders gerühmt wurde die Rumpler Limousine wegen ihres ruhigen Fluges und ihrer kurzen Start- und Landerollstrecken. Im Einführungsjahr 1920 wurde die Rumpler 5A2 auf den von München und Augsburg aus stattfindenden Alpenflügen eingesetzt und sollte später im gesamten Rumpler Luftverkehr eingesetzt werden. Aus diesen Plänen wurde allerdings nicht mehr viel, denn die schwierigen Zeiten forderten ihren Tribut. Bis 1922 konnte der Rumpler Luftverkehr noch seine Linie Augsburg–München–Berlin bedienen, dann waren die Kräfte erschöpft. Die Abteilung Flugzeugbau schloß ihre Pforten. In den leerstehenden Hallen sollte 1926 mit den ›Bayerischen Flugzeugwerken‹ ein neues Kapitel der deutschen Luftfahrtgeschichte beginnen. Von der Rumpler 5A2 ist nur ein einziges Exemplar, die D-290, nachweisbar. Die Maschine kam an die DLR und landete schließlich im Berliner Luftfahrt-Museum, wo sie im Kriege zusammen mit anderen berühmten Flugzeugen im Bombenhagel ein unrühmliches Ende fand.
Anläßlich des 10-jährigen Luft Hansa-Jubiläums fand am 10. Januar 1936 in Tempelhof eine große Parade historischer Verkehrsflugzeuge statt. Unter den Exponaten fand sich auch eine Maschine, die auf dem Rumpf das Kennzeichen D-290 und auf den Flächen die Registrierung D-920 trug. Augenscheinlich handelt es sich bei diesem Ausstellungsstück um eine Rekonstruktion aus verschiedenen Restbeständen. Flächen und Höhenleitwerk stammten mit großer Wahrscheinlichkeit von einer Rumpler C IV, die tatsächlich einmal unter D-920 in der Luftfahrtrolle eingetragen war. Der Rumpf könnte von der Original Rumpler 5A2 stammen, zu der allerdings Seitenflosse und Ruder nicht passen, die offensichtlich anderen Ursprungs sind. Möglicherweise ist aber auch der Rumpf eine Rekonstruktion unter Verwendung von Originalteilen und nachempfundenen Ersatzteilen. Von der Rumpler C IV ist die D-72 erwähnenswert, die 1919 zunächst beim Rumpler Luftverkehr auf der Strecke Augsburg–Berlin und anläßlich der Leipziger Messe Berlin–Leipzig–Berlin flog, um schließlich von der DLR übernommen zu werden. Offensichtlich schied diese Maschine jedoch aus dem Inventar der DLR aus, bevor die Luft Hansa entstand. Das gilt auch für die D-76, die von der DLR neu erworben worden war.

Rechte Seite:

Oben: Die rekonstruierte D-290 auf der Berliner Luftfahrtausstellung 1936. Das Flugzeug fiel im Berliner Luftfahrtmuseum später den Bomben zum Opfer.

Unten: Die Rumpler 5A2 mit wahrscheinlich authentischem Rumpf und Flächen der D-920, einer C IV, sowie einem fremden Leitwerk.

D-290

LUFTHANSA
D-290

Technische Daten:

Type:	**Rumpler C I/5 A 2**	**Rumpler C IV**
Hersteller:	Bayerische Rumpler Flugzeugwerke AG, Augsburg	
Konstrukteur:	Edmund Rumpler Umbau 5 A 2: Dipl.-Ing. Otto Meyer	Edmund Rumpler
Erstflug:	als C I 1915 als 5 A 2 1920	1917
Einsatz:	ursprünglich milit. Aufklärer, später zum Verkehrsflugzeug umgerüstet	ursprünglich milit. Aufklärer, später zum Verkehrsflugzeug umgerüstet
Besatzung:	1	1
Passagiere:	bis zu 3, Kabinenversion: 2	2
Bauweise:	verspannter, vierstieliger Doppeldecker in Holzbauweise, Höhenleitwerk abgestrebt, Rumpf stoffbespannt, Fahrwerk fest, unverkleidet mit Speichenrädern und gerader Achse	verspannter, vierstieliger Doppeldecker in Holzbauweise, Höhenleitwerk abgestrebt, Rumpf stoffbespannt
Spannweite:	12,15 m	12,66 m
Länge:	7,85 m	8,40 m
Höhe:	3,06 m	
Flügelfläche:	35,7 m^2	33,5 m^2
Leergewicht:	805 kg	1017 kg
Max. Startgewicht:	1350 kg	1630 kg
Nutzlast:	250 kg	
Reisegeschwindigkeit:	150 km/h	
Höchstgeschwindigkeit:	171 km/h	175 km/h
Gipfelhöhe:	4500 m	
Reichweite:	750 km (5 Stunden)	700 km (3½ – 4 Std.)
Motor:	Mercedes D III, 160 PS/118 kW, Sechszylinder	Mercedes D. IV a, 260 PS/191 kW, Sechszylinder
Einsatzdaten:		
Erster Einsatz:	1919 beim Rumpler Luftverkehr, Typ 5 A 2 ab 1920 beim Rumpler Luftverkehr	1919 beim Rumpler Luftverkehr
Luft Hansa Einsatz/Anzahl:	ab 1926/3 (Typ C I) bis 1928/3	nicht bei Luft Hansa geflogen

Rißzeichnung Rumpler 5A2 Maßstab 1:100

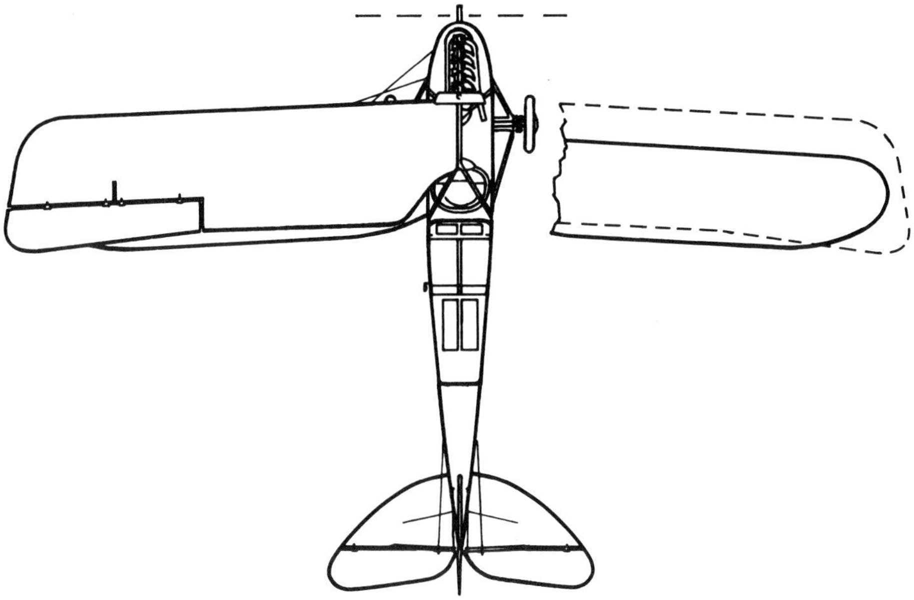

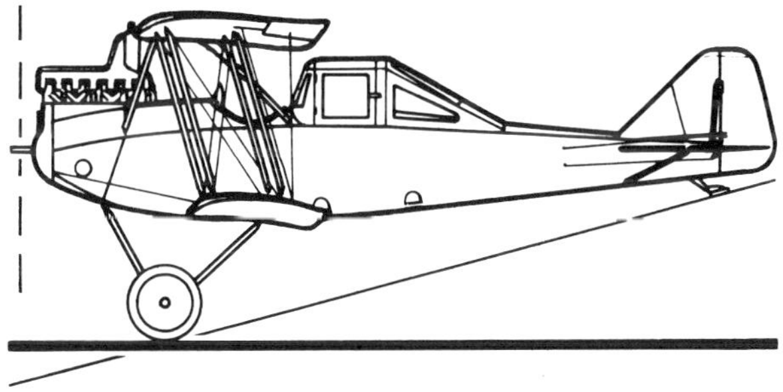

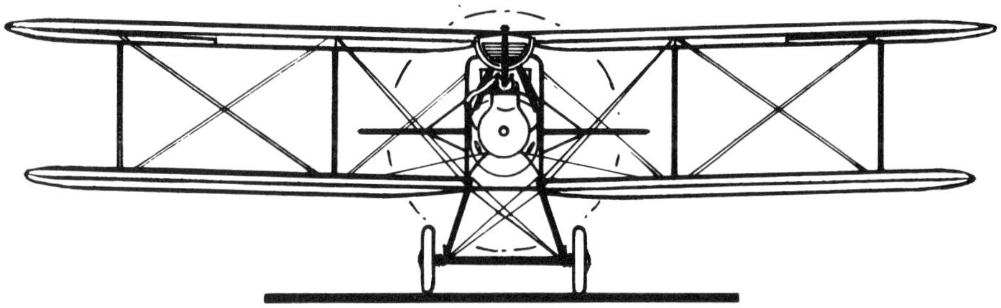

Junkers F 13 1926–1939

Mit der Junkers F 13 schuf Hugo Junkers gleichsam den Prototyp des modernen Ganzmetall-Verkehrsflugzeugs in freitragender Tiefdeckerbauweise. Junkers hatte sich ursprünglich nach Abschluß seines Studiums an den Technischen Hochschulen zu Berlin, Karlsruhe und Aachen dem Motorenbau verschrieben. In den Jahren 1892/93 arbeitete er an einem Gasmotor, der nach dem Doppelkolben-Prinzip funktionierte, das später im Junkers Motorenbau noch einmal große Bedeutung erhalten sollte.

Im Zusammenhang mit der Entwicklung des Gasmotors ergab sich die Notwendigkeit, den Wärmehaushalt eines solchen Motors exakt meßtechnisch zu untersuchen. Das hierzu notwendige Instrument, ein Kalorimeter, entwickelte Junkers selbst. Es war ein Gerät, bei dem die erzeugte Wärmeenergie nach dem Prinzip eines Wärmetauschers auf Wasser übertragen wurde, so daß eine einfache Temperaturmessung die Bestimmung der Wärmeenergie ermöglichte. Junkers meldete seine Entwicklung zum Patent an, das 1892 unter der Nummer 71731 erteilt wurde. Junkers, der einen ausgesprochenen Sinn fürs Praktische hatte, ließ es dabei jedoch nicht bewenden, denn er hatte erkannt, daß dieses Prinzip sich hervorragend für den Bau eines leistungsfähigen, gasbetriebenen Badeofen eignete. Der berühmte Junkers Gasbadeofen war geboren. In den Jahren 1901 und 1902 verbesserte Junkers sein erfolgreiches Produkt durch die Lamellenbauweise, die in diesen Jahren ebenfalls patentiert wurde, und durch Vergrößerung der von den heißen Gasen beaufschlagten Oberfläche, wodurch der Badeofen noch wirkungsvoller und sparsamer arbeitete.

Junkers produzierte seine Badeöfen in Dessau und erwarb im Zusammenhang mit der Badeofenentwicklung grundlegende Kenntnisse und praktische Erfahrungen in der Konstruktion von Blechteilen sowie in der Blechverarbeitung, die sich später auf einem völlig anderen Gebiet, dem Metallflugzeugbau, als hilfreich erweisen sollten.

Den ersten Anstoß zur Beschäftigung mit der Luftfahrt gab Professor Reißner von der TH-Aachen, der 1909 ein Metallflugzeug in Entenbauweise d. h. mit vorn liegendem Höhenleitwerk gebaut hatte und sich häufiger an seinen Professoren-Kollegen Junkers wandte, wenn an der Profilblech-Konstruktion wieder einmal eine Reparatur fällig war.

Die zufällige Anregung fiel auf fruchtbaren Boden. Junkers begann noch im gleichen Jahr, sich intensiv mit Fragen des Flugzeugbaus zu befassen. Er ging das Problem systematisch an und erarbeitete zunächst eine Analyse der Zweckbestimmung eines Flugzeugs und kam dabei zu der Forderung nach einer in sich stabilen Tragfläche und in konsequenter Auswertung seiner Analyse zu einem Nurflügel-Konzept, bei dem die Tragfläche nicht nur bei geringstmöglichem Gesamtwiderstand des Fluggerätes den nötigen Auftrieb erzeugen sollte, sondern zugleich auch den benötigten Transportraum bot. Dieses Konzept wurde noch im Jahre 1909 handschriftlich formuliert und zum Patent angemeldet, das am 1. Februar 1910 unter der Nummer DRP 253788 und dem Titel ›Gleitflieger mit zur Aufnahme von Auftrieb erzeugenden Teilen dienenden Hohlräumen‹ erteilt wurde.

Dieses Konzept sah einen in sich stabilen dicken Flügel vor, der zugleich Raum zur Aufnahme von mitzuführenden Gegenständen (Maschinen, Behältern, Nutzlasten, Personen und so weiter) bot.

Der große Ansatz war den Möglichkeiten seiner Zeit weit voraus, ebenso das Projekt J 1000, das Junkers 1923 entwarf. Es sah gleichsam einen Ur-Jumbo mit 80 m Spannweite und 10 m Flügeltiefe vor. Der Nurflügler sollte eine Profildicke von 2,30 m haben, 36 Tonnen Fluggewicht an den Start bringen und mit 100 Passagieren und 10 Besatzungsmitgliedern zehn Stunden lang mit einer Reisegeschwindigkeit von 200 km/h fliegen können. Dieses ehrgeizige Projekt scheiterte schließlich an den alliierten Bauverboten nach dem Ersten Weltkrieg, bildete jedoch sicherlich einen wichtigen Schritt zur G 38, von der noch zu sprechen sein wird.

Der Weg zum freitragenden Ganzmetallflugzeug und

zur F13 als erstem Verkehrsflugzeug der Welt in dieser Bauart begann im Zeichen des Ersten Weltkrieges.
Die ersten Studien in Richtung eines Metallflugzeuges mit freitragendem Flügel begannen im Dezember 1914. Unter der Leitung von Dr.-Ing. Mader und Oberingenieur Steudel entstand zunächst eine Projektstudie in Form eines verspannungslosen Mitteldeckers mit Hosenfahrwerk und liegendem Motor. Schon bald zeigten sich die Schwierigkeiten, die der Bau eines freitragenden hohlen Tragflügels mit sich brachte. Man bewegte sich auf Neuland.
Schließlich hatte man jedoch Lösungswege gefunden, so daß im September 1915 mit der J1 begonnen werden konnte. Diese Maschine besaß eine Außenhaut aus 0.5 bis 1 mm starkem Eisenblech und wog 1080 kg. Der als ›Blechesel‹ apostrophierte Vogel war das erste verspannungslose Ganzmetall-Flugzeug der Welt und flog gesteuert von Leutnant von Mallinkrodt am 12. Dezember 1915 zum erstenmal. So mancher Beobachter in Döberitz wollte beim Erstflug seinen Augen nicht trauen, als die Blechkiste tatsächlich mit ihrem 120 PS-Mercedes-Motor abhob. Die weitere Erprobung zeigte, daß die J1 ganz manierlich flog und mit 170 km/h beachtlich schnell war. Nur die Steigleistung ließ zu wünschen übrig. Junkers beschritt trotz unverhohlener Skepsis mancher Militärs sein Ganzmetall-Konzept weiter. Auf die J1 folgte mit der J2 ein weiteres Eisenblech-Flugzeug, diesmal bereits als Tiefdecker, der allerdings ebenfalls durch sein hohes Gewicht keine guten Steigleistungen erreichte und den mit Tiefdeckern unerfahrenen Piloten einige Probleme aufgab. Immerhin war die J2 15 km/h schneller als der beste damalige Albatros-Jäger.
Als sich auch mit der J2 die sattsam bekannten Gewichtsprobleme zeigten, entschloß sich Junkers, noch einmal völliges Neuland zu betreten und zu versuchen, die J3 aus Duraluminium zu bauen, einem Material mit dem man zunächst verarbeitungstechnische und konstruktive Erfahrungen sammeln mußte. Obwohl die J3 nie fertiggestellt wurde, ist sie aus der Rückschau als das Fundament zum Erfolg zu bezeichnen, denn sie weist bereits die wesentlichen Merkmale des Junkerschen-Tiefdecker Patentes von 1918 auf: der Tragflügel war freitragend, seine Außenflügel waren durch Kugelverschraubungen mit dem Mittelstück verbunden. Die tragende Struktur der Maschine wurde aus Duralrohren gebildet, aus denen auch die durch Z-Streben zu einem starren Gerippe verbundenen Flügelholme bestanden. Das Ganze war erstmals mit Dural-Wellblech beplankt, das eine sehr steife, beulfeste und tragende Außenhaut ergab. Die konsequente Leichtbauweise ergab eine Gewichtsersparnis gegenüber Eisenblech von rund einem Drittel.
Die nächste Stufe, die J4, brachte Junkers wieder ein Stück vom rechten Wege ab, denn die Inspektion der Fliegertruppe hatte ihn mit einem gepanzerten Infanterie-Flugzeug beauftragt. Junkers bezog in den Anderthalbdecker viele seiner Erfahrungen mit der J3 ein und gab der Maschine beispielsweise Dural-beplankte Flügel mit Wellblechhaut und Dural-Rohrgerippe. Durch eine 470 kg schwere Panzerwanne aus 5 mm starkem Eisenblech waren Triebwerk und Besatzung nahezu kugelsicher untergebracht. Immerhin wurden von diesem Anderthalbdecker mit praktisch freitragendem Oberflügel bis Kriegsende 227 Exemplare gebaut.
Die Beliebtheit des ›fliegenden Panzerwagens‹ bei der Truppe dürfte dazu beigetragen haben, daß im Januar 1917 mit der J5 ein weiteres Ganzmetall-Projekt entstand, das aber im Entwurfs-Stadium steckenblieb. Nicht fertiggestellt wurde auch die J6, ein freitragender Parasol-Eindecker.
Das ursprüngliche Tiefdecker-Konzept und die wertvollen Vorstudien im Rahmen der J3 fanden schließlich in der J7 ihren Niederschlag, einem von Junkers aus eigener Initiative entwickelten Jagdflugzeug, an dessen Konstruktion neben Dr.-Ing. Mader vor allem der Ingenieur Reuter großen Anteil hatte, den Junkers eigentlich als Spezialisten für Propeller und Motoren gewonnen hatte, der aber der Entwicklung des Ganzmetall-Flugzeugs immer stärkere Impulse verlieh. Erstmals äußerten sich die Militärs ungeteilt positiv sowohl hinsichtlich Steigfähigkeit als auch im Hinblick auf die Schnelligkeit und Steuerbarkeit. Die beiden Folgetypen J8 und J9 stellen in der Entwicklungsgeschichte des Ganzmetall-Tiefdeckers keine so wichtigen Stationen dar. Die J8 war ein zweisitziges Schlachtflugzeug, die J9 ein Jagdeinsitzer, der bei der Truppe geteilte Aufnahme fand.
Unmittelbare Verwandte der Junkers F13 wurden hingegen die Typen J10, ein Ganzmetall-Zweisitzer in Tief-

Links oben: Die D-347 »Schwalbe« (Baunummer 584, Baujahr 1920), die vom Bayr. Luft Lloyd 1926 zur Luft Hansa kam. Blick auf Flügelansatz und Fahrwerk. Die Maschine wurde 1929 an das Condor-Syndikat verkauft und flog dort als P-BAJA.

Links Mitte: Blick in die viersitzige Passagierkabine der F 13

Links unten: Cockpit der F 13 mit Doppelsteuer

Prototyp und Rekordflugzeug Junkers F13 »Annelise« im September 1919

decker-Bauweise, der im Mai 1918 zum erstenmal flog und aus der J8 abgeleitet war. Einige Exemplare kamen nach dem Krieg als Verkehrsflugzeuge zum Einsatz, darunter die bereits erwähnte J10 auf der Junkers-Strecke zwischen Dessau und Weimar im März 1919. Die J11 war praktisch eine auf Schwimmer gesetzte J10 mit geringfügigen Änderungen.
Zu Beginn des Jahres 1919 nahm man bei Junkers die J12 in Angriff, die auf der J10 aufbauend als viersitziges, halboffenes Reiseflugzeug gedacht war. Hierzu erwies sich eine Verbreiterung des Rumpfes wie auch eine größere Rumpfhöhe als unerläßlich. Je weiter man diese Idee durchdachte, umso deutlicher wurde es den Beteiligten, daß man dabei war, ein neues Provisorium zu schaffen. Der wirkliche Fortschritt gegenüber dem damaligen Fluggerät war ein Flugzeug mit viersitziger geschlossener Kabine, heizbar und mit guter Sicht – eine wirkliche Limousine, die sich mit dem Komfort des Autos messen konnte und in die man ebenso leicht einsteigen konnte wie in ein Automobil.
Die von Reuter konziperte Attrappe einer solchen Kabine zeigte bald, daß sich dieses Konzept mit dem Rumpf der geplanten J12 nicht vereinbaren ließ, und so wurde der Typ F13 geboren. Der Kennbuchstabe ›F‹ sollte die Maschine als einmotoriges Verkehrsflugzeug ausweisen, die später entwickelten Großflugzeuge erhielten ein ›G‹ vor der Typennummer.
Für die Konstruktion der F13 zeichnete Dipl.-Ing. Reuter verantwortlich. Er schuf ein aerodynamisch sehr sauberes und vor allem praxisgerechtes Flugzeug mit einem einfachen, wartungsfreundlichen Aufbau und großer Robustheit. Das Fahrwerk sollte je nach Bedarf gegen Skier oder Schwimmer austauschbar sein, wovon die Fluggesellschaften, die die F13 in allen Teilen der Erde einsetzten, regen Gebrauch machen sollten.
Das revolutionierende Flugzeug entstand in einer Entwicklungszeit von nur sechs Monaten. Die Konstruktionszeichnungen, an denen in der Endphase acht Ingenieure arbeiteten, beanspruchten rund 9000 Arbeitsstunden. Bereits am 25. Juli 1919 startete die F13 mit dem Junkers-Versuchspiloten Monz am Steuer zum Jungfernflug, dem am gleichen Tage noch vier weitere Testflüge folgen sollten. Schon eine Woche nach dem Erstflug erfolgt der Abnahmeflug vor Sachverständigen der Prüfungsbehörde für Luftfahrtgerät. Am 18. Juli verläßt der Prototyp ›Annelise‹ Dessau zum Fernflug über Berlin und Warnemünde nach Stockholm. Am 13. September macht die ›Annelise‹ erneut Schlagzeilen: mit acht Personen an Bord (das entsprach einer Nutzlast von 523 kg) schraubt sich die F13 – wahrscheinlich wiederum von Monz gesteuert – in 86 Minuten auf die Weltrekordhöhe von 6750 m und stellt damit die Leistungsfähigkeit der Konstruktion unter Beweis. Die offizielle Anerkennung bleibt Junkers jedoch trotz regelgetreuer Flugausführung und Überwachung versagt, denn Deutschland ist zu diesem Zeitpunkt nicht Mitglied der FAI und kann somit keine international anerkannten Rekorde registrieren lassen. Die Eile, mit der die F13 entwickelt wurde, zahlt sich auf andere Weise aus. Der am 28. Juni 1919 unterzeichnete Versailler Vertrag bestimmte in seinem Artikel 198 das Verbot von

Junkers F 13 »Nachtigall« (Baunummer 531, Baujahr 1919) mit ursprünglich

twerk. Das Flugzeug kam über den Bayr. Luft Lloyd 1926 zur Lufthansa und flog noch 1939 (ab 1934 als D-OJOP).

Armee- und Marinefliegertruppen und Luftschiffen für militärische Zwecke. Artikel 202 verfügte die Auslieferung sämtlichen militärischen Luftfahrtgerätes. Paragraph 201 verbot zudem die Herstellung und den Import von Luftfahrzeugen und Flugmotoren. Die ursprünglich auf sechs Monate nach Vertragsabschluß befristete Sperre wurde jedoch von den Alliierten über den 10. Juli 1920 hinaus verlängert, weil man seitens der Sieger der Meinung war, daß das Reich die Ablieferungsbestimmungen des Vertrages nicht in befriedigendem Maße einhielt. Daß die Kontrollbehörden es mit ihren Verboten und Auflagen ernst meinten, zeigt das Beispiel des Riesenflugzeuges E4/20, einer Ganzmetall-Glattblech-Konstruktion, die im September 1920 aus der Flugerprobung gezogen wurde, um 25 Monate später verschrottet zu werden. Ein ähnliches Schicksal blieb der F13 erspart, wenngleich auch Junkers mit mancherlei Hemmnissen zu kämpfen hatte und vor allem hinsichtlich der Motorisierung der F13 bei den in Deutschland zugelassenen Typen kürzer treten mußte, als er es als Ingenieur gern getan hätte. Trotzdem setzte sich das Flugzeug in erstaunlich kurzer Zeit durch, weil eine Vielzahl von Vorteilen für die Ganzemetall-Konstruktion in Tiefdecker-Bauweise sprachen.

Gegenüber den bisherigen in Holz- oder allenfalls Gemischtbauweise erstellten Konstruktionen erwies sich die F13 als wesentlich robuster und unempfindlich gegen Witterungseinflüsse. Ihre Lebensdauer lag mit rund 15000 Flugstunden rund doppelt so hoch als bei den bisher eingesetzten Maschinen. Auch die Wirtschaftlichkeit der F13 war überzeugend, wie acht F13, die im Dienst der US-Post standen, eindeutig bewiesen. Der

US-General-Postmeister Burleson pries die Maschinen als einen wichtigen Fortschritt, lagen die Betriebskosten der F13 gegenüber den Konkurrenzmustern in Diensten der US-Post um volle 30 Prozent niedriger, die Wartungskosten sogar um 50 Prozent und dies bei einem um 50 Prozent größeren Aktionsradius und einer mehr als doppelten Frachtkapazität. Amerikanische Piloten sorgten schließlich auch für die Anerkennung von Weltrekorden der F13, die allerdings unter der US-Bezeichnung JL6 in die Annalen der FAI eingingen. John Larsen, Inhaber der Larsen Aircraft Corporation und einer Postbeförderungslizenz der US-Post unterstrich die Leistungsfähigkeit der F13 durch einen spektakulären nonstop-Flug über 1900 km von Omaha nach Pinevalley, für den er im Juli 1920 zwölf Stunden und zehn Minuten benötigte.
Für den Passagier bot die Maschine tatsächlich einen bisher nicht gekannten Komfort, angefangen vom bequemen Einstieg durch die seitliche Tür über dem Flügel bis zu vier bequemen Polstersitzen in Form von zwei Polstersesseln in der vorderen Reihe und einer bequemen Sitzbank dahinter. Die Sitze waren bereits mit Sicherheitsgurten ausgestattet. Die relativ geräumige Kabine war innen wie ein Auto der gehobenen Klasse jener Zeit mit Stoff ausgeschlagen und beheizbar, so daß eine wärmende Montur entfallen konnte, in der sich die Passagiere der meisten Passagierflugzeuge der Zeit vermummen mußten.
Prototyp und die ersten Serienausführungen der F13 – 1919 wurden insgesamt rund zwölf Maschinen gebaut – waren mit 185 PS BMW IIIa-Motoren ausgestattet, die der damals für in Deutschland zugelassenen Maschinen erlaubten Höchstleistung entsprachen. Einige der frühen F13 hatten auch den nur 160 PS abgebenden Mercedes IIIa zum Antrieb, der die F13 auf eine Reisegeschwindigkeit von 140 km/h brachte. In der Folgezeit sollte die Maschine zahlreiche Änderungen erfahren. Die Spannweite wurde von ursprünglich 14,82 m auf 17,75 m vergrößert, wodurch die tragende Fläche auf 44 m² wuchs. Außerdem erhielt die F13 in der Folgezeit eine Reihe von Motoren immer größerer Leistung. Bekannte Triebwerke waren der 6-Zylinder Junkers L-2 Motor mit 200–240 PS, der ab 1925 zum Einsatz kommende L-5 mit 280–310 PS und der wassergekühlte 240-PS-BMW-IV-Sechszylinder-Reihenmotor. Das offene Cockpit mit Doppelsteuer – ebenfalls eine Neuheit – bot zunächst nur durch halbhohe Windschutzscheiben Schutz vor Wind und Wetter und durch die großen ovalen Fensteröffnungen eine sehr gute Sicht. Spätere Modelle erhielten eine Cockpit-Verglasung.
Insgesamt wurden zwischen 1919 und 1932 322 F13 gebaut. Den größten Ausstoß verzeichnete Junkers in den Jahren 1920/21 mit insgesamt 80 Maschinen und nach Aufhebung des zwischenzeitlichen Baustops für deutsche Flugzeuge durch die Alliierten 1923/24 mit einem Flugzeug pro Woche. 1928/29 kletterten die Produktionsziffern noch einmal auf insgesamt 50 Einheiten. Die F13 kam in fast allen Teilen der Welt mit großem Erfolg zum Einsatz. Sie flog in Südamerika und Persien, in Asien und Afrika sowie in USA und Australien. Häufig erfolgte der Einsatz unter schwierigsten Bedingungen.

Junkers F 13 »Nebelkrähe« (Baunummer 682, Baujahr 1923) auf Schneekuf

Maschine flog von 1926 bis September 1932 bei der Luft Hansa.

1925 bediente die F 13 rund 40 Prozent des internationalen Verkehrsstreckennetzes.
Die Langlebigkeit der Zelle übertraf alle Erwartungen. So absolvierte die Werknummer 602, die 1920 gebaut und im Juli 1921 an die Scadta in Kolumbien verkauft wurde, in achtjährigem Einsatz 400000 Flugkilometer. Im Sommer 1929 nach Dessau zurückgeführt diente die Maschine zu Bruchfestigkeitsversuchen, bei denen praktisch kein Rückgang der Festigkeit und Steifigkeit der Zelle gegenüber den Meßergebnissen zu verzeichnen waren, die man bei Bruchversuchen mit neuen Zellen ermittelt hatte. 1936 war die F 13 noch immer in Polen im Einsatz. Der einzige Unfall einer F 13, der auf ein Versagen der Zelle zurückzuführen war, ereignete sich im Sommer 1930 in England. Anläßlich dieses Unfalls wurde übrigens erstmalig anhand geborgener Wrackteile die genaue Unfallursache wissenschaftlich untersucht.
Besonders erwähnenswert sind noch zwei herausragende Leistungen der F 13: im November 1920 überflog eine F 13 der kolumbianischen Fluggesellschaft Scadta die Kordilleren in 5200 m Höhe, 1922 erfolgte die erste Alpenüberquerung mit einem Verkehrsflugzeug ebenfalls durch eine F 13.
Die 1926 entstandene Luft Hansa übernahm von den Vorläufergesellschaften 50 Junkers F 13. Den Höchstbestand verzeichnen die Inventarlisten mit 55 Exemplaren im Jahre 1928. Die letzte F 13 der Lufthansa wurde 1939 ausgemustert. Es war die D-1, die mittlerweile mehrfach umgebaut insgesamt 20 Einsatzjahre hinter sich gebracht hat und zuletzt für Rundflüge über Berlin eingesetzt wurde.

Technische Daten:

Typ:	**Junkers F 13 Prototyp**	**Junkers F 13 Ke**
Hersteller:	Junkers Flugzeugwerk A.-G. Dessau	
Konstrukteur:	Dipl.-Ing. Otto Reuter	Dipl.-Ing. Otto Reuter
Erstflug:	25. Juli 1919	
Einsatz:	Verkehrsflugzeug zur Passagierbeförderung	Verkehrsflugzeug zur Passagierbeförderung
Besatzung:	2	2
Passagiere:	4	4
Baujahre:	diverse Typen von 1919 bis 1930	
Gesamtstückzahl:	alle Typen 322 Stück	
Anschaffungswert:	um 1920: 20000 RM inkl. Ersatzteile	
Bauweise:	Freitragender Ganzmetall-Tiefdecker	

Tragflügel: Außenflügel abnehmbar. Flügelinneres als statisch überbestimmtes Fachwerk, Wellblechhaut aus Dural trägt zur Aufnahme von Torsionskräften bei. Flügelholme aus Duralrohr, Verbindung der Außenflügel und des Mittelflügels durch Kugelverschraubungen.

Rumpf: Rumpf und Kabine bauen auf Fachwerk des Flügelmittelstückes auf, wodurch sich eine erhöhte Sicherheit für die Insassen bei evtl. Bruchlandung ergibt. Rumpfgerippe aus Spanten mit Dural-Wellblech beplankt.

Fahrwerk: Räderfahrwerk in Stahlrohr-Bauweise aus vier Streben mit Stromlinienverkleidung als Federbeine ausgebildet. V-förmig nach oben gegen den Rumpf abgestrebt. Radstand 2,1 m, Sporn abgefedert und gelenkig gelagert. Räderfahrwerk austauschbar gegen in wasserdichte Sektionen unterteilte Schwimmer oder Schneekufen.

Leitwerke: Höhenleitwerk freitragend mit rechteckigem Grundriß, Höhenruder trapezförmig. Seitenleitwerk dreieckig, bei späteren Ausführungen vergrößert. Höhen- und Querruderbetätigung über Steuersäule mit Handrad und Hebelgestänge aus Dural. Seitenruder über Pedale und Kabelzüge. Anstelle einer verstellbaren Höhenflosse hatten die frühen F 13 einen Trimmtank im Heck zur Schwerpunktveränderung. Dies erlaubte Fliegen mit stets gleichem geringem Anstellwinkel d. h. niedrigem Widerstand.

Cockpit und Kabine: Cockpit halboffen zweisitzig mit Doppelsteuer, Kabine viersitzig, beleucht- und beheizbar. Schiebefenster in der Trennwand zum Cockpit ermöglicht Sprechverbindung mit Piloten. Sitze mit Gurten und separater Gepäckraum.

Spannweite:	14,82 m	17,75 m
Länge:	9,59 m	10,15 m (LH-Ausf.)
Höhe:	4,10 m	4,50 m (LH-Ausf.)
Flügelfläche:	34,50 m^2	44,00 m^2
Leergewicht:	1075 kg	1560 kg
Nutzlast:	355 kg (bei 1200 km Reichw.)	745 kg) bei 950 km
Startgewicht:	max. 1800 kg	max. 2700 kg
Flächenbelastung:	52,17 kg/m^2	61,36 kg/m^2
Reisegeschwindigkeit:	140 km/h	170 km/h
Höchstgeschwindigkeit:	170 km/h	205 km/h
Landegeschwindigkeit:	90 km/h	100 km/h
Dienstgipfelhöhe:	4600 m	4000 m
Steiggeschwindigkeit:	180 m/min	145 m/min
Startrollstrecke:	200 m	375 m
Landerollstrecke:	150 m	220 m
Motor:	BMW IIIa 185 PS/136 kW 6-Zylinder, wassergekühlt	Junkers L 5 (310 PS/228 kW) 6-Zylinder, wassergekühlt

Einsatzdaten:

Erster Einsatz:	frühe F 13-Versionen bei Junkers-Abt. Luftverkehr, außerdem bei DLR und Bayr. Luftlloyd GmbH (D-1) ab April 1926 bei Luft Hansa	1930
Stückzahlen bei Luft Hansa:		
bei Einführung:	48 Stück (per 31. 12. 26) } versch. Versionen	
größter Bestand:	55 Stück (per 31. 12. 26) } versch. Versionen	
bei Außerdienststellung:	1 Stück (1939)	

Rißzeichnung Junkers F 13 D 373 »Stößer« mit BMW IV Baujahr 1924, Werknummer 734. Maßstab 1:125

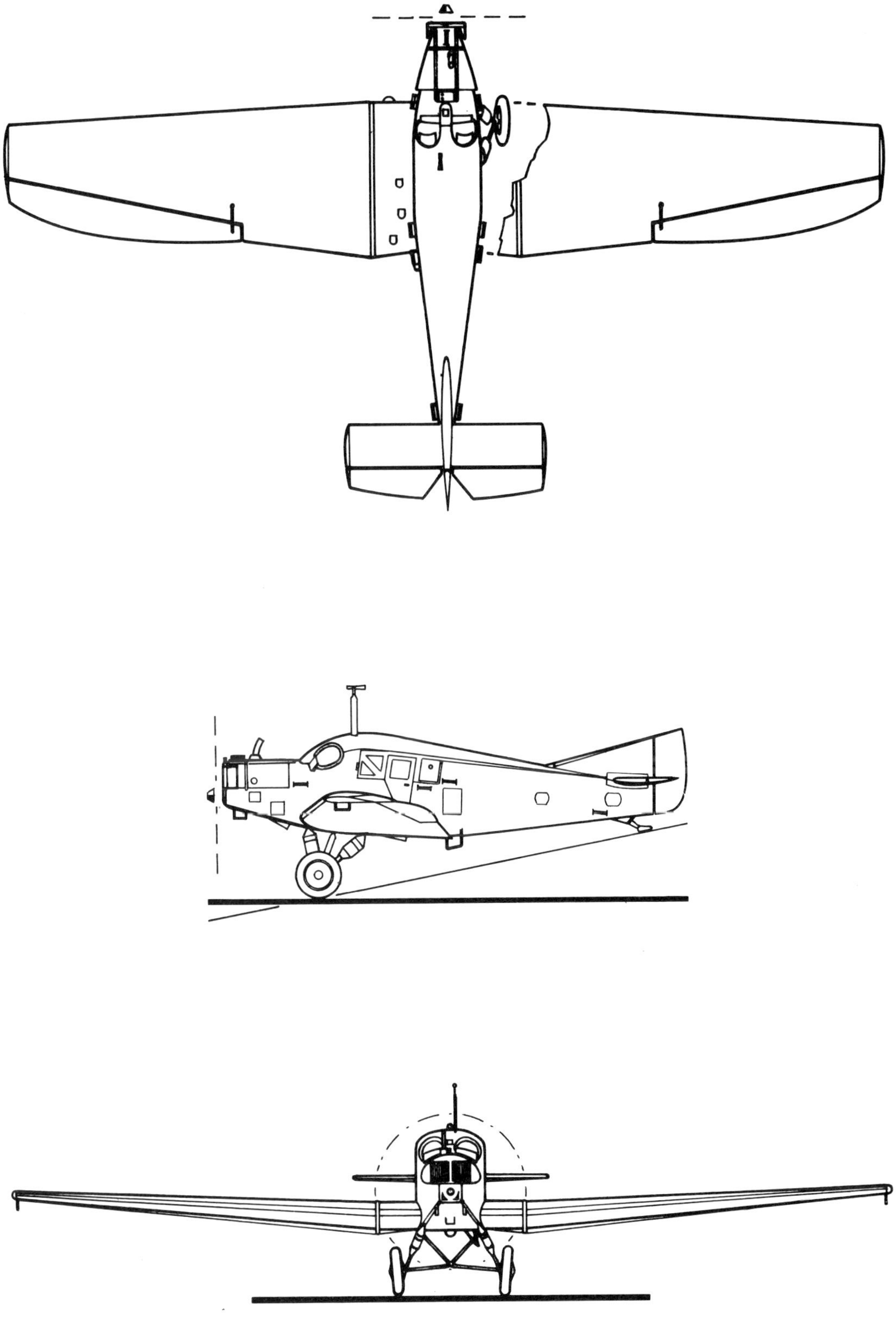

Fokker F.II und F.III

1926–1937

Anthony Herman Gerard Fokker gehörte während des Ersten Weltkrieges zu den prominentesten Flugzeug-Bauern und Konstrukteuren auf deutscher Seite. Der Niederländer hatte 1913 in Schwerin die Fokker Aeroplanbau gegründet, aus der die Fokker Flugzeugwerke GmbH Schwerin hervorgehen sollten.
Während des Krieges erfreuten sich Fokker Jagdflugzeuge großer Wertschätzung. Der Doppeldecker D.VII, dessen Prototyp 1917 fertiggestellt wurde, gehörte sogar zu den besten Jagdeinsitzern des Ersten Weltkrieges überhaupt. Ebenso wie der auch von Richthofen geflogene Fokker Dreidecker Dr.I war die D.VII das Werk des Fokker-Chefkonstrukteurs Reinhold Platz, der gegen Ende des Ersten Weltkrieges auch die ersten beiden Projekte für ein Fokker-Verkehrsflugzeug entwarf.
Die erste Konzeption trug die Projektnummer V44 und war als offener sechssitziger Hochdecker geplant.
Ausgangspunkt war die letzte Kriegskonstruktion, der Parasol-Eindecker Fokker D. VIII, gewesen. Als Antrieb war ein 185 PS BMW IIIa-Motor vorgesehen gewesen. Nachdem die gegenüber dem Ausgangsmuster vergrößerte Tragfläche bereits fertiggestellt war, entschied man bei Fokker, anstelle der V44 alias F.I eine komfortablere Version mit geschlossener Passagierkabine und offenem Cockpit, die Projektnummer V45, zu entwikkeln, die als F.II im Oktober 1919 zum erstenmal flog.
Der Prototyp der F.II trug die Produktionsnummer 1500 und war mit einem 185-PS-BMW IIIa-Reihenmotor ausgerüstet. Er erhielt nach der Typenprüfung die Zulassung D-57 und wurde am 20. März von Bernard de Wal in die Niederlande überführt, wo Fokker bereits im Jahre 1919 die Nederlandsche Vliegtuigenfabriek Fokker gegründet hatte. Die Verlagerung seiner Aktivitäten entband ihn von den mannigfaltigen Schwierigkeiten und Beschränkungen, mit denen seine deutschen Kollegen damals zu kämpfen hatten. Abnehmer der D-57 wurde die gerade entstandene niederländische Fluggesellschaft KLM, bei der auch die zweite in Schwerin gebaute F.II in Dienst gestellt werden sollte. Die beiden Flugzeuge (Baunummern 1500 und 1502) flogen bei der KLM unter der Registrierung H-NABC und H-NABD. Mit Sicherheit wurde mindestens eine dritte Maschine (1503) bei Fokker in Schwerin gebaut. Die Werknummer 1501 erhielt die Deutsche Luft-Reederei und sollte später einmal in Diensten der Luft Hansa das Kennzeichen D-757 tragen. Man nimmt an, daß möglicherweise einige weitere F.II noch in Schwerin gebaut wurden. Im Dunklen liegt so zum Beispiel die Herkunft einiger DLR-F.II wie der Werknummer 1503, die zunächst ein Danziger Kennzeichen (Dz3) trug, dann als D-175 bei der DLR flog, in die Flotte der Luft Hansa überging und von dieser schließlich an die Schweizer Balair verkauft werden sollte. Daneben gab es noch zwei weitere F.II mit Danziger Zulassung (Dz4 und Dz5), deren Baunummern allerdings ebenso unbekannt sind wie ihr Bauort. Die Dz4 gehörte offensichtlich ebenfalls zeitweise zur Flotte der DLR, ging dann an den Deutschen Aero Lloyd über und flog wahrscheinlich im Jahre 1924 bei der dänischen Luftverkehrsgesellschaft DDL.
Die Fokker F.II war ein eng am Rumpf abgestrebter Hochdecker mit geschweißtem, rechteckigem Stahlrohrrumpf, der leinwandbespannt war und sich nach hinten in der Höhe kaum verjüngte. Die viersitzige, geschlossene Passagierkabine lag unter dem ganz aus Holz aufgebauten, sperrholzbeplankten durchgehenden Flügel, der mit dem Rumpf verschraubt war. Das Cockpit war seitlich offen und bot neben dem Piloten einem weiteren Fluggast Platz.
Das Mittelstück des Flügels war sehr dick und diente zur Aufnahme des Kraftstoffes. Zu den Flügelspitzen nahm die Flächendicke stark ab. Die Querruder waren ebenso wie das Höhenruder ausgeglichen. Das Höhenleitwerk war abgestrebt. Erstaunlicherweise hatte die F.II ein Seitenleitwerk ohne Dämpfungsfläche, die offensichtlich durch das schlank auslaufende Rumpfheck ersetzt wurde.
Das Fahrwerk war aus vier Rohrstreben aufgebaut und hatte eine durch Gummikabel abgefederte durchgehende Achse. Die Passagierkabine besaß beidseitig drei

Fenster. Man stieg durch eine Tür in der (in Flugrichtung gesehen) linken Rumpfseite ein.
Die Luft Hansa übernahm 1926 insgesamt 19 Fokker F. II von ihren Vorläufer-Gesellschaften DLR und Deutscher Aero Lloyd. Das Gros dieser Maschinen war unter Aufsicht von Ing. Karl Grulich, dem technischen Leiter des Aero Lloyd in Berlin-Staaken fertiggestellt worden. Diese Maschinen werden als F. IIb oder Fokker-Grulich geführt. Möglicherweise gab es ein ähnliches Montageprogramm bei der DLR, das die ungeklärte Herkunft einiger DLR-Maschinen wie auch der in Danzig registrierten Typen erklären könnte. Ing. Grulich beschränkte sich allerdings in Staaken keineswegs nur auf eine Montageüberwachung sondern nahm gleichzeitig nicht unerhebliche Änderungen sprich Verbesserungen vor. Sie betrafen Cockpit und Kabine und Fahrwerk. Die Grulich-Maschinen wurden zunächst mit 250 PS starken BMW-IV-Motoren ausgestattet, einige wurden später auf den 320 PS-BMW-Va umgerüstet. Gegenüber der Grundausführung zeichneten sich die Fokker-Grulich-Maschinen auch durch eine verbesserte Nutzlast aus. Bei der Lufthansa hatten die F. II und das Nachfolgemuster F. III, das Anfang April 1921 erstmals flog, in den Jahren 1926 und 1927 ihre ›Glanzzeit‹. Immerhin gab es aber selbst 1934 noch zehn F. II in der LH-Flotte. Das letzte Exemplar vom Typ F. II findet sich noch in der Flottenliste vom 31.12.1936.
Die F III zeigte gegenüber dem Vorgängermodell F. II einige Unterschiede. Ein verbreiterter Rumpf ermöglichte eine nunmehr fünfsitzige Kabine. Der Flügel war nun freitragend und hatte eine von 16,10 m auf 17,62 m vergrößerte Spannweite. Hauptvorteile waren eine höhere Nutzlast und bessere Flugeigenschaften. Das Cockpit war immer noch offen und lag asymmetrisch angeordnet auf der in Flugrichtung gesehen rechten Seite unmittelbar neben dem Motor. Führersitz und Steuerung waren mit Schellen direkt am Motorvorbau angebracht. Eine kleine Scheibe diente als Windschutz. Insgesamt wurden wohl zwischen 50 und 60 F. III gebaut. Davon dürften insgesamt 31 Exemplare von Fokker selbst gebaut worden sein. Es ist nicht sicher, ob neben den in Schwerin gebauten Maschinen auch einige in den Niederlanden entstanden. Wie bei der F. II gab es auch von der F. III Maschinen aus »Fremdproduktion« unter der Regie von Grulich, der die F. III ab 1923 bei der DLR baute und die Produktion 1924 beim Deutschen Aero Lloyd fortsetzte. In diesem Rahmen enstanden auch zwei stark modifizierte F. III-Versionen, die neben acht Maschinen in der Grundausführung mit Rolls-Royce Motoren den Grundstock der Deruluft-Flotte bildeten. Die Maschinen trugen die Kennzeichen D-902 und RR5. Letztere war die Grulich V1 und verfügte über einen neuen Rumpf, ein neues Höhenleitwerk, ein neues Fahrwerk und ein verbessertes Cockpit, hatte aber wahrscheinlich einen Original-Fokker-Flügel. Der ursprünglich eingebaute 360 PS Rolls-Royce Eagle VIII Motor mit Vierblatt-Propeller wurde später durch einen unverkleideten Jupiter Sternmotor ersetzt (Version Grulich V1a). Die D-902 wird allgemein als die Grulich V2 angesehen und war mit einem BMW-VI-Motor ausgestattet. Ihr Fahrwerk entsprach dem der normalen F. III, und auch ihr Rumpf war nicht ganz so gut durchgebildet wie bei der RR5.
Die Grulich-Fokker F. III waren meist mit 250 PS-BMW IV-Motoren ausgerüstet. Es gab aber auch einige Exemplare mit Armstrong Siddeley Puma mit 340 PS. Beim Deutschen Aero Lloyd flogen wahrscheinlich nicht weniger als 20 F. III. Insgesamt 16 Maschinen dieses Typs gingen in die Flotte der Luft Hansa über, darunter wohl auch einige als F. IIIc bezeichnete Exemplare wie die auf den BMW Va (320 PS) umgerüsteten F. III bezeichnet wurden. Die letzten F. III flogen noch 1932 im Ostsee-Bäderverkehr und als Frachter. Ein Jahr zuvor waren Maschinen dieses Typs auch noch auf der Strecke Hamburg–Bremen–Amsterdam und einigen innerdeutschen Routen im Einsatz.
Die letzten drei Exemplare der F. III weist die Inventarliste der Lufthansa per 31.12.1936 aus, doch ist unwahrscheinlich, daß sie zu dieser Zeit noch im Streckeneinsatz waren.

Links oben: Die in Danzig registrierte Dz 8 »Fürth« wurde im Jahre 1922 unter der Baunummer 1531 fertiggestellt. Die F.III kam im Januar 1926 als D-180 zur Luft Hansa und wurde im September 1928 zerstört.

Links Mitte: Diese Fokker Grulich F.III flog als D-468 bei der Luft Hansa und hatte einen Armstrong Siddeley Puma-Motor mit 240 PS (176.6 kW). Sie ging im Oktober 1926 zu Bruch.
Links unten: Fokker F. II D-742 der Luft Hansa (Baunummer 1583, Baujahr 1925) mit BMW IV, im Mai 1930 Umrüstung zur F.IIb mit BMW Va. Späteres Kennzeichen D-OSUP.

Rechts oben: Fokker F. III mit Deruluft-Registrierung RR1 und RR3 mit Vierblatt-Propellern.
Rechts unten: Fokker Grulich F.II »Weichsel« (Baunummer 1570, Baujahr 1925). Ab April Fokker F.IIb mit BMW Va. Die D-717 wurde 1934 zur D-OVAZ.

Technische Daten:

Typ:	**Fokker (Grulich) F. II**	**Fokker-Grulich F. III**
Hersteller:	Fokker Flugzeugwerke GmbH, Schwerin Weiterbau in Berlin-Staaken durch Deutschen Aero Lloyd	Fokker-Flugzeugwerke GmbH, Schwerin Außerdem in Berlin-Staaken durch DLR und Deutschen Aero Lloyd
Konstrukteure:	Reinhold Platz und Kuerth, Verbesserungen Ing. Grulich	Reinhold Platz und Kuerth, Verbesserungen Ing. Grulich
Erstflug:	Oktober 1919	April 1921
Baujahre:	1919 – ca. 1926	1921 – ca. 1926
Produktionszahl:	mindestens 26, davon mind. 19 in Staaken	50 – 60
Anschaffungswert:	26000 ndl. Gulden mit BMW IV-Motor, 30000 ndl. Gulden mit 240 PS Armstrong Siddeley Puma Motor	
Einsatz:	Verkehrsflugzeug	Verkehrsflugzeug
Besatzung:	1 (großer Führerraum)	1 (großer Führerraum)
Passagiere:	4 in geschlossener Kabine + 1 im offenen Cockpit neben dem Piloten	5 in geschlossener Kabine
Bauweise:	Abgestrebter Hochdecker, durchgehende Fläche in Holzbauweise, sperrholzbeplankt Rumpf: Stahlrohrkonstruktion geschweißt und bespannt Kabine: viersitzig, geschlossen, Einstieg links Leitwerk abgestrebt, Seitenleitwerk ohne Dämp- fungsfläche, Fahrwerk aus Stahlrohr mit durch- gehender Achse und Gummikabel-Federung teilweise doppelt bereift. Grulich-Typen mit ver- ändertem Fahrwerk. Cockpit: offen, zweisitzig, spätere Typen und Um- bauten auch mit geschlossenem Cockpit.	Freitragender Hochdecker mit durchgehender Fläche in Holzbauweise, sperrholzbeplankt. Rumpf: Stahlrohrkonstruktion, geschweißt und bespannt Kabine: fünfsitzig, geschlossen, Einstieg links Leitwerk abgestrebt, Seitenleitwerk ohne Dämp- fungsfläche, Fahrwerk aus Stahlrohr mit durch- gehender Achse und Gummikabel-Federung teilweise doppelt bereift. Grulich-Typen mit ver- ändertem Fahrwerk. Cockpit: offen, einsitzig. RR5 der Deruluft mit geschlossenem Cockpit.
Spannweite:	16,10 m	17,62 m
Länge:	11,65 m	11,07 m
Flügelfläche:	42 m^2	39,1 m^2
Leergewicht:	1200 kg (1650 kg*)	1200 kg (1550 kg)**
Nutzlast:	400 kg (513 kg)*	450 kg
Startgewicht:	1900 kg (2300 kg)*	1900 kg (2300 kg)**
Flächenbelastung:	45,24 (45,76)* kg/m^2	48,6 (58,82) kg/m^2
Reisegeschwindigkeit:	120 km/h	135 km/h
Höchstgeschwindigkeit:	150 km/h	150 – 170 km/h
Landegeschwindigkeit:	70 km/h	70 km/h
Reichweite:	1200 km (600 km)***	Flugdauer 5 Std.
Motor:	BMW IIIa (185 PS) BMW IV BMW Va	BMW IIIa (185 PS) Rolls-Royce Eagle VIII (Deruluft) BMW IV 250 PS)** auch Armstrong Siddeley Puma BMW V a (F. III c)
Einsatzdaten:		
Erster Einsatz:	1920 bei KLM und DLR ab April 1926 bei Luft Hansa	1921 bei KLM und DLR ab April 1926 bei Luft Hansa
Stückzahlen bei Luft Hansa:		
bei Einführung:	19	16
Größter Bestand:	19 (1926)	16 (1926)
bei Außerdiensstellung:	1 (1937)	3 (1936)
Streckenflüge:	1926–34 vor allem auf rheinischen Strecken wie Düsseldorf – Krefeld, Köln – Aachen, Köln – Essen/ Mülheim, Köln – Krefeld.	Inlandsstrecken sowie Hamburg – Bremen – Amsterdam, Frachtdienste. Ab 1932 im baltischen Seebäderdienst.
Sonstige bemerkens- werte Einsätze:		Bei Deruluft: Königsberg – Kowno – Smolensk – Moskau ab 1. Mai 1922 (1220 km). Wenigstens einmal wurde diese Strecke sogar an einem Tag bewältigt.

* Fokker Grulich F. II
** F. III c (Umrüstung auf BMW V a)
*** Fokker-Grulich F. IIb mit BMW V a

Rißzeichnung Fokker III, D-378 (Baunummer 1552) mit BMW IV ab Mai 1928 F IIIc mit BMW Va, Maßstab 1:125

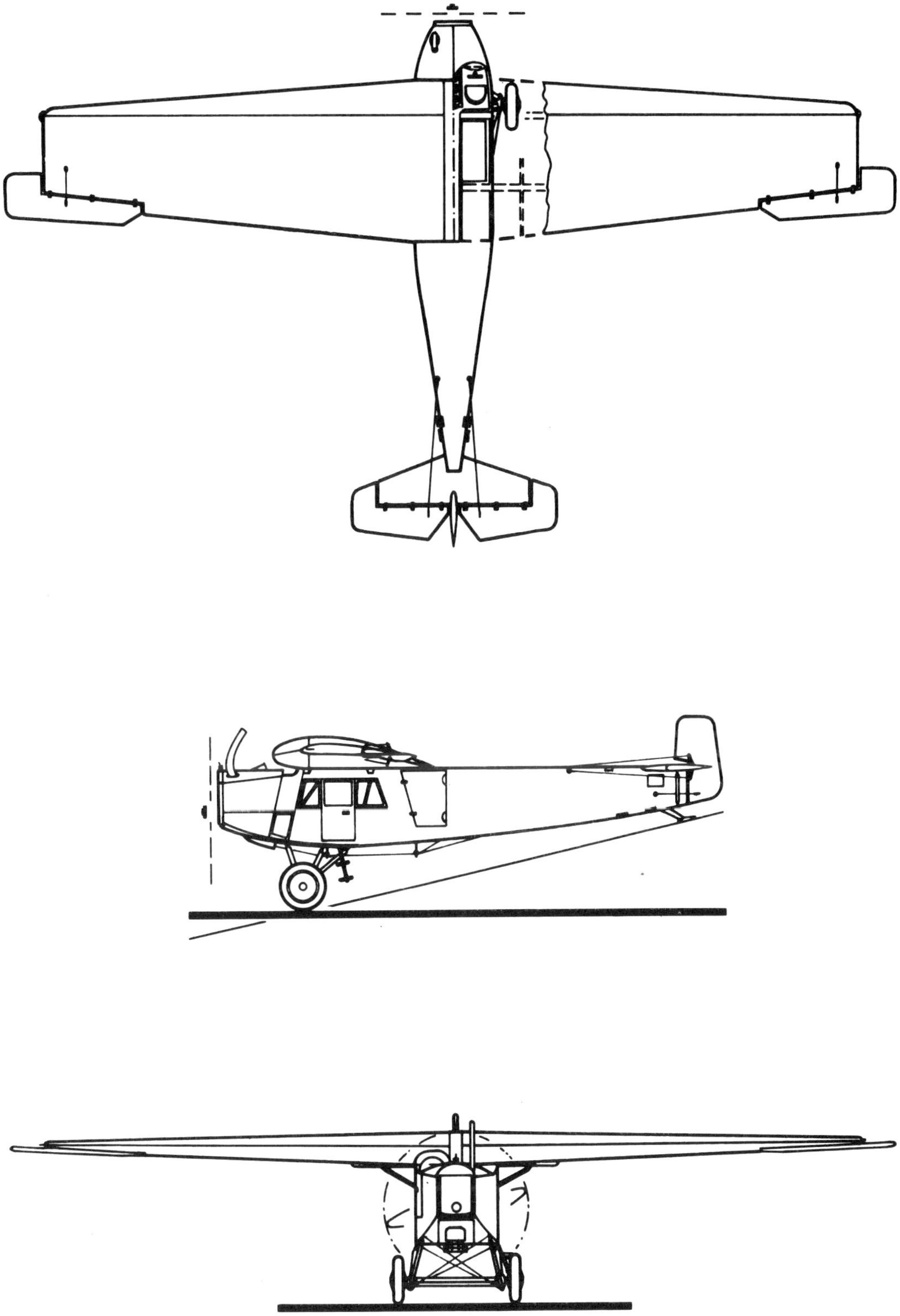

Dornier Do C Komet und Merkur 1926–1935

Dipl.-Ing. Claudius Dornier, einst führender Statiker im Luftschiffbau des Grafen Zeppelin und danach Konstrukteur in der 1922 vom Grafen Zeppelin ins Leben gerufenen »Flugzeugbau Friedrichshafen GmbH«, war neben Hugo Junkers der zweite bedeutende Verfechter des Metall-Flugzeugbaus in Deutschland. 1914 regte Graf Zeppelin den fähigen Konstrukteur dazu an, sich mit dem Entwurf von Riesen-Wasserflugzeugen zu befassen, und machte ihn zum Leiter der Zeppelin-Werke Lindau GmbH, die im gleichen Jahr gegründet worden waren und den Bau von Metallflugbooten zu ihrem speziellen Arbeitsfeld ausersehen hatten. Hier sammelte Dornier seine ersten grundlegenden Erfahrungen im Metallflugzeugbau, und hier wurden auch wohl die Weichen für seine spätere bedeutende Rolle als Hersteller von Flugbooten gestellt.

Seine erste Konstruktion war ein gewaltiges Wasserflugzeug aus Leichtmetall mit 43,50 m Spannweite, 29,00 m Länge und drei 240-PS Maybach-Motoren, das allerdings im Dezember 1915 einem schweren Sturm zum Opfer fiel, bevor sich der Riesenvogel auch nur einmal in die Luft erhoben hatte.

Dornier verfolgte die Metallbauweise bei den Riesenflugbooten Rs-II, Rs-III und RS-IV konsequent weiter, wobei ihm die Leichtbau-Erfahrungen aus dem Luftschiffbau sehr nützlich waren. Die Maschinen waren ganz aus Duraluminium und Stahl gebaut, besaßen aber stoffbespannte Flächen und Leitwerke. Die Flächen waren allerdings dem damaligen Stand der Technik entsprechend noch nicht freitragend sondern abgestrebt oder verspannt. Typisch ›Dornier‹ war der bootsförmige Flugzeugrumpf, der auch in der Folgezeit von Dornier bevorzugt werden sollte. Mit dem am 30. Juni 1916 erstmals im Fluge erprobten und anschließend mehrfach umgebauten Flugboot Rs-II kam ein weiteres Dornier-Merkmal hinzu, als Dornier die zunächst dreimotorige Maschine auf vier Motoren in Tandemanordnung umrüstete.

Das nächste typische Dornier-Merkmal zeigte die RS-IV, die am 18. Oktober 1918 ihren Jungfernflug über dem Bodensee absolvierte und erstmalig mit den seitlich am zentralen Bootsrumpf angebrachten Flossenstummeln ausgerüstet war. Diese Neuerung erleichterte den Start wie auch die Wasserung des Flugbootes und verlieh ihm auch bei Wellengang eine sehr gute Seitenstabilität. Die Zelle der Rs-IV war zudem in der von Dornier entwickelten selbsttragenden Ganzmetall-Schalenbauweise aufgebaut. Das Startgewicht des Riesenvogels betrug 10500 kg, wovon 3500 kg auf die Nutzlast entfielen. Die Reichweite der Rs-IV betrug 1300 km. Ein sich nach dem Kriege anbietender Umbau dieses leistungsfähigen Flugbootes, das mit Leichtigkeit mit einer Kabine für 20 Passagiere hätte ausgestattet werden können, scheiterte an den bereits zitierten Baubeschränkungen des Versailler Vertrages.

1922 wurde das von Dornier geleitete Unternehmen Zeppelin Werk GmbH Lindau in Dornier Metallbauten GmbH Friedrichshafen umgewandelt, woraus schließlich die Dornier Werke GmbH Friedrichshafen hervorgehen sollten.

Noch beim Zeppelin Werk entwickelte Dornier jedoch zunächst ein einmotoriges Flugboot, die Do Cs II ›Delphin‹, das am 24. November 1920 zum erstenmal flog und auch als L1 bekannt wurde. Die relativ häßliche Maschine war ganz aus Stahl und Dural gebaut und hatte einen dicken, rechteckigen Flügel in Schulterdecker-Anordnung. Der Rumpf hatte Bootsform und seitliche Flossenstummel. Die Tragflächen waren in Höhe des Flossenansatzes gegen den Rumpf abgestrebt und auf zwei stählernen Holmen mit Dural-Kastenrippen aufgebaut. Der Rumpf bestand ganz aus Dural und bot fünf bis sechs Passagieren Platz. Der 185-PS BMW-IIIa Motor saß etwas unglücklich auf der Rumpfnase. Die Propellerachse lag etwa in Höhe der Profilsehne des Flügels. Zwischen Motor und Flügel lag das Cockpit.

Der schwerfällige Entwurf wurde in der Folgezeit mehrfach überarbeitet und verbessert. So entstand 1922 die Version Do L Ia mit verkleidetem Motor und halb geschlossenem Cockpit. Darauf folgte 1924 der Typ Do L2 Delphin II mit dem 250/300 PS BMW IV und weiter vor-

gezogenem Bootsrumpf, der nun sechs bis sieben Passagieren Platz bot und auch das Cockpit aufnahm.
Letzte Version wurde der Typ Delphin III, der von Dornier in der Schweizer Dependance »AG für Dornier Flugzeuge« in Altenrhein gebaut wurde und zwölf bis dreizehn Fluggästen Platz bot. Als Antrieb diente ein 450/600 PS BMW VI-12-Zylinder mit Wasserkühlung. Eine von drei bekannten Maschinen dieses Typs, der am 30. März 1928 seinen Erstflug hatte, war als CH178 in der Schweiz registriert. Die D-1620 flog beim Bodensee Aero Lloyd Lindau, für den sie im März 1929 die Registrierung erhielt. Bereits im Juni 1929 mußte die Maschine als Totalverlust abgeschrieben werden. Die zweite in Deutschland registrierte Delphin III trug das Kennzeichen D-1857 und wurde im Juni 1930 auf die Firma Dornier GmbH Friedrichshafen zugelassen. Über ihr Schicksal ist nichts bekannt. Der Ur-Delphin war allerdings nicht nur der Ausgangspunkt für die Delphin-Familie sondern auch zugleich Urahn einer neuen Familie von Dornier Landflugzeugen, die mit der Dornier Komet I im Jahre 1921 entstand. Dieses Flugzeug war die Landausführung des Delphin, dem sie auch konstruktiv weitgehend entsprach. Die veränderte untere Rumpfkontur sowie das Landfahrwerk erlaubten es jedoch, den Motor, einen 185 PS BMW IIIa Sechszylinder mit Wasserkühler, in die Kontur der Rumpfnase einzubeziehen. Das offene einsitzige Cockpit lag wiederum zwischen Motor und Flügelnase, bot aber durch die andere Motorposition eine bessere Sicht, wenngleich der vor dem Motor sitzende Kühler auch hier als störend empfunden worden sein mag.
Der Rumpf hatte einen rechteckigen Querschnitt und durch das strebenlos angesetzte Fahrwerk nur eine geringe Bodenfreiheit. Die beidseitig aus dem Rumpf ragenden Stummelachsen des Fahrwerks waren verkleidet.
Die viersitzige Kabine mit zwei nach vorn und zwei nach hinten weisenden Passagiersitzen war durch eine seitliche Rumpftür unmittelbar hinter der zweifachen Flächenabstrebung zugänglich.
Gegenüber dem Prototyp, der wie die Folgemuster bis zur Do B Bal ein offenes Cockpit besessen hat, zeigte die Serien-Komet eine geringfügig verkleinerte Ausgleichsfläche am Seitenruder. Als Komet II kam 1922 eine Variante mit 250 PS-BMW-IV heraus, die am 9. Oktober erstmals flog.
Einige wenige Komet II flogen bei der DLR, darunter die Baunummern 24 und 30 mit den Zulassungen D-223 und D-248, die den Namen Düsseldorf trug und in die Flotte des Aero Lloyd überging, der seine Komet-Maschinen auf der Strecke Berlin–Dresden–Prag–Wien einsetzte. Die D-223 ging als erstes deutsches Flugzeug in die Geschichte der Zivilluftfahrt ein, das nach dem Kriege auf britischem Boden landete (am 31. Dezember 1922 in Lympne). Beide Maschinen (Baujahr 1920 und ursprünglich mit BMW III a ausgerüstet) gingen 1926 in die Flotte der Luft Hansa über und wurden zu Komet II d. h. mit BMW-IV-Motoren umgerüstet. Während die Zulassung der D-223 im März 1932 zurückgezogen wurde, läßt sich die D-248 noch per 31. 12. 1930 in der Flottenliste der Luft Hansa nachweisen, obgleich sie zu diesem Zeitpunkt wohl nicht mehr im Einsatz war. Offensichtlich beendete die Komet II im September 1928 ihre Karriere als Streckenflugzeug auf der Route Hamburg–Bremerhaven–Wangerooge–Norderney.
Damit sollte das Kapitel Dornier Komet jedoch keineswegs seinen endgültigen Abschluß gefunden haben, denn parallel zur Weiterentwicklung des Wasserflugzeuges Delphin entstanden auch entsprechende Nachfolgemuster der Komet-Reihe.
Die Dornier Komet III, die am 7. Dezember 1924 zum erstenmal flog, entsprach zwar ihren Vorläufermustern im Aufbau, war jedoch größer und quasi eine Parallelentwicklung zur Delphin III. Die Maschine war größer in ihren Abmessungen und mit 360 bis 450 PS stärker motorisiert. Dies schlug sich auch in einer größeren Passagierkapazität von nunmehr sechs Sitzen und einem jetzt für längere Flüge doppelsitzigen Cockpit nieder. Der Deutsche Aero Lloyd setzte die Komet III in mehreren Exemplaren unter anderem auf der Route Kopenhagen–Hamburg–Zürich ein. Die meisten dieser Maschinen gingen in die Flotte der Luft Hansa über.
Anfang 1925 entstand eine weitere Variante der Komet-Serie, die Dornier Merkur, deren Erstflug am 10. Februar 1925 stattfand. Äußerlich unterschied sich diese nur geringfügig in der Spannweite größere und stärker motorisierte Maschine kaum von der Komet III. Ebenso wie diese hatte die Merkur keine auf dem Rumpf aufliegende Fläche sondern einen auf vier kurzen Streben sitzenden Flügel, so daß sich ein Spalt zwischen Rumpf und Flächenunterseite ergab. Einziges deutli-

Die Dornier Delphin (oben) war der Vorläufer der Komet.

Rechte Spalte (von oben nach unten):

Eine frühe Dornier Komet II.

Die Dornier Komet III D-580 flog unter anderem auf der Strecke Berlin – Köln. Die Tragfläche ist über dem Rumpf aufgeständert. Die Maschine entstand 1925 als Baunummer 74 und gehörte bis März 1934 der Lufthansa. Die Luftfahrzeugrolle gibt als Triebwerk der D-580 »Panther« einen BMW VI an, weshalb diese Maschine zuweilen auch als Merkur erscheint.

Die Do Merkur RR 30 der Deruluft war eine »echte« Merkur, wie der Ausschnitt in der Hinterkante des Flügels erkennen läßt. Das Bild zeigt die Maschine auf dem Flughafen Königsberg. Die links ins Bild ragende D-1079 ist ebenfalls eine Merkur.

die im August 1928 von der Deruluft zur Lufthansa kam und ab Juli 1929 wieder bei der Deruluft flog. Sie wurde 1932 zerstört. Das Flugzeug trug den Erkennungsnamen »Blaufuchs« und entstand 1927 unter der Werknummer 127.

Am 6. April 1926 eröffnete die Luft Hansa Komet III ihre planmäßige Strecke Berlin – Halle – Erfurt – Stuttgart – Zürich.
Die durchgehende Flügelhinterkante unterscheidet die Komet III von der Merkur. Hier der Eröffnungsflug nach Köln einige Tage später.

Eine ganze Merkur-Flotte. **Im Vordergrund die D-1103 der Luft Hansa mit BMW VI D (Baunummer 88, Baujahr 1927), die im April 1928 zur Luft Ha**

ches äußeres Unterscheidungsmerkmal bei der Merkur war der leichte Einzug der Flügelhinterkante über dem Rumpf. Die Konfusion um die Typen Komet III und Merkur vergrößerte sich noch durch den Umstand, daß Komet III-Maschinen, die mit BMW IV und BMW VI-Motoren umgerüstet wurden, nach dem Umbau in der Regel ebenfalls als Merkur geführt wurden. Bei der Luft Hansa waren 1929 laut Flottenliste insgesamt 26 Merkur im Einsatz, von denen es sich bei mindestens sieben Exemplaren um umgerüstete Komet III gehandelt haben dürfte. Insgesamt besaß die Lufthansa, die ihre Merkur-Maschinen 1929 mit Radbremsen ausrüsten ließ, über 35 Maschinen dieses als zuverlässig und robust bekannten Typs. Ihre Tochtergesellschaft Deruluft

und 1934 zur D-USYM wurde.

nen Teil der Verbindung Berlin–Moskau darstellte, im Laufe der Zeit insgesamt 22 Merkur-Maschinen ein.
Um den Typen-Wirrwarr zu vergrößern, lief die Merkur auch noch unter der Bezeichnung DoB. Die späteren Maschinen der Baureihe wurden auch als DoB Bal geführt. Mit dem BMW VIu-Motor hieß das Flugzeug schließlich Do B Bal 2. Zu dieser Baureihe gehörte bei-

setzte auf der Nachtstrecke Berlin–Königsberg, die eispielsweise die 1928 unter der Werknummer 176 gebaute D-1445, die im Juli 1928 ihre Zulassung erhielt und ursprünglich mit einem BMW VIu-Motor ausgerüstet war. Sie flog zunächst bei der Deruluft und kam im Februar 1930 zur Lufthansa und flog zeitweise mit einem luftgekühlten Gnome Rhône Jupiter Sternmotor.
Berühmt wurde die Merkur außerdem durch Mittelholzers Flug mit zwei Passagieren von Zürich nach Kapstadt. Seine auf Schwimmer gesetzte Merkur unterschied sich von den Serienmaschinen durch ein mit Rücksicht auf die Schwimmer vergrößertes Seitenruder. Mittelholzer bewältigte die gewaltige Strecke zwischen dem 7. Dezember 1926 und 21. Februar 1927 in einer reinen Flugzeit von 100 Stunden.
Aufsehen erregte auch ein Demonstrationsflug über 7000 km von Friedrichshafen über Moskau nach Tiflis. Bald darauf wurde der Kaukasus erstmals von einem Flugzeug mit sechs Fluggästen an Bord überflogen. Dabei wurden mit 1600 kg Nutzlast 5400 m Flughöhe erreicht. Nicht zuletzt kam die Merkur auch zu Weltrekordehren.
Am 24. und 29.6.1926 wurden folgende Bestleistungen von Mittelholzer und dem Dornier-Piloten Zinsmair erflogen:

Mit 500 kg Nutzlast:

Dauer	14 Stunden 43 Minuten (Verbesserung um 60 Prozent)
Entfernung	2300 km (Verbesserung um 140 Prozent)
Geschwindigkeit über eine Strecke von 2000 km:	164 km/h

Mit 1000 kg Nutzlast:

Dauer	10 Stunden 05 Minuten (Verbesserung um 170 Prozent)
Entfernung	1400 km (Verbesserung um 600 Prozent)
Geschwindigkeit über eine Strecke von 500 km:	162 km/h
Geschwindigkeit über eine Strecke von 1000 km:	162 km/h

Mit diesen Rekorden hielt die Dornier Merkur 1926 ein Viertel aller Weltrekorde für Landflugzeuge.

Technische Daten:

Type:	**Dornier Komet I (II)**	**Dornier Komet III (Merkur)**
Hersteller:	Zeppelin Werk Lindau G.m.b.H.	Dornier-Werke GmbH Friedrichshafen
Konstrukteur:	Dipl.-Ing. Claudius Dornier	Dipl.-Ing. Claudius Dornier
Erstflug:	1921 (9. Okt. 1922)	7. Dez. 1924 (10. Februar 1925)
Baujahre:	1921 (1922/23)	1924 (ab 1925)
Produktionszahl:	unbekannt	mindestens 70 Komet III und Merkur
Einsatz:	Passagierflugzeug	Passagierflugzeug
Besatzung:	1	1–2 (Doppelsteuerung)
Passagiere:	4	6 (bis zu 8)
Bauweise:	abgestrebter Hochdecker in Ganzmetallbauweise, Fläche mit Stahlholmen und Duralrippen, Profildicke und Tiefe gleichbleibend. Rumpf geschlossen, Dural-Konstruktion. Kabine viersitzig mit Rohrsesseln, Fahrwerk seitlich am Rumpf angesetzt. Cockpit offen vor dem Flügel (beim Prototyp wahrscheinlich dahinter) liegend. Leitwerke Dural, wie Flügel glattblechbeplankt.	abgestrebter Hochdecker in Ganzmetallbauweise, Fläche mit Stahlholmen und Duralrippen. Profildicke und Tiefe gleichbleibend. Rumpf geschlossen, Dural-Konstruktion. Kabine mit Rohrsesseln sowie Toilette, Frachtausführung mit großer Frachtklappe, Fahrwerk ab 1929 mit Bremsen. Cockpit offen vor dem Flügel liegend, ab Do B Bal geschlossen Leitwerke Dural, wie Flügel glattblechbeplankt.
Spannweite:	17,00 m (17,00 m)	19,00 m (19,60 m)
Länge:	9,50 m (10,30 m)	12,00 m (12,50 m)
Höhe:		3,46 m
Flügelfläche:	50,0 m^2 (50,0 m^2)	62,0 m^2 (62,0 m^2)
Leergewicht:	1450 kg (1500 kg)	1650 kg (2100 kg)
Nutzlast:		(500 kg)
Startgewicht:	2050 kg (2200 kg)	3000 kg (3600 kg)*
Flächenbelastung:	40,4 kg/m^2 (44 kg/m^2)	48,39 kg/m^2 (58,06 kg/m^2)
Reisegeschwindigkeit:	135 km/h (135 km/h)	155 km/h (180 km/h)
Höchstgeschwindigkeit:		(200 km/h)
Landegeschwindigkeit:		80 km/h
Reichweite:	600 km	1050 km (750 km)
Gipfelhöhe:	4000 m	3500 m (5200 m)
Motor:	185 PS = 136 kW BMW III a (250 PS = 184 kW BMW IV)	frühe Komet III 360 PS = 265 kW Rolls-Royce Eagle IX spätere Komet III (600 PS = 441 kW) BMW VI oder 640 PS = 470 kW BMW VI u**
Einsatzdaten:		
Erster Einsatz:	1922 bei DLR	1925 Deutscher Aero Lloyd 1926 Luft Hansa (umgebaute Komet III)
Stückzahlen bei Luft Hansa:		
bei Einführung:	3 Komet II	10 Komet III, davon 2 zu »Merkur« umgerüstet
Größter Bestand:		insgesamt 26 Exemplare Merkur im Jahre 1929
bei Außerdienststellung:		5 Exemplare im Jahre 1935
Pionierflüge:		7. 12. 26 bis 21. 2. 27 Zürich – Kapstadt mit 2 Passagieren in 100 Flugstunden (Do-B/See mit Zusatztanks, Gesamt-Tankvolumen 1340 Liter gegenüber 840 Liter in der Standardausführung)
Streckenflüge:		Nachtstecke Berlin – Königsberg

* Lufthansa-Version 4100 kg

** Lufthansa-Version »Dornier WBal 2« mit geschlossenem Cockpit, Länge 12,85 m, Vierblatt-Propeller, ab 1928 nur wenige Exemplare ausgeliefert. Darunter D-1232 (Baunummer 166 April 1932 zugelassen auf DVS), D-1445 (Baunummer 176, Erstzulassung im Juli 1928 auf Deruluft GmbH, ab Februar 1930 Luft Hansa, im Juni 1934 zerstört), D-1455 (Baunummer 177, Erstzulassung im August 1928 auf Deruluft GmbH, Berlin, ab April 1929 Luft Hansa, im Juni 1931 verbrannt), D-1458 alias D-UNEQ (Baunummer 178, Erstzulassung im Juli 1928 auf Deruluft GmbH, Berlin, ab April 1929 Luft Hansa).

Rißzeichnung Dornier Do Merkur D-1102 »Edelmarder« (Baunummer 87, Baujahr 1927) mit BMW VI D, ab April 1928 bei Luft Hansa. Ab 1934 D-UDYF. Maßstab 1:125

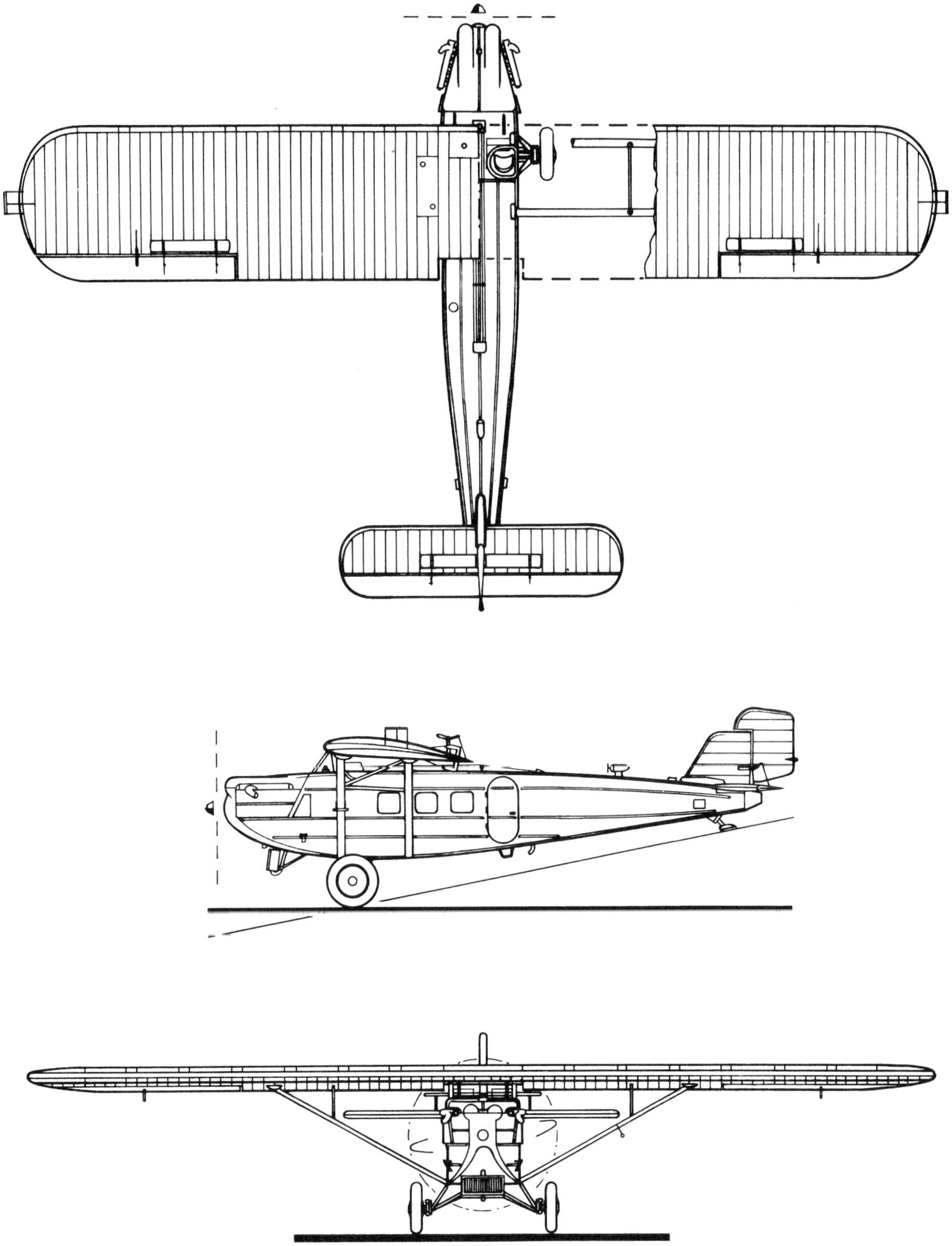

Junkers G 23 und G 24

1926–1935

Das erste mehrmotorige Flugzeug, das die Luft Hansa in großer Stückzahl einsetzte, – 1927 umfaßte die Flotte 18 Exemplare dieses Typs – war die Junkers G 24. Sie war 1924 aus der ebenfalls dreimotorigen G 23 hervorgegangen und leitete sich wie diese aus der F 13 her, die Junkers vergrößerte und mit zwei zusätzlichen Motoren ausstattete. Die G 23, die 1924 zum erstenmal flog, war direkt aus der F 13 abgeleitet, wobei Junkers die Erfahrungen, die er im Einsatz der F 13 gewonnen hatte verwertete. Die Entwicklung des Flugzeuges litt zunächst stark unter den Baubeschränkungen der Alliierten. Das Flugzeug war deshalb nur mit 160 PS starken Mercedes IIIa-Motoren ausgestattet. Der Prototyp, der nach nicht zu belegenden Annahmen sogar außerhalb Deutschlands nämlich im Junkers Werk in Fili bei Moskau entstanden sein soll, besaß sogar nur einen 195 PS Junkers L-2 Motor in der Rumpfnase und zwei nur 100 PS abgebende Mercedes Motoren in je einer Motorgondel am Ansatz der Außenflügel. Wie die F 13 war auch die G 23 ein freitragender Tiefdecker in Ganzmetall-Bauweise. Der erste dreimotorige Junkers-Tiefdecker erlebte keine großen Stückzahlen, was weitgehend an den damaligen Baubeschränkungen gelegen haben mag. Ähnlich wie Dornier mit seiner Produktion in die Schweiz (Altenrhein) und nach Italien (Marina die Pisa) auswich, suchte auch Junkers sein Heil im Ausland. So wurden beispielsweise G 23-Flugzeuge außer in Deutschland in Schweden bei AB Flygindustri gebaut. Insgesamt dürften etwa zehn, maximal aber zwölf Maschinen des Typs G 23 gebaut worden sein, mindestens sechs davon in Schweden.

Die Flugzeuge wurden anscheinend nur im Ausland eingesetzt. Vier flogen bei AB Aerotransport in Schweden – zwei dieser Maschinen wurden später an die spanische Gesellschaft UAE verkauft – weitere vier G 23 flogen in der Schweiz bei Ad Astra. Für den Aero Lloyd flog eine weitere G 23 auf Schwimmern in Polen.

Der erste mehrmotorige Ganzmetall-Tiefdecker der Verkehrsluftfahrt hatte eine Spannweite von 28,50 m und 89 m^2 Flügelfläche. Mit 395 PS-Gesamtantriebsleistung war der 15,23 m lange Prototyp deutlich untermotorisiert. Die Serienmaschinen G 23a und G 23e mit drei 160 PS Mercedes IIIa sowie G 23W mit einem Junkers L2 und zwei 160 PS Mercedes IIIa-Motoren waren in dieser Hinsicht besser ausgestattet, ebenso die Maschinen der schwedischen Gesellschaft AB Aerotransport, die zunächst mit drei Junkers-L2-Motoren zu je 195 PS ausgerüstet waren, später aber einen Mittelmotor mit 310 PS (Junkers L5) erhielten.

Die Luft Hansa übernahm 1926 die in Polen mit dem Kennzeichen P-PAWA vom Aero Lloyd eingesetzte Schwimmermaschine, die zwischenzeitlich als S-AAAR in Schweden flog und schließlich durch Umbau auf den Standard der G 24 gebracht wurde. Der Umbau fand offensichtlich bereits vor Überstellung der Maschine an die Luft Hansa statt.

Der große Erfolg gelang Junkers mit der G 24, die etwas größer und vor allem stärker motorisiert war als die offenbar nur als Zwischenlösung betrachtete G 23.

Die G 24 absolvierte Mitte 1925 ihren Erstflug. Der Prototyp war mit drei Junkers-L2a-Motoren mit je 230 PS motorisiert. Das Gros der insgesamt rund 60 Maschinen des Typs G 24 besaß jedoch drei 280/310 PS Junkers L-5-Motoren oder zumindest ein solches Triebwerk als Mittelmotor und zwei L-2 an den Flächen. Die G 24a soll mit drei luftgekühlten Jupiter Sternmotoren von 380 PS ausgerüstet gewesen sein. Nach Italien gelieferte G 24 sollen teilweise in der Mitte einen 500 PS Isotta-Fraschini Asso-Motor besessen haben. Darüber hinaus wurde das Flugzeug auch mit verschiedenen anderen Triebwerken angeboten, so beispielsweise mit drei 500 PS starken BMW Va, drei Pratt & Whitney Wasp mit je

Rechte Seite:

Oben: Die D-901 aufgenommen in Berlin.

Unten: Die Junkers G 24 D-880 »Hermes« hatte ein geschlossenes Cockpit und drei Junkers L 2-Motoren. Sie trug die Baunummer 908 und entstand im Jahre 1925. Das Flugzeug flog bis Ende 1934 als Frachter bei der Lufthansa und ging dann als D-ADIL zur DVS.

LUFT-HANS
D 901

D-880

425 PS oder auch mit 525 PS starken Hornet-Triebwerken des gleichen Herstellers.
Wie die G23 wurde auch die G24 sowohl in Schweden als auch in Dessau gebaut. Von der Gesamtzahl von 60 Exemplaren – zuweilen wird auch von insgesamt 70 Maschinen gesprochen – wurde mindestens die Hälfte in Dessau gebaut. Von 27 G24 aus Dessauer-Produktion sind die Werknummern bekannt, des weiteren von 17 schwedischen.
Die Luft Hansa war der größte G24-Operator. Sie erhielt allein 1926-27 insgesamt 28 Maschinen, die mit ihren neun Passagiersitzen als »Großflugzeuge« bezeichnet wurden. Das Cockpit war offen und bot einem Piloten und einem Flugmaschinisten Platz. Auf Langstrecken flog in der Kabine auch noch ein Funker mit. Der Passagierkomfort der G24 war beachtlich. Die Fluggäste saßen in Einzelsesseln aus Stahlrohr und Leder, die rechts und links des Mittelganges angeordnet waren und bereits über Armlehnen verfügten. Hinter der Kabine befand sich auch eine Toilette und ein kleiner Gepäckraum, der wohl hauptsächlich für kleineres Handgepäck diente. Weiteren Stauraum für Gepäck bot ein zweiter Gepäckraum hinter dem bereits erwähnten Handgepäckraum. Er hatte volle Rumpfbreite und konnte somit auch relativ große Frachtstücke aufnehmen. Zusätzlich konnte auch noch Gepäck in den Tragflächen verstaut werden, so daß sich insgesamt ein Stauvolumen von 4,43 m^3 ergab.
Nach Junkers Manier gab es auch von der G24, die ohnehin von der G23 schon recht schwierig zu unterscheiden war, über 20 Varianten und dies nicht nur im Hinblick auf Motorisierung und Fahrwerkausstattung (Räder, Schwimmer, Kufen). So gab es Umbauten mit geschlossenem Cockpit und Maschinen mit vergrößertem und auch in der Kontur verändertem Seitenleitwerk.
Ihre große Leistungsfähigkeit und Zuverlässigkeit bewies die G24 nicht nur im Streckendienst der Luft Hansa, die das Muster am 24. Juli 1926, also noch im Gründungsjahr, zu einem Pionierflug von Berlin nach Peking entsandte, um den Luftweg nach Fernost über Sibirien zu erkunden. Die beiden Flugzeuge D-901 und D-903 erreichten Peking am 30. August 1926 und starteten dort am 8. September zum Rückflug nach Berlin, wo sie nach insgesamt 20000 Flugkilometern, die ohne wesentliche technische Probleme in insgesamt 140 Flugstunden bewältigt wurden, am 26. Oktober 1926 wieder wohlbehalten eintrafen.

Die D-1089 »Hestia« entstand als Baunummer 941 im Jahre 1927 und erh sie durch Umrüstung auf drei Junkers L5 zur G24ge. Die »Hestia« ging

Bereits am 1. Mai 1926 hatte die Luft Hansa mit Junkers G24 die erste Passagier-Nachtflugstrecke Berlin–Königsberg eröffnet, wobei Flugkapitän Alfred Helm am Steuer der G24 saß. Als Navigationshilfe hatte man damals eine Lichterstraße mit Drehscheinwerfern errichtet, die im Abstand von 25 bis 30 km als Orientierungspunkte dienten und auch das Fliegen bei schlechter Witterung ermöglichten. Dazwischen gab es im Abstand von vier bis fünf Kilometern Neonlampen oder Gasbaken auf Masten und Häusergiebeln. Hindernisse wie Schornsteine oder Kirchtürme waren ebenfalls mit roten Neonlampen markiert. Die Organisation des

4 das Buchstaben-Kennzeichen D-ADOX. Sie flog ab 1927 bei der Luft Hansa und besaß ursprünglich drei Junkers L 2-Motoren. Im April 1928 wurde
ember 1934 an die DVS.

Nachtflug-Verkehrs oblag Hermann Köhl, der als ehemaliger Kampfflieger im Ersten Weltkrieg zur Verkehrsluftfahrt gekommen war und 1928 durch seine Nordatlantik-Überquerung mit Ehrenfried von Hünefeld und James Fitzmaurice weltberühmt werden sollte.

Außerdem setzte die Luft Hansa die G24 auch auf der 1926 eröffneten und gemeinsam mit der französischen Gesellschaft Lignes Farman beflogenen Strecke Berlin–Köln–Paris ein.

Die Robustheit der G24 machte sich in der Pionierzeit des Luftverkehrs, zu der die ersten Jahre der Luft Hansa durchaus noch zu zählen sind, bezahlt. Bei fehlender Wetterberatung und ohne Blindfluggeräte kam es häufig bei plötzlicher Wetterverschlechterung zu erzwungenen Außenlandungen, die in der Regel harmlos verliefen. Die berühmte D-903 fiel allerdings auf dem Rückflug von London bei einer Notlandung den harten Bedingungen des damaligen Flugbetriebs zum Opfer. Das Flugzeug geriet in Brand. Dabei fanden der Pilot Rodschinka und Flugzeugführer Prinz Eugen zu Schaumburg Lippe den Tod.

Auch auf der Jagd nach Weltrekorden war die G24 erfolgreich. So stellte der Pilot Horn am 4. April 1927 mit einer G24/L2 mit 14 Stunden, 23 Minuten einen Klassen-Dauerrekord mit 1000 kg Nutzlast auf. Am 28. Juni erflog Zimmermann mit einer G24/L5 über 500 km einen Geschwindigkeitsrekord von 209,115 km/h ebenfalls mit 1000 kg Nutzlast. Am 1. April 1928 erflog Waldemar Roeder in 7 Stunden und 52 Minuten mit 2000 kg Nutzlast einen Streckenrekord von 1018 km. Bei dieser

Links: Am 1. Mai 1926 eröffnete die Luft Hansa mit Junkers G 24-Flugzeugen die erste Passagier-Nachtflugstrecke der Welt zwischen Berlin und Königsberg.

Mitte: Passagierkabine der G 24.

Gelegenheit hatte das Startgewicht der Maschine 6670 kg betragen.
1928 entstand schließlich als F24 noch eine einmotorige Variante der G 24, von der insgesamt elf Maschinen bekannt sind. Neun Maschinen dieses Typs entstanden durch Umbau älterer Luft Hansa G24, indem man die Tragflächen-Zwischenstücke mit den Motorgondeln entfernte und die Außenflügel direkt am Rumpf anschloß. Zwei weitere Maschinen dieses Typs waren im Besitz der Firma Junkers und zwar die M-CABB mit spanischer Zulassung und die D-1051, als Versuchsträger für die Flugerprobung der Jumo-Triebwerke.
Durch den Wegfall des Flügelmittelstücks hatte die F24 eine geringere Spannweite. Als erster Umbau erschien die D-1017 in der deutschen Luftfahrzeugrolle, wo sie unter Juli 1928 als Umbau einer G24 zur F24ko eingetragen ist. Die Nummern D-1018 bis 1020 schließen sich unmittelbar an. Die ersten Umbauten hatten 500/750 BMW VIu-Motoren und kamen ab Juni 1928 bei der Luft Hansa auf der Strecke Frankfurt–Köln–Düsseldorf–Essen–Amsterdam zum Einsatz. Einen Monat später kam die Strecke Frankfurt–Mannheim–Basel–Genf hinzu. Die F24 flog sowohl als Passagierflugzeug mit neunsitziger Passagierkabine wie auch als Frachter mit 10 m^3 Frachtraum und einer Beförderungskapazität von 1000 kg über eine Distanz von 500 km bei einer Reisegeschwindigkeit von 150 km/h.
Hinsichtlich der Motorenausstattung erlebten die F24-Maschinen, die zuletzt noch mit vier Exemplaren bei der Lufthansa im Jahre 1938 Dienst taten, noch viel-

Rechts: Die D-1069 »Baldur« kam 1927 als G 24 zur Luft Hansa und besaß ursprünglich drei Junkers L 2-Motoren. Im August 1928 wurde sie durch Entfernung der Flügel-Zwischenstücke samt Außenmotoren und Einbau eines BMW VIu als Mittelmotor zur F 24ko. Im März 1931 wurde aus ihr eine F 24kau mit BMW VIIau, im Juni 1931 eine F 24ko wiederum mit BMW VIu. Anfang 1932 wurde sie erneut ummotorisiert und mit BMW VIIau wieder zur F 24kau, die sie bis Mai 1932 blieb. Zuletzt flog sie als F 24k20 mit einem BMW VIu und erhielt 1934 das Kennzeichen D-UQAN.

fältige Umrüstungen, wie die Eintragungen der Maschinen D-1017 bis D-1020 in der Luftfahrzeugrolle zeigen. Am häufigsten ummotorisiert wurde wohl die D-1020 ›Essen‹ der Lufthansa, die im Juni 1929 aus einer G 24 entstand und dabei routinemäßig einen BMW VIu erhielt, der im Januar 1932 gegen einen BMW VII au ausgetauscht wurde, worauf die Maschine fortan als F 24 k$_2$au bezeichnet wurde. Bereits im November des gleichen Jahres wurde dieses Triebwerk jedoch wieder durch einen BMW VI u-Motor ersetzt, der die Maschine wieder zur F 24 ko werden ließ.
Dieses Triebwerk blieb knapp ein Jahr im Einsatz und wurde dann im Oktober 1933 durch einen Jumo 204-Motor mit 750 PS ersetzt, worauf das Flugzeug fortan als F 24 k$_2$ay* bezeichnet wurde. Seine lange Einsatzzeit sorgte schließlich dafür, daß das Nummern-Kennzeichen durch das Buchstaben-Kennzeichen D-URIS ersetzt wurde, wie dies 1934 üblich wurde.
1937 taten F 24-Maschinen noch auf den Lufthansa-Strecken Halle/Leipzig–Chemnitz und Hamburg–Kiel–Flensburg Dienst. Daneben beflog man noch einige Frachtstrecken mit diesem Typ. 1929 diente die bereits erwähnte Junkers-eigene D-1051 zur Erprobung des 520 PS starken Junkers Jumo FO 4 Schweröl-Versuchsmotors, der serienreif zunächst als Jumo 4 und später als Jumo 204 bei mindestens sechs Lufthansa F 24 ab 1932 zum Einsatz kam. Diese Maschinen flogen auf der Strecke Berlin–Amsterdam.

* In der Luftfahrzeugrolle ist allerdings als Triebwerk ein Jumo 4 eingetragen, zu dem jedoch die Typenbezeichnung F 24 k2ay nicht paßt, die für die Ausführung mit Jumo 204 galt, während die Maschinen mit Jumo 4 als F 24kay bezeichnet wurden.

Technische Daten:

Type:	**Junkers G 23**	**Junkers G 24**
Hersteller:	Junkers Flugzeugwerk A.-G. Dessau und AB Flygindustri, Schweden	Junkers Flugzeugwerk A.-G. Dessau und Ab Flygindustri, Schweden
Konstrukteur:	Dipl.-Ing. Ernst Zindel	Dipl.-Ing. Ernst Zindel
Erstflug:	1924	Mitte 1925
Baujahre:	1924/25	1925–1931
Produktionszahl:	9–12	60–70
Einsatz:	Passagierflugzeug	Passagierflugzeug
Besatzung:	2 (Pilot und Flugmaschinist, nebeneinander sitzend)	2–3 (Pilot und Flugmaschinist, nebeneinander sitzend, auf Langstrecke zusätzlich 1 Funker in der Passagierkabine)
Passagiere:	9	9
Bauweise:	dreimotoriger Ganzmetall-Tiefdecker, wellblechbeplankt (Dural), Tragfläche verspannungslos freigend mit rechteckigem Mittelstück und nach außen in Tiefe und Profildicke abnehmenden Außenflügeln. 1 Motor in Rumpfnase, zwei in Gondeln jeweils am Anschluß der Außenflügel. Flächenaufbau aus durch Z-Streben verbundenen Rohrholmen und Dural-Wellblechbeplankung. Leitwerke sämtlich freitragend in Dural-Bauweise mit Ruderausgleich. Kabine beheizbar und beleuchtet, Leder-Einzelsitze, Toilette und Waschraum sowie Stauraum für Handgepäck. Beidseitig sechs Seitenfenster, Einstieg durch Tür auf der linken Seite (in Flugrichtung gesehen) im hinteren Kabinenbereich. Cockpit durch Tür von Passagierkabine getrennt. Fahrwerk: halbachsig, Anlenkung der Halbachsen in Knotenpunkt, Abstrebung gegen den Rumpf bzw. gegen Flügelmittelstück durch profilierte V-förmig angeordnete Streben und Federbeine. Fahrwerk gegen Schwimmer austauschbar. Cockpit: offen mit Doppelsteuerung	
Spannweite:	28,50 m	29,90 m (29,37 m)*
Länge:	15,23 m	15,70 m (15,15 m)*
Flügelfläche:	89 m^2	97,8 m^2
Leergewicht:	3600 kg	4300 kg
Startgewicht:	5450 kg	6500 kg
Flächenbelastung:	61,24 kg/m^2	66,46 kg/m^2
Reisegeschwindigkeit:	150 km/h	182 km/h in 2000 m Höhe
Landegeschwindigkeit:	105 km/h	109 km/h
Startrollstrecke:	220 m	
Reichweite:		1300 km
Gipfelhöhe:	ca. 3800 m	4700 m
Motoren:	Prototyp: 1×Junkers L 2 (195 PS = 143 kW) plus 2 Mercedes (100 PS = 74 kW) Serienmaschinen: 3 Mercedes III a (160 PS = 118 kW) oder 1 Junkers L 2 plus zwei Mercedes III a, bzw. drei Junkers L 2, deren Mittelmotor später durch einen L 5 mit 310 PS (228 kW) ersetzt wurde.	Prototyp: 3×Junkers L 2 a (230 PS = 169 kW), Serienmaschinen: meist 3×280/310 PS (206/228 kW) Junkers L 5 oder L 5 als Mittelmotor und zwei L 2 als Außenmotoren. Außerdem weitere Motorvarianten (siehe Text).
Einsatzdaten:		
Erster Einsatz:	1924/26 bei AB Aerotransport (Schweden) und Ad Astra (Schweiz)	1926 bei Luft Hansa und AB Aerotransport (Schweden)
Stückzahlen bei Luft Hansa:		
bei Einführung:	nicht bei Luft Hansa im Einsatz	19 im Jahre 1926, davon 1 umgebaute G 23
Größter Bestand:	—	26 im Jahre 1928
bei Außerdienststellung:	—	1 im Jahre 1935 plus 2 weitere bei Tochtergesellschaft Syndicato Condor Ltda. Brasilien
Pionierflüge:		Berlin – Peking – Berlin mit D-901 und D-903 unter Dr. Knauss, 20 000 km, 24. 7. – 26. 10. 1926
Streckenflüge:		1926 – 1933; u. a. Nachtflugstrecke Berlin – Königsberg und Tagesstrecke Berlin – Köln – Paris
Besondere Bezeichnung:	Großflugzeug	Großflugzeug
sonstige Besonderheiten:	Funkausrüstung.	Kabinenservice durch mitfliegenden Pagen vorgesehen.

* frühe G 24-Ausführungen wie D-901 und D-903

Daten F 24kay:
Spannweite 25,98 m, Länge 15,63 m, Leergewicht 3700 kg, Startgewicht 5000 kg, Flügelfläche 78,7 m^2, Flächenbelastung 63,53 kg/m^2, Reisegeschwindigkeit in 2000 m Höhe 190 km/h, Dienstgipfelhöhe 5500 m, Motor: 1×500/720 PS (368/530 kW) Junkers Jumo 4.

Rißzeichnung Junkers G 24 D-901 »Nordmark«. Die Maschine war 1925 als Baunummer 909 entstanden und hieß ursprünglich »Tyr«. 1928 wurde sie ein weiteres Mal umgetauft und hieß dann »Ostmark«. Die Maschine war mit 3 Junkers L5 motorisiert und wurde durch ihren Peking-Flug zusammen mit der D-903 berühmt. Maßstab 1:125

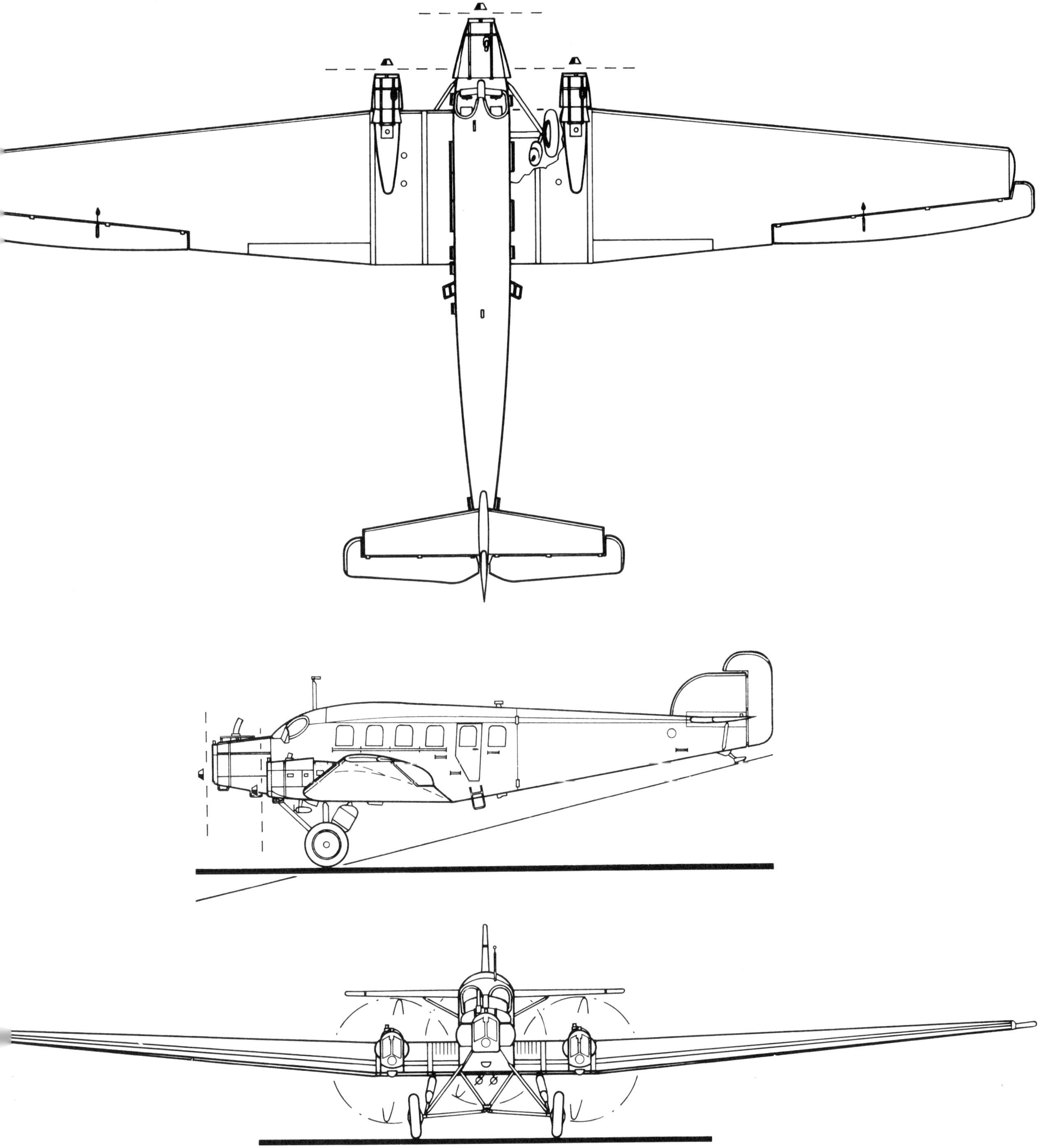

Junkers W 33 und W 34 1928–1942

Die Junkers Frachtflugzeuge W33 und W34 waren direkte Weiterentwicklungen der F13 und hatten auch die gleiche Spannweite wie diese, so daß sogar die gleichen Bauvorrichtungen für die Fertigung der W33 und W34 verwendet werden konnten. Entsprechend dem Einsatz als Frachter war der Rumpf der beiden Nachfolgemuster nicht so hoch wie bei der F13 und insbesondere der über die Motorhaube sich erhebende Buckel, der den Passagieren in der Kabine der F13 die notwendige Kopffreiheit gab, fehlte. Im ganzen war der Rumpf der W33 und W34 aerodynamisch glatter und verfeinert. Im Frachtraum konnten jedoch auch Notsitze installiert werden, um Passagiere zu befördern. Bei den frühen Baumustern fehlte das Fenster im Frachtraum, der ein Volumen von 4.8 m^3 aufwies. Bei der Luft Hansa flogen später auch W34, die sowohl für den Fracht- als auch für den Passagierdienst benutzt wurden und über zwei Seitenfenster auf jeder Seite verfügten.
Der Prototyp der W33 entstand 1926 und war eigentlich eine F13. Die Maschine trug die Zulassung D-921 und die Werknummer 794. Die ›Schildkrähe‹ war mit einem 280/310 PS Junkers L5 Motor ausgestattet, der eine Zweiblatt-Holzluftschraube antrieb. Das Höhenleitwerk des Prototyps war entgegen dem sonstigen Junkers Brauch gegen das Seitenleitwerk und den Rumpf drahtverspannt. Die praktisch durch Umbau einer F13 entstandene Ur-W33 blieb zunächst im Besitz der Firma Junkers, die sie sowohl mit Räderfahrwerk als auch mit Schwimmern flog und mehrmals umbaute, bis sie schließlich nach Persien verkauft wurde.
Sowohl die W33 als auch die W34 kamen in der Folgezeit als Land- wie auch als Wasserflugzeug zum Einsatz. Die ersten Serien-W33 trug die Werknummer 2500 und wurde 1927 fertiggestellt. Sie erhielt die Zulassung D-1048 im Februar 1927 und wurde für die Severa GmbH registriert. Das Flugzeug hatte einen Junkers L5-Motor und kam im Februar 1929 zur Luft Hansa, die es aber im Juli 1929 an die Luftdienst GmbH abgab. Im Mai 1933 taucht die Maschine bei der DVS (Deutsche Verkehrsfliegerschule GmbH, Berlin) auf.

Mit einer Stückzahl von insgesamt 199 Maschinen war die W33 für damalige Verhältnisse ein Bestseller. Nach Junkers Manier gab es auch von diesem Typ eine Vielzahl von Versionen, die nur schwierig auseinanderzuhalten sind, wenn dies überhaupt gelingen sollte.
Von den nahezu 30 Varianten waren die meisten mit dem Sechszylinder Reihenmotor Junkers-L5 ausgerüstet, der wassergekühlt war und 280/310 PS (206/228 kW) leistete. Dieses Triebwerk hatten die Typen W33, W33b, W33c, W33d und W33f. Mit dem 340 PS (250 kW) abgebenden Junkers L5G waren die Versionen W33c3e und W33he ausgerüstet. Schließlich gab es auch noch eine einzelne W33 mit 540 PS (397,4 kW) Siemens Sh 20 Sternmotor, der auch später bei der W34 auftaucht. Diese Version war offensichtlich ein Versuchsflugzeug im Zusammenhang mit der später erfolgenden Umrüstung von W34 mit dem gleichen Triebwerk und wurde als W33gao bezeichnet. Die Maschine trug das Kennzeichen D-1741 und wurde im August 1931 mit dem Siemens Sternmotor ausgerüstet, nachdem sie zuvor einen Junkers-L 5 besessen hatte und als W33d registriert gewesen war.
Die ursprüngliche Zulassung lautete auf die DVL e.V. Adlershof (Deutsche Versuchsanstalt für Luftfahrt). Die Umrüstung wurde wahrscheinlich vom Zweitbesitzer, der Luftdienst GmbH, vorgenommen. Ab April 1933 war die Maschine bei der Deutschen Verkehrsfliegerschule registriert.
Bei der Luft Hansa flog die W33 in verschiedenen Versionen. So gehörte die D-1064 der Grundversion an. Sie flog vom Februar 1929 bis Juli 1929 bei der Luft Hansa Abteilung Küstenflug und war wie die Baunummer 2501 erkennen läßt, die zweite Serienmaschine. Die weiteren

Rechte Seite:
Oben: Junkers W 33f »Bosporus« (Baunummer 2580, Baujahr 1931). Die D-2009 hatte einen Junkers L 5-Motor und kam im März 1931 zur Luft Hansa. 1934 erhielt sie das Kennzeichen D-OTAQ.
Unten: Die D-1696 war eine W 33c und entstand 1929 als Baunummer 2545. Sie hatte einen Junkers L 5-Motor und kam im Juli 1929 zur Luft Hansa, die sie 1930 ins Ausland verkaufte.

LUFT HANSA

LUFT HANSA
D-1696

Stationen dieser Maschine waren Luftdienst GmbH (ab Juli 1929), DVL (ab Januar 1930) und schließlich die Verkehrsfliegerschule ab Mai 1933. Diese Ausführung hatte ein offenes Cockpit mit Doppelsteuer und eine sechssitzige Kabine sowie den L 2-Motor.
Die Versionen W33be und ce hatten eine geringfügig verbesserte Zelle und den 310 PS (228 kW) Junkers-L5 als Antrieb. Eigentlich diente die Version ›be‹ als Streuflugzeug zur Schädlingsbekämpfung. Mit Schwimmern ausgerüstet hieß dieser Typ W33bl. Eine Reihe von ›be‹- und ›bl‹-Typen waren in Wirklichkeit durch Umbau aus der W33 entstanden so zum Beispiel die D-1048, die 1929 kurzfristig zur Luft Hansa Flotte gehörte aber zu dieser Zeit noch eine normale W33 war und erst vom nächsten Besitzer zur Schwimmer-Version ›bl‹ umgerüstet wurde. Ebenfalls umgebaut war die D-1384, die im Juni 1929 ebenfalls bei der Luftdienst GmbH zur ›be‹ umgerüstet wurde und nach zwischenzeitlichem Besitzerwechsel zur DVL in Adlershof im November 1931 von der Luftdienst GmbH auf Schwimmer gesetzt zur W33bl wurde. Gleich als W33b gebaut wurde die Werknummer 2520 mit der Zulassung D-1424, die im Mai 1932 ebenfalls auf Schwimmer gesetzt zur W33bl wurde aber nie bei der Luft Hansa flog. Die D-1925 war eine Ju W33c und gehörte vom Juli 1930 bis Februar 1931, als sie ins Ausland ging, der Luft Hansa. Sie taucht im Februar 1932 wieder im Junkers-Besitz auf und wird im März 1934 an die DVS verkauft.
Eine ganze Reihe Maschinen der Version W33fe mit Junkers-L 5 flogen bei der Luft Hansa. Die Maschine war eine in Details weiter verbesserte Frachtmaschine, die seit 1930 gebaut wurde. Zu den Verbesserungen gehörten: ein geschlossenes Cockpit und ein Fahrwerk mit ölgedämpften Federbeinen und Bremsen. Zur Luft Hansa Flotte gehörten unter anderem die fe-Typen mit den Zulassungen D-2008 und D-2009, D-2016, D-2017 und D-2018. Die beiden letzteren waren im März und April 1931 zur Luft Hansa gekommen und gingen durch Unfälle verloren. Die D-2017 versank im Oktober 1932 auf dem Fluge von London nach Berlin in der Nordsee, die D-2018 wurde im Mai 1933 zerstört.
Letzte Ausführung der W33 war die Version ›he‹ mit 425 PS (313 kW) Junkers-L5G. Dieser Typ hatte einen geschlossenen Führerraum und ein Fahrwerk mit Niederdruckreifen.

Mit der D-1167 »Bremen«, einer W33, gelang Köhl, von Hünefeld und Fitzmau

Die Junkers W33 machte wie die F13 und die G23/24 ebenfalls durch Weltrekorde und eindrucksvolle Pionierflüge von sich reden. So erflog die Besatzung Schnäbele/Loose am 21. und 22. März 1927 mit einer Nutzlast von 500 kg einen Dauerrekord von 22 Stunden und 11 Minuten. Am 3. bis 5. August schraubten Edzard und Risztics den Dauerweltrekord auf 52 Stunden und 22 Minuten und legten dabei eine Strecke von 4660 km zurück. Risztics und Zimmermann gelang es am 5. bis 7. Juli 1928 sogar, diesen Weltrekord mit der Junkers-eigenen D-1231 auf 65 Stunden und 25 Minuten zu steigern. Das Abfluggewicht betrug bei diesem Rekordflug

Atlantiküberquerung in Ost-West-Richtung. Der Spornwagen erleichterte den Start der überschweren Maschine.

mit einer Kraftstoffzuladung von 2760 Litern Benzol exakt 4001 kg. Um die Maschine in der Luft zu halten, mußte der L 5-Motor in den ersten Stunden mit Vollgas geflogen werden. Das Flugzeug pendelte bei diesem Flug ständig zwischen Dessau und Leipzig mit einer Geschwindigkeit von ca. 125 km/h.

Weltweites Aufsehen erregte der Ozeanflug von Hermann Köhl, Freiherr v. Hünefeld und dem irischen Major James Fitzmaurice, die mit der W33 ›Bremen‹ am 12. April 1928 in Baldonnel zur Atlantik-Überquerung in Ost-West-Richtung starteten und nach 36-stündigem Flug Greenly Island erreichten, wo sie aufgrund von Orientierungsschwierigkeiten niedergingen. Bei der Landung auf dem Eis der St. Lorenz Bucht brach die W33 ein und wurde leicht beschädigt. Obwohl so ein Weiterflug nach New York nicht mehr möglich war, war das ursprüngliche Ziel der Unternehmung, die erste Atlantik-Überquerung im Flugzeug von Ost nach West, erreicht. Die W33 steht heute im Ford-Museum in Dearborn/USA. Man hatte sie ursprünglich im Deutschen Museum ausstellen wollen, aber seltsamerweise keinen Platz hierfür gefunden. So wurde die D-1167 mit der Werknummer 2504 der Stadt New York geschenkt, deren Bürger den drei Ozeanfliegern einen überwältigen-

Oben: Die Junkers W 34fi »Castor« mit BMW-Hornet. Sie kam als Baunummer 2733 im Februar 1933 zur Luft Hansa und flog ab 1934 als D-OJOH. Die Cockpits der W34 waren verglast.

Links oben: Höhenweltrekordler Willi Neuenhofen vor seiner W 34 mit 420 PS (309 kW) Bristol Jupiter Sternmotor. Rekordhöhe: 12739 m.

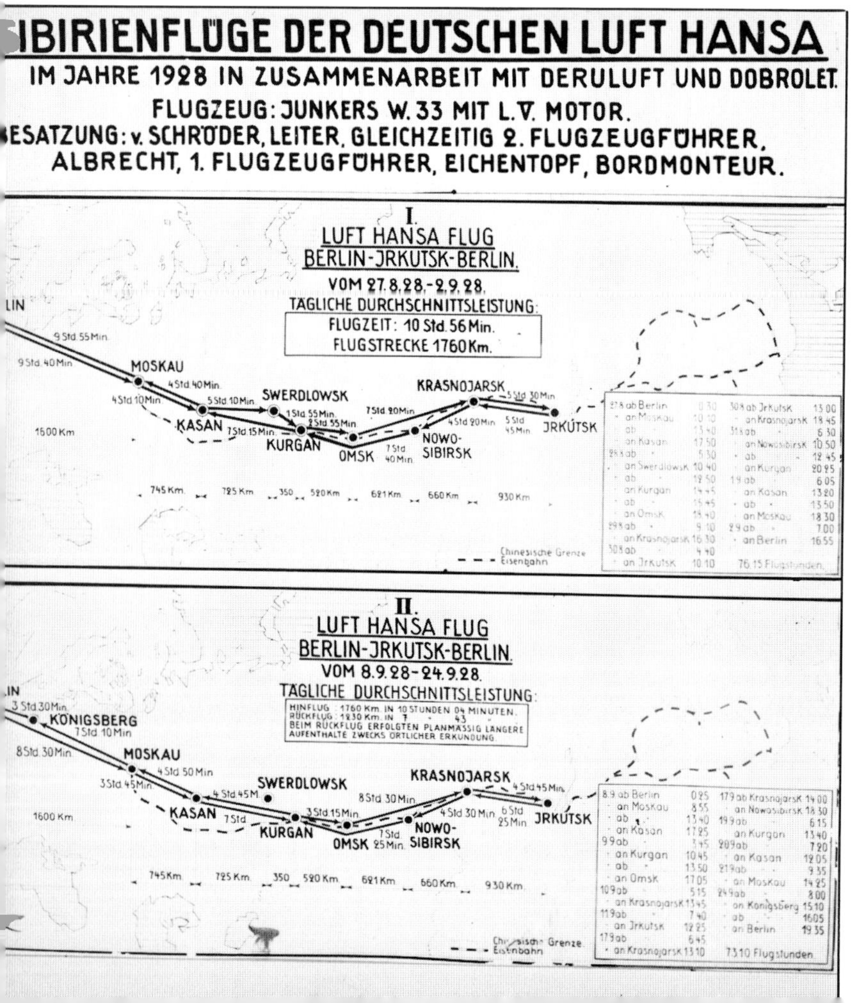

Links: Streckenführung bei Hin- und Rückflug der Luft Hansa Expeditionsflüge mit Junkers W 33 im August/September 1928.

Rechts: Baghdad-Flug der W33 D-1695 »Balkan« im November 1930.

D-2394
W34

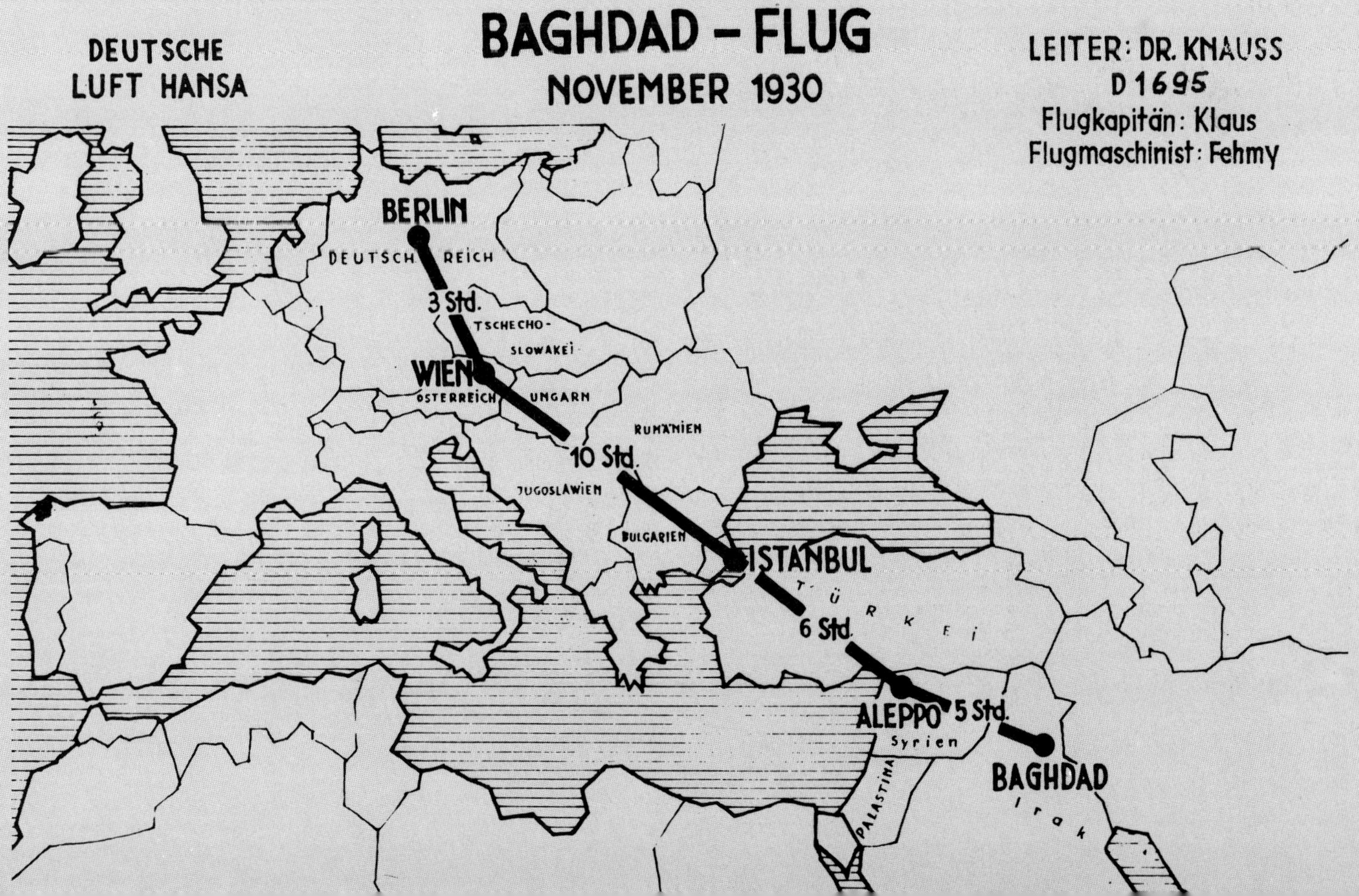
DEUTSCHE
LUFT HANSA
BAGHDAD – FLUG
NOVEMBER 1930
LEITER: DR. KNAUSS
D 1695
Flugkapitän: Klaus
Flugmaschinist: Fehmy
BERLIN
DEUTSCHES REICH
3 Std.
TSCHECHO-SLOWAKEI
WIEN
ÖSTERREICH
UNGARN
RUMÄNIEN
10 Std.
JUGOSLAWIEN
BULGARIEN
ISTANBUL
TÜRKEI
6 Std.
ALEPPO
5 Std.
Syrien
PALÄSTINA
BAGHDAD
Irak

Versuche zum Tanken in der Luft mit Ju W 33d »Plattensee« und Fokker F.II-Tankflugzeug. Die D-1839 flog ab Mai 1930 bei Luft Hansa und wurde im April 1932 ins Ausland verkauft.

den Empfang bereitet hatten. Der Erfolg besänftigte auch die Luft Hansa, die ihren Nachtflugleiter zunächst fristlos entlassen hatte, weil er den risikoreichen Flug entgegen dem Verbot seines Arbeitgebers unternommen hatte. Die Luft Hansa nannte später sogar eine ihrer Junkers G31 nach Hermann Köhl.

Beim Ozeanflug wog die ›Bremen‹ 3900 kg, wovon allein 1900 kg auf den Benzol-Treibstoff und etwa weitere 200 kg auf Öl entfielen. Zur Starterleichterung verwendeten die Ozeanflieger einen am Boden zurückbleibenden Spornwagen, wie dies verschiedentlich schon bei den Rekordflügen mit überschweren Maschinen sehr erfolgreich praktiziert worden war.

Äußerlich unterschied sich die ›Bremen‹ von der Standardausführung durch die schmalen, widerstandsärmeren Hochdruckreifen und die zur Verbesserung der Richtungsstabilität hochgebogenen Enden von Tragfläche und Querrudern.

Aufsehen erregten auch Fernflüge mit der W33 so der erste Sibirienflug der Luft Hansa mit der D-1472 ›Ural‹, einer W33b, mit der Joachim v. Schröder, Fritz Albrecht und Eichentopf am 27. August 1928 nach Irkutsk starteten und am 30. August ihr Ziel erreichten. Am 8. September erfolgte ein zweiter Flug auf gleicher Route.

Am 10. November 1930 flog die W33 D-1695, die später an die Eurasia nach China ging, unter Leitung von Dr. Knauss auf einem Erkundungsflug für eine Südroute nach Asien bis Baghdad. Erwähnenswert sind auch die Versuche zur Betankung in der Luft, die 1930 gemeinschaftlich von der Luft Hansa und der DVL unternommen wurden. Dabei diente eine Fokker-Grulich F.II als Tankflugzeug und eine W33 als Treibstoffempfänger. Zum Tanken wurde ein 20 m langer Schlauch mit einer Innenspirale aus Aluminium verwendet. An der W33 wurden für diese Versuche einige Änderungen vorgenommen. Der Auspufftopf wurde gekürzt, um einen größeren Sicherheitsabstand zwischen Auspuff und Tanktrichter zu erhalten. Die Seitenflosse erhielt einen Abweiser, um ein Einklemmen des pendelnden Tankschlauches zu verhüten. Auch der Flugzeugführer wurde durch einen Bügel vor dem Schlauchende geschützt, das trotz Stoff-Fahne noch relativ stark pendelte. Der Motor der W33 war zur Verbesserung der Langsamflugeigenschaften mit einer Schwingungsdämpfung ausgestattet. Das Tankflugzeug F.II erhielt zur Beobachtung des Tankvorganges ein Bodenfenster und eine Schiebetür, um im Falle einer kritischen Situation ein schnelles Aussteigen der Besatzung zu ermöglichen.

Der erste Tankversuch wurde aus Sicherheitsgründen zunächst mit Wasser am 2. November 1930 durchgeführt, wobei rund 200 Liter in einer Minute von der W33 aufgenommen wurden. Die schnelle Entwicklung von Flugzeugen mit größerer Treibstoff-Kapazität machte die Luftbetankung im Zivilluftverkehr jedoch überflüssig, bevor diese Versuche praktische Konsequenzen zeitigten.

Die W34, die 1927 herauskam, unterschied sich von der W33 lediglich durch die Motorisierung. Während die W33 mit wassergekühlten Reihenmotoren ausgerüstet war, besaß die W34 den 420 PS (309 kW) Gnôme Rhône Jupiter VI-Sternmotor. Die späteren Exemplare flogen mit 450/540 PS (331/397 kW) Siemens Sh 20 oder auch 525/600 PS (386/441 kW) BMW Hornet. Es wurden aber auch Armstrong Siddeley Panther und Bristol Mercury eingebaut. Manche Maschinen wurden ein- oder auch mehrmals ummotorisiert.

Als Prototyp der W34 wird die D-922 mit der Werknummer 795 angesehen. Sie hatte einen Gnôme Rhône Sternmotor. Insgesamt wurden rund 100 W34 gebaut. Mehr als 70 Varianten sind bekannt und sprechen sowohl für die damalige noch handwerklich geprägte Serienproduktion als auch für die Wandlungsfähigkeit der Maschine, die es sowohl mit Räderfahrwerk als auch mit Schwimmern gab. Die W 34 wurde bis 1934 in Dessau und noch ein weiteres Jahr in Schweden gebaut. Das letzte fliegende Exemplar wurde 1962 in Kanada außer Dienst gestellt und steht heute im National Aviation Museum zu Ottawa. Außer bei der Luft Hansa war der Typ bei der SCADTA, AB Aerotransport, Luftverkehr Persien, Lloyd Aereo Boliviano, Guinea Airways und anderen Luftverkehrsgesellschaften im Einsatz.

Auch die W34 machte durch Rekorde von sich reden: Am 11. Mai 1927 erreichte Jüterborg einen internationalen Klassen-Rekord mit 194,2 km/h über 500 km mit 500 kg Nutzlast sowie einen weiteren Geschwindigkeitsrekord mit 181,44 km/h über 1000 km. Schinzinger fügte zwei Klassen-Höhenrekorde hinzu, als er mit 500 kg Nutzlast 9190 m und mit 1000 kg 7907 m erreichte. Ohne Nutzlast erklomm eine W34 mit Schwimmern 1928 mit Kneer am Steuer 6389 m und stellte damit einen Höhenrekord für Wasserflugzeuge auf.

Schließlich konnte sich Junkers auch noch mit einem absoluten Höhenrekord schmücken, als Willi Neuenhofen nach einem beinahe in einer Katastrophe geendeten Fehlversuch am 26. Mai 1929 mit der W34b D-1119 (Werk-Nummer 2600) die Weltrekordhöhe von 12739 m erflog. Für diesen Rekordversuch war das Flugzeug auf das absolut Notwendigste abgemagert worden, so daß die Zelle leer nur noch 1094 kg wog. Ausgerüstet und mit 79,8 kg Kraftstoff betankt ergab sich so für das Rekordflugzeug ein Startgewicht von 1282 kg. Die Rekordhöhe war in 35 Minuten erreicht. Neuenhofen verwendete bei diesem Rekordversuch erstmalig einen Dräger-Höhenatmer mit lungenautomatischer Sauerstoffregelung.

Beim Rekordflug war die W33b mit einem 420 PS (309 kW) Bristol Jupiter VII-Motor ausgerüstet. Ursprünglich war die im August 1928 erstmal zugelassene Maschine mit einem Sh Jupiter VI ausgerüstet gewesen. Sie ging im Februar 1934 an die Erprobungsstelle des Reichsverbandes der Luftfahrtindustrie (RDL), Berlin und trug seit der Umrüstung auf den Bristol Jupiter Motor die Typenbezeichnung Ju W34be/b3e.

Technische Daten:

Type:	**Junkers W 33**	**Junkers W 34**
Hersteller:	Junkers Flugzeugwerke A.-G. Dessau und AB Flygindustri Schweden	Junkers Flugzeugwerke A.-G. Dessau und AB Flygindustri Schweden
Konstrukteur:	Vorgängermuster F 13 Dipl.-Ing. Zindel W 33 Dipl.-Ing. Hermann Pohlmann	Dipl.-Ing. Hermann Pohlmann
Erstflug:	1926	1926
Baujahre:	1926–1934	1927–1934 (Dessau) –1935 (Schweden)
Produktionszahl:	199	ca. 100
Einsatz:	Frachtflugzeug mit Möglichkeit zur Passagierbeförderung	kombiniertes Passagier-/Frachtflugzeug
Besatzung:	2	2
Passagiere:	6 (Notsitze)	6
Bauweise:	freitragender Tiefdecker in Ganzmetall-Bauweise, wellblechbeplankt, Rumpf Ganzmetall mit nahezu rechteckigem Querschnitt. Leitwerk Ganzmetall, wellblechbeplankt, Fahrwerk starr mit Halbachsen und Stoßdämpfern.	
Frachtraum-Volumen:	4,8 m^3	4,8 m^3
Spannweite:	17,76 m	17,76 m
Länge:	10,60 m	10,37 m
Höhe:	3,53 m	3,53 m
Flügelfläche:	44 m^2	44 m^2
Leergewicht:	1460 kg	1760 kg
Startgewicht:	2700 kg	3200 kg
Flächenbelastung:	61,36 kg/m^2	72,73 kg/m^2
Reisegeschwindigkeit:	170 km/h	175 km/h
Höchstgeschwindigkeit:	198 km/h	215 km/h
Landegeschwindigkeit:	105 km/h	116 km/h
Reichweite:	1000 km	900 km
Gipfelhöhe:	4000 m	6300 m
Motor:	1×310 PS (228 kW) Junkers L 5	1×660 PS (485 kW) BMW 132 A, 9-Zyl.-Sternmotor
Einsatzdaten:		
Stückzahlen bei Luft Hansa:		
bei Einführung:	2/1928	3/1931
Größter Bestand:	9/1931	10/1934
Bei Außerdienststellung:	1/1942	3/1938
Pionierflüge:	1928 zwei Versuchsflüge Berlin – Irkutsk, auf erstem Flug 12300 km in 76 h 15 min. 1. Ost-West-Überquerung des Nordatlantik 1928	
Weltrekorde:	22 h 11 min. mit 500 kg 52 h 22 min. Dauer 65 h 25 min. Dauer	194,2 km/h mit 500 kg über 500-km-Strecke, 181,44 km/h über 1000 km Strecke 9190 m mit 500 kg 7907 m mit 1000 kg 6389 m ohne Nutzlast (WR für Wasserflugzeuge) sowie absoluter Höhenrekord 12739 m
LH-Streckeneinsatz:	ab Mai 1929 auf Frachtstrecken	ab Winter 1932/33 als Frachter
Sonderflüge:	Eurasia-W 33 im Februar 1931: Schanghai – Nanking – Mandschuli.	

Rißzeichnung Junkers W 33d D-1649 »Baikal« mit Junkers L 5. Die Maschine kam im Juni 1929 zur Luft Hansa und wurde im April 1930 zerstört. Sie trug die Baunummer 2544. Maßstab 1:125

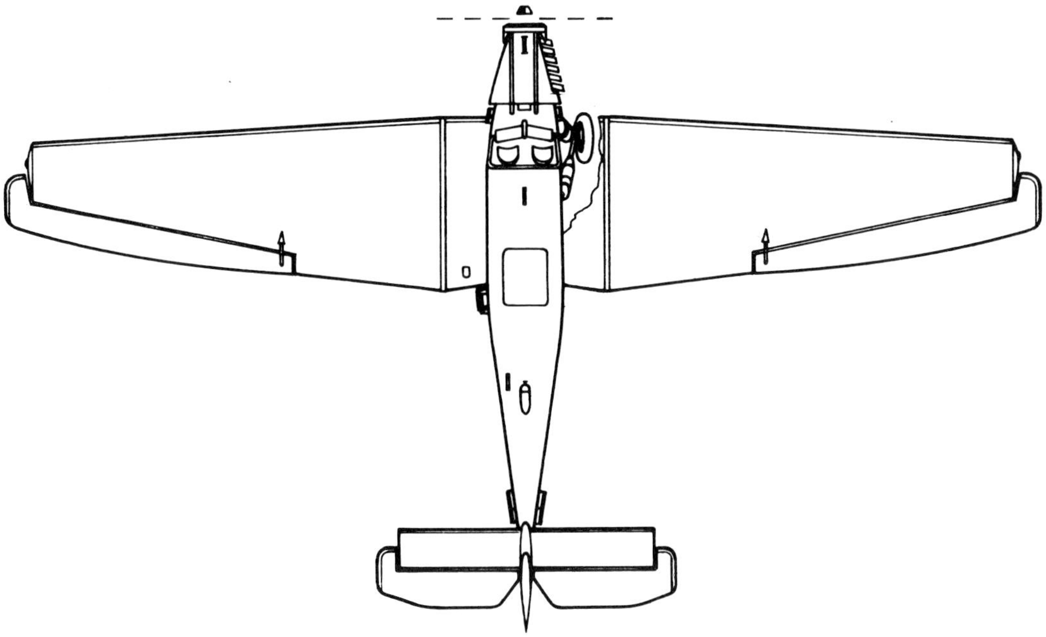

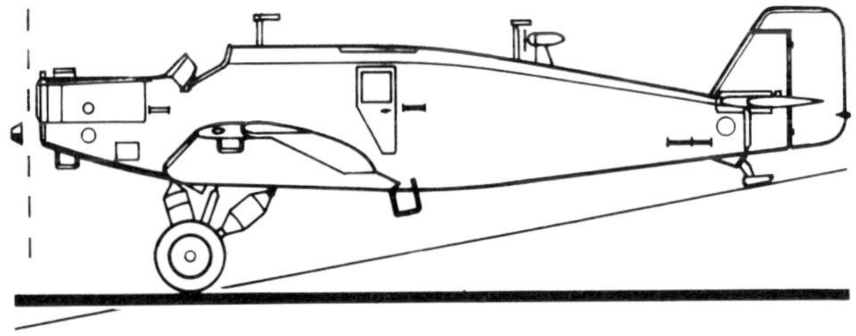

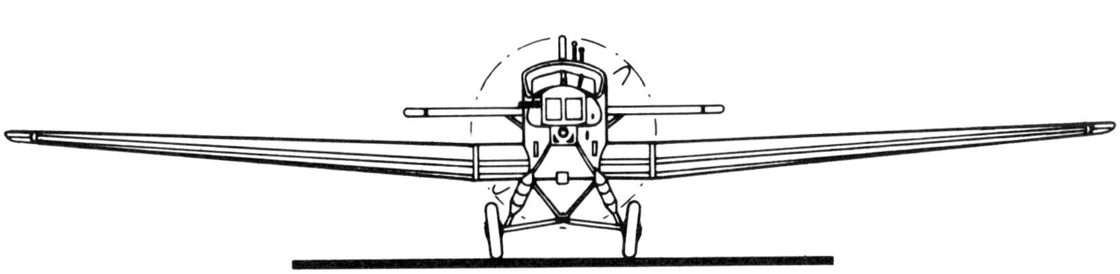

Rohrbach Ro VIII Roland

1926–1935

Der Zeppelin-Konzern, der sich bekanntlich nicht nur mit Luftfahrzeugen ›leichter als Luft‹, sondern auch mit Starrflügelflugzeugen befaßte, hatte zu Beginn unseres Jahrhunderts eine starke Anziehungskraft für fortschrittlich denkende junge Ingenieure. Ebenso wie Dipl.-Ing. Claudius Dornier verdiente sich Dr.-Ing. Adolf Rohrbach im Zeppelin-Konzern seine ersten Sporen als Konstrukteur. Während des Ersten Weltkrieges arbeitete Rohrbach bei den Zeppelin-Werken G. m. b. H. in Staaken und war auch technischer Leiter des 1919 entwickelten Projektes E. 4/20, eines viermotorigen Ganzmetall-Flugzeuges mit 31 m Spannweite, das auf der Strecke Friedrichshafen–Berlin als Passagierflugzeug eingesetzt werden sollte. Nach Fertigstellung des 8,5-Tonnen-Vogels stoppten die Alliierten die Flugerprobung der Maschine, deren Größe und Motorisierung mit vier 245 PS (180 kW) Maybach-Motoren mit den Baubeschränkungen des Versailler Vertrages kollidierte, was schließlich im November 1922 zur Verschrottung führte.
Dr. Rohrbach, der wie Junkers dem Ganzmetall-Flugzeug mit freitragendem Flügel die größten Zukunftschancen einräumte, machte sich trotz der bitteren Erfahrungen, die er mit der E. 4/20 hatte machen müssen, am 1. Juli 1922 selbständig und gründete die Rohrbach-Metall-Flugzeugbau G. m. b. H. in Berlin. Um ähnliche Schwierigkeiten wie bei der E. 4/20 von vornherein zu umgehen, gründete er im Ausland die Rohrbach Metal Aeroplan Co A/S in Kopenhagen, eine Tochtergesellschaft, die die mehr oder weniger heimlich in Berlin gebauten Komponenten während der alliierten Restriktionen zu kompletten Flugzeugen montierte. Schon damals scheint die Maxime, daß Bestimmungen dazu da sind, umgangen zu werden, zumindest unter den deutschen Flugzeugbauern viele Anhänger gehabt zu haben. Und auch bei den Siegermächten muß es wohl etliche Persönlichkeiten gegeben haben, die die Kunst des Wegsehens und Nicht-zur-Kenntnis-Nehmens meisterhaft beherrschten. Es konnte wohl kaum verborgen bleiben, wenn riesige Kisten aus der Rohrbachschen Metall-Flugzeugbau G. m. b. H. an der Kiautschoustraße in Berlin ihren Weg nach Dänemark nahmen und in Kastrup die Gestalt von Flugzeugen annahmen, zu denen dann pikanterweise Rolls-Royce wie im Falle des zweimotorigen Flugbootes Rohrbach Ro IIIa (kurz Rodra genannt) die Motoren lieferte und von dem sogar zwei Exemplare nach England verkauft werden sollten.
Rohrbach widmete sich zunächst dem Bau von Flugbooten, an deren hydro- und aerodynamischer Durchbildung der junge Kurt Tank maßgeblich beteiligt war. Tank setzte beispielsweise den Trapezflügel wie auch den Kiel-Bootsrumpf anstelle des von Rohrbach bis dahin favorisierten Flachbodenrumpfes durch. Auch das dreimotorige Landflugzeug Rohrbach Ro VIII Roland, das Rohrbach 1926 vorstellte, war in einer Reihe von Konstruktionsmerkmalen von Tank geprägt.
Schon während der Konstruktion der Maschine, deren Prototyp D 991 im Jahre 1926 zum erstenmal flog, gab es Kontakte zur gerade gegründeten Luft Hansa, wobei sich höchst unterschiedliche Vorstellungen von Hersteller und Luftverkehrsgesellschaft offenbarten. Rohrbach und Tank hatten bei der Maschine eine Flächenbelastung von ca. 90 kg/m² anvisiert, die dem Flugzeug bei einem Fluggewicht von fünf Tonnen eine relativ hohe Reisegeschwindigkeit und durch einen geringen Widerstand auch eine gute Wirtschaftlichkeit versprach. Die Luft-Hansa-Direktion strebte hingegen eine Flächenbelastung von ca. 60 kg/m² an, die eine geringere Start- und Landegeschwindigkeit ergab und der Luft Hansa sicherer erschien. Auf Druck der Luft Hansa überarbeiteten Rohrbach und Tank die Konstruktion der Ro VIII, von der bereits wesentliche Teile fertiggestellt waren. Die Aufhebung der Begriffsbestimmungen durch die Alliierten erlaubte jetzt auch Bau und Montage von Flugzeugen in Berlin, wodurch Konstruktion und Fertigung beschleunigt wurden.
Fertiggestellt war zu diesem Zeitpunkt nicht nur das Leitwerk, sondern auch der gesamte Flügelkasten, so daß eine Verringerung der Flächenbelastung nur durch Steigerung der Flächentiefe möglich war. Tank löste diese Aufgabe mit Bravour.

Der Flügel der Ro VIII bestand aus dem erwähnten Hohlkastenträger und war ganz aus Dural aufgebaut. Vorn und hinten waren abnehmbare Nasen- und Endstücke an den allein lastaufnehmenden Kastenträger angesetzt. Der Kastenträger selbst bestand aus zwei Dural-Längsstegen, an denen über Winkelprofile die Glattblech-Beplankung des Flügels vernietet war. Zur Stabilisierung und Formgebung dienten Querwände, die mit Stegen und Flügelhaut vernietet waren. Die gesamte Konstruktion zielte bewußt auf Einfachheit und Geradlinigkeit ab, was nicht nur eine rationelle Fertigung ermöglichte, sondern auch Wartung und Kontrolle der tragenden Bauteile sowie den Korrosionsschutz erheblich vereinfachte.

Die Tragflächen der für zehn Fluggäste, zwei Flugzeugführer und eine Flugdauer von insgesamt fünf Stunden konzipierten Maschine waren völlig freitragend konstruiert, zur Sicherheit aber dennoch durch ein von Rohrbach für überflüssig gehaltenes Stahlkabel mit dem Rumpf verspannt. Auf beiden Seiten des Rumpfes waren zwei Triebwerkgondeln an der Flächenunterseite aufgehängt, die wassergekühlte 230 PS (169 kW) BMW-IV-Motoren aufnahmen.

Das dritte Triebwerk gleichen Typs war in der Rumpfnase untergebracht. Der Rumpf war ebenfalls aus Dural aufgebaut und besaß vier, das Rumpfgerüst bildende Gurtwinkel, Hauptquerspanten und zur Aussteifung des Sperrholzbodens dienende Hilfsspanten. Der rechteckige Rumpfquerschnitt war oben stark abgerundet. Während die Rumpfoberseite gerade durchgezogen war, zeigte der Rumpf in der Seitenansicht unten eine relativ starke Krümmung der Kontur.

Im Rumpfbug lag das Cockpit mit zwei verstellbaren, nebeneinanderliegenden Sitzen, die eine gute Sicht nach allen Seiten boten. Nach damaliger Manier war das Cockpit zunächst offen konzipiert. Tank betrachtete das ›offene Loch‹ nicht nur als Widerstandsquelle ersten Grades, sondern war der Meinung, daß man auch den Flugzeugführern wie den Passagieren den Komfort einer geschlossenen Kabine bieten solle und entwarf eine abnehmbare, vielsprossige Cockpit-Verglasung, die allerdings zunächst bei der Luft Hansa keine Gegenliebe fand. Die ›Berliner Schnauze‹ des Luft-Hansa-Werkmeisters Goller taufte die Glaskanzel ›Mistbeet‹, und Goller befürchtete, daß sich die Piloten bei einer harten Landung schlicht ›die Fresse zerschneiden‹. Erhard Milch formulierte die Bedenken der Luft Hansa hingegen etwas neutraler. Bestellt werden die Rolands ohne ›Glashaus‹. Erst Hansl Baur, der bei seinen Alpenflügen die Eiseskälte im offenen Cockpit nicht länger ertragen wollte, bestellte zunächst auf eigene Rechnung zwei Glaskanzeln und brach damit buchstäblich das Eis, wie sich Tank in seinen Memoiren erinnerte. Wenig später, noch bevor es wieder Winter wurde, waren alle 16 bei Rohrbach auf Lager liegenden Glaskanzeln verkauft. Der Passagierkomfort konnte sich dagegen von Anfang an sehen lassen. Die 5 m lange Kabine, durch die die Piloten auch in ihr Cockpit gelangten, hatte eine lichte Breite von 1,55 m und bot mit 1,80 m den Fluggästen eine normale Stehhöhe. Die insgesamt zehn Sitze waren beiderseits des Mittelganges als Einzelsitze angeordnet. Durch 60 x 53 cm große, über eine Kurbel zu öffnende Fenster bot sich dem Fluggast ein guter Ausblick. Die Kabine war bis zur Unterkante der Fenster mit Leder ausgeschlagen und oben stoffverkleidet. Sie war außerdem beleuchtet und beheizbar, wozu die Abwärme der Motorabgase genutzt wurde. Auch die Sicherheit wurde groß geschrieben. So verfügte die Ro VIII nicht nur über stoffverklebte Notausgänge in der Kabinendecke, sondern auch über fest installierte Feuerlöscher mit Verteilungsleitungen zu den Vergasern, um einen möglichen Vergaserbrand vom Cockpit aus durch Umlegen einiger Ventilhähne im Keim ersticken zu können.

Hinter der Kabine gab es einen Waschraum mit Toilette und ein Gepäckabteil, das sowohl von der Kabine als auch von außen durch eine 1,4 x 1 m große Luke zugänglich war.

Das Fahrwerk der Roland war einfach gehalten und bestand aus je einer horizontal am unteren Rumpfholm drehbar gelagerten Halbachsenstrebe als Laufradachse. Diese war durch eine weitere horizontale Strebe nach vorn zum Rumpf und eine senkrechte Federstrebe gegen den Flügel abgestützt. Die Abfederung erfolgte durch Spiralfedern ohne Vorspannung. Die Drahtspeichenräder mit Stahlfelgen trugen 1250 x 250 mm Reifen. Die wassergekühlten Motoren waren wartungsfreundlich und leicht zugänglich montiert. Die Flächenmotoren ruhten auf je zwei Metallträgern unter dem Flügel. Ihre Kühler lagen seitlich unter den Flügeln, der des Mittelmotors unter dem Rumpf. Zur Brennstoff-Förderung aus den Flügeltanks diente eine Pumpe. Zum Schutz gegen Vergaserbrand gab es einen besonderen Feuerhahn. Der Ölvorrat war 50 Prozent größer als der effektive Verbrauch es erforderte.

Zur elektrischen Ausstattung gehörte ein Generator mit Propellerantrieb und ein großer 12-V-Akku für Kabinenbeleuchtung, Instrumentenbrettbeleuchtung, Landescheinwerfer und Positionslichter.

Der von der Luft Hansa übernommene Prototyp D-991 wurde im September 1926 der Öffentlichkeit auf dem Tempelhofer Flugfeld vorgestellt und noch 1926 in Dienst gestellt. Fünf weitere Rohrbach Roland gingen 1927 an die Luft Hansa. 1928 folgten drei weitere Maschinen des Typs Ro VIII a mit geschlossenem Cockpit und 320 PS (235,5 kW) BMW-Va-Motoren anstelle der bei den frühen Mustern verwendeten 230 PS (169 kW) BMW-IV-Sechszylinder, die 1928 bei den noch vorhandenen älteren Maschinen durch 250 PS (184 kW) BMW-IVa-Motoren ersetzt wurden. Zwei der älteren Maschinen waren zu diesem Zeitpunkt allerdings schon aus der Flotte ausgeschieden.

1929 erhielt die Luft Hansa ihre letzten neun Rohrbach Roland, die allesamt dem Typ Roland II angehörten. Im Gegensatz zum Vorgängertyp waren diese Maschinen mit völlig neu gestalteten geschlossenen Cockpits und mit Ausnahme des Prototyps der Version II mit verringerter V-Form der Tragflächen ausgestattet. Außerdem war die Tragfläche jetzt auf den Rumpf aufgesetzt.

Später wurden die meisten Roland II und eine Roland VIII a mit 280 PS (206 kW) Junkers-L5-Motoren umgerü-

Oben: Die Rohrbach Roland I »Feldberg« (Baunummer 35, Baujahr 1927) Die D-1280 ging im Oktober 1934 an die DVS. Anläßlich der Mailänder Frühjahrsmesse überquerte am 13. April 1927 mit einer Roland I erstmals ein deutsches Großflugzeug die Alpen auf der Strecke München-Mailand.

Außen: Die Roland I »Schneekoppe« (D-1124) bei Wartungsarbeiten. Man erkennt deutlich die aufgeklappten Flügelnasen und die dahinterliegende Holmkonstruktion. Diese Maschine hat Metallpropeller.

Innen: Roland II D-1710 »Rheinstein« mit geschlossenem Cockpit und verkleidetem Fahrwerk. Die D-1710 wurde im Juli 1929 für die Luft Hansa registriert und hatte drei BMW Va-Motoren. 1934 erhielt sie das Kennzeichen D-ASOL.

LUFT HANSA

Die Rohrbach Roland II »Stolzenfels« mit geschlossenem Cockpit, die später das Kennzeichen D-ARAF erhielt.

stet. Drei Roland II taten bei der deutsch-russischen Luftverkehrsgesellschaft Deruluft Dienst.
Die Luft Hansa setzte ihre ersten sechs Roland-I-Maschinen (D-991 ›Zugspitze‹, Baunummer 18, D-999 ›Watzmann‹, Baunummer 19, D-1124 ›Schneekoppe‹, Baunummer 27, D-1280 ›Feldberg‹ Baunummer 35, D-1292 ›Brocken‹, Baunummer 36 und die D-1297 ›Wasserkuppe‹, Baunummer 37) ab 1927 auf der Strecke Berlin–Hannover–Amsterdam–London ein. Versuchsflüge auf der Alpenstrecke München–Mailand begannen im Juli 1928 und führten zur planmäßigen Bedienung dieser Strecke ab September 1928. 1931 waren die Roland-Maschinen auf sieben Luft Hansa-Strecken im Einsatz. Gegen Ende ihrer Karriere flogen sie nur noch auf den Routen Hamburg–Kopenhagen–Malmö und Berlin–Halle/Leipzig–Nürnberg–München.
Die spanische Luftverkehrsgesellschaft Iberia, bei deren Aufbau die Luft Hansa assistierte, übernahm in ihrem Gründungsjahr 1927 sowie 1928 drei Roland-I-Maschinen der Lufthansa, und zwar die D-999, aus der die M-CBBB* wurde, die D-1280, aus der die M-CAEE wurde, und die D-1292 alias M-CCCC. Auf dem Jubiläumsplakat, das die Iberia 1977 zum 50jährigen Jubiläum

* Als Holzmodell heute auf dem Flughafen Barcelona zu sehen.

herausbrachte, ist die M-CBBB abgebildet, die zusammen mit den anderen Ex-Luft-Hansa-Maschinen zwischen Madrid und Barcelona eingesetzt wurde. Als Ersatz für die nach Spanien verkauften Maschinen kamen, wie bereits erwähnt, 1928 drei Ro-VIIIa-Maschinen (D-1314 ›Inselberg‹, D-1327 ›Hohentwiel‹ und D-1338 ›Zugspitze‹) zur Luft Hansa, wovon die letztere später als vierte Maschine ebenfalls an die Iberia gehen sollte und die spanische Zulassung M-CADD erhielt. Möglicherweise ging auch noch eine fünfte Maschine nach Spanien, über deren Zulassung jedoch nichts bekannt ist. Aus der Wiederverwendung des Prototyp-Namens ›Zugspitze‹ ist ersichtlich, daß diese Maschine bei Indienststellung der D-1314 nicht mehr zur Luft Hansa-Flotte gehörte. Die Luftfahrzeugrolle weist für diese Maschine den Abgang ins Ausland im März 1928 aus. Das Flugzeug diente in Lipetzk zur Waffenerprobung und wurde mit Waffenständen in den verlängerten Motorgondeln ausgestattet.

Die Roland-II-Maschinen der Luft Hansa trugen die Zulassungen D-1692 ›Stolzenfels‹, D-1710 ›Rheinstein‹, D-1712 ›Schönburg‹, D-1720 ›Niederwald‹, D-1727 ›Freienfels‹, D-1729 ›Drachenfels‹, D-1735 ›Marksburg‹, D-1745 ›Siegburg‹ und D-1756 ›Rolandseck‹. Die D-1712, D-1729 und D-1735 flogen auch bei der Deruluft. Die D-1712, wurde 1935 zerstört, die D-1756 ging im Oktober 1934 zur Deutschen Verkehrsfliegerschule (DVS).

Auch durch Rekordflüge unterstrich die Roland Ro VIII ihre Leistungsfähigkeit. Auf die ersten kurzlebigen Rekordflüge der D-999 mit DVS-Pilot Steindorff am 4. Februar 1927 folgten am 29. und 30. Mai 1927 weitere erfolgreiche Rekordversuche mit der D-1124, die hierzu mit einem geschlossenen Cockpit versehen worden war, in Berlin-Staaken. Die Fortsetzung der Rekordversuche erbrachte neue Steigerungen. Insgesamt brachte es die Maschine unter Steindorff auf 22 Bestleistungen mit Nutzlast in den Kategorien Dauer, Entfernung, Höhe und Geschwindigkeit. Mit 2000 kg wurden folgende Höchstleistungen erreicht: Entfernung 1750,47 km, Dauer mit 1000 kg Nutzlast 14 Stunden 23 Minuten und 40 Sekunden sowie mit 2000 kg Nutzlast 10 Stunden 32 Minuten, eine größte Höhe von 6805 m mit 1000 kg Nutzlast und eine Durchschnittsgeschwindigkeit von 216,10 km/h über eine 1000 km lange Meßstrecke.

Das vielversprechende Unternehmen Rohrbach Metall-Flugzeugbau G. m. b. H., das 1922 mit einem Gesellschaftskapital von nur 10 000 Mark gegründet worden war und auf der Welle des Erfolges nach Aufhebung der Baubeschränkungen der Alliierten ihr Kapital auf eine Million Mark hatte erhöhen können, fiel 1930 der Wirtschaftskrise zum Opfer. Dr. Rohrbach schied 1931/32 aus dem Reichsverband der Deutschen Luftfahrt-Industrie aus und wurde 1934 Technischer Leiter der neugegründeten Weser-Flugzeugbau GmbH (Bremen). Sein dänisches Werk hatte bereits 1928 die Produktion eingestellt.

Technische Daten:

Typ:	**Ro VIII Roland I**	**Ro VIII a und Roland II**
Hersteller:	Rohrbach Metall-Flugzeugbau G.m.b.H. Berlin	
Konstrukteur:	Dr.-Ing. Adolf Rohrbach unter Assistenz von Kurt W. Tank	
Erstflug:	1926, erster öffentlicher Flug 5. Sept. 1926	1928 (Ro VIII a) 1928/29 Roland II
Baujahre:	1926/27	1928 – 29
Produktionszahl:	6	3 (Ro VIII a) 9 (Roland II)
Einsatz:	Passagierflugzeug	Passagierflugzeug
Besatzung:	2	2
Passagiere:	10	10
Bauweise:	dreimotoriger freitragender Hochdecker in Ganzmetallbauweise. Tragflächen zur Sicherheit mit Stahlkabeln gegen den Rumpf verspannt. Tragflügel rechteckig mit abgerundeten Enden und gleichbleibender Profildicke, Cockpit doppelsitzig, beim Prototyp Roland I verglast, bei Serienmaschinen zunächst offen, später ebenfalls verglast. Bei Ro III a und Roland II serienmäßig mit verglastem Cockpit. Rumpf in Ganzmetallbauweise mit rechteckigem Querschnitt, Kabine mit Heizung und Toilette. Fahrwerk mit großen Rädern und Spiralfeder-Abfederung. Serienmäßig Radbremsen bei Roland II.	
Spannweite:	26,00 m	26,30 m
Länge:	16,30 m	16,41 m
Höhe:	4,50 m	
Flügelfläche:	88 m^2	88 m^2
Leergewicht:	3365 kg	4825 kg
Startgewicht:	5265 kg	7400 kg / 8400 kg (Frachter)
Flächenbelastung:	59,83 kg/m^2	84,01 kg/m^2 / 95,45 kg/m^2
Reisegeschwindigkeit:	195 km/h	195 km/h
Höchstgeschwindigkeit:	220 km/h	220 km/h
Landegeschwindigkeit:	105 km/h	105 km/h
Reichweite:	900 – 1500 km je nach Tankinhalt und Passagierzahl	800 – 1000 km (Ro VIII a) 1300 km (Roland II)
Gipfelhöhe:	4000 m	5350 m
Motoren:	3×BMW IV je 230 PS (169 kW) später auch BMW-IV a mit je 250 PS (184 kW) oder BMW V.	Ro VIII a: 3×BMW-V a je 320 PS (235,5 kW) Roland II: 3×BMW-V a je 320/360 PS (235/265 kW) später auch mit Junkers-L 5 je 280/310 PS (206/228 kW)
Einsatzdaten:		
Stückzahlen bei Luft Hansa:		
bei Einführung:	1/1926	3 Ro VIII a/1928 9 Roland II/1929
Größter Bestand:	insgesamt 17 Exemplare/1929	
Bei Außerdienststellung:	insgesamt 6 Exemplare/1935	
Pionierflüge:	13. April 1927 München – Mailand	
Streckenflüge:	Berlin – Paris, Berlin – Hannover – Amsterdam – London, Genf – Zürich – München – Wien, Berlin – Königsberg	
Sonderflüge:		D-1756 eröffnet Alpenstrecke München – Rom am 1. 4. 1931
Besonderheiten:	lobend erwähnt wurde die gute Schalldämmung der Kabine	
Weltrekorde:	5 Rekordflüge mit Nutzlast am 4. 2. 27 mit D-1124 insgesamt 22 Rekorde mit Nutzlast von 1000 und 2000 kg. Darunter Dauerrekord mit 14 h 23 min. 40 sec. mit 1000 kg sowie 10 h 32 min. mit 2000 kg, Entfernung 1750,47 km mit 2000 kg, Höhe 6805 m (mit 1000 kg), Geschwindigkeit über 1000 km-Meßstrecke 216,10 km/h.	

Rißzeichnung Rohrbach Roland II D-1692 »Stolzenfels« (Baunummer 42, Baujahr 1929) mit drei BMW Va bis April 1931, danach mit drei Junkers L 5. Ab 1934 neues Kennzeichen D-ARAF. Maßstab 1:125.

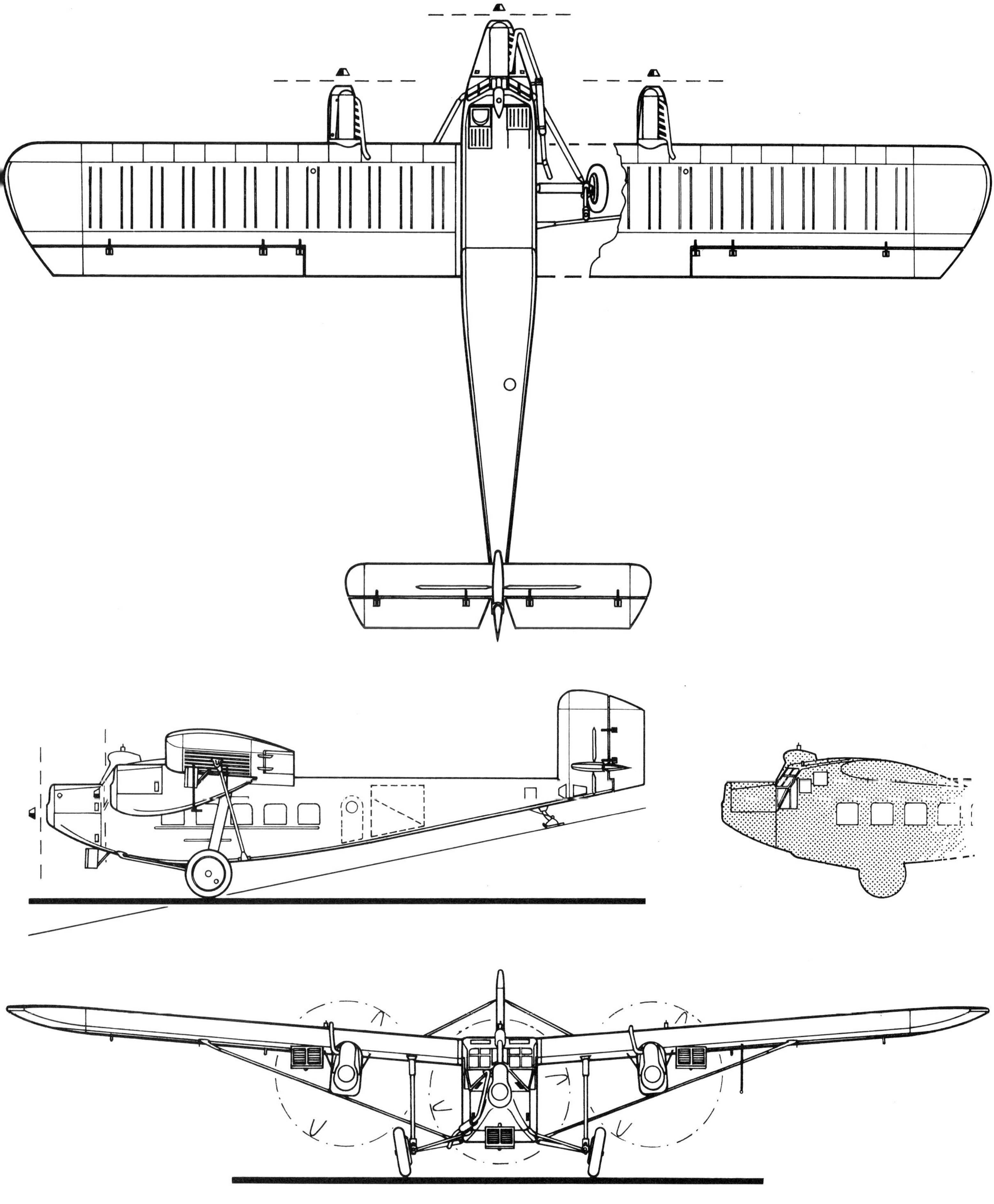

Junkers G 31 1928–1936

Die Junkers G31 war eine Weiterentwicklung der ebenfalls dreimotorigen G24 und bot 15 Passagieren ausreichend Platz.
Gegenüber dem Vorgängermodell war die G31 etwas größer und auch schwerer, sie entsprach aber in der Bauart der inzwischen bewährten Junkers-Bauweise als freitragender Tiefdecker in Ganzmetall-Bauweise mit Dural-Wellblechbeplankung mit möglichst weitgehender Lastverteilung durch Seitenmotoren und Brennstofftanks im Flügel, der somit direkt belastet wurde.
Die erste G31 entstand 1926 und wurde ab September flugerprobt. Sie war mit wassergekühlten Junkers-L5-Motoren mit je 280/310PS ausgestattet, deren Kühler wie bei einem Auto direkt vor dem Motor im Fahrtwind lagen. Die Maschine hatte ein noch offenes zweisitziges Cockpit und trug die Zulassung D-1073 und die Junkers-Werknummer 3000. Neu war die sogenannte ›Hilfsmaschinen-Anlage‹, die in einem besonderen Raum untergebracht war und die technischen Überwachungsaggregate zusammenfaßte, womit der später bei Großflugzeugen Regel werdende Platz des Flugingenieurs vorweggenommen wurde.
Durch die vorgebauten Kühler wirkte das Flugzeug etwas plump und produzierte somit auch vermeidbaren Widerstand, der der Leistung abträglich war. Aus diesem Grunde erhielt der Prototyp als erste bedeutende Änderung schlankere Motorverkleidungen, die der Stirnfläche der Motoren angepaßt waren. Die Kühler wurden im Zuge dieser Maßnahme unter die Motoren verlegt.
Die Luftfahrzeugrolle weist den Prototyp als mit einem BMW VI und zwei Junkers-L5 motorisiert aus. Die Verkleidung des Mittelmotors nach dem Umbau läßt den Schluß zu, daß im Rahmen der Umkonstruktion der Motorverkleidungen auch ein anderer, leistungsfähigerer Mittelmotor mit 450/600PS (331/441.6kW) eingebaut wurde. 1927 wurden alle drei Motoren durch 450PS (331kW) Gnome Rhône Jupiter Sternmotoren mit Luftkühlung ersetzt, mit denen auch ein Teil der Serienmaschinen ausgestattet wurde. Daneben kamen bei den Serienflugzeugen dieses Typs auch 525PS (386.4kW) BMW-Hornet-Motoren zum Einsatz.
Wie bei Junkers üblich, gab es in der Entwicklung wie auch in der Folgezeit zahlreiche Modifikationen, so wurde beim Prototyp das zunächst über die volle Spannweite reichende Querruder auf etwa das äußere Drittel der Spannweite begrenzt.
Der Prototyp wurde nach der Umrüstung auf den BMW-Mittelmotor nach Neuguinea verkauft und flog bei Guinea-Airways.
Insgesamt wurden nur 13 Exemplare der als reiner Frachter sowie als Flugzeug für den gemischten Fracht- und Passagierverkehr konzipierten G31 gebaut.
Neben der Grundausführung gab es die Variante G31de mit 3x510PS (375.4kW) Gnôme Rhône Jupiter VI Sternmotoren und einem geschlossenen Pilotenraum. Bei dieser Version, zu der auch die D-1310 ›Hermann Köhl‹ der Luft Hansa gehörte, waren die beiden Seitenleitwerke durch eine Hilfsflosse verbunden. Außerdem besaß diese Version eine Funkanlage.
Seine Leistungsfähigkeit stellte dieser Typ 1927 im Rahmen des Schweizer Flugmeetings in Zürich durch einen Sieg in der schweren Klasse auf der Strecke Zürich–Lausanne–Mailand–Zürich unter Beweis. Unter Führung von Waldemar Röder absolvierte die G31de die über 4000 m hohe Alpenketten führende, 632 km lange Strecke in vier Stunden und 41 Minuten, was einem Stundenmittel von 135km/h entspricht, und holte sich damit den Chavez-Bider-Pokal und eine Barprämie in Höhe von 30000 Franken. Beim Siegerflugzeug dürfte es sich um die D-1137 mit der Werknummer 3001 gehandelt haben, die nach dem Prototyp die erste deutsche Zulassung erhielt.
Der gleiche Typ verdient im Zusammenhang mit der Junkers-Firmengeschichte auch dokumentarische Erwähnung, denn die Werknummer 3003, das dritte Baumuster dieser Version, wurde am 24. Mai 1928 fertiggestellt und war das 1000. Junkers-Flugzeug. Diese Maschine ging an die Österreichische Luftverkehrs AG

(ÖLAG) und flog dort unter der Registrierung A-46 und dem Erkennungsnamen ›Österreich‹.

Das Fluggewicht der Version G31de lag mit 8500kg runde 1000kg über dem des Prototyps. Zur gleichen Baureihe gehörte auch die Werknummer 3004, die im Juli 1928 unter dem Kennzeichen D-1427 zugelassen und von der Luft Hansa den Erkennungsnamen ›Deutschland‹ versehen worden war. Dieses Flugzeug hatte allerdings nur eine kurze Karriere, denn es verbrannte bereits im September 1928. Wahrscheinlich hat die nach dem erfolgreichen Nordatlantikflug Köhls umbenannte D-1310 zunächst den Namen ›Deutschland‹ getragen, der nach der Umbenennung frei und auf die D-1427 übertragen wurde.

Die nächste Baureihe hieß G31fi. Ihr gehörten die Luft Hansa Maschinen D-1473, die nach dem Unfall der D-1427 den Namen ›Deutschland‹ übernahm und die Baunummer 3005 trug, die D-1523 (›Nordmark‹, Baunummer 3006), die D-1770 (›Preußen‹, Baunummer 3007) und die 1930 gebaute D-1786 (›Westmark‹, Baunummer 3009) an. Die D-1473 verunglückte am 11. Dezember 1928 bei Gardelegen bei hereinbrechender Dunkelheit und Schneetreiben, wobei ihr Pilot Gustav Doerr ums Leben kam.

Gegenüber den Vorläufer-Typen hatte die Version G31fi eine von 29,66 auf 30,30m vergrößerte Spannweite, wodurch die Flügelfläche von 94,6 auf 102m² stieg, und einen durch Verlängerung des abschraubbaren Rumpfendes ein weiteres Mal verlängerten Rumpf von 17,28m Länge gegenüber 15,80m beim Prototyp und 16,50m bei der Version G31de.

Mit drei 550PS (404,8kW) BMW-Hornet-Motoren und Junkers oder VDM-Metallpropellern hieß die Maschine schließlich G31fo. Unmittelbar als solche gebaut wurde die Werknummer 3008 (Baujahr 1929), die als D-1722 ›Brandenburg‹ flog und im August 1929 ihre Zulassung erhielt.

Durch Umrüstung auf BMW-Hornet-Motoren wurden auch die D-1523 und D-1786 von fi-Versionen zu fo-Typen. Der Umbau der D-1523 erfolgte etwa im Mai 1932.

Zur G31ho wurde die erste Luft Hansa-G31de durch Umrüstung auf einen Pratt & Whitney Hornet-Mittelmotor und zwei BMW Hornet-Außenmotoren.

Schließlich gab es noch die Frachtversion G31go mit drei 550PS (404,8kW) BMW-Hornet-Motoren. Diese Maschinen trugen die Werknummern 3010–3012 und wurden augenscheinlich im Einsatzland Neu-Guinea montiert. Sie flogen für die Bulolo-Goldbergwerke und entstanden im Jahre 1930. Diese Flugzeuge hatten offene Cockpits und große Ladeluken auf der Rumpfoberseite. Die Maschinen dienten neben der Passagierbeförderung vor allem dem Transport schwerer und großer Frachtstücke wie Bergwerksmaschinenteilen. In zwei Einsatzjahren beförderten die drei Flugzeuge über 2200 Tonnen Fracht und 24000 Passagiere. Auch im tropischen Klima bewährte sich die Ganzmetallbauweise ausgezeichnet. Bei der Luft Hansa flog die G31 ab März 1928 jahrelang auf der Strecke Berlin – Amsterdam – London sowie Berlin – Danzig – Königsberg. Es folgte der Einsatz auf den Routen Berlin – Paris und Berlin – Wien sowie ab November 1931 Berlin – Kopenhagen – Malmö. Ab 1934 flogen G31-Maschinen auch auf der Strecke Berlin – Hamburg – Bremen und ab 1935 auch auf den Strecken Berlin – Hannover – Dortmund – Essen – Amsterdam, Berlin – Dresden – Prag – Wien, Berlin – Stettin – Danzig – Königsberg, Hamburg – Hannover – Frankfurt – Stuttgart, Berlin – Kopenhagen – Malmö und Berlin – Hamburg – Bremen. Zuletzt bedienten sie nur noch die Strecke Hamburg – Berlin, ehe sie 1936 außer Dienst gestellt wurden.

Der geräumige Rumpf der G31 bot nicht nur im Vergleich zur G24 einen über doppelt so großen Frachtraum von 8m³ bzw. 5,6m² Grundfläche, sondern auch eine erheblich geräumigere Passagierkabine mit 11,4m² Grundfläche und 21m³ Volumen einschließlich Waschraum gegenüber 12m³ bzw. 6,8m² bei der G24. Sie bot so einen erheblich größeren Komfort und erlaubte der Luft Hansa 1928 die Einführung der Versorgung ihrer Fluggäste mit Speis und Trank. Die Luft Hansa war damit sogar eine der ersten Fluggesellschaften, die dies tat. In den ›fliegenden Speisewagen‹ wurden die Passagiere von einem Steward in weißer Jacke bedient. Er wurde offiziell Flugbegleiter genannt und bedurfte beim Hantieren in der winzigen Bordküche schon einigen Geschicks.

Die Kabine der G31 war von vorn wie auch von hinten durch je eine Tür zugänglich und durch Querwände, die in der Mitte einen Durchgang freiließen, in drei Abteile unterteilt.

Bei den Luft Hansa Maschinen war die vordere Kabine

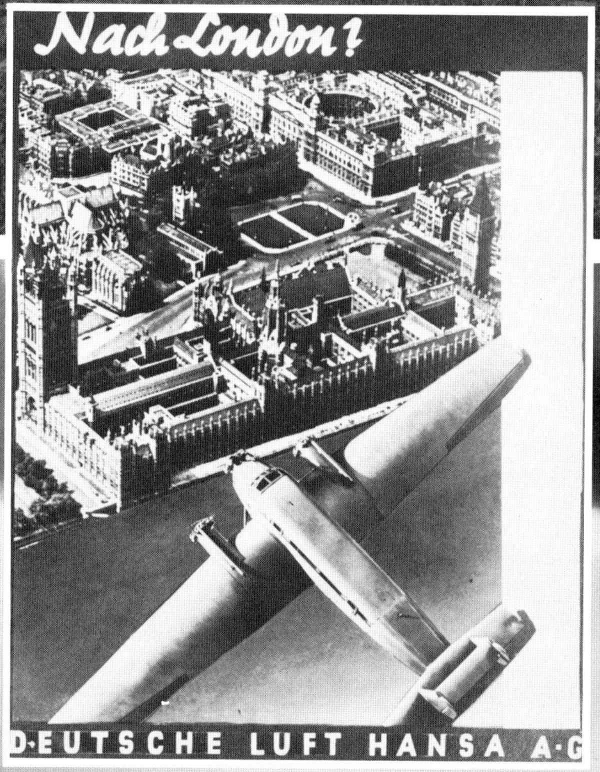

Nach London?
D·EUTSCHE LUFT HANSA A·G

D-A
DAR

Oben links: Motorausbau an einer Junkers G 31 auf der Luft Hansa Werft in Staaken.

Oben rechts: Mit dem Einsatz der G 31 im Mai 1928 führte die Luft Hansa den Flugbegleiter ein und begann als eine der ersten Fluggesellschaften der Welt, ihren Fluggästen an Bord Speisen und Getränke zu servieren.

Unten rechts: Cockpit der G 31.

Linke Seite:

Oben: Die G 31 Werk Nr. 3001, Zulassung D-1137 war als Erprobungsflugzeug für das Junkers Flugzeugwerk vorgesehen. Ausgerüstet mit 3xBristol-Jupiter Motoren, machte sie am 9. Mai 1927 ihren Erstflug und wurde am 16. Juni desselben Jahres in Dessau der Deutschen Luft Hansa vorgeflogen. Der Führersitz war offen, die Seitenleitwerke waren noch freistehend. (Kein doppeltes Höhenleitwerk.) Erstmalig wurde – wie das Foto zeigt – im Bereich des Mittelflügels, der später bei der Ju 52 serienmäßig eingebaute Junkers Doppelflügel, bei der D-1137 installiert und erprobt.

Mitte: Werbeplakat der Luft Hansa für G 31-Flüge nach London (Entwurf: Atelier Nolte).

Unten: Heckansicht der D-ADAR alias D-1523 »Nordmark« (Baunummer 3006, Baujahr 1929). Sie gehörte ursprünglich zur Baureihe fi mit Siemens Jupiter-Motoren und erhielt im Mai 1932 BMW Hornet-Motoren, die sie zur G 31fo machten.

mit drei Sesseln in Flugrichtung und zwei weiteren in Gegenrichtung eingebauten Sesseln ausgerüstet. Die mittlere Kabine verfügte über zwei gegenüberliegende Einzelsitze auf der linken und zwei ebenfalls gegenüberliegende Doppelsitze auf der rechten Kabinenseite. In der dritten Abteilung waren die Sitze paarweise gegenüberliegend angeordnet und lagen gegenüber der Einstiegtür auf der in Flugrichtung rechten Seite. So ergaben sich insgesamt 15 Sitze. Zwischen je zwei Sitzen waren Fenster aus nicht splitterndem Triplexglas angeordnet, die heruntergekurbelt werden konnten. Jedes Kabinenabteil war getrennt belüftet und durch Luftheizung beheizbar. Zwei Deckenleuchten spendeten bei Nachtflügen Licht. Als besonderen Komfort bot die G 31 die Möglichkeit, die Sitze in fünf Liegebetten zu verwandeln und zusätzlich fünf weitere Liegen von der Kabinenwand herunterzuklappen. Ob und in welchem Umfang dieser Komfort von der Luft Hansa tatsächlich genutzt wurde, ist nicht bekannt.
Technisch erwähnenswert ist der Aufbau des Rumpfes aus drei Sektionen (Bug, Flügelmittelstück mit darüber liegender Kabine und Rumpfheck). Unter der Passagierkabine zogen sich beiderseits des Steuerungskanals die unteren Frachträume hin, die für die Aufnahme ›selbst der größten Kabinenkoffer sowie ausgesprochener Sperrgüter‹ bemessen waren. Sie konnten ebenfalls beleuchtet werden. Ein weiterer Frachtraum lag vor der Passagierkabine, in dem eine Ecke als der sogenannte Hilfsmaschinenraum abgeteilt war. Hier war auch die vom Ko-Piloten bedienbare Funkanlage installiert. Außerdem umfaßte der Hilfsmaschinenraum den Anlaßmotor nebst Kompressor sowie die Stromerzeuger für die Bord- und Nachtbeleuchtung.
Durch die in der unteren Rumpfhälfte liegenden Frachträume sowie einen kräftigen Fachwerkbau mit Gurtungen und Schrägen aus Hohlprofilen und aussteifenden Voll- und Rahmenspanten sowie das stabile Rohrgerüst des Mittelflügels wurde eine große Festigkeit der Passagierkabine erzielt. Die Seitenmotoren waren so angeordnet, daß im Falle eines Propellerbruches keine lebenswichtigen Teile der Maschine oder gar Passagiere getroffen werden konnten. Zum Schutz gegen Feuerausbreitung waren die Motorräume durch brandsichere Schotte nach rückwärts abgeschlossen. Außerdem war eine Feuerlöschanlage installiert. Die sechs Kraftstoff-Hauptbehälter lagen in den Flügel-Zwischenstükken. Der Treibstoff wurde durch Propeller-Kreiselpumpen in einen Fallbehälter unter der Cockpitdecke gefördert und floß von dort mit natürlichem Gefälle über ein Verteilerstück den Vergasern zu. Für den Start konnten die Motoren auch unmittelbar von den Pumpen über ein Druckregelventil gespeist werden. Zum Anlassen der Motoren wurde an Bord erzeugte Preßluft verwendet. Um eine klemmfreie und sichere Steuerung zu sichern, waren alle Ruder-, Wellen- und Hebellager mit einstellbaren Kugellagern versehen und die Lagerungen der Höhenflosse kugelig ausgelegt. Das Höhenruder war trimmbar.
Weitere Trimm-Möglichkeiten ergaben sich durch eine geschickte Frachtverteilung zwischen vorderen und hinteren Frachträumen.
Die Steuerleitungen für Höhen- und Seitenruder waren doppelt ausgeführt. Eine abklappbare Rumpfendspitze erleichterte die Wartung der gesamten Leitwerksanlage.
Das doppelte Seitenleitwerk diente der Verringerung der Ruderkräfte und vermochte das Flugzeug bei Ausfall eines Außenmotors bequem geradeaus zu halten, ohne daß die der Maschinen Steuerfähigkeit beeinträchtigt wurde.

Rechte Seite:

Oben: Die erste an die Luft Hansa ausgelieferte G 31 wurde auf den Namen des damaligen Nachtflugleiters und Ozeanfliegers Hermann Köhl getauft. Die Maschine besaß anfangs Gnôme Rhône Jupiter-Motoren und wurde 1933 mit einem Pratt & Whitney und zwei BMW-Hornet Motoren ausgestattet zur G 31ho. Deutlich erkennbar ist die Ansatzstelle des Rumpfhecks hinter dem letzten Kabinenfenster. Das Flugzeug wurde mehrmals umgebaut und erhielt unter anderem auch später ein verlängertes Heck, wodurch sich ein leichter Knick in der hinteren unteren Rumpflinie ergab.

Unten: Diese Heckansicht zeigt deutlich den Knick in der unteren Rumpfkontur der D-1310 nach erfolgter Rumpfverlängerung. Diese Änderung dürfte mit der Triebwerksumrüstung einhergegangen sein, bei der das Flugzeug auch Vierblatt-Propeller erhielt.

LUFT HANSA
HERMANN KÖHL
D 1310

D-1310

Technische Daten:

Type:	**Junkers G 31 Prototyp/G 31de/G 31fi**
Hersteller:	Junkers Flugzeugwerke A.-G. Dessau
Konstrukteur:	Dipl.-Ing. Ernst Zindel
Erstflug:	September 1926/1927/1928(?)
Baujahre:	1926/1927 – 1928/1928 – 1930
Produktionszahl:	1 / 4 / 4 sowie 1'fo' und drei Frachter 'go' insgesamt 13 Exemplare
Einsatz:	Passagier- und Frachtflugzeug bei Luft Hansa vornehmlich auf längeren Europa-Strecken
Besatzung:	2 Flugzeugführer + 1 Flugmaschinist
Passagiere:	15 (D-1310 nur 11 zugunsten größerer Reichweite)
Bauweise:	freitragender, dreimotoriger Ganzmetall-Tiefdecker, Tragflächen geteilt in Mittelstück, daran anschließende Zwischenstücke die Motoren und Haupttanks aufnehmen, Treibstoffkapazität 1750 Liter, Flügelbauweise nach Junkers-Prinzip. Rumpf in Segmentbauweise. Rumpfmittelstück mit Führer-, Gepäck-, Hilfsmaschinen und Fluggastraum, davor Motorvorbau. Hinter Kabine Rumpfende mit aufklappbarem Endstück. Sämtliche Teile mit leicht lösbaren Verbindungen verschraubt. Baumaterial: Dural, für weniger beanspruchte Teile Elektron- oder Siluminguß. Kabine dreigeteilt mit 15 Sitzen oder 10 Liegen, beheizbar, getrennte Belüftung und Beleuchtung aller drei Abteile. Frachträume unter der Kabine, Höhenleitwerk freitragend, Ganzmetall. Ab G 31de mit zusätzlicher Höhenflosse zwischen den beiden Seitenleitwerken. Höhen- und Seitenleitwerke mit Ruderausgleich. Cockpit beim Prototyp zweisitzig offen, danach geschlossen. Hilfsmaschinenraum mit FT-Anlage, Generatoren, Anlaßmotor und Kompressor hinter dem Cockpit auf der rechten Seite. Fahrwerk besteht aus je einer Halbachse, Lenkerstrebe und Hochhub-Federbein mit 30 cm Federweg, Scheibenräder aus Elektronguß mit Drahtreifen.
Spannweite:	29,66 m / 29,66 m / 30,30 m
Länge:	16,50 m / 16,50 m / 17,28 m
Höhe:	6,00 m
Flügelfläche:	94,6 m^2 / 94,6 m^2 / 102 m^2
Leergewicht:	4970 kg* / 5250 kg / 5000 kg
Startgewicht:	7700 kg / 8500 kg / 8500 kg
Flächenbelastung:	81,40 kg/m^2 / 89,85 kg/m^2 / 83,33 kg/m^2
Reisegeschwindigkeit:	175 km/h / 170 km/h / 170 km/h
Höchstgeschwindigkeit:	200 km/h / 210 km/h / 210 km/h
Landegeschwindigkeit:	110 km/h / 118 km/h / 118 km/h
Startrollstrecke:	/ 320 m
Reichweite:	6 Stunden mit 1000 kg Nutzlast (= ca. 1000 km)
Motoren:	Prototyp: 3×280/310 PS (206/228 kW) Junkers L 5, später Mittelmotor durch BMW VI ersetzt, schließlich 3×Gnôme Rhône Jupiter (450 PS = 331 kW) Junkers G 31 de: 3×510 PS (375,4 kW) Gnôme Rhône Jupiter VI ohne Getriebe D-1310 später drei Jupiter mit Getriebe und Vierblatt-Holzpropellern. Junkers G 31 fi: 3×510 PS (375,4 kW) Siemens Jupiter ohne Getriebe Junkers G 31 fo: 3×550 PS (404,8 kW) BMW Hornet mit Junkers oder VDM-Metall-Luftschrauben Junkers G 31 ho: 1×Pratt & Whitney Hornet + 2 BMW Hornet.

Einsatzdaten:

Stückzahlen bei Luft Hansa:	
bei Einführung:	1/1928
größter Bestand:	5/1931
bei Außerdienststellung:	2/1936
Streckenflüge:	ab März 1928 u. a. Berlin – Amsterdam – London, Hamburg – Amsterdam – London, Berlin – Danzig – Königsberg, Berlin – Paris, Berlin – Wien, Berlin – Kopenhagen – Malmö
Sonderflüge:	1927 Hilfsflug nach Persien mit Medikamenten zur Bekämpfung einer Cholera-Epidemie. Bewältigung der Strecke in drei Tagen. Möglicherweise wurde der Prototyp oder die in Junkers-Besitz befindliche D-1137 hierbei eingesetzt.
Besonderheiten:	Erster Bordservice mit Flugbegleiter an Bord der Luft Hansa G 31 im Jahre 1928 »fliegender Speisewagen«
Kennzeichenwechsel:	1934 erhielten die in der Flotte verbliebenen G 31 anstelle des bis dahin üblichen Zahlencodes neue Buchstaben-Kennzeichen. Aus der D-1310 wurde die D-ADIN Aus der D-1523 wurde die D-ADAR Aus der D-1722 wurde die D-ABIL Aus der D-1770 wurde die D-ABAR Aus der D-1786 wurde die D-ADUR.
Bemerkenswerte Flüge:	Im Rahmen des Zürcher Meetings 1927: Zürich – Lausanne – Mailand – Zürich in 4 h 41 min. Am 13. 4. 27 München – Mailand in 3 h und am 1. 4. 31 München – Rom 5 h 30 min.

Rißzeichnung Junkers G 31 fiD-1770 »Preußen« (Baunummer 3007, Baujahr 1929) mit drei Siemens Jupiter-Motoren. Die Maschine kam im November 1929 zur Luft Hansa und erhielt im August/September 1932 BMW Hornet-Motoren, die sie zur G 31fo machten. Ab 1934 flog sie als D-ABAR. Maßstab: 1:125

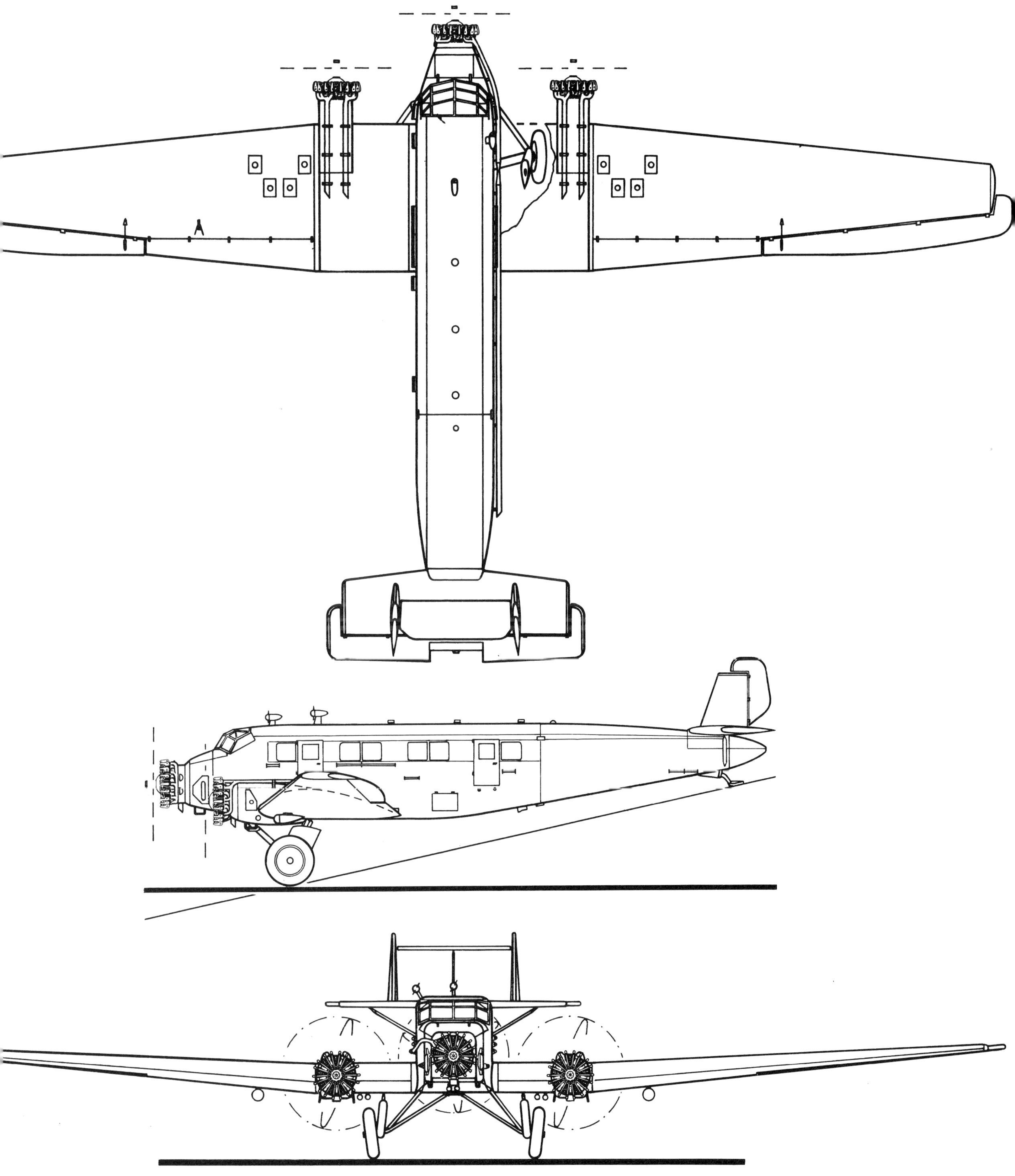

Heinkel He 12 1929–1932

Ernst Heinrich Heinkel baute 1911 nach Abschluß seines Studiums an der Ingenieurschule Stuttgart sein erstes Flugzeug auf der Basis eines Farman-Doppeldekkers. Das Abenteuer endete am 19. Juli 1911 mit einem Absturz, bei dem sich Heinkel schwere Verletzungen zuzog. Noch im gleichen Jahr ging Heinkel als Konstrukteur zur Luft-Verkehrs-Gesellschaft (LVG) nach Berlin-Johannisthal. 1913 wechselte er zu den Hansa- und Brandenburgischen Flugzeugwerken in Brandenburg/Havel über, wo er Chefkonstrukteur und Technischer Direktor wurde und bis zum Kriegsende 40 verschiedene Typen konstruierte, von denen etwa dreißig in Deutschland und Österreich in Serie gebaut wurden. Nach einem Nachkriegs-Intermezzo, während dessen sich Heinkel mit der Herstellung von Elektromaterial und der zivilen Umrüstung von Militärautos beschäftigte, gründete Heinkel am 1. Dezember 1922 die ›Heinkel Flugzeugwerke‹ in Warnemünde, die später nach Rostock verlegt werden sollten.

Die Heinkel He 12, die 1929 entstand, gehörte zwar nie zur Flotte der Luft Hansa, sondern wurde nur von ihr betrieben. Inhaber der Maschine war der Norddeutsche Lloyd Bremen, auf den das Flugzeug im Juli 1929 als D-1717 zugelassen wurde.

Die bis in die Gründerjahre des deutschen Luftverkehrs zurückreichenden Verbindungen zwischen Reedereien und der Zivilluftfahrt trugen über Jahrzehnte hinaus ihre Früchte. Führende Leute aus Schiffahrtskreisen sahen in der Luftfahrt weniger eine Konkurrenz als eine willkommene Ergänzung und eine neue Möglichkeit, die Beförderungsdauer von Passagieren, Fracht und Post zu verkürzen.

Bereits 1928 hatte die Luft Hansa einen Flugzeug-Anschlußdienst an den Schnelldampfer ›Columbus‹ des Norddeutschen Lloyd eingerichtet, um eilige Passagiere per Flugzeug nach Berlin, Frankfurt und München zu befördern.

Die Kooperation sollte sich jedoch nicht allein auf eine Arbeitsteilung – hie Seeverkehr, dort Luftverkehr – zur Beschleunigung der Überlandstrecken im Zubringerdienst von und zu den Häfen beschränken. Man machte sich damals auch Gedanken, wie man die selbst bei den damaligen Schnelldampfern rund fünf Tage beanspruchende Seestrecke zwischen der Alten und der Neuen Welt schneller überwinden konnte. Die Reichweite der Flugzeuge erlaubte in den zwanziger Jahren noch keinen Direktflug, doch es gab einen Plan, wie man das Reichweiten-Manko überwinden konnte. Die Idee war 1911 von einem anonym gebliebenen dänischen Flieger zur Diskussion gestellt worden. Der gedanklich seiner Zeit weit vorauseilende Däne wollte mit einem amerikanischen Doppeldecker von Kopenhagen nach New York fliegen und außer in London und Queenstown auf Dampfern zwischenlanden, die im Nordatlantik wie eine Stafette auf Warteposition lagen, um nach dem Auftanken den Weiterflug zum nächsten Schiff zu ermöglichen. So abwegig, wie eine deutsche technische Aviatik-Zeitschrift das Projekt im November ansah (... man wird füglich bezweifeln können, ob derartige unsinnige Projekte zur Förderung der ernsten Flugtechnik beizutragen im Stande sind...), war die Idee keinesfalls. So hatte man etwa zur gleichen Zeit auf Anordnung des französischen Marineministers das Heck des französischen Kreuzers ›Foudre‹ beidseitig um drei Meter verbreitert, um Marine-Fliegeroffizieren die Gelegenheit zu geben, ›auf der Plattform Flugübungen zu veranstalten mit dem Ziel, auf dem fahrenden Schiff zu starten und zu landen‹. Nach Lindberghs Nordatlantiküberquerung im Alleinflug von New York nach Paris im Mai 1927, der ein Jahr später die erste Nordatlantik-Überquerung in Ost-West-Richtung durch Köhl, Hünefeld und Fitzmaurice folgen sollte, konzentrierten sich vielfältige Bemühungen auf die Überwindung der langen Wasserstrecke mit Nutzlast.

Die Luft Hansa nahm 1927 die Idee des zu Unrecht geschmähten unbekannten Dänen auf, lange Wasserstrecken in Etappen zu überwinden, und beauftragte die Heinkel Flugzeugwerke mit der Entwicklung eines Katapultes für den Flugzeugstart von Bord von Handelsschiffen.

Die D-1717 wird mit einem Kran an Bord ihres Mutterschiffes gehievt. Deutlich erkennbar sind die zur Landung aufklappbaren Störklappen.

Seitenansicht der D-1717 »Bremen« beim Verlassen der Katapultbahn. Hinter den Schwimmerstreben der Katapultschlitten.

Nach zweijähriger Entwicklungs- und Bauzeit konnte das erste Katapult K2 in Bremen auf dem Sonnendeck zwischen den Schornsteinen des 51000 Tonnen NDL-Passagierdampfers ›Bremen‹ installiert werden. Es war so ausgelegt, daß ein bis zu 3500kg schweres Flugzeug auf einem Katapultschlitten mittels Preßluft aus dem Stand auf einer 20m langen Gleitbahn auf 110km/h beschleunigt werden konnte. Die Katapultbahn war schräg zur Längsachse des Schiffes angeordnet.

Für die Schleuderflüge von Bord der Bremen hatte der Norddeutsche Lloyd ein einmotoriges Postflugzeug in Auftrag gegeben, das unter der Baunummer 334 bei Heinkel entstand und 1929 ausgeliefert wurde.

Die He12 war ein einmotoriger Tiefdecker auf Schwimmern und hatte zwei hintereinanderliegende Sitze. Die Maschine ließ eine gewisse Verwandtschaft mit Heinkels-Seeflugzeug-Konstruktionen bei Hansa-Brandenburg erkennen und war in Gemischtbauweise erstellt. Die Tragfläche war eine Holzkonstruktion mit gleichbleibender Tiefe und abgerundeten Spitzen. Die zweiholmige Konstruktion war teils holzbeplant, teils bespannt, freitragend und hatte ein relativ dickes Profil. Die Flächen zeigten eine geringe V-Form, waren aber nicht gepfeilt.

Das Höhenleitwerk war gegen Rumpf und Seitenleitwerk abgestrebt und ohne Ruderausgleich. Das ebenfalls zunächst unausgeglichene Seitenruder erhielt später einen Hornausgleich.

Katapultstart. Dieses Foto zeigt recht gut den teilverkleideten Motor und die umfangreiche Abstrebung der Schwimmer.

Die vorn stumpfen Schwimmer waren ebenfalls aus Holz gebaut und durch ein umfangreiches Strebenwerk gegen die Flügel abgestützt. Der Rumpf war als Stahlrohrkonstruktion erstellt, die im vorderen Bereich metallbeplankt und dahinter stoffbespannt war.

Als Antrieb diente ein luftgekühlter Pratt & Whitney Hornet A-Sternmotor mit 450 PS (331,2 kW) mit einer Dreiblatt-Metall-Luftschraube.

Die beiden Cockpits für die Besatzung lagen hintereinander. Die Flugerprobung mit Katapultstart wurde Anfang Juli 1929 von Luft Hansa-Flugkapitän Jobst von Studnitz mit seinem Funkermaschinisten Karl Kirchoff in Bremen von Bord des zunächst stilliegenden Passagierdampfers aufgenommen.

Auf der Jungfernfahrt der ›Bremen‹, die mit 3000 Passagieren an Bord im Juli 1929 das ›Blaue Band‹, die Trophäe für die schnellste Nordatlantik-Überquerung eines Passagierdampfers, holen soll, wird die He 12 mit der gleichen Besatzung am 22. Juli 1929 rund 400 km vor dem Zielhafen New York von Bord der ›Bremen‹ katapultiert. Nach zweieinhalbstündigem Flug legte die D-1717 mit ihrer Postladung an der Pier des New Yorker Hafens an. Die New Yorker Bevölkerung bereitete den Fliegern einen begeisterten Empfang. Bürgermeister Walker taufte das Flugzeug später auf den Namen New York.

Auf der Rückreise wurde die D-1717 am 1. August bereits 8 km vor Cherbourg katapultiert und landete nach

einem Flug über 800 km mit 18000 Briefen an Bord um 12.34 Uhr in Bremerhaven. Damit traf die Post 24 Stunden früher als das Schiff in Bremerhaven ein.
Insgesamt wurden 1929 acht Schleuderflüge mit der He 12 durchgeführt. Sie wurden 1930 fortgesetzt. In diesem Jahr kam es zu insgesamt 24 Schleuderflügen von Bord der NDL-Schiffe Bremen und Europa, wobei neben der He 12 die verbesserte Ausführung He58 zum Einsatz gelangte.
Die He 12 ging am 6. Oktober 1931 bei einem nächtlichen Absturz auf dem Flug von Neu-Schottland nach New York verloren.

Technische Daten:

Typ:	**Heinkel He 12**
Hersteller:	Heinkel Flugzeugwerke Warnemünde
Konstrukteure:	Ernst Heinkel, wahrscheinlich unter Beteiligung von Karl Schwärzler
Erstflug:	1928
Baujahr:	1928
Produktionszahl:	1
Einsatz:	katapultfähiges Postflugzeug auf Schwimmern
Besatzung:	2 (hintereinander sitzend)
Passagiere:	keine
Bauweise:	Gemischtbauweise: Flügel zweiholmig aus Holz, teilweise sperrholzbeplankt, teils bespannt, gegen Schwimmer abgestrebte Tiefdecker-Konstruktion, Rumpf aus Stahlrohr, vorn mit Blechbeplankung, Rest stoffbespannt. Leitwerke in Holzbauweise, stoffbespannt ohne Ruderausgleich, Seitenruder später mit Hornausgleich, Schwimmer in Holzbauweise
Spannweite:	16,80 m
Länge:	11,56 m
Höhe:	4,55 m
Flügelfläche:	48,5 m^2
Leergewicht:	1580 kg
Treibstoffzuladung:	840 kg
Nutzlast:	160 kg Post
Flächenbelastung:	53,61 kg/m^2
Reisegeschwindigkeit:	191 km/h
Höchstgeschwindigkeit:	216 km/h
Landegeschwindigkeit:	95 km/h
Abhebegeschwindigkeit bei Katapultstart:	110 km/h
Reichweite:	bei 2600 kg Abfluggewicht (d. h. mit 160 kg Post) 800 km
Gipfelhöhe:	4000 m
Reiseflughöhe:	1000 m
Steigzeit auf 1000 m:	3,2 min.
Motor:	Pratt & Whitney Hornet A 450 PS (331,2 kW)
Einsatzdaten:	
Stückzahl bei Luft Hansa:	
bei Einführung:	1/1929
Größter Bestand:	1
Bei Außerdienststellung:	1/1931
Besitzer:	Norddeutscher Lloyd, Bremen
Erster Einsatz:	22. Juli 1929, Katapultstart 400 km östlich von New York anläßlich der Jungfernreise des NDL-Dampfers »Bremen«

Rißzeichnung Heinkel He 12 D-1717, Maßstab 1:125

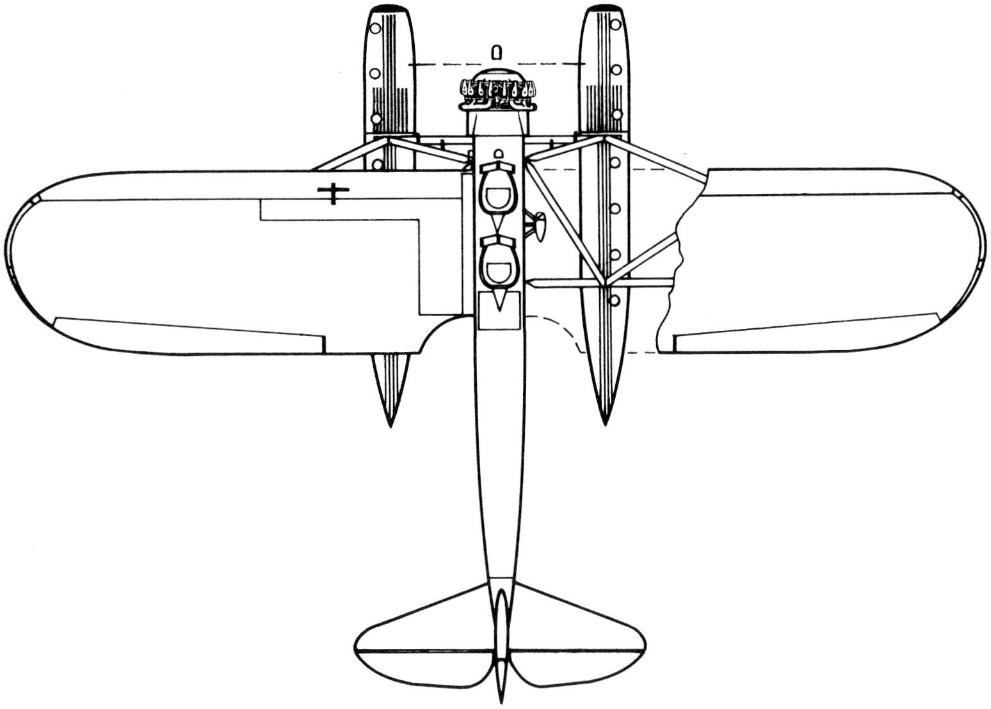

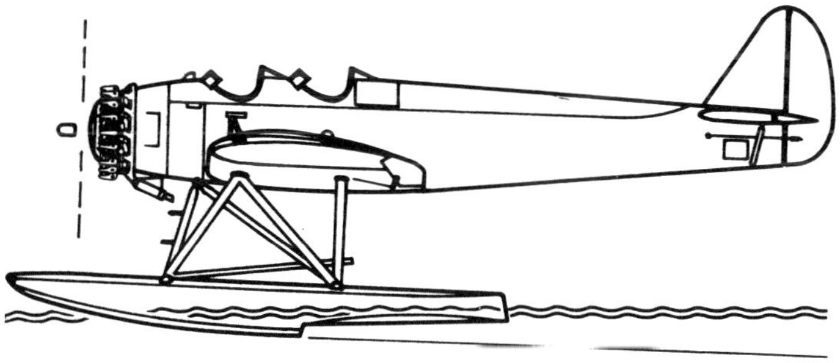

Heinkel He 58 1930–1932

Ab 1930 konnte der Norddeutsche Lloyd gemeinsam mit der Luft Hansa eine verbesserte Ausführung der He 12 einsetzen, die He 58.
Als zweites Schiff erhielt die ›Europa‹ ebenfalls eine Katapultanlage des weiterentwickelten Typs Heinkel K 4, die bei einem Betriebsdruck von 85 atü (84,37 bar) dem Flugzeug eine Beschleunigung von 3g (29,43 m/sec^2) verlieh. Von ihr wurde die 540 kg schwerere He 58 gestartet.
Das Flugzeug ähnelte im Aufbau weitgehend der He 12, hatte jedoch einen etwas breiteren Rumpf, der nun ein Cockpit mit zwei nebeneinander liegenden Sitzen für Pilot und Funkmaschinisten erlaubte. Verbessert war auch die Zuladung von nunmehr 220 kg Post gegenüber nur 160 kg bei der He 12, sowie auch die Reichweite mit über 1130 km, die eine Zeitersparnis von jetzt 36 Stunden gegenüber dem Schiff ermöglichte.
Das neue Katapultflugzeug, das 1930 auf der Europa in Dienst gestellt wurde, erhielt die Registrierung D-1919, die im August 1930 erteilt wurde. Das Flugzeug trug zunächst den Namen ›Bremen‹, der später in ›Atlantik‹ geändert wurde.
Als Triebwerk diente der D-1919 ein 450 PS (331,2 kW) BMW-Hornet-A-Sternmotor mit Luftkühlung, der zeitweise wie bei der He 12 bis an die Zylinder verkleidet war, aber auch mit einer strömungsgünstigen Ringhaube zum Einsatz kam und auf eine Zweiblatt-Metall-Luftschraube wirkte.
Wesentlich vereinfacht und damit auch strömungsgünstiger war die Schwimmer-Aufhängung bei der He 58 gestaltet. Die aus Holz aufgebauten Auftriebskörper waren einmal durch N-förmige Rohre gegen den Flügel abgestrebt und zusätzlich noch einmal am Rumpfbug abgefangen.
Der erste Schleuderstart von Bord der Europa erfolgte am 28. August 1930 auf einer Überfahrt nach USA bereits 1130 km vor dem Zielhafen New York.
He 12 und He 58 führten im Jahre 1930 insgesamt 24 Schleuderflüge durch. 1931 folgten noch einmal 31 Katapultstarts von Bord der NDL-Schiffe ›Bremen‹ und ›Europa‹, wobei die beförderte Postmenge gegenüber dem Vorjahr um 69 Prozent gesteigert werden konnte.
Im Jahre 1932 wurden die Heinkel He 12 und He 58 durch die noch leistungsfähigere Junkers Ju 46 ersetzt, mit der das Schleuderflugprogramm noch bis 1936 fortgeführt wurde.
Die He 58 war übrigens nicht als Flugzeug des Norddeutschen Lloyd registriert, sondern wurde im August 1930 für die Deutsche Versuchsanstalt für Luftfahrt e. V. (DVL) Berlin-Adlershof in die deutsche Luftfahrzeugrolle eingetragen, was möglicherweise auch den Verbleib des Flugzeuges erhellt.

Rechte Seite:

Oben: Die D-1919 auf der Katapultbahn der »Europa«. Hier ist die Maschine mit einer NACA-Haube versehen. Seitenansicht der D-1919 unmittelbar nach der Ausrüstung mit einer NACA-Motorverkleidung bei Heinkel.

Unten: Die D-1919 wird mittels Bordkran auf die Katapultbahn der »Europa« gesetzt. Hier ist der Motor teilverkleidet und ohne Ringhaube. Die He 58 trug die Baunummer 365.

LUFT HANSA
D-1919 „BR
1919„BREMEN

HEINKEL
BREMEN

Technische Daten:

Typ:	**Heinkel He 58**
Hersteller:	Heinkel Flugzeugwerke Warnemünde
Konstrukteure:	Ernst Heinkel, wahrscheinlich unter Beteiligung von Karl Schwärzler
Erstflug:	1930
Baujahr:	1930
Produktionszahl:	1
Einsatz:	katapultfähiges Postflugzeug auf Schwimmern
Besatzung:	2 (nebeneinander sitzend)
Bauweise:	Gemischtbauweise: Flügel zweiholmig aus Holz, teilweise sperrholzbeplankt, teils stoffbespannt. Freitragender Tiefdecker. Rumpf aus Stahlrohr, vorn mit Leichtmetallbeplankung, ab Cockpit stoffbespannt. Leitwerke in Holzbauweise. Höhenruder ohne Ausgleich, Höhenleitwerk gegen Seitenflosse und Rumpf verspannt, Seitenruder mit Hornausgleich. Schwimmer in Holzbauweise. Motor halbverkleidet, zeitweise auch voll verkleidet mit Ringhaube.
Spannweite:	17,20 m
Länge:	11,78 m
Höhe:	4,70 m
Flügelfläche:	49,4 m^2
Leergewicht:	1800 kg
Besatzung:	160 kg
Funkanlage:	60 kg
Treibstoff:	800 kg
Nutzlast (Postzuladung):	220 kg
Fluggewicht:	3040 kg
Flächenbelastung:	61,54 kg/m^2
Reisegeschwindigkeit:	160 km/h
Höchstgeschwindigkeit:	204 km/h
Landegeschwindigkeit:	93 km/h
Gipfelhöhe:	3800 m
Steigzeiten:	5,1 min auf 1000 m, 11,4 min auf 2000 m
Motor:	BMW Hornet A Sternmotor mit 450 PS (331,2 kW)

Einsatzdaten:

Stückzahl:	
Bei Einführung:	1/1930
Größter Bestand:	1
Bei Außerdienststellung:	1/1932
Erster Einsatz:	28. August 1930, Katapultstart von Bord der Europa 1130 km vor New York.
Namen:	Bremen später Atlantik

Rißzeichnung: Heinkel He 58 D-1919, Maßstab 1:125

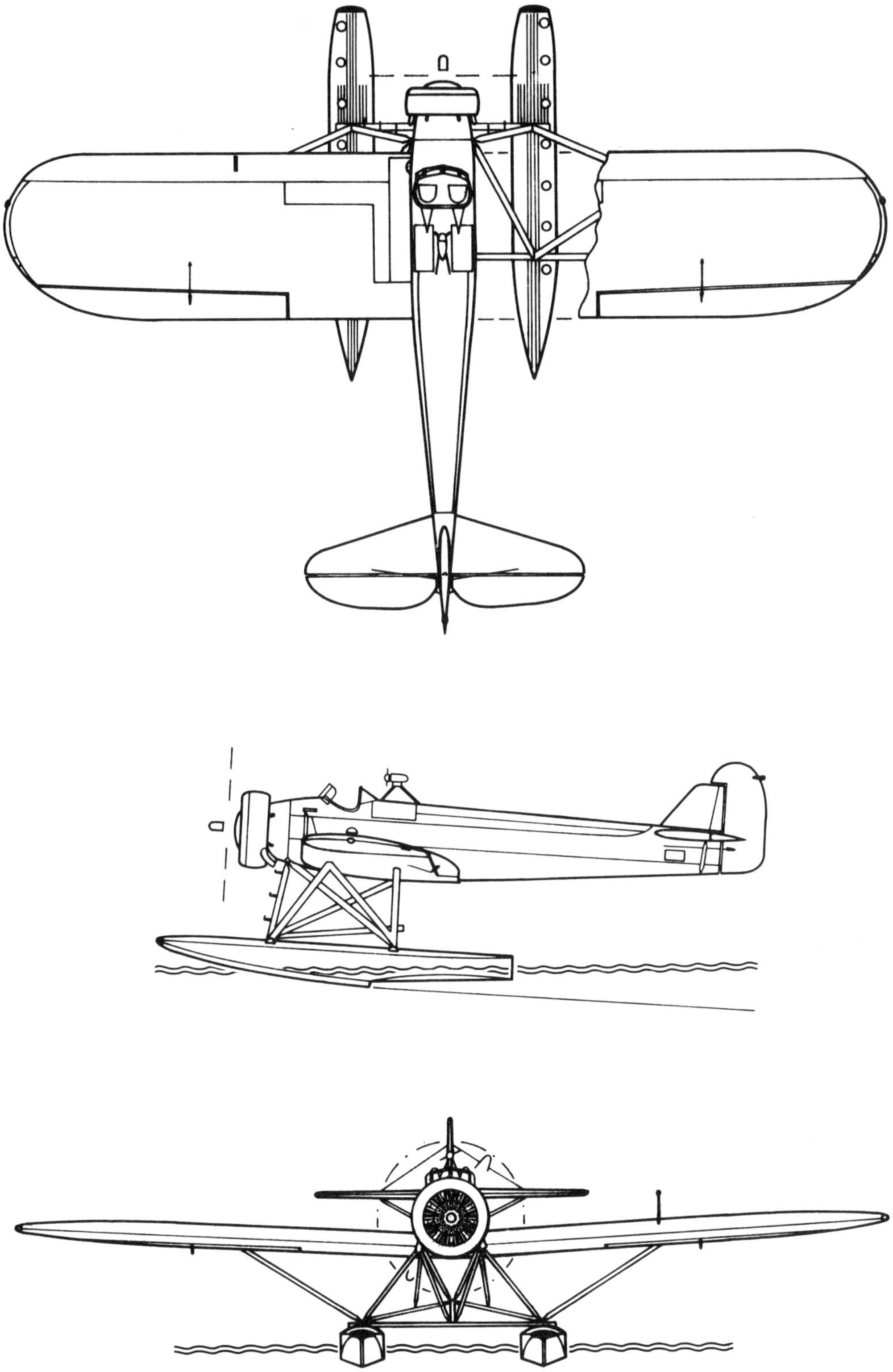

Junkers Ju 46 1932–1939

Die Junkers Ju46 ersetzte ab 1932 die He12 und He58 im Schleuderflugdienst von Bord der NDL-Transozean-Dampfer ›Bremen‹ und ›Europa‹. Dieser Typ war bei gleichem Aufbau unmittelbar aus der Junkers W34 abgeleitet und als spezielles katapultstartfähiges Postflugzeug konzipiert. Außer der Schwimmerversion gab es eine Ausführung mit Räderfahrwerk, die von der Luft Hansa vorwiegend als Nacht-Postflugzeug eingesetzt wurde. Die ersten zwei Maschinen dieses Typs, von dem insgesamt nur fünf Exemplare gebaut werden sollten, waren die beiden Schwimmer-Flugzeuge D-2244 (Werknummer 2715) und D-2271 (Werknummer 2720), die speziell für die Luft Hansa gebaut wurden. Gegenüber den zuvor eingesetzten Heinkel-Maschinen boten die Ju46 einmal den Vorteil der für den Seeflugbetrieb vorteilhafteren robusten Metallkonstruktion, einer größeren Zuladung nebst geringfügig vergrößerter Reichweite und für die Crew ein geschlossenes Cockpit.

Gegenüber dem Ausgangsmuster war die Ju46 in ihrer Struktur verstärkt, was wohl mit Rücksicht auf die hohe Beanspruchung beim Katapultstart geschah. Außerdem besaßen diese Maschinen eine etwas vergrößerte Dämpfungsfläche am Seitenleitwerk, auch das Seitenruder erscheint im Vergleich mit der W34 etwas größer. Die beiden Katapultflugzeuge hatten rotlackierte Rümpfe, Seitenleitwerke und Schwimmeroberseiten. Flächen und Höhenleitwerk waren an den Vorder- und Seitenkanten rot abgesetzt. Als Antrieb besaßen die beiden Katapultflugzeuge D-2244 ›Europa‹ und D-2271 ›Bremen‹ unverkleidete BMW-Hornet-C-Motoren mit einer Leistung von 600PS (441,6kW). Die drei Nachfolgemuster Ju46hi waren mit dem etwas stärkeren BMW-132-E-Sternmotor mit 650PS (478,4kW) ausgestattet, der mit einer Ringkühlerhaube versehen war, während die BMW Hornet-Motoren der Grundausführung Ju46fi, wie schon bei den Heinkel-Katapult-Flugzeugen He12 und He58, nur bis zum Zylinderansatz verkleidet waren.

Beide Versionen kamen sowohl mit Schwimmern als auch mit Räderfahrwerk zum Einsatz.

Mit Schwimmern versehen taten jeweils zwei Junkers Ju46 in den Jahren 1932 bis 1936 auf den NDL-Turbinendampfern ›Bremen‹ und ›Europa‹ Dienst. Die D-2271 flog nach Ablösung durch die D-UHYL, eine auf Schwimmer gesetzte Ju46hi, eine Zeitlang als Landflugzeug mit dem Namen ›Hamburg‹, bevor sie 1936 an das Condor-Syndicat nach Brasilien abgegeben wurde, wo sie dann als PP-CAU mit dem Erkennungsnamen ›Tocantins‹ flog. Die D-2244 erhielt 1934 die neue Registrierung D-UKOV und tat dann im Inland im Seeflugverkehr Dienst.

Als Nachtpostflugzeuge erhielt die Luft Hansa 1933 zwei weitere Ju46 der Version ›hi‹. Im Mai 1933 wurde die Baunummer 2744 als D-2419 registriert. Sie erhielt von der Luft Hansa den Namen ›Mars‹ und 1934 das Buchstaben-Kennzeichen D-UGUS, das augenscheinlich in D-OLMP geändert wurde. Die zweite Maschine trug die Werknummer 2745 und wurde im Juni 1933 als D-2491 registriert. Dieses Kennzeichen wurde später noch zweimal geändert, zunächst in D-UHYL und später in D-OBRA. Es handelt sich also bei allen drei Kennzeichen um das gleiche Flugzeug, das zunächst ›Sirius‹ getauft worden war und, nachdem die ursprüngliche Bremen D-2271 ›Bremen‹ aus dem Schleuderflugverkehr herausgezogen worden war, dessen Name und Stelle einnahm.

Die fünfte Ju46, ebenfalls eine ›hi‹, wurde schließlich 1934 gebaut. Sie trug die Baunummer 2773 und erhielt das Kennzeichen D-UBUS und den Lufthansa-Merknamen ›Europa‹, was darauf schließen läßt, daß die ursprüngliche ›Europa‹ mit dem Kennzeichen D-2244 alias D-UKOV zu diesem Zeitpunkt nicht mehr im Einsatz war, wenngleich die Inventarliste der Lufthansa per 31.12. 35 einen Bestand von fünf Maschinen aufweist. Ein weiteres Ju-46-Kennzeichen D-OKUV dürfte keine sechste Ju46 bezeichnen, sondern wird allgemein für eine Umregistrierung der fünften Ju46 D-UBUS angesehen. Dies paßt auch zum Kennzeichenwechsel der D-UHYL und D-UGUS, die beide später ebenfalls mit O beginnende Buchstaben-Codes erhielten.

Linke Spalte:

Oben: Die Junkers Ju 46hi mit verkleidetem BMW 132E-Sternmotor kurz nach dem Katapultstart von Bord der »Bremen«. Die D-UHYL löste die D-2271 ab, was möglicherweise mit Rücksicht auf die hohe Strukturbelastung der Maschinen beim Katapultstart geschah.

Mitte: Die D-2491 (Baunummer 2745) »Mars« als Nachtpostflugzeug. Diese Maschine wurde 1934 zur D-UHYL und flog zeitweise als Katapultflugzeug. Danach wurde das Kennzeichen erneut in D-OBRA geändert

Unten: Schließlich tat die D-2491 alias D-UHYL als D-OBRA im Seeflugdienst der Lufthansa innerdeutschen Streckendienst.

Die D-2244 »Europa« unmittelbar nach dem Katapultstart. Dieses Foto zeigt die ursprüngliche Ausführung Ju 46fi mit unverkleidetem BMW Hornet C-Motor.

Die fünfte und letzte Ju 46, eine »hi«, wurde 1934 gebaut und erhielt die Registrierung D-UBUS und den Namen »Europa«. Die Maschine wurde später wahrscheinlich in D-OKUV umregistriert. Die Namensgebung und Bemalung lassen den Schluß zu, daß auch dieses Flugzeug zeitweise im Schleuderflugverkehr eingesetzt wurde und dabei die D-2244 ablöste, was der Praxis bei der D-UHYL entspräche. Hierzu paßte auch der spätere Kennzeichenwechsel analog zur D-UHYL, aus der die D-OBRA wurde.

Technische Daten:

Typ:	**Junkers Ju 46 fi (hi)**
Hersteller:	Junkers Flugzeugwerke A.-G. Dessau
Konstrukteure:	Dipl.-Ing. Zindel/Dipl.-Ing. Pohlmann
Erstflug:	1932 (1933)
Baujahre:	1932 (1933/34)
Produktionszahl:	2 + 3 der Version hi
Einsatz:	Postflugzeug im Schleuderverkehr von Bord der »Bremen« und »Europa« sowie als Nachtpostflugzeug
Besatzung:	2 (nebeneinander sitzend)
Passagiere:	keine
Bauweise:	Ganzmetall-Tiefdecker wie W 34 jedoch mit verstärkter Zelle und vergrößertem Seitenleitwerk, beide Versionen sowohl mit Schwimmern als auch mit Räderfahrwerk eingesetzt.
Spannweite:	17,80 m
Länge:	11,60 m (10,52 m mit Räderfahrwerk)
Höhe:	4,15 m (3,90 m mit Räderfahrwerk)
Flügelfläche:	46 m^2
Leergewicht:	1980 – 2070 kg
Startgewicht:	3200 kg
Flächenbelastung:	69,57 kg/m^2
Reisegeschwindigkeit:	190 – 202 km/h
Höchstgeschwindigkeit:	230 km/h
Landegeschwindigkeit:	115 km/h
Abhebegeschwindigkeit:	115 km/h
Gipfelhöhe:	4250 m
Reichweite:	max. 2000 km, normale Reichweite beim Katapultflug 1200 km plus Reserve
Motor:	1×600 PS (441 kW) BMW Hornet C (fi) 1×650 PS (485 kW) BMW 132 E (hi)

Einsatzdaten

bei Luft Hansa:	
Bei Einführung:	1 (fi) 1932
Größter Bestand:	5 (2 fi + 3 hi) / 1935
Bei Außerdienststellung:	3/1939
Pionierflüge:	Katapultstarts mit Post von Bord der NDL-Turbinendampfer »Bremen« und »Europa« gewöhnlich 1200 km vor Erreichen der Küste.

Rißzeichnung Junkers Ju 46 D-2244 »Europa« (später D-UKOV) mit nachträglich angebrachter Ringverkleidung des BMW-Motors.

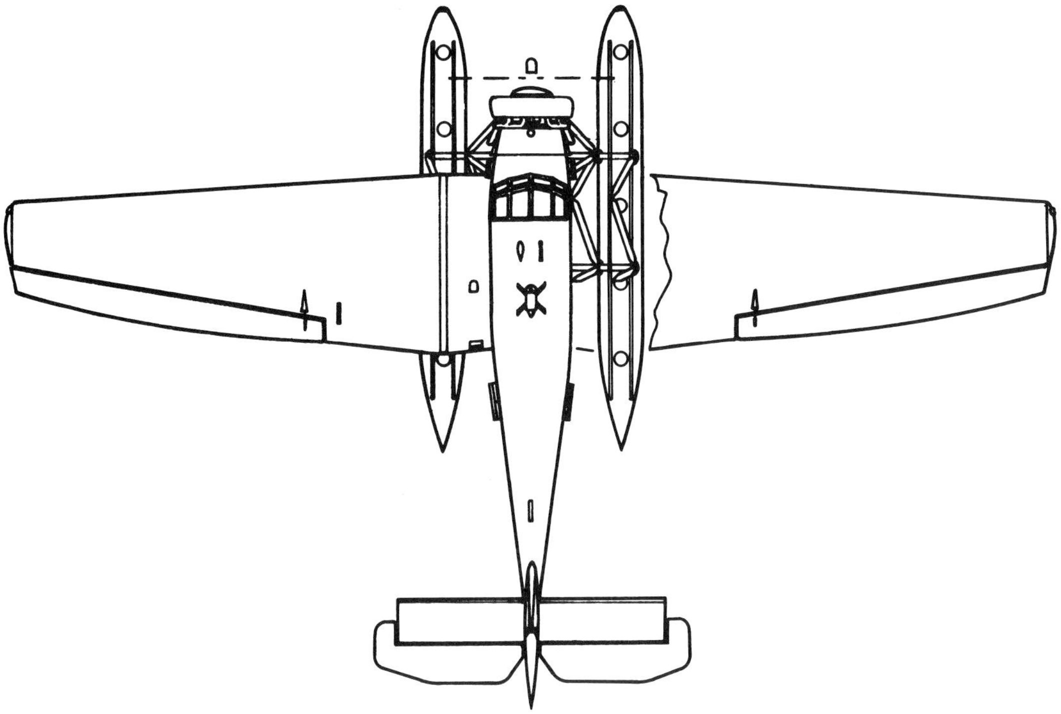

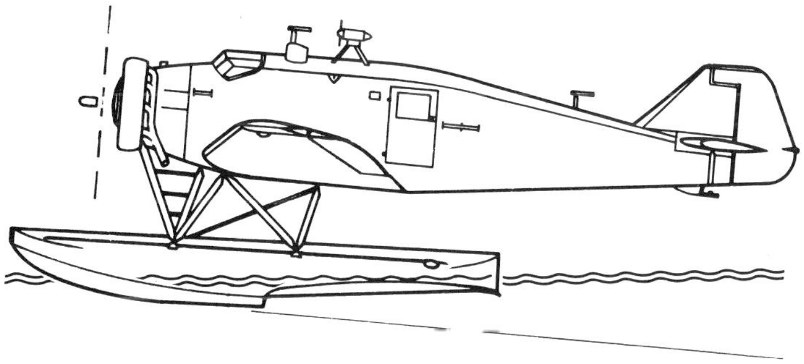

Junkers G 38 — 1931–1941

Die Junkers G 38 war zu ihrer Zeit das größte Landflugzeug der Erde und nähme sich selbst heute mit ihren 44 m Spannweite noch recht stattlich aus. Das Flugzeug, das Junkers 1928 in Angriff nahm, stellte die weitestgehende Verwirklichung der frühen Junkers-Ideen dar, die in seinem berühmten Nurflügel-Patent von 1910 ein Flugzeug vorsahen, dessen Flügel Tanks, Antriebsaggregate, Passagiere und Nutzlast aufnehmen sollten. Mit einer projektierten Passagierkapazität von 100 bis 1000 und Nordatlantikreichweite nahm Junkers schon zu Beginn unseres Jahrhunderts gedanklich die Jumbo-Ära vorweg, wenngleich man hinsichtlich der Geschwindigkeit noch wesentlich bescheidenere Maßstäbe anlegte und für eine Nordatlantik-Überquerung etwa eineinhalb Tage veranschlagte.

Auf dem Wege zur G 38 lagen mehrere Projektstudien für Riesenflugzeuge, so ein Entwurf aus dem Jahre 1921 mit einem gewaltigen Flügel von 62,8 m Spannweite, in dem ein großer Teil der Nutzlast transportiert werden sollte. Zwei Jahre später entstand das Projekt J 1000, ein Entenflügler mit 80 m Spannweite und 10 m Flächentiefe, bei 2,3 m Profildicke. Die Maschine sollte 100 Passagiere aufnehmen, dazu eine zehnköpfige Besatzung und bei einem Startgewicht von 36 Tonnen zehn Stunden mit einer Reisegeschwindigkeit von 200 km/h fliegen können.

Um einiges bescheidener, aber dennoch für ihre Zeit revolutionierend war die G 38, deren Bild eindeutig von ihrem gewaltigen Flügel beherrscht wurde, der wie bei der J 1000 veranschlagt ebenfalls an der Wurzel 10 m tief und mit einer Profildicke von ca. 1,8 m allerdings um einiges dünner war als bei der nie verwirklichten J 1000, die den technischen Möglichkeiten ihrer Zeit um einiges vorauseilte.

Die von Junkers und Zindel konstruierte G 38 setzte hingegen das damals Mögliche in die Wirklichkeit um. Ihr Prototyp hob am 6. November 1929 zum Erstflug von der Werkspiste in Dessau ab. Der 20-Tonnen-Vogel besaß in der Grundausführung zwei Junkers-L8-Benzinmotoren als Außenmotoren und zwei Junkers L88 als Innenmotoren. Alle vier Motoren lagen innerhalb des gewaltigen Tragflügels und trieben über eine lange Welle und ein Getriebe die Propeller an. Der Prototyp besaß zunächst innen Vierblatt- und außen Zweiblatt-Propeller mit 4,5 m Durchmesser, bald wurde aber die Leistung aller vier Triebwerke durch Vierblattschrauben in Vortrieb umgesetzt. Sowohl die 400 PS (294,4 kW) Reihen-Sechszylinder als auch die 800 PS (588,8 kW) V-Motoren waren wassergekühlt. Ihre Wasser- und Ölkühler waren unter der Tragfläche jeweils zwischen den beiden Motoren angeordnet und konnten in den Maschinenraum in der Tragfläche eingezogen werden. Alle vier Motoren waren während des Fluges durch einen hinter den Motoren durch die Fläche führenden Gang zugänglich. Dahinter wiederum lagen die Treibstofftanks. In insgesamt 28 untereinander verbundenen Behältern konnte Treibstoff für 20 Flugstunden mitgeführt werden. Die Idee des direkt belasteten Flügels versuchte Junkers bei der G 38 weitgehend zu verwirklichen, indem er neben den Tanks und den vier Triebwerken in der Flügelwurzel auch noch je zwei Passagiersitze mit einer vielgerühmten Sicht durch die mit Fenstern versehene Flügelnase sowie Frachträume vorsah. Zusammen mit den Stauräumen unter dem Kabinenboden ergab sich eine Frachtkapazität von rund 3000 kg. Insgesamt konnte die G 38 in der Prototyp-Version 30 Passagiere aufnehmen. Sie fanden außer in den erwähnten doppelsitzigen Kabinen zwischen Rumpf und Innenmotoren in drei Kabinen im Rumpf Platz, deren vordere elf Fluggäste aufnahm. Sie lag eigentlich im Flügelmittelstück und bekam durch vier runde Fensteröffnungen in der Rumpfdecke Licht. An sie schloß sich eine weitere, ebenfalls elfsitzige Kabine an. Dahinter lag eine viersitzige Raucherkabine.

Wie bereits die G 31 verfügte auch die G 38 über eine Hilfsmaschinenzentrale. Ein kleiner Dieselmotor in der linken Tragfläche lieferte die nötige Druckluft zum Anlassen der Motoren, zur Betätigung der Radbremsen wie auch für das Feuerlöschsystem. Bei der Urversion der G 38 war das gewaltige Tandem-Fahrwerk zunächst

mit einer Verkleidung versehen, die jedoch bald entfernt wurde.
Das Leitwerk der G38 war in Doppeldecker-Bauweise erstellt und hatte eine Spannweite von 9,38 m. Die Wellblechbeplankung hatte tragende Funktion. Oberes und unteres Höhenleitwerk wurden bei der ersten G38 durch umgekehrte V-Streben und die drei Seitenruder zu einem stabilen Kasten verbunden. Lediglich das mittlere Seitenleitwerk verfügte über eine Dämpfungsfläche, die eine weitere Verbindung zwischen oberem und unterem Höhenleitwerk darstellte.
Das Tragwerk der G38 hatte eine Vorderkantenpfeilung von 12° und 5,5° V-Form. Es war aus vier Sektionen aufgebaut. Die Querruder reichten von den Außenmotoren zur Flügelspitze und lagen etwas unterhalb der Flügelendkante. Landeklappen fehlten. Der zunächst einstöckige Rumpf der G38 hatte einen rechteckigen Querschnitt und war aus Leichtmetall-Spanten mit tragender Wellblechhaut aufgebaut. Er ging praktisch nahtlos in den dicken Flügel über.
Interessant war die Lösung der Kraftübertragung von den Motoren auf die Propeller über Fernwellen und Stirnrad-Untersetzungsgetriebe. Zur Vermeidung von Schwingungen, die man früher nur durch Überdimensionierung sehr schwerer massiver Wellen in den Griff bekommen hatte, bediente sich Junkers eines leichten Wellenrohres, dessen kritische Drehzahl weit unter dem Betriebsdrehzahlbereich im Fluge lag.
Die Besatzung der ersten G38 bildeten sieben Personen. Dem neben dem Flugzeugführer sitzenden Flugmaschinisten standen zwei sogenannte Flächenmonteure zur Seite, die an Kontrollständen in den Flügeln die Motoren überwachten und regulierten. Hinter dem Cockpit gab es eine kleine Kabine für den Funker. Für das Wohl der Passagiere sorgte ein Steward.
Die erste G38 trug die Baunummer 3001 und erhielt im November 1930 ihre Zulassung auf die Junkers A.-G. Dessau, die im Mai 1931 auf die Luft Hansa AG umgeschrieben wurde. Das Flugzeug trug das Kennzeichen D-2000 und den Namen Deutschland. Es wurde im Juni 1930 in Dienst gestellt. Ab 26. Mai 1931 flog die Maschine auf der Strecke Berlin–Amsterdam–London.
Am 10. April 1930 brachte Pilot Zimmermann die G38 zu Rekordehren, als er mit 5000 kg Nutzlast einen Dauerrekord von drei Stunden und zwei Minuten, einen Streckenrekord auf geschlossener Bahn mit 501,59 km, einen Geschwindigkeitsrekord auf einer 100 km langen Meßstrecke mit 184,464 km/h und einen weiteren über 500 km Strecke zwischen Dessau und Leipzig erflogenen Geschwindigkeitsrekord mit 172,95 km/h aufstellte.
Nachdem die Luft Hansa die G38 bereits übernommen hatte, erhielt das Flugzeug 1932 anstelle der ursprünglich schwächeren L8-Motoren außen ebenfalls 800 PS (588,8 kW) Junkers-L88a-Motoren, die mit Vierblatt-Propellern ausgestattet wurden. In dieser Ausstattung hieß die G38 jetzt G38a.
Bereits bei seinen ersten Einsätzen zeigte sich, daß das neue Großflugzeug eine rege Nachfrage nach Passagierplätzen auslöste. So kam es, daß die Luft Hansa und Junkers sich auf den Bau einer weiterentwickelten zweiten Maschine einigten.
Gegenüber der ersten Ausführung zeigte die als G38b bezeichnete D-2500 (Werknummer 3302), die im Juni 1932 ihre Zulassung erhielt, eine Reihe wichtiger Änderungen.
Auffälligste äußere Änderung war der nun zweistöckige Rumpf. Durch eine mäßige Erhöhung des aus dem Flügel nach hinten herauswachsenden Rumpfansatzes und Verlängerung des Passagierraumes nach hinten sowie durch eine rationellere Ausnutzung des zur Verfügung stehenden Innenraumes ergab sich ein erhöhter Passagierkomfort mit bequemen Sitzplätzen, die eine freie Sicht boten, für nunmehr insgesamt 34 Passagiere, verteilt auf 26 Sitze in den drei Rumpfkabinen, sechs in den Aussichtskabinen in der Flügelnase zwischen Rumpf und Innenmotoren sowie zwei weiteren in der Kanzel der Rumpfnase.
Die Erhöhung des Rumpfansatzes erlaubte es, die beiden hinteren Flügelkabinen soweit anzuheben, daß auch für sie normale Fenster mit freier Sicht über der Flügeloberseite angeordnet werden konnten. Durch das gesamte Anheben der Kabinen im Flügelbereich entstand darunter zusätzlich eine Art Zwischendeck, das als Gepäckraum genutzt wurde und damit die Gesamt-Staukapazität noch einmal erhöhte, da die großen Frachträume in den Flügeln und unter der Passagierkabine erhalten blieben.
Für weiteren Passagierkomfort sorgten eine unmittelbar hinter dem Hauptmaschinenstand und vor der vor-

D-2000
D-2000
2000

LUFT HANSA
D-2000

Der Rumpf der G 38b war doppelstöckig, so daß auch im vorderen Kabinenbereich seitliche Kabinenfenster möglich wurden. Diese Aufnahme zeigt auch sehr deutlich weitere Änderungen, wie den Junkers Doppelflügel an der gesamten Flächen-Hinterkante und das veränderte Seitenleitwerk jetzt mit Dämpfungsflächen. Diese Aufnahme zeigt die Maschine offensichtlich nach 1932 d.h. nach Austausch der L8-Außentriebwerke durch L 88a-Motoren, wobei auch die Außenmotoren Vierblatt-Propeller erhielten. In dieser Ausstattung hieß das Flugzeug G 38ce.

Linke Seite:

Oben: Dieses Flugbild läßt die runden Fenster in der Rumpfdecke erkennen, durch die Licht in die vordere Kabine fiel.

Unten: Die Junkers G 38a mit einstöckigem Rumpf und Kennzeichen D-2000. Sie trug innen Vierblatt- und außen Zweiblatt-Propeller und hatte keine Dämpfungsflächen an den äußeren Seitenleitwerken. Gut sichtbar sind hier die als Doppelflügel ausgebildeten Querruder.

deren Passagierkabine liegende Bordküche nebst Anrichteraum. Daneben lag eine Toilette mit Waschraum, eine weitere Toilette befand sich hinter der rückwärtigen Raucherkabine. Verbessert wurde auch die Ausstattung und Einrichtung der Kabinen, die eine regelbare Heizungs- und Lüftungsanlage erhielten. Wände und Decken wurden, wie bei Junkers seit der F13 üblich, sorgfältig ausgestaltet und mit einer geschmackvollen, schalldämpfenden Verkleidung versehen. Die drei Kabinen waren außerdem farblich voneinander abgesetzt, die vordere war in Grün, die mittlere blau und die hintere rot gehalten. Auch am Flügel waren deutliche Änderungen zu verzeichnen. Er wurde an der gesamten Hinterkante mit dem patentierten Junkers Hilfs- oder Doppelflügel ausgestattet, nachdem man diese Neuerung erfolgreich an der im Oktober 1930 erstmals flugerprobten, zunächst einmotorigen Ju52 getestet hatte. Die an der Flügelhinterkante angeordneten, über die Spannweite dreifach unterteilten beweglichen Flächen lagen unterhalb der Tragflügel-Hinterkante und erwiesen sich als außerordentlich wirksam bei Start und Landung. So verringerte sich bei der neuen Maschine trotz ihres höheren Abfluggewichtes von maximal 24000kg (bei allerdings zugleich auch erhöhter Antriebsleistung) die Startstrecke über ein 20m hohes Hindernis von 765m bei der D-2000 auf nunmehr 575m und die Landerollstrecke bis zum Stand (ebenfalls aus einer Höhe von 20m anschwebend) von 615m auf nur noch 455m. Eine weitere Änderung betraf das Leitwerk der G38b, das nun drei Dämpfungsflächen für die Seitenruder aufwies.

Motorisiert war die G38b zunächst mit L8-Außenmotoren und L88a-Innentriebwerken. 1932 wurden die Außenmotoren allerdings wie bei der D-2000 durch L88a-Triebwerke ersetzt, worauf die D-2500 die Bezeichnung G38ce erhielt. Dies ließ die Reisegeschwindigkeit von 170km/h auf 185km/h steigen und erlaubte eine Steigerung des Fluggewichtes von 21,2 auf 24 Tonnen. Unter Berücksichtigung des Mehrgewichtes der Triebwerke ergab sich damit eine Steigerung der zahlenden Nutzlast um rund 20Prozent. Dies war allerdings nicht der letzte Motorwechsel. Später wurden beide Flugzeuge – die D-2000 hatte inzwischen ebenfalls einen Junkers-Doppelflügel und einen höheren Rumpf erhalten – noch einmal von Junkers mit anderen

Bugansicht der G 38ce mit ihrem neuen Namen »Generalfeldmarschall
Triebwerken, der mit Passagiersitzen ausgestattete Rumpfbug und

Triebwerken versehen. Sie erhielten nun die sparsamen Junkers Jumo-4-Rohölmotoren, die je 750PS (552kW) leisteten und an den langen schwarzen Rauchfahnen zu erkennen waren, die die G38 fortan nachschleppten. Zuerst wurde die D-2000 im Jahre 1934 mit diesen Triebwerken ausgestattet, die D-2500 folgte wenig später. Bei dieser Gelegenheit wurde die Motorenbettung so geändert, daß die Motoren fortan von unten eingebaut werden konnten. Durch diese Maßnahmen wurde sowohl die Wartung als auch der Motorenwechsel erheblich vereinfacht.

enburg«. Hier wird gerade der Unterflur-Frachtraum unter der Flügelmitte beladen. Gut zu erkennen sind die einziehbaren Kühler zwischen den sagierkabine in der inneren Flügelnase.

Bei dieser Gelegenheit wurden auch Propellerbremsen eingebaut, um im Falle eines Motorausfalls den Motor im Fluge stillsetzen zu können, d.h. ein Weiterdrehen durch den Propeller im Fahrtwind zu unterbinden.

Die G38b mit dem Kennzeichen D-2500 wurde am 1. September 1931 an die Lufthansa ausgeliefert, um im Frühjahr 1932 in Dienst gestellt zu werden, während die D-2000 bereits seit 1. Juni 1930 bei der Luft Hansa flog. Während die D-2000, die später das Kennzeichen D-AZUR erhielt, augenscheinlich nur bei Sonderflügen zum Einsatz kam, also keinen regelmäßigen Streckendienst versah, ging die G38b (D-2500 und später D-APIS) nach zwischenzeitlichem gemeinsamem Einsatz mit der D-2000 auf der Strecke Berlin–Hannover–Amsterdam–London (ab Juli 1932) sowie Berlin–Frankfurt, Berlin–Königsberg und auf den Strecken nach München, Rom und Stockholm ab Sommer 1933 in den regulären Liniendienst Berlin–Kopenhagen–Malmö, Berlin–Halle/Leipzig–Nürnberg–München und wohl auch auf der Route Berlin–München–Venedig–Rom.

Im gleichen Jahr wurde das Flugzeug, das ursprünglich nur Hindenburg hieß, in einer großen Zeremonie in Ge-

Der Rumpf der G 38b im Bau.

Rechte Seite:

Oben links: Die Tragfläche der G 38, deren Konstruktion am Anschluß recht gut zu erkennen ist.

Unten links: Die Tankanlage in der Tragfläche. Die Behälter konnten bei Bedarf durch die links im Vordergrund sichtbare runde Luke problemlos ausgebaut werden. Recht gut sichtbar ist auch die Fachwerk-Abstrebung der Rohrholme.

Oben rechts: Blick in den Hauptbedienungsgang in der mächtigen Tragfläche

Mitte rechts: Motorenleitstand für die »Flächenmonteure«

Unten rechts: Motorwechsel an der G 38 nach der Umrüstung auf die sparsamen Jumo 4 Rohölmotoren, deren neue Bettung eine leichte Montage bzw. Demontage von unten erlaubte. Interessant ist auch die hydraulische Fahrwerk-Abfederung, die hier unverkleidet zu sehen ist.

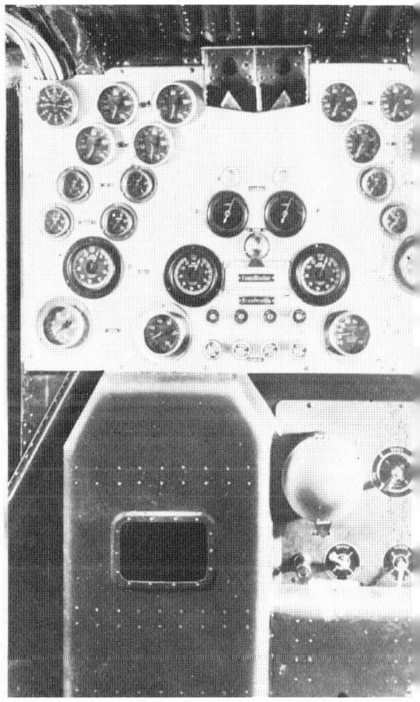

Oben: Das Cockpit der G 38

Unten: die Tragflügelwurzel der G 38b.

Blick aus der hinteren Passagierkabine zur erhöhten vorderen in der G 38b.

neralfeldmarschall von Hindenburg umbenannt. Die D-2000 trug den Namen ›Deutschland‹. Sie stürzte 1936 auf einem Werkstattflug infolge eines Montagefehlers in der Steuerung kurz nach dem Start in Dessau ab und wurde als Totalverlust abgeschrieben.
Die D-2500 flog bis 1939 bei der Lufthansa, und zwar war das Flugzeug 1934/35 sowohl auf der Kopenhagen-strecke wie auch auf Teilstrecken der Rom-Verbindung im Einsatz. 1936 kam das Riesenflugzeug auf den Routen Berlin–Danzig–Königsberg, Berlin–Kopenhagen–Malmö–Stockholm und Berlin–Halle/Leipzig–Frankfurt zum Einsatz.

1939 wurde die Maschine von der Luftwaffe requiriert und nahm am Norwegen-Feldzug teil, wobei die D-APIS im April 1940 auf dem Osloer Flughafen Fornebu landete.

1941 ereilte sie ihr Schicksal: Bei einem Bombenangriff der Royal Air Force wurde das Flugzeug auf dem Athener Flughafen am Boden zerstört. Bis zu ihrem unrühmlichen Ende hatte die D-APIS unter ihrem Kapitän Otto Brauer über eine Million Kilometer zurückgelegt und sowohl im Inland als auch weit über Deutschlands Grenzen hinaus große Publizität genossen.

Technische Daten:

Typ:	**G 38 a**	**G 38 b**
Hersteller:	Junkers Flugzeugwerke A.-G. Dessau	
Konstrukteure:	Prof. Hugo Junkers / Dipl.-Ing. Zindel	
Erstflug:	6. November 1929	1931
Produktionszahl:	1	1
Einsatz:	Passagierflugzeug auf Langstrecken	
Besatzung:	7	7
Passagiere:	30 (nach Umbau ebenfalls 34)	34
Bauweise:	Ganzmetall-Mitteldecker. Tragflügel freitragend. Rohrgerüst mit Vielholm-Rohrgurten und durchgehender tragender und formgebender Leichtmetall-Wellblechhaut. Flügel nehmen im Mittelteil Kabine und Frachträume auf, ferner im vorderen Bereich die Triebwerksanlagen, 28 Tankbehälter, Maschinenräume und Wartungsgang. Erste Ausführung mit langem Querruder vom äußeren Triebwerk bis zur Flügelspitze, später Junkers Doppelflügel dreigeteilt über gesamte Hinterkante, äußerer Teil als Querruder dienend. Rumpf bei G 38 a zunächst einstöckig, später doppelstöckig mit rechteckigem Querschnitt, bei G 38 von vornherein doppelstöckig, Struktur aus Leichtmetallspanten mit tragender Wellblechhaut. Rumpf insgesamt bestehend aus vier Sektionen. Leitwerk: Doppeldecker-Leitwerk in Ganzmetall-Kastenbauweise und tragender Wellblechbeplankung. Zunächst drei Seitenruder mit nur einer Dämpfungsfläche, später drei Dämpfungsflächen. Höhenruder als Junkers-Doppelflügel ausgelegt. Fahrwerk: starr, beim Prototyp zunächst verkleidet, später unverkleidet. Je Fahrwerk zwei große Räder in Tandemanordnung. Pendelrahmen und Felgen aus Elektronguß, mit einer Strebe und Gummikabel-Abfederung zum Flügel abgestützt. Spornrad später zur Ableitung elektrostatischer Aufladung mit Kupfergewebeeinlagen. Hauptfahrwerk mit Knorr-Luftdruckbremsen. Passagiersitze in drei großen Rumpfkabinen sowie in der Flügelnase, später auch im Rumpfbug.	

Technische Daten (Fortsetzung):

Spannweite:	44,00 m	44,00 m
Länge:	23,20 m	23,20 m
Höhe:	7,20 m	7,20 m
Flügelfläche:	305 m^2	305 m^2
Leergewicht:	14 905 kg*	16 400 kg**
Startgewicht:	21 240 kg*	24 000 kg***
Flächenbelastung:	69,64 kg/m^2	78,69 kg/m^2
Reisegeschwindigkeit:	170 km/h*	185 km/h mit 4×L88 210 km/h mit 4×Jumo 204 180 km/h bei LH
Höchstgeschwindigkeit:	ca. 200 km/h	225 km/h mit 4×Jumo 204 210 km/h bei LH
Landegeschwindigkeit:	106 km/h*	93 km/h**
Steiggeschwindigkeit		
am Boden:	ca. 2 m/sec*	2,95 m/sec**
in 1000 m Höhe:	1,5 m/sec*	2,15 m/sec**
Startstrecke über		
20 m Hindernis:	ca. 765 m*	ca. 576 m**
Landeweg aus 20 m Höhe		
bis zum Stillstand:	615 m*	456 m**
Dienstgipfelhöhe:	nicht ausgeflogen* ca. 2500 m	3100 m**
Steigzeiten auf		
1000 m Höhe:	9,5 min*	6,6 min**
2000 m Höhe:	22,5 min*	17,0 min**
3000 m Höhe:	nicht ausgeflogen	34,0 min**
Flughöhe mit einem		
ausgefallenen		
L88a-Motor:	1050 m^2	1250 m**
Hierbei Steig-		
geschwindigkeit:	0 m/sec*	ca. 0,4 m/sec**
Gipfelhöhe mit		
3 Jumo 204:	—	2000 m
Reichweite:	keine Angabe	3500 km**
Motoren:	Erstausstattung: 2×Junkers L8 (je 400 PS = 294,4 kW) + 2×Junkers L88 (je 800 PS = 588,8 kW) ab 1932: 4×Junkers L88a ab 1934: 4×Junkers Jumo 204 (je 750 PS = 552 kW)	Erstausstattung: 2×Junkers L8 (je 400 PS = 294,4 kW) + 2×Junkers L88a (je 800 PS = 588,8 kW) ab 1934: 4×Junkers Jumo 204 (je 750 PS = 552 kW)
Hilfsaggregat:	kleiner Dieselmotor in der linken Fläche zur Drucklufterzeugung	
Einsatzdaten:		
Stückzahl bei Luft Hansa:		
Bei Einführung:	1/1930	1/1931
Größter Bestand:	1	1
Bei Außerdienststellung:	1/1936	1/1941
Kennzeichen:	D-2000/D-AZUR	D-2500/D-APIS
Erkennungsnamen:	»Deutschland«	»(Generalfeldmarschall von) Hindenburg«
Streckenflüge:	nicht im regelmäßigen Liniendienst, ab Juni 1930 zeitweise eingesetzt, ab Sommer 1931: Berlin – London, ab Sommer 1932 teilweise auf G 38b-Strecken.	im regelmäßigen Liniendienst: ab 1. 7. 1932: Berlin – Amsterdam – London (Croydon), Berlin – Kopenhagen – Malmö, Berlin – Halle/Leipzig – Nürnberg – München, Berlin – München – Venedig – Rom (auf Teilstrecken wegen mangelnder Gipfelhöhe jedoch nicht auf dem Abschnitt München – Venedig, wo die Sicherheitshöhe 4500 m betrug) und andere.

* mit 2×L 8 + 2×L 88   ** mit 4×L 88

Rißzeichnung Junkers G 38ce D-2500 (D-APIS) Maßstab 1:250

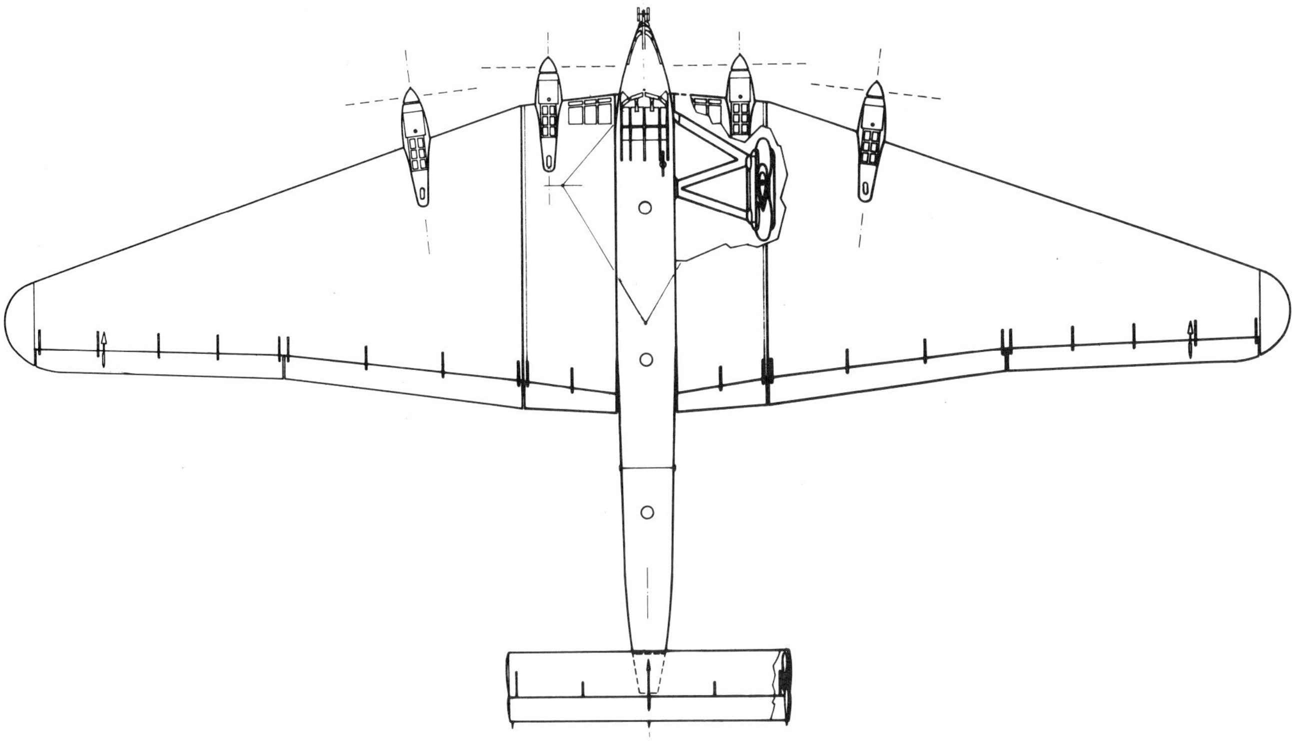

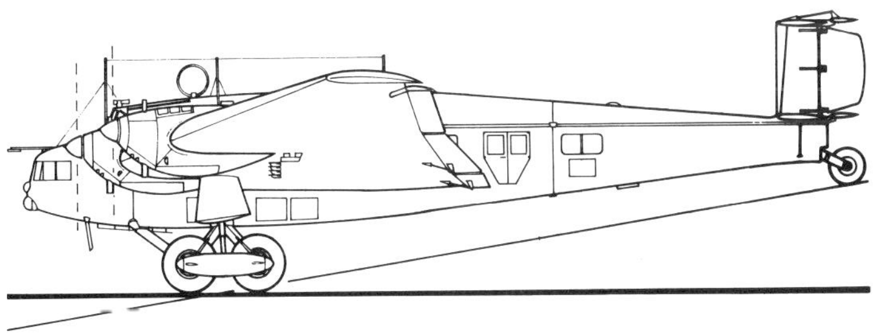

Messerschmitt M 20 1929–1943

Prof. Dr. Ing. Willy Messerschmitt befaßte sich schon als Fünfzehnjähriger zusammen mit Friedrich Harth im Jahre 1913 erstmals mit dem Bau eines Segelflugzeuges. Zehn Jahre später gründete er in Bamberg seinen ›Flugzeugbau Messerschmitt‹. Am 8. September 1927 schlossen sich Messerschmitts Unternehmen und die damals zwar technisch gut ausgerüsteten, aber unter Auftragsmangel leidenden Bayerischen Flugzeugwerke (BFW) in Augsburg nach langwierigen und überaus schwierigen Verhandlungen zusammen, worauf Messerschmitt mit seiner Firma nach Augsburg übersiedelte. Nachdem er zunächst die noch zum Auftragsbestand der BFW gehörenden Restaufträge, allesamt Doppeldecker in Gemischtbauweise, fertiggestellt hatte, widmete sich Messerschmitt nur noch dem Bau eigener Konstruktionen. So entstand mit der D 947 (Werknummer 27) im Herbst 1927 zunächst ein kleines Verkehrsflugzeug als freitragender Schulterdecker. Die Messerschmitt M 18, die in ihrem kantigen Rumpf Platz für einen Piloten und drei Passagiere bot, war zunächst in Holzbauweise konstruiert. Sie wurde dann aber aufgrund der rechnerisch sehr guten Ergebnisse auf Anregung von Theo Croneiß, dem Direktor der Deutschen Verkehrsflug AG, als erstes Messerschmitt-Flugzeug in Ganzmetall-Bauweise erstellt. Als Antrieb diente ein luftgekühlter 7-Zylinder Siemens & Halske Sh 11 mit nur 75/80 PS (55,2/58,9 kW).

Die anschließend gebauten Serienflugzeuge trugen die Bezeichnung M 18 a und waren ebenfalls in Metallbauweise mit teilweise beplankter und teilweise bespannter Tragfläche erstellt. Diese Maschinen flogen zu einem großen Teil bei der von Fürth aus operierenden Nordbayerischen Verkehrsflug und ihrer Nachfolgegesellschaft Deutsche Verkehrsflug GmbH. Neben einer 3- und einer 4-sitzigen Version gab es auch noch die viersitzige M 18 d, die bei der Deutschen Verkehrsflug sowie bei Ad Astra und später bei der Swissair in wenigen Exemplaren zum Einsatz kam.

Die nächste Stufe bildete die M20, die als Weiterentwicklung der M 18 d unmittelbar nach dem Umzug Messerschmitts nach Augsburg in Angriff genommen wurde und zehnsitzig konzipiert war. Dieses Baumuster sollte das erste Messerschmitt-Verkehrsflugzeug sein, das die Luft Hansa einsetzte. Seine Geschichte war allerdings von Beginn an von Problemen und Rückschlägen begleitet, bis die Maschine sich schließlich doch im Einsatz bewährte. Der Erstflug der M 20 fand rund fünf Monate nach Aufnahme der Arbeiten statt und endete am 26. Februar 1928 mit einer Katastrophe, als das Flugzeug, das offensichtlich von konstruktiven Mängeln nicht ganz frei war, unter Führung des wohl in Panik geratenen, bewährten Piloten Hackmack abstürzte. Nach dieser verunglückten Premiere folgte am 3. August 1928 der Erstflug des zweiten Prototyps unter Führung von Oberlt. Theo Croneiss, dem Direktor und Gründer der Nordbayerischen Verkehrsflug G.m.b.H. Die Erprobung durch Croneiss war ein Vertrauensbeweis für Messerschmitt. Dem Erstflug, der nur wenige Minuten dauerte, folgte nachmittags um 15.15 Uhr ein 35-Minuten-Flug unter Beteiligung von Dipl.-Ing. Scheuermann von der Deutschen Versuchsanstalt für Luftfahrt. Die Ergebnisse waren, wie der ›Flugsport‹ in

– Das neue Flugzeug BFW-M 20 ist von Dipl.-Ing. Willy Messerschmidt (Anmerkung des Verfassers: die falsche Schreibweise des Namens zeigt, daß dieser Name damals noch kein Begriff in der Fachpresse war.) konstruiert. Es ist wie die kleine, durch ihre Verwendung bei dem Nordbayerischen Verkehrsflug als sehr zuverlässig und wirtschaftlich gekannte Ganzmetall-Limousine BFW-M 18 ein freitragender Hochdecker, dessen 25,5 m breite Fläche in einem Stück ausgeführt ist. Der Rumpf faßt in einer außerordentlich geräumigen Kabine 10 Passagiere. Der vor dem Gastraum liegende Führerraum ist durch Glasfenster und Cellonscheiben völlig geschlossen. Das Flugzeug ist bis auf die Bespannung und eines Teiles der Tragfläche und der Ruder ganz in Leichtmetall ausgeführt, für dessen Bearbeitung bei den Bayerischen Flugzeugwerken eine ganz moderne Vergütungsanlage eingerichtet worden ist.

Der Motor des Flugzeuges ist ein von den Bayerischen Motorwerken A.-G. München hergestellter Zwölfzylinder Typ BMW VI a mit Untersetzungsgetriebe. Der Motor hat eine Normalleistung von 500 PS, kann aber bis zu 800 PS Spitzenleistung entwickeln.

Die Abmessungen des Flugzeuges sind folgende: Größte Spannweite 25,5 m, Länge über alles 14,75 m, Höhe mit laufendem Propeller 5,2 m. Das Leergewicht beträgt 2200 kg, die Zuladung 2300 kg, das Fluggewicht also 4500 kg. Durch dieses außerordentlich günstige Verhältnis wird das Flugzeug im praktischen Verkehrsbetrieb äußerst wirtschaft-

lich werden, indem es in der Lage ist, bei weit geringeren Anschaffungs- und Betriebskosten Aufgaben zu erfüllen, die heute noch meistens mehrmotorigen Maschinen vorbehalten sind. Da die normale Gipfelhöhe der Maschine 5700 m beträgt, wird es sich vor allem auch für Gebirgsstrecken eignen.
Das Flugzeug, dessen Bau in weiteren Exemplaren bereits in Angriff genommen ist, wird nach weiteren Versuchsflügen in Augsburg zur Vornahme der Musterprüfung zur Deutschen Versuchsanstalt für Luftfahrt in Berlin-Adlershof überführt werden. –

seiner Ausgabe 17 des Jahres 1928 berichtete, sehr zufriedenstellend, besonders hervorgehoben wurden die sehr guten Start- und Steigeigenschaften. In seinem Bericht fuhr der ›Flugsport‹ folgendermaßen fort:
Soweit der Flugsport im Jahre 1928. Der Prototyp erhielt die Zulassung im August 1928 und wurde als D-1480 (Baunummer 392) für das Herstellerwerk BFW zugelassen und im Juli 1929 für seinen neuen Halter, die Luft Hansa, registriert, die neben dem Prototyp im gleichen Jahr eine weitere Maschine (D-1676) übernahm. Beide Flugzeuge wurden von der Luft Hansa als M20a bezeichnet und unterschieden sich von den nachfolgenden M20b durch ein steiler gegen die Tragfläche abgestrebtes Fahrwerk, einen weiter vorn unter dem Motor liegenden Kühler sowie rechteckige Leitwerke. Außerdem unterschieden sich die M20b durch eine Tragfläche mit leichter V-Form, ein nachträglich abgestrebtes Leitwerk und ein verändertes Cockpit. Darüberhinaus hatte diese Ausführung auch einen etwas größeren Rumpf. Als verkleinerte Ausgabe der M 20 ist noch die achtsitzige M 24 zu nennen. Sie hatte einen Junkers L5-Motor und war mit einem einzelnen Exemplar in der Flotte der Deutschen Verkehrsflug vertreten.
Die Einführung der M20b bei der Luft Hansa vollzog sich allerdings nicht reibungslos. Nachdem zunächst am 6. Oktober 1930 die unter der DVS GmbH (Deutsche Verkehrsfliegerschule) registrierte D-1930, eine M20b, bei Dresden abgestürzt war, wobei alle acht Insassen umkamen, und im April 1931 die D-1928 ›Rheinpfalz‹ der Luft Hansa einem Unfall zum Opfer fiel und verbrannte, weigerte sich die Luft Hansa, die noch bestellten zehn Maschinen dieses Typs abzunehmen, bevor nicht die angenommene Unfallursache vollends geklärt sei. Die BFW, die durch diese Entwicklung in eine prekäre finanzielle Situation geraten waren, wehrten sich gegen die Vorwürfe, indem sie zum Beispiel den Unfall der D-1930, der allein durch die Tatsache, daß alle Insassen Reichswehroffiziere gewesen waren, eine höchst unliebsame Publizität erfahren hatte, auf widrige äussere Einflüsse zurückführten. In einer Erklärung des Herstellerwerkes hieß es, daß der Unfall der auf dem Fluge von Berlin nach Wien in Dresden zur Zwischenlandung ansetzenden D-1930 durch eine unvorhersehbare Vertikalbö während des Anschwebens ausgelöst worden sei, die das Flugzeut bei minimaler Anfluggeschwindigkeit in eine starke Schräglage und schließlich zum Abrutschen gebracht hatte, ohne daß bei der geringen Flughöhe eine Chance bestand, die Maschine wieder in eine Gleitfluglage zu bringen und das Unheil abzuwenden. Man wies ferner darauf hin, daß der Unfall dadurch fatal ausgegangen war, daß die Maschine in nahezu horizontaler Fluglage gegen einen Erdwall und eine Reihe von Bäumen geschmettert worden war. Man unterstrich dabei, daß der Fluggastraum nur wenig in Mitleidenschaft gezogen worden war.
Auch bei dem Unfall der D-1928 hatten eine Böe und starke Turbulenz zum Absturz geführt, bei dem der Pilot Schirmer, sein Funkmaschinist Bischoff getötet und die sieben Passagiere sowie der Funker verletzt wurden. Die Überlebenden schilderten, daß sie vor dem Absturz ein knallartiges Geräusch vernommen hatten wie das plötzliche Zerreißen eines Segels. Die Untersuchung durch Sachverständige ergab, daß das gesamte Seitenleitwerk offensichtlich unter Böeneinfluß um 60° zur Seite geknickt worden war. Die in die Untersuchungen eingeschaltete DVL bemühte sich ebenfalls, die Unfallursache zu klären, die die Luft Hansa der Konstruktion anlastete und zum Anlaß nahm, ihre Aufträge zu stornieren sowie bereits geleistete Anzahlungen von der bereits Ende 1930 mit 600 000 Mark Defizit kämpfenden BFW zurückzufordern.
Schließlich stellte der DVL-Prüfer Dipl.-Ing. Walter Stender bei einem Bruchversuch der Seitenflosse fest, daß diese zwar sehr wohl den Festigkeitsvorschriften entsprach, aber auftretende Böenkräfte zu gering angesetzt worden waren, so daß die Festigkeit der Leitwerkskonstruktion verdoppelt werden mußte.
Daraufhin erhielt die M20b die bereits erwähnte Abstrebung zwischen Höhen- und Seitenleitwerk.
Die Wirtschaftskrise, die überall in Deutschland zu Bankrotten führte, die Unfälle mit der M20b und in weiteren Entwicklungen gebundenes Kapital brachten die

BFW schließlich 1931 zum Konkurs. Ein Zwangsvergleich führte dann 1932 dennoch zur Einigung zwischen der Luft Hansa und den Bayerischen Flugzeugwerken und zur Abnahme der zur Diskussion stehenden zehn M20b, die sich in der Folgezeit als wirtschaftlich und zuverlässig erweisen sollten.
Die Luft Hansa setzte ihre ersten M20-Maschinen auf Teilstrecken der Route Stuttgart – Genf – Marseilles – Barcelona und Basel – Mannheim – Frankfurt – Köln – Essen ein. 1932 wurden einige der M20b-Maschinen auf BMW-VIu-Triebwerke mit 640PS (471kW) umgerüstet und so zur M20b2. Auch der Prototyp D-1480, der zwischenzeitlich mit einem BMW-VIZu geflogen war, erhielt wahrscheinlich im April 1933 dieses Triebwerk. 1937 flogen die zehnsitzigen Messerschmitts auf den Lufthansa-Strecken Stuttgart – Freiburg, Frankfurt – Hannover – Bremen – Wilhelmshaven – Wangerooge – Langeoog – Norderney sowie Berlin – Kiel – Wyk – Westerland und Hamburg – Kiel – Flensburg. Bei Außerdienststellung im Jahre 1943 besaß die Lufthansa noch je eine M20a und eine M20b. Letztere flog 1942 noch als beliebte ›Kindermöve‹ auf Rundflügen für Kinder, mit denen die Lufthansa die Jugend für die Fliegerei zu begeistern suchte.
Nach der M20 lieferte Messerschmitt keine Flugzeuge mehr an die Lufthansa. Lediglich das einmotorige Post-Flugzeug M28, das aber wohl nie der Lufthansa gehörte, flog zwischenzeitlich von 1932 bis 1933 im Zeichen des Kranichs, bevor es an das Luftfahrtministerium zurückgegeben wurde. Wozu diese Maschine damals diente, liegt im dunkeln.

Rechte Seite:

Oben: Die D-2005 »Odenwald« entstand 1931 als Baunummer 540 und kam im März 1931 zur Luft Hansa. Sie gehörte zur Baureihe M 20b2 und erhielt 1934 das Kennzeichen D-UNAH.

Mitte: Die D-1480 »Franken« war der zweite Prototyp der M 20 und wurde 1928 als Baunummer 392 fertiggestellt. Das Flugzeug kam im Juli 1929 zur Luft Hansa, wo es als Frachter flog. Die Maschine hatte zuerst einen BMW VI-Motor, wurde aber von der Luft Hansa mit BMW VIZu übernommen. Im April 1933 wurde die Maschine zur M 20b mit BMW VIu und erhielt das Kennzeichen D-UFON.

Unten: Die Messerschmitt M 20A »Rheinpfalz« (Baunummer 442, Baujahr 1930) kam als erstes Flugzeug zur Luft Hansa. Der Absturz dieser Maschine im April 1931 wurde durch ein für die auftretenden Böenbelastungen zu schwaches Seitenleitwerk ausgelöst.

M 20b2 »Fläming« (Baujahr 1932, Baunummer 545) im Landeanflug. Die seitliche Abstrebung des Seitenleitwerkes ist deutlich erkennbar. Das Flugzeug kam im September 1932 zur Luft Hansa und erhielt später das Kennzeichen D-UXYN.

D-2005
LUFT HANSA
ODENWALD

LUFT HANSA

LUFTHANSA
D-1928

Technische Daten:

Typ:	**Messerschmitt M 20 (M 20a, M 20b, M 20b2)**
Hersteller:	Bayerische Flugzeugwerke A.-G. Augsburg
Konstrukteur:	(Prof. Dr.-Ing. e. h.) Dipl.-Ing. Willy Messerschmitt
Erstflug:	26. Februar 1928 (Totalbruch) 2. Prototyp: 3. August 1928 M 20b: 2. Mai 1929
Baujahre:	1928 – 1932
Produktionszahl:	20 M20a + 12 M20b
Verwendung:	Passagier- und Frachtflugzeug (letzteres ohne Fenster oder mit abgedeckten Fenstern)
Besatzung:	2 in geschlossenem Cockpit
Passagiere:	8 – 10
Bauweise:	Freitragender Ganzmetall-Schulterdecker, teilweise bespannt. Zunächst ohne oder mit nur geringer V-Form (M 20a) später mit deutlicher V-Form. Größte Flügeldicke 75 cm, auf 15 cm an den Spitzen auslaufend. Stabilität durch I-Holm an der dicksten Stelle, Rippen aus gebördelten Blechen und Winkeln. Rippenvorderteile in Hauptholm eingeschlagen, Rippenenden im Flügelmittelteil durch Hilfsholm unterbrochen. Blechbeplankung im Mittelteil bis zum Hilfsholm, Rest bespannt. Verbindung Fläche/Rumpf durch zwei Kastenrippen mit Metall-Laschen, die durch Bolzen mit Gegenbeschlägen am Rumpf verbunden sind. Rumpf: rechteckig mit vier Längsgurten und zahlreichen Querspanten aus offenen Profilen, Außenhaut Duralblech. Geräumige Kabine mit 8 Sesseln und doppelsitziger Bank, Einstieg hinten links, hinter Kabine Wasch- und Gepäckraum. Zwei kleine Frachträume unter den Führersitzen. Leitwerke: Höhenleitwerk trapezförmig mit einteiligem Ruder ohne Ausgleich, Seitenleitwerk unverspannt auf Rumpfoberseite aufgesetzt, später gegen Höhenflosse verspannt. Fahrwerk: Achsen durch V-Streben an Rumpflängsgurten angelenkt und gegen Flächen abgestrebt mit je einer Federstrebe, Gummischnurfederung. Schleifsporn drehbar und ebenfalls gefedert. Motor auf zwei kräftigen Längsträgern elastisch gelagert, Preßluftanlasser. Kühler beim Prototyp noch rechts und links des Rumpfes an der Flügel-Unterseite, danach unter dem Motor.
Spannweite:	25,50 m
Länge:	14,75 m (M 20a), 15,90 m (M 20b)
Höhe:	5,20 m mit laufendem Propeller (M 20a) 3,92 m ausschließl. Propeller (M 20b)
Flügelfläche:	65 m^2 (M 20a + b)
Leergewicht:	2200 kg (M 20a), 2700 – 2800 kg (M 20b)
Startgewicht:	4500 kg (M 20a), 4675 kg (M 20b)
Flächenbelastung:	69,23 kg/m^2 (M 20a), 71,92 kg/m^2
Reisegeschwindigkeit:	154 km/h (M 20a), 190 km/h (M 20b)
Höchstgeschwindigkeit:	175 km/h (M 20a), 215 km/h (M 20b)
Landegeschwindigkeit:	85 km/h (M 20a), 90 km/h (M 20b)
Reichweite:	800 km (M 20a), 950 km (M 20b)
Gipfelhöhe:	5700 m (LH 4000 m)
Startstrecke:	190 m (M 20b)
Landerollstrecke:	150 – 200 m (M 20b)
Motor:	M 20a und b: 1×BMW VIa mit 500 PS (368 kW) wassergekühlt. Einige M 20b erhielten später 640 PS (471 kW) BMW VIu und wurden danach als M 20b2 bezeichnet.

Einsatzdaten:

Stückzahl bei Luft Hansa:	
Bei Einführung:	2 M 20a/1929
Größter Bestand:	insgesamt 11/1933–35
Bei Außerdienststellung:	je 1 M 20a und b/1943
Streckenflüge:	unter anderem: Stuttgart – Genf – Marseilles – Barcelona, Basel – Mannheim – Frankfurt – Köln – Essen – Amsterdam, Frankfurt – Hannover – Bremen – Wilhelmshaven – Wangerooge – Langeoog – Norderney sowie Berlin – Kiel – Wyk – Westerland.
Sonderflüge:	als Kindermöwe Rundflüge für Kinder bis 1942

Rißzeichnung Messerschmitt M 20b2 D-2026 »Schwarzwald« mit BMW VIu (Baunummer 543, Baujahr 1931). Das Flugzeug kam im April 1931 zur Luft Hansa und erhielt später das Kennzeichen D-UREK. Maßstab 1:125

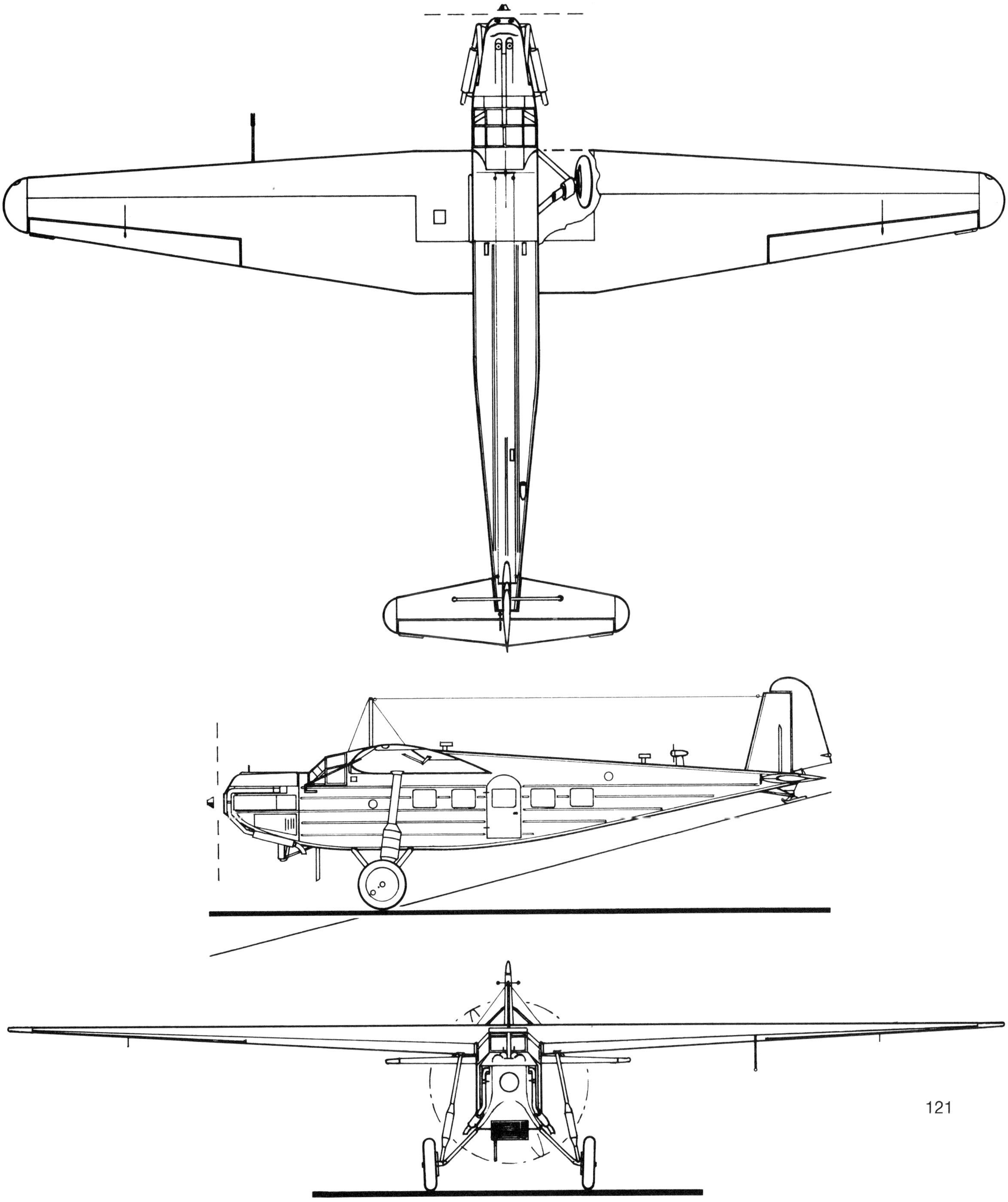

Junkers Ju 52/3m 1932–1945

Die Junkers Ju52 gehört wohl zu den bekanntesten Verkehrsflugzeugen der Luftfahrtgeschichte und wurde als ›Tante Ju‹ vor allem durch ihre Zuverlässigkeit und Sicherheit zu einem Begriff. Zugleich war das Flugzeug wohl das erfolgreichste Verkehrsflugzeug seiner Zeit, denn nicht weniger als 300 Maschinen dieses Typs waren in den dreißiger und vierziger Jahren in 40 Ländern der Erde im Luftverkehr eingesetzt – eine Zahl, die selbst für heutige Verhältnisse recht eindrucksvoll ist. Der Flugzeugpark der Lufthansa bestand über lange Zeit zu 85 Prozent aus diesem beliebten und bewährten Flugzeugmuster. Insgesamt wurden mindestens 4835 Exemplare verschiedener Baureihen bei Junkers und in Lizenz auch bei ATG, Weserflug in Deutschland sowie im Ausland in Villacoublay (Frankreich) und in Spanien gebaut, wo die Produktion sogar nach 1945 noch weitergeführt wurde. Selbst heute, fast 50 Jahre nach Entstehung der ersten Ju52, fliegen noch einige Exemplare der legendären Ju, wie etwa die Transporter des Typs Ju52 3mg4e der Schweizer Flugwaffe. Von diesem Typ besaß die Lufthansa ebenfalls einmal mindestens zehn Maschinen.

Berühmt wurde die Ju52 als Dreimotorige. Ihre Geschichte begann allerdings im Jahre 1930 als einmotoriges Frachtflugzeug, das Dipl.-Ing. Ernst Zindel angesichts des Ende der zwanziger Jahre stark steigenden Luftfrachtaufkommens aus der W33/34 entwickelte. Projektziel war ein Frachter, der eine zahlende Nutzfracht von 2000 kg über eine Distanz von 800 km befördern sollte.

Junkers, der schon bei der F13 eingehende Kostenrechnungen angestellt hatte und für den Rentabilität ein Schlüsselwort für den Luftverkehr war, baute bei der neuen Frachtmaschine auf eine einmotorige Ausführung, von der er sich einen günstigen Anschaffungspreis und niedrige Betriebskosten versprach. In die gleiche Richtung zielte auch eine von Prof. Kurt Weil und Hans M. Bongers am 15. November 1925 vorgelegte Denkschrift für Prof. Junkers unter dem Titel »Betrachtungen über die Möglichkeiten eines eigenwirtschaftlichen Luftverkehrs«. Sie stellte für die damalige Zeit extreme Forderungen wie leichtere Zugänglichkeit zwecks schnellerer Auswechselbarkeit von Teilen, Verbilligung der Ersatzteilhaltung, Verminderung der Überholungskosten, erhöhte Lebensdauer und gesteigerte Betriebsstundenzahl pro Jahr. Diese Gedanken kamen für den Junkers-Luftverkehr zwar zu spät, sie gaben aber wichtige Impulse für die Entwicklung der Ju52, die, als Frachter geplant, im Passagier-Luftverkehr neue Maßstäbe setzte. Im Gegensatz zu seinen Passagierflugzeugen, bei denen er aus Sicherheitsgründen auf drei Motoren oder bei der G38 sogar auf vier Triebwerke setzte, hielt Junkers das Risiko eines Motorausfalls für einen Frachter nicht so gravierend. Der robuste Aufbau seiner Flugzeuge ließ zudem erwarten, daß im Falle eines Falles eine Notlandung relativ glimpflich verlief.

Zindel wendete bei der Konstruktion die inzwischen bewährten Junkers-Konstruktionsprinzipien wiederum konsequent an und bemühte sich um eine sehr klare, geradlinige Konstruktion, die sich später als außerordentlich solide und vor allem wartungsfreundlich erwies.

Ursprünglich hatte Zindel für die stark vergrößerte W33, die die neue Ju52 darstellte, ein 1000-PS-Triebwerk vorgesehen, das aber schließlich doch nicht zur Verfügung stand. So mußte der Prototyp D-1974 mit der Werknummer 4001, der am 13. Oktober 1930 nach rund zweijähriger Entwicklungszeit erstmals flog, zunächst mit einem 880 PS (588,8 kW) Junkers-L88-Motor ausgerüstet werden, der allerdings schon bald gegen einen 600/755 PS (441,6/555,7 kW) BMW-VIIau ausgetauscht wurde. Als die Maschine als Ju52ba im Juli 1931 auf ihren Käufer, die Luftfrako GmbH, Berlin (Internationales Luftfracht- und Makler-Kontor Air Express), in die Luftfahrzeugrolle eingetragen wurde, lautete ihre Typenbezeichnung bereits Ju52be, was auf das erwähnte BMW-Triebwerk mit Untersetzungsgetriebe hindeutete, das offensichtlich schon vor der ersten öffentlichen Vorstellung der Maschine in Tempelhof eingebaut war, bei der die Ju52 als ›fliegender Möbelwagen‹ propagiert wurde. Der aerodynamisch sehr sauber wirkende Tiefdecker übertraf das Projektziel auf Anhieb und stellte mit einer Frachtkapazität von 2000 kg und einer Reichweite von 1500 km alle Konkurrenzmuster seiner Zeit in den Schatten. Die Maschine war wie bei Junkers mittlerweile schon Tradition mit Dural-Wellblech beplankt. Ihre trapezförige Tiefdecker-Tragfläche war über die gesamte Spannweite mit dem als Spaltklappe wirkenden Junkers-Doppelflügel ausgestattet, der die Funktion von Landeklappen und Querrudern in sich vereinigte. Die Struktur der Fläche bestand aus vier Trägerverbänden mit insgesamt acht Holmrohren. Die Außenflügel waren nach bewährtem Muster mit acht leicht lösbaren Kugelverschraubungen an der Flügelwurzel angeschraubt. Stark bemessene Querverbände im Bereich der Flügelwurzel schufen die Voraussetzung zum Anbau zweier zusätzlicher Motoren.

Der voluminöse Rumpf des Frachters hatte einen rechteckigen Querschnitt mit gerundeter Oberseite und war mit einem stabilen Längsboden ausgestattet. Der Haupt-Frachtraum hatte tatsächlich Möbelwagen-Format. Er maß 6,4 m in der Länge, 1,6 m in der Breite und war 1,9 m hoch. Sein Stauvolumen betrug 16,7 m^3. Hinter dem Haupt-Frachtraum schloß sich noch ein kleinerer an, vier weitere Stauräume lagen unter dem eigentlichen Frachtdeck. Für eine leichte und schnelle Beladung sorgten große Luken. Sperrige Güter konnte man durch eine 1,81 x 0,90 m große Luke in der Rumpfoberseite verfrachten. Zusätzlich gab es noch eine 1,8 x 1,25 m große Frachttür auf der linken Rumpfseite, die nach oben und unten aufgeklappt wurde und mit ihrer unteren Hälfte eine Art Ladepritsche bildete. Auf beiden Rumpfseiten gab es zwei nach außen aufzuklappende Luken mit je zwei runden oder rechteckigen Fenstern sowie zusätzlich auf der rechten Rumpfseite drei kleinere Türen. Die Unterflur-Frachträume waren ebenfalls durch entsprechende Luken an der Rumpfunterseite zugänglich. Bei den ersten Maschinen ließ sich das Rumpfheck hinter dem achten Rumpfspant, d.h. in Höhe der Hinterkante der großen seitlichen Frachtluke abschrauben. Das Cockpit war geschlossen und mit Doppelsteuer ausgerüstet. Das robuste Fahrwerk verfügte über Druckluftbremsen und war unverkleidet. Es konnte sowohl gegen Schwimmer als auch gegen Kufen ausgetauscht werden. Das ebenfalls nach dem Doppelflügel-Prinzip konstruierte Höhenleitwerk hatte einen trapezförmigen Grundriß und war mit einer mechanisch verstellbaren Höhenflosse und einem ausgeglichenen Ruder versehen. Der Motorvorbau war abnehmbar und nahm an der Unterseite den verkleideten Kühler auf.

Obwohl die einmotorige Ju52 sich als überaus leistungsfähig erwies, blieb ihr der große Verkaufserfolg versagt. Insgesamt wurden nur fünf Exemplare gebaut. Der Prototyp blieb nur wenige Wochen bei Luftfrako, hinter der die Sachsenberg-Gruppe des aufgelösten Junkers-Luftverkehrs stand und die als Agent für den Junkers-Luftverkehr den Junkers-Werken nahestand. Es erscheint wahrscheinlich, daß die Luftfrako gleichsam als Eisbrecher dienen sollte, um andere Gesellschaften zum Kauf der neuen Maschine zu animieren, was wohl auch im Zeichen der allgemeinen Wirtschaftskrise nicht gelang. Über das weitere Schicksal der 4001 ist nichts bekannt.

Die drei folgenden Baunummern 4002–4004 gehörten der Baureihe Ju52ce an, die mit einem 690 PS (507,8 kW) BMW-VIIau ausgerüstet war und über ein verändertes Seitenleitwerk ohne Hornausgleich verfügte, wie es später auch bei allen dreimotorigen Ju52 üblich war. Die 4002 wie auch die 4003 blieben zunächst bei Junkers. Die erstere diente zeitweise zur Leistungsermittlung mit dem Junkers Jumo-4-Rohölmotor und erhielt bei Junkers wohl auch eine etwas größere Fläche. Beide Änderungen machten aus der ce-Version eine Ju52do. Die 4003 behielt ihren BMW-Motor, wurde aber wohl auch mit der größeren Fläche ausgestattet und ging als Ju52de an eine Seefliegerschule. Nach der Grundüberholung im März/April 1937 kam sie offensichtlich zur Luftnachrichtenschule 6 in Dievenow bei Wollin. Mit einem Minensuchring ausgerüstet, soll sie noch gegen Ende 1943 über der Ostsee im Einsatz gewesen sein.

Die dritte Maschine dieser Baureihe (4004) wurde mit dem Kennzeichen D-2317 im September 1932 für die Deutsche Verkehrsfliegerschule GmbH registriert und noch im September 1932 nach Schweden verkauft, wo sie als SE-ADM flog.

Die Baunummer 4005 wurde im Februar 1933 für den Reichsverband der Deutschen Luftfahrt-Industrie, Erprobungsstelle Staaken, als D-2356 registriert und wird

XI. OLYMPIADE
AFES
LUN
D-A

als Passagierflugzeug mit 15 Sitzen als Ju52cai beschrieben, das als einzige Maschine einen untersetzten BMW-IXu mit 800PS (588,8kW) hatte. Das Flugzeug verbrannte bereits im Mai 1933.
Eine einmotorige Junkers Ju52 ging 1931 nach Kanada zu Canadian Airways. Nach aller Wahrscheinlichkeit handelt es sich bei dieser Maschine um die zunächst bei Junkers verbliebene Baunummer 4002, die wahrscheinlich nach der Umrüstung mit Jumo-4-Motor und größerer Fläche erneut umgebaut wurde. Bei dieser Gelegenheit erhielt sie einen Armstrong-Siddely-Leopard-Doppelsternmotor mit 700/750PS (515,2/552kW). Sie flog sowohl als Land- als auch als Wasserflugzeug und erhielt die deutsche Zulassung D-2133, unter der sie auch zeitweise mit einem verkürzten Rumpfheck und nach unten verlängertem Seitenruder flog.
Dieses Flugzeug wurde, wahrscheinlich als die Bestellung aus Kanada kam, wieder in den ursprünglichen Zustand der ce-Version mit BMW-VIIa-Motor und kurzer Fläche versetzt und zeigte auch das kleinere Seitenleitwerk des Prototyps, das somit möglicherweise erst ab der Baunummer 4003 für die ce-Version geändert wurde.
Nach Kanada kam dieses Flugzeug Ende 1931. Am 1.Dezember 1931 legte die jetzt mit dem Kennzeichen CF-ARM fliegende Maschine einen spektakulären Leistungsbeweis ab, als sie mit einer Nutzlast von 3443kg innerhalb von nur 17,5Sekunden von der Piste des Montrealer St.-Hubert-Flughafens abhob. In härtestem Einsatz tat diese Maschine, die 1936 einen Rolls-Royce-Buzzard-Motor erhielt und fortan als Ju52cao bezeichnet wurde, bis 1942 bei Canadian Airways Dienst und flog dann noch bis 1947 bei Canadian Pacific Airlines. In manchen Publikationen wird diese Maschine übrigens als sechste einmotorige Ju52 betrachtet. Dagegen sprechen die frühe Ablieferung der Maschine sowie die Ableitung aus der ce-Serie, die niedrige Ziffer der deutschen Zwischenzulassung D-2133 und schließlich die alte Leitwerksform. Der weltweite Erfolg der dreimotorigen Ausführung der Ju52 sollte Junkers für die nicht in Erfüllung gegangenen Hoffnungen, die er auf den

Junkers Ju 52/3m auf dem Tempelhofer Flughafen im Olympia-Jahr 1936. Dieser Typ bildete über Jahre das Rückgrat der Lufthansa-Flotte. Links die anläßlich der olympischen Spiele mit olympischen Ringen und der Aufschrift XI. OLYMPIADE, Berlin 1936 versehene D-ALYL.

einmotorigen Frachter gesetzt hatte, mehr als nur entschädigen. Nach bewährtem Muster entwickelte Zindel aus der einmotorigen Frachtversion eine dreimotorige Passagiermaschine, die dem steigenden Passagieraufkommen im deutschen wie auch im europäischen Luftverkehr gerecht werden sollte.

Die erste Ju52/3m flog im April 1932, welche Werknummer sie trug, ist nicht ganz sicher. Die beiden frühesten, mit Sicherheit identifizierten Ju52/3m, tragen die Baunummern 4008 und 4009. Sie wurden 1932 nach Bolivien exportiert.

Aller Wahrscheinlichkeit nach entstand der Prototyp als Werknummer 4007 durch Umbau einer ursprünglich einmotorig vorgesehenen noch unmontierten Maschine, nachdem Junkers die Bestellung des Lloyd Aereo Boliviano für die beiden bereits zitierten Maschinen mit drei Motoren erhalten hatte. Eine deutsche Registrierung für den Prototyp ist allerdings nicht nachzuweisen. Die erste deutsche Registrierung betrifft die Baunummer 4013, also die erste an die Luft Hansa gelieferte Ju52/3mce, die im Mai 1932 das Kennzeichen D-2201 erhielt.

Die frühen Ju52/3mce und /3mfe waren mit 9-Zylinder-Sternmotoren des Typs Pratt & Whitney bzw. BMW Hornet ausgerüstet und hatten eine Leistung von 525/600PS (386,4/441,6kW). Die Seitenmotoren waren zur Verbesserung der Kursstabilität einige Grade nach außen gegen die Längsachse versetzt. Die Motoren waren wartungsfreundlich an einem Leichtmetall-Tragring verschraubt, der gleichsam als Abschluß vor dem eigentlichen abnehmbaren Motorvorbau aus Duralrohren saß. Der Treibstoffvorrat von 2000Litern wurde in zehn zylindrischen, liegend im Flügel montierten Leichtmetallbehältern untergebracht. Die Förderung zu den Motoren erfolgte über Jumo-Kraftstoffpumpen. Für Notfälle gab es eine Motorspeisung mittels Fallbenzin, wobei der Kraftstoff über eine Handpumpe im Cockpit in die Fallbehälter gefördert wurde. Im Cockpit waren auch die Bedienungshebel der im Tragflügelmittelstück angeordneten Ventilbatterie zum Umschalten auf die verschiedenen Treibstoffbehälter installiert, und es gab auch schon Schnellablaßventile, um sich im Notfall des Resttreibstoffes zu entledigen.

Der Rumpf der Ju52/3m war zunächst zweiteilig wie bei der einmotorigen Ausführung, wurde aber später ein-

Oben: Die D-2202 war die zweite Ju 52/3m der Lufthansa und gehörte zur Baureihe 3mce. Sie kam im Sept. 1932 zur Luft Hansa und wurde im September 1934 an die Flugbereitschaft des RLM abgegeben.

Rechts: Eröffnung des Eurasia-Flugdienstes nach Hongkong. Die Ju 52 der Eurasia landet auf dem Flughafen Kai Tak. Sehr gut sichtbar der geteilte Doppelflügel in Landestellung.

Unten: Flügelanschluß der Ju 52/3m. Deutlich sichtbar der Aufbau mit Rohrholmen, die durch Fachwerkstreben ausgesteift sind, in der Mitte einer der Treibstofftanks. Rechts ist die Motoraufhängung erkennbar, an der Flügelhinterkante der berühmte Junkers Doppelflügel mit Betätigungsstange.

郵
EURASIA

teilig gebaut. Die geräumige Kabine bot mit 19,6 m^3 15–17 Passagieren Platz, die in zwei einsitzigen Reihen rechts und links des Mittelganges saßen. Die Kabine war belüftet, beheizt und geräuschgedämpft. Hinter der Kabine und im Flügelmittelstück gab es insgesamt 4,4 m^3 Frachtstauraum. An Bord gab es einen Waschraum und ein Trocken-WC. Die frühen Ju52/3m hatten ein starres, unverkleidetes Fahrwerk mit VDM-Luftfederbeinen und Druckluftbremsen, die über eine Druckflasche bedient wurden, wenn die Gashebel hinter die Leerlaufstellung zurückgenommen wurden. Spätere Versionen hatten ein verkleidetes Fahrwerk mit Ölstoßdämpfern und Scheibenbremsen. Der Schleifsporn war steuerbar. Das Fahrwerk konnte sowohl gegen Schwimmer als auch gegen Kufen ausgetauscht werden.

Das geschlossene, großzügig verglaste Cockpit bot zwei Flugzeugführern nebeneinander und einem dahinter sitzenden Funker ausreichenden Platz und eine gute Sicht. Landeklappen- und Höhenflossen-Verstellung erfolgten von Hand. Zu den Sicherheits-Vorkehrungen gehörte neben einer automatischen Landeklappensicherung auch eine ausrückbare Vollgassperre, die verhindern sollte, daß die Motoren durch ungewolltes volles Öffnen der Gashebel unter der Volldruckhöhe von 915 m überlastet wurden.

Die frühen dreimotorigen Ju52 hatten mit BMW-Hornet-Motoren eine Reisegeschwindigkeit von 245 km/h und eine Reichweite von 915 km. Ihr Abfluggewicht lag bei 9200 kg.

Die D-2201, die erste Ju52 der Luft Hansa, nahm im Juli 1932 am internationalen Flugmeeting für Verkehrsflugzeuge teil und beendete die Konkurrenz am 27. Juli als Sieger. Auf dem Rückflug nach Deutschland legte sie ungewollt einen spektakulären Beweis der Robustheit und Sicherheit ihrer Konstruktion ab, als sie am 28. Juli nach einer Zwischenlandung in München-Oberwiesenfeld in nur 250 m Höhe über der Fliegerschule Schleißheim von einem Schulflugzeug des Typs Udet-Flamingo frontal gerammt wurde. Um 15.40 Uhr verspürten die Insassen einen heftigen, von lautem Krachen begleiteten Stoß, der das Flugzeug ruckartig um 90° nach Backbord aus der Bahn warf. Flugzeugführer Willi Polte und sein Bordwart Hänsgen, die Siegerbesatzung von Zürich, nahmen sofort das Gas zurück und richteten die in einen steilen Gleitflug übergehende Maschine auf, um mit ihr wenig später sicher in einem Kornfeld notzulanden. Die Inspektion der Maschine zeigte, daß die linke Fahrwerkhälfte wie auch der linke Motor der Ju52 aus ihrer Verankerung gerissen waren. Der herausgebrochene Motor war an sämtlichen Zylindern beschädigt, sein Propeller stark verbogen. Der Rumpf wies vor dem Flügelansatz mehrere Löcher auf. Die Kabinenwand war eingeschlagen und die Lehne eines Sitzes abgerissen. Querruderlager und Aufhängung des Junkers-Doppelflügels waren ebenfalls beschädigt worden.

Nach gründlicher Reparatur wurde dieselbe Maschine im August zum Internationalen Alpenflug-Wettbewerb nach Zürich entsandt und siegte am 30. August in Rekordzeit auf der 708 km langen Strecke Zürich–Genf–Mailand–Zürich, für die die D-2201 nur 3 Stunden, 43 Minuten und 29 Sekunden benötigte.

Ein interessantes Streiflicht auf die Zuverlässigkeit und Sicherheit der Ju52/3m wirft auch der Rückgang von technisch bedingten Außenlandungen von Luft-Hansa-Maschinen von ursprünglich 7 pro eine Million Flugkilometer auf nur noch 1,5 nach Einführung der Ju52/3m als Haupt-Streckenflugzeug. Mit einem Maximum von 110 Maschinen stellte die Ju52/3m im April 1936 rund 85 Prozent der gesamten Lufthansa-Flotte.

Neben den beiden ersten Maschinen D-2201 ›Boelcke‹ und D-2202 ›Richthofen‹, die im Mai bzw. September 1932 ihre Zulassung für die Luft Hansa erhielten und sich vom Prototyp durch die mit Townend-Ringen versehenen Hornet-Motoren unterschieden und im gleichen Jahr noch widerstandsärmere NACA-Hauben für die Seitenmotoren sowie eine verbesserte Cockpit-Verglasung erhielten, gab es eine Vielzahl von Varianten. 1936 waren es bereits über 30. Hier ein knapper Überblick über die Lufthansa-Versionen:

Ju52/3mce: Mit Pratt & Whitney Hornet-Motoren, Luft-Hansa-Maschinen D-2201 und D-2202, Erprobung auf der Alpenstrecke München–Rom;

Ju52/3mfe: mit Pratt & Whitney Hornet oder BMW-Hornet-Motoren und jetzt einteiligem Rumpf, verkleidetem Fahrwerk sowie NACA-Hauben für die Außenmotoren. Erste Maschinen ab 1933 geliefert. Luft-Hansa-Maschinen: D-2490 ›Gustav Doerr‹ (Baunummer 4020), späteres Kennzeichen D-AFYS; D-2526 ›Zephyr‹ alias ›Emil Schäfer‹ (Baunummer 4023), später D-AGAV; D-2527 ›Manfred von Richthofen‹ (Baunummer 4022), zuerst 3

Oben: Kabinenansicht der Lufthansa-Ju 52/3m. Die Einzelsitze waren verstellbar und verfügten über eine individuelle Belüftung über flexible Schläuche.

Oben links: Die Luft Hansa Tochter »Syndicato Condor Ltda.« besaß insgesamt 15–16 Ju 52/3m. Hier die PP-CAV Caiçara (Baunummer 4038) auf Schwimmern. Die Maschine übernahm in Natal die mit Do-Walen der Lufthansa über den Südatlantik beförderte Post und brachte sie nach Rio de Janeiro. Die Maschine gehörte der Baureihe Ju 52/3mge an.

Mitte links: Flugkapitän Gaim nach seinem 200. Alpenflug am 7. Mai 1935 auf dem Flughafen München. Der Jubiläumsflug fand mit der Ju 52 D-ADEF »Adolf Schirmer« (Baunummer 4070, Baujahr 1935) statt.

Unten links: Winterflugbetrieb mit Ju 52/3m. Die D-ASIS »Wilhelm Cuno« trug die Baunummer 4074, Baujahr 1935 und gehörte zur Baureihe 3mge.

BMW Hornet, 1934 auf Pratt & Whitney Hornet umgerüstet und neues Kennzeichen D-AGUK (›Kurt Wolf‹). D-2588 ›Rudolf Kleine‹ *Baunummer 4025), später D-AHIH; D-2600 ›H. J. Buddecke‹ (Baunummer 4021), später D-AHUT;

Ju 52/3mge: geliefert ab 1934, Ju-Pak-Einstell-Luftschrauben, Zellenverbesserungen, Motorausstattung BMW oder P & W-Hornet, einige Maschinen erhielten auch bei einer der alle 2000 Stunden stattfindenden Grundüberholungen BMW-132 A/E-Motoren. Frühe Lufthansa-Muster dieses Typs: D-3050 ›Joachim Schröder alias Kurt Wintgens‹ (Baunummer 4036), später D-ALUN; D-3051 ›Kurt Wüsthoff‹ (Baunummer 4037), später D-AMAM; D-3123 ›Gustav Leffers‹ (Baunummer 4039), später D-ANAL; D-3131 ›Werner Voß‹ (Baunummer 4041), später D-ARAM; D-3127 ›Otto Parschau‹ (Baunummer 4040), später D-APAR;

Ju 52/3mgle: mit 3 x 660 PS (485,8 kW) BMW 132 A/E. Lufthansa-Maschinen D-ALUG mit BMW 132 A-3 und D-AFCD ›Ernst Albrecht‹ (Baunummer 4068), D-AMFR ›Ludwig Hautzmeyer‹ (Baunummer 5933) mit BMW 132 E.

Ju 52/3mg2e: mit BMW 132 C-2, Lufthansa-Maschinen: D-AYHO ›Peter Strasser‹ (Baunummer 5860) sowie D-AYKU;

Ju 52/3mho: mit 3 x 550 PS (404,8 kW) Junkers Jumo 205 C, nur zwei Maschinen gebaut, beide bei Lufthansa als D-AJYR ›E. Schäfer‹ (Baunummer 4045) und D-AQAR ›W. Höhndorf‹ (Baunummer 4055). Fluggewicht 9500 kg, Leergewicht 6050 kg, Höchstgeschwindigkeit 260 km/h. Länge 19,00 m;

Ju 52/3mreo: mit 3 x 800/880 PS (588,8/647,7 kW) BMW 132 Da/DC. Lufthansa erhielt 1937 die D-AMYE ›Los Andes‹, die 1937/38 im Andendienst eingesetzt wurde mit 9000 m Gipfelhöhe mit BMW 132 Da;

Ju 52/3mte: 3 x 720/800 PS (530/588,8 kW) BMW 132 GL sowie verbesserten NACA-Hauben für alle drei Triebwerke und meist Junkers-Hamilton-Luftschrauben, höchstentwickelte und schnellste Verkehrsausführung, von der die Lufthansa zwischen 1937 und 1939 mindestens 17 Exemplare erhielt. Darunter waren: D-ABUR ›Charles Haar‹ (Baunummer 5777), D-AFOP ›Karl Hochmuth‹ (Baunummer 5800), D-AGAK ›Ulrich Neckel‹ (Baunummer 5685), D-AFFQ »Otto Falke« (Baunummer 6057), D-AGTC »Wilhelm Cuno« (Baunummer 6030), D-ANOY, die Pamir-Expeditions-Maschine, »Rudolf von Thüna« (Baunummer 5663). Diese Version hatte eine Spannweite von 29,25 m, eine Flügelfläche von 110,5 m^2, war 18,90 m lang und wohl leer ca. 6000 kg. Ihr Fluggewicht betrug maximal 10 500 kg. Reisegeschwindigkeit 250 km/h, Höchstgeschwindigkeit 300 km/h, Landegeschwindigkeit 105 km/h;

Ju 52/3m-Z: mit 3 x 660 PS (485,8 kW) BMW 132Z-3-Motoren und verbesserter Kabineneinrichtung;

Ju 52/3mg4e: Passagier- und Frachtflugzeug mit verstärktem Laderaumboden, großen Ladeluken auf der rechten Rumpfseite und im Rumpfdach. Stahlrohr-Zurrgerüste zur Sicherung der Frachtstücke. Abwerfbare Kabinentür. Triebwerke 3 x 660 PS (485,8 kW) BMW 132A. Verstärktes Fahrwerk. Fluggewicht max. 10,5 Tonnen. Mindestens zehn Maschinen bei Lufthansa, darunter D-AGOB ›H. Handke‹ (Baunummer 6452), D-ADBO ›Otto von Beaulieu-Marconay‹ (Baunummer 6387) und D-ABFA ›Otto Parschau‹ (Baunummer 6385). Einsatz bei Lufthansa ab 1939.

Insgesamt waren von 1932 bis 1945 wenigstens 230 Ju 52/3m verschiedener Versionen im Einsatz. Die Lufthansa setzte die Ju 52/3m zuerst auf den wichtigen Strecken Berlin – Hannover – Amsterdam – London und Berlin – München – Venedig – Rom ab Sommer 1932 ein. In der Folgezeit eroberte die Ju 52/3m praktisch alle Lufthansa-Strecken wie auch Deruluft-Routen, auf denen mindestens fünf Lufthansa-Ju 52/3m eingesetzt wurden. Außerdem wurden Ju 52/3m beim Condor-Syndikat in Brasilien eingesetzt. Sechs Ju 52/3m flogen bei der deutsch-chinesischen Luftverkehrsgesellschaft Eurasia. Diese trugen die Kennzeichen EU-XV, EU-XVII bis EU-XX und EU-XXIV.

Mit der Ju 52/3mte D-ANOY überquerte der fliegende Direktor der Lufthansa, Carl-August Freiherr von Gablenz, im August 1937 in einem abenteuerlichen Erkundungsflug das Pamir-Massiv und erreichte Soutchow. Am 22. April 1939 startete die Ju 52 D-ANJH mit von Gablenz, Helm, Preuschke und Kober zu einem Erkundungsflug von Berlin über Beirut, Basra, Karachi, Kalkutta, Rangun und Bangkok nach Tokio, wo die Maschine unbeschadet eintraf, um den Flug über Mukden nach Hongkong fortzusetzen. Am 22. Mai 1939 traf die Maschine, auf der gleichen Route zurückgekehrt, wieder in Berlin ein. Ebenfalls mit Ju 52 konnte am 25. Juli 1939 die 10 000 km lange Strecke Berlin–Bangkok eröffnet werden. Beim zweiten Flug auf diesem Kurs stieß die Lufthansa noch einmal bis nach Tokio vor.

Im September 1939 erreichte die D-AGAK auf dem dritten planmäßigen Streckenflug Bangkok. Beim Weiterflug nach China wurde sie im Sommer 1940 von Japanern abgeschossen.

Der Ausbruch des Zweiten Weltkrieges dezimierte die Lufthansa-Flotte. Aufgrund des Reichsleistungsgesetzes wurden 1940 62 Ju 52/3m für die Luftwaffe beschlagnahmt. Im letzten Kriegsjahr besaß die Lufthansa nur noch drei Ju 52/3m, weitere 28 in der Inventarliste aufgeführte waren an die Luftwaffe ›verchartert‹.

Eine Ju 52 war auch das letzte Flugzeug der alten Lufthansa, das einen Streckenflug absolvierte. Mit ihrem letzten Flug von Berlin nach Warnemünde kam der Flugbetrieb am 22. April 1945 zum Erliegen.

Die am weitesten verbreitete Luftverkehrs-Version war die Ju 52/3mg4e, die sowohl als 17sitzige Passagier-Version wie auch als Frachter zum Einsatz kam.

Links: Die Ju 52/3mge D-ARAM »Werner Voss« kam im März 1934 zur Lufthansa. Sie trug die Werknummer 4041. Ihr ursprüngliches Kennzeichen war D-3131. Der Name »Werner Voss« wurde auch bei der Kennzeichen-Umstellung auf Buchstaben-Code beibehalten. Mit dem Flug einer Junkers Ju 52/3m endete auch der Flugbetrieb der alten Lufthansa am 22. April 1945. Er führte von Berlin nach Warnemünde.

Mitte: Heimkehr einer fliegenden Legende. Nach ereignisreichem Überführungsflug landete am 28. Dezember 1984 diese Ju 52/3m auf dem Flughafen Hamburg-Fuhlsbüttel. Ebenso bunt wie die Bemalung der »Iron Annie« mutet ihre Geschichte an. Ursprünglich flog die Werknummer 5489 als D-AQUI »Fritz Simon« ab April 1936 bei der alten Lufthansa. Mit nur 300 Flugstunden wurde sie im Juni 1936 an die norwegische DNL verkauft, ab Juli 1936 als LN-DAH »Falken«. Mit der Invasion Norwegens wurde das Flugzeug von der Luftwaffe übernommen und der Lufthansa übergeben. Bei Kriegsende trat das Flugzeug wieder den Heimweg nach Norwegen an,

o sie die norwegische Luftwaffe am 2. April 1946 der DNL zurückgab. Hier flog e bis zum 29. September 1947 als LN-KAF Askeladden«. Aufgrund starker Korrosionsschäden am Rumpf wurden die Flügel der hemaligen D-AQUI alias LN-DAH alias N-KAF mit dem Rumpf einer militärischen u 52/3m (Werknummer 130714) versehen. ach Ekuador verkauft, flog diese weiter ls Werknummer 5489 bezeichnete laschine über zehn Jahre als Frachter C-ABS »Amazonas« bei Argosy Airlines. 970 wechselte sie in die USA, wo sie ehrmals den Besitzer wechselte, bis sie lartin Caidin 1975 erwarb und restaurierte, m sie auf Air Shows zu präsentieren. ine amerikanische Crew überführte die eteranin schließlich nach Erwerb durch ie Lufthansa in einem 16-Tage-Etappenug über 8000 km von Miami nach amburg.

Links: Liebevoll restauriert wurde die 50 Jahre alte Ju 52 am 7. Januar, einen Tag nach dem 60. Geburtstag der alten Lufthansa, aus der Überholungshalle der Lufthansa-Basis in Hamburg gerollt. In einjähriger Arbeit von Grund auf überholt und in den Farben der alten Lufthansa bemalt, wird das Fliegende Denkmal der Traditionspflege dienen. Neben einem modernen Cockpit und einer kleinen Küche unterscheiden vor allem drei Pratt & Whitney Wasp-Motoren anstelle der ursprünglichen BMW 132-Triebwerke den verjüngten Oldtimer vom Original. Er wird zukünftig als D-CDLH fliegen und ist seit Juni 1986 Eigentum der „Deutschen Lufthansa Berlin Stiftung“.

Technische Daten:

Typ:	**Junkers Ju 52/3mce**	**Junkers Ju 52/3mg4e**
Hersteller:	Junkers Flugzeug- und Motorenwerke A.-G. Dessau (bis 1937: Junkers Flugzeugwerke A. G. und Junkers Motorenbau GmbH, Dessau)	
Konstrukteur:	Dipl.-Ing. Ernst Zindel	
Erstflug:	Prototyp der Ju 52/3m: April 1932	
Baujahre:	verschiedene Versionen von 1932–1944, Lizenzfertigung in Frankreich und Spanien, dort auch Weiterbau nach 1945	
Produktionszahl:	4835	
Besatzung:	2 Piloten im Cockpit nebeneinander sitzend, plus 1 Funker auf Klappsitz dahinter	
Passagiere:	15 bei Lufthansa 15	17
Sitzanordnung:	zwei Sitzreihen mit verstellbaren Einzelsitzen beiderseits des Mittelganges	
Bauweise:	freitragender Ganzmetall-Tiefdecker mit tragender Wellblechhaut, Flügel mit Junkers-Doppelflügel über volle Spannweite außen als Querruder und innen als Landeklappe dienend. Fläche auf acht Rohrholmen aufgebaut und mit acht Kugelverschraubungen mit Mittelstück vereinigt, das eine Einheit mit dem Rumpf bildet. Tanks in den Flügeln. Rumpf bei früher Versionen zweiteilig, später einteilig. Bei zweiteiliger Bauweise Heck mit vier Kugelverschraubungen hinter Kabine angesetzt. Aufbau auf vier Längsgurten mit Spantsegementen. Kabine 19,6 m^3, beheizbar und belüftet, Frachträume in Rumpf und Fläche 4,4 m^3, Leitwerk freitragend mit Hilfsstreben unten gegen Rumpf abgestützt. Fahrwerk zunächst unverkleidet mit Luftfederbeinen und Druckluftbremse, später verkleidet mit Ölstoßdämpfer, Sporn lenkbar. Eurasia-Maschinen wegen unbefestigter Plätze mit Ballonbereifung. Version Ju 52/3mg4e mit verstärktem Fahrwerk.	
Spannweite:	29,25 m	29,25 m
Länge:	18,90 m	18,90 m
Höhe:		6,10 m 5,80 m (LH)
Flügelfläche:	110,5 m^2	110,5 m^2
Leergewicht:	5346 kg	5800–6610 kg (Rüstgewicht)
Nutzlast:	ca. 1000 kg, abhängig von Passagierzahl und Tankinhalt	930 kg bei 2500 km Reichw. max. 1950 kg bei Passagierversion, 2360 kg (Frachter)
Startgewicht:	9200 kg	10000 kg (Passagierversion) 10500 kg (Frachter) bei Lufthansa: 9200/9500 kg
Flächenbelastung:	83,26 kg/m^2	max. 95,02 kg/m^2
Reisegeschwindigkeit:	245 km/h	250 km/h
Höchstgeschwindigkeit:	290 km/h	303 km/h in 1000 m, LH: 280 km/h
Landegeschwindigkeit:	92–98 km/h	100–106 km/h
Steigleistung:		198 m/min.
Reichweite:	915 km	1000–1280 km
Gipfelhöhe:	5200 m	6300–7300 m
Startstrecke:	340 m	
Motoren:	3×Pratt & Whitney Hornet zuerst mit Townend-Ringen an Außenmotoren, Ende 1932 NACA-Hauben für alle 3 Motoren. Erstes deutsches Flugzeugmuster mit NACA-Hauben.	3×660 PS (485 kW) BMW 132A mit NACA-Hauben außen und Townendring am Mittelmotor, Zweiblatt-Junkers-Einstell-Luftschrauben aus Metall 2,80 m ∅

Einsatzdaten:

Stückzahlen bei Lufthansa:	
Bei Einführung:	2 Ju 52/3mce/1932
Größter Bestand:	80/1940 (verschiedene Versionen)
Bei Außerdienststellung:	3/1945 + 28 an Luftwaffe vercharterte
Streckenflüge:	Einführung auf Berlin–Hannover–Amsterdam–London und Berlin–München–Rom im Sommer 1932, danach schrittweise auf fast allen LH-Strecken. 1939 bis Bangkok im Liniendienst.
Pionierflüge:	1937 Pamirflug mit D-ANOY, 1939 Pionierflug nach Bangkok mit D-ANJH, Andenüberquerung 1935 (durch Condor-Syndikat)
Sondereinsatz:	D-2201 Sieger beim internationalen Flugmeeting in Zürich im Juli 1932 und beim Alpenflug im August 1932
Populäre Bezeichnung:	»gute alte Tante Ju«

Rißzeichnung Junkers Ju 52/3mfe D-ANOL »Albert Dossenbach« (Baunummer 5014 Baujahr 1934). Diese Baureihe kam ab 1933 zur Auslieferung. Die D-ANOL flog von 1934 bis 1941 bei der Lufthansa. Maßstab M 1:125

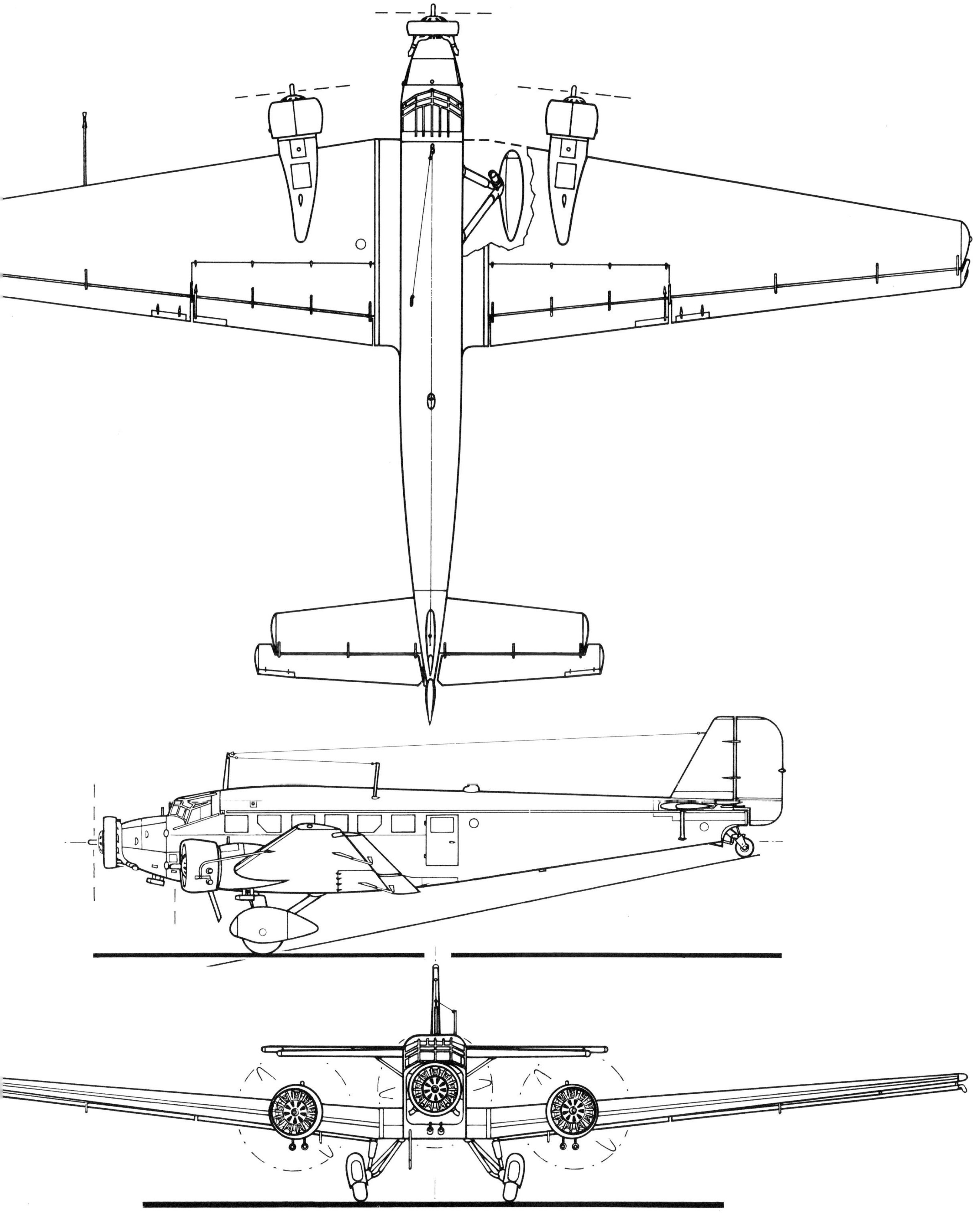

Heinkel He 70 ›Blitz‹ 1933–1938

Anfang 1932 wurden die europäischen Flugzeugbauer durch eine Sensationsmeldung aus den USA alarmiert. Bei Lockheed hatte man ein einmotoriges Schnellverkehrsflugzeug, die ›Orion‹ entwickelt, das vier Passagieren Platz bot und mit einem 450-PS-Sternmotor eine Höchstgeschwindigkeit von 320 km/h erreichte. Mit einem 580 PS (426,9 kW) Wright-Cyclone-Motor ausgestattet, steigerte sich die Maschine sogar auf eine Reisegeschwindigkeit von 293 km/h. Ihre Höchstgeschwindigkeit lag um 350 km/h. Diese beachtliche Leistung verdankte die Maschine einmal einer aerodynamisch gut durchgebildeten Zelle mit NACA-Motorhaube und vor allem dem einziehbaren Fahrwerk. Aufgrund seiner Leistungsfähigkeit eroberte sich das Flugzeug schnell einen aufnahmefähigen Markt. Auch die Luft Hansa wurde durch die Leistungsfähigkeit der ›Orion‹ alarmiert, zumal die Swissair als Käufer von ›Orion‹-Maschinen auftrat und diese im Mai 1932 auf der Strecke Zürich – München – Wien einsetzte. Die Luft Hansa reagierte sofort und beauftragte zunächst Junkers mit der Entwicklung eines Konkurrenzmusters, das die Typenbezeichnung Ju 60 erhielt und die Abkehr von der Wellblechbeplankung bei Junkers einleitete.

Ernst Heinkel erfuhr hiervon durch Dipl.-Ing. Dr. Schatzki, der bei der Luft Hansa für die technische Entwicklung des Fluggerätes zuständig war. Im Februar 1932 zeigte sich, daß die wirtschaftlichen Schwierigkeiten der Firma Junkers das Projekt Ju 60 nicht so recht voranschreiten ließen, und so kam es, daß Heinkel im Februar 1932 vor die Frage gestellt wurde, ob er in der Lage sei, ein 285 km/h schnelles Verkehrsflugzeug für vier Fluggäste und zwei Piloten innerhalb eines halben Jahres zu entwickeln. Heinkel wollte sogar eine 320 km/h schnelle Maschine, aber Luftfahrtministerium und Luft-Hansa-Direktion waren der Meinung, daß dies ein zu großer Schritt auf einmal sei, und so kam es zum Kompromiß, dem Projekt He 65, einem freitragenden Tiefdecker mit strömungsgünstig verkleidetem, also nicht einziehbarem Fahrwerk.

Bis Mitte Mai, als die Nachricht vom Einsatz der ›Orion‹ in Europa durch die Swissair Schlagzeilen machte, war die Entwicklung schon recht weit gediehen. Innerhalb von vier Wochen legte Heinkel Übersichtszeichnungen und erste vorläufige Berechnungen seines neuen Projektes He 70 vor, das nach seiner Ansicht eine garantierte Höchstgeschwindigkeit von 314 km/h und eine Reiseleistung von 288 km/h aufweisen sollte. Technisch bedeutete dieses Projekt einen gewaltigen Schritt auf Neuland, so daß zunächst Schatzki wie auch sein Assistent Achterberg ernste Bedenken hatten. Heinkel hatte sich in der Tat einem unerhörten Erfolgszwang unter gleichzeitigem Zeitdruck ausgesetzt und zudem eine Reihe völlig neuartiger Konstruktionsideen eingebracht, über deren konstruktive Lösung oder gar fertigungstechnische Verwirklichung kaum Erfahrungen vorlagen. So sollte das Projekt He 70 nicht nur ein Einziehfahrwerk erhalten, sondern auch mit einem sogenannten ›heißgekühlten‹ Motor ausgestattet sein, der bei BMW in Entwicklung stand und anstelle von bei 100° C siedendem Wasser Glykol mit einem Siedepunkt von 140° C zur Wärmeabführung verwenden sollte. Dies erlaubte eine beträchtliche Verkleinerung des Kühlers, den man dann sogar einziehbar gestalten konnte. Zur weiteren Widerstandsminderung wollte Heinkel auch den Schwanzsporn einziehen und auch bei Flächen und Leitwerken neue Wege beschreiten, wobei ihm die genialen Gebrüder Siegfried und Werner Günter mit elliptischen Flächengrundrissen und organisch aus der Rumpfkontur herauswachsenden Flächenansätzen eine ebenso wirkungsvolle wie auch ästhetisch vollkommene Lösung lieferten, obwohl sie wegen der Terminnot, unter der das gesamte Projekt stand, sogar auf Windkanalversuche verzichten mußten.

Die eine leichte V-Form zeigenden Tragflächen der He 70 setzten mit einer leichten negativen V-Form an den unteren Rumpfflanken an und gingen dann in einem sanften Bogen in eine positive V-Form über. Sie waren aus Holz aufgebaut und verjüngten sich in ihrer Dicke zu den wirbelarmen elliptischen Flügelenden hin. Der Aufbau bestand aus zwei Holmen, hölzernen Rip-

Diese Ansicht der D-3 im Fluge zeigt besonders schön die elegante und strömungsgünstige Formgebung der He 70. Die Maschine mit dem Kennzeichen D-3 war der zweite Prototyp und zählte zur Baureihe A. Sie ging an die Lufthansa und trug anstelle des Testkennzeichens D-3 dann das offizielle Kennzeichen D-2537, das im Juni 1933 erteilt wurde. Daraus wurde später D-UHUX.

pen und einer Sperrholz-Beplankung. Die beiden Fahrwerksbeine wurden nach außen in die Flügel eingefahren. Die inneren Flügelhälften waren mit Landeklappen versehen, an die sich nach außen die Querruder anschlossen.
Ebenso wie die Tragflächen hatten auch die Leitwerke einen elliptischen Grundriß. Sie waren aus Holz aufgebaut und sperrholzbeplankt.
Im Gegensatz zu Flächen und Leitwerken war der Rumpf in Ganzmetallbauweise konstruiert. Die Gebrüder Günter beschritten hierbei neue Wege, indem sie eine nicht mehr überlappende, sondern praktisch nahtlos gestoßene Glattblechbeplankung wählten, die zudem nicht mit Rundkopfnieten, sondern mit oberflächenbündigen Versenknieten genietet war. Die maßgeschneiderte Motorverkleidung mit fließenden Rundungen ging organisch in den ovalen Rumpfquerschnitt über. Alles, was Verwirbelungen schuf, wurde nach Möglichkeit versenkt oder zumindest windschlüpfrig gestaltet. Der in selbsttragender Schalenbauweise gebaute Rumpf verfügte über eine kleine viersitzige Kabine mit paarweise gegenüberliegenden Sitzen. Das Cockpit war natürlich geschlossen. Es lag beim Prototyp auf der linken Rumpfseite und war mit einer langgezogenen Verkleidung strömungsgünstig gestaltet. Der Funker saß neben dem Piloten, jedoch auf einer tieferen Ebene, so daß das Cockpit selbst sehr schmal gehalten werden konnte. Ab Baureihe G, von der die Lufthansa insgesamt acht Maschinen besaß, lag das Cockpit mittig in der Rumpflängsachse, nachdem man auf den Funkerplatz verzichtet hatte.
Nachdem das Reichsverkehrsministerium am 14. Juni 1932 grünes Licht für die Verwirklichung der He70 gegeben hatte, waren die Arbeiten bei Heinkel in Warnemünde mit Hochdruck vorangetrieben worden. Schon am 30. November 1932 konnte Cheftestpilot Werner Junck in Warnemünde die ersten Rollversuche aufnehmen. Hierzu hatte man das Fahrwerk zunächst arretiert und die Einziehöffnungen abgedeckt. Offenbar mißtraute man selbst dem Einziehfahrwerk, dessen Streben auf den meist relativ unebenen Startpisten enormen Belastungen ausgesetzt waren. Aus diesem Grunde riskierte es Heinkel-Chef-Ingenieur Köhler, sich bei diesen ersten Rollversuchen in das Fahrgestellgestänge zu hängen, um das Verhalten der Fahrstreben beim Rollen zu beobachten. Bereits am nächsten Tag überführte Junck die He70A vom Werksplatz Warnemünde zum 80 km entfernt liegenden Flugplatz Travemünde, der mit seiner längeren Piste bessere Voraussetzungen für die Erprobung bot. Ebenso wie der Überführungsflug verliefen auch die ersten Probeflüge in Travemünde, die immer noch mit festgelegtem Fahrwerk erfolgten, glatt und problemlos. So konnte man schon bald die Fahrwerksperre und die Abdeckungen der Aufnahmeöffnungen in der Flächenunterseite entfernen und auch das Einziehfahrwerk erproben, das mit einer von Hand betätigten Hydraulikpumpe eingezogen und ausgefahren wurde. Bei den Erprobungsflügen übernahm kein geringerer als Chef-Ingenieur Köhler die Aufgabe der Fahrwerkbetätigung.
Im Verlauf der Flugerprobung ergaben sich mehrere Detailverbesserungen, was angesichts der Parforce-Tour der Entwicklung kaum verwundern mag. Die Vollendung der aerodynamisch so wirkungsvollen Flügelübergänge gehört hierzu, wobei ein unvorhersehbarer Zwischenfall wertvolle Erkenntnisse lieferte. Auf einem der Probeflüge brach nämlich ein Ölrohr. Ausfließendes Öl benetzte die Rumpfaußenhaut, auf der sich Rußteilchen aus dem Auspuff festsetzen konnten. So entstand ein Stromlinienbild, von dem sich ablesen ließ, wo die Strömung sauber anlag und wo sich widerstandsträchtige Wirbel und Ablösungen bildeten. Das Konstruktionsteam nahm den Fingerzeig des Zufalls an und installierte im Prototyp einen mit Ruß gefüllten Pulver-Feuerlöscher, um so die Strömung in weiteren Bereichen der Zelle sichtbar machen zu können. Mit Füllstücken aus Balsaholz brachte man dann die Strömung in den Wirbelbereichen wieder zum Anliegen. Ab Serie C erhielt die He70 entsprechend geformte Übergangsbleche, die dem Flugzeug seine charakteristische Form mit den buchstäblich aus dem Rumpf organisch herauswachsenden Flügeln verliehen.
Nach Abschluß der Flugerprobung und Detailverbesserungen überführten Junck und Köhler die He70A, die auf dem ersten Hochgeschwindigkeitsflug mit einer Höchstgeschwindigkeit von 360 km/h Heinkels Vorgabe um 46 km/h übertroffen hatte, nach Berlin-Staaken. Auf dem Überführungsflug wurde eine Geschwindigkeit von 377 km/h erreicht, was die gelungene Konstruktion unter Beweis stellte. Weitere eindrucksvolle

Oben: Frontansicht der zweiten He 70A (Baunummer 457) »Sperber«, die ebenfalls zur He 70B umgerüstet wurde und später das Kennzeichen D-UBAF erhielt, hier noch als D-3114. Sehr gut sichtbar ist der organische Rumpf/Flügel-Übergang.

Unten links: Die D-UDAS (Baunummer 710) gehörte zur Baureihe He 70D-O und trug den Namen »Habicht«. Vorn links erkennt man die Anlaßkurbel für den Schwungradstarter, davor den Einstieg für den Piloten und die Tür für die viersitzige Passagierkabine.

Unten rechts: Nahansicht des Rumpfbugs mit eng anliegender Motorverkleidung, seitlich versetztem Cockpit und Einziehfahrwerk der D-3 (Baunummer 403).

Die erste Lufthansa-Maschine vom Typ He 70A (Baunummer 403) mit dem Kennzeichen D-2537 und der Aufschrift »Blitz« auf der Motorverkleidung. Die Maschine wurde später zu He 70B umgebaut.

Demonstrationen der Leistungsfähigkeit der He70 sollten bald folgen.

Bereits vier Monate nach dem Erstflug eröffnete Testpilot Junck einen wahren Rekordreigen, als er auf der 100-km-Distanz ohne und mit 500 kg Nutzlast die Rekordgeschwindigkeit von 348 km/h erreichte. Mit dem im März an die Luft Hansa übergebenen zweiten Prototyp, der die vorläufige Erprobungszulassung D-3 trug, erflog Luft Hansa-Kapitän Untucht dann zwischen dem 14. März und dem 28. April 1933 nicht weniger als sechs weitere Weltrekorde.

Hier ein Überblick:

Datum / Pilot	Strecke	Nutzlast	Rekordgeschwindigkeit
14. 3. 33 Junck	100 km	0 kg	348,945 km/h
14. 3. 33 Junck	100 km	500 kg	348,945 km/h
22. 3. 33 Untucht	1000 km	0 kg	347,477 km/h
22. 3. 33 Untucht	1000 km	500 kg	347,477 km/h
24. 3. 33 Untucht	2000 km	0 kg	345,310 km/h
28. 4. 33 Untucht	100 km	500 kg	357,427 km/h
28. 4. 33 Untucht	100 km	1000 kg	357,427 km/h
28. 4. 33 Untucht	500 km	1000 kg	355,338 km/h

Die Luft Hansa stellte den zweiten Prototyp (Baunummer 403) als He70A(V2) mit dem neuen Kennzeichen D-2537 im Sommer 1933 in Dienst. Das zweite Serienflugzeug, die He70V3 (Baunummer 457), sollte im März 1934 folgen. Dieses Flugzeug hatte aufgrund einiger Änderungswünsche der Luft Hansa hinsichtlich der Ausstattung ein mit 3570 kg um 90 kg höheres Startgewicht und einen festen Schleifsporn, der bei den Nachfolgemustern zur Standardausrüstung werden sollte. Die He70V2 (D-2537) wurde dem Standard der B-Version angepaßt und danach ebenfalls als He70B bezeichnet, wodurch sich erklärt, daß man zuweilen in Quellen keine Hinweise auf die A-Version in der Luft Hansa-Flotte findet.
Ursprünglich sollte die Luft Hansa auch den vierten Prototyp der He70 erhalten. Diese Maschine wurde jedoch vor der Auslieferung an die Luft Hansa zu einer militärischen Version umgebaut, da die damals im geheimen Aufbau stehende Luftwaffe in diesem schnellen Flugzeug einen idealen leichten Schnellbomber sah.
Erst die nächsten drei Maschinen wurden dann an die Luft Hansa ausgeliefert. Sie leiteten die Baureihe D ein, die anstelle des 630 PS (463,8 kW) BMW VI 6,0z-12-Zylinder-V-Motors nun einen 750 PS (552 kW) BMW VI 7,3-Motor besaß. Die Flugzeuge trugen die Kennzeichen D-UBIN, D-UDAS und D-UGOR und die Baunummern 709–711. Mit dem ebenfalls 750 PS (552 kW) abgebenden BMW VI 7,3Z-Triebwerk hieß die Maschine He70G-1. Weitere Unterschiede zu den Vorgängermustern waren eine um 50 cm größere Rumpflänge und der Verzicht auf den Funker, der es zuließ, das Cockpit nun mittig in der Rumpflängsachse anzuordnen. Von dieser Baureihe G erhielt die Lufthansa neun Maschinen (Baunummern 909, 910, 911, 912, 913, 914, 916, 917 und 928).
Die Lufthansa nahm am 15. Juni 1934 den Liniendienst mit der He70D-O D-UDAS ›Habicht‹ auf den sogenannten Blitz-Strecken auf, mit denen sie die Städte Berlin, Hamburg, Köln und Frankfurt verband. Die Einführung des Schnellverkehrsflugzeugs fand eine ausgezeichnete Resonanz beim Publikum, so daß die angebotenen vier Passagierplätze auf jedem Flug praktisch zwei- bis dreimal hätten verkauft werden können. Gegen Ende des Jahres konnte man die He70 auch auf der Strecke Berlin–Wien–Budapest–Belgrad–Sofia–Saloniki sehen, wo sie zusammen mit Rohrbach-Roland-Flugzeugen zum Einsatz kam und zunächst wohl nur Fracht beförderte.
Im Hinblick auf den Luftpost-Verkehr über den Südatlantik unternahm die Luft Hansa Anfang 1934 auch einen Versuchsflug auf der 4200 km langen Zubringerstrecke Berlin–Sevilla–Las Palmas, die von der He70 in 13 Stunden und 25 Minuten bewältigt und später regulär von der He70 bedient wurde.
1935 flog die He70 bereits auf elf innerdeutschen Linien. Mit insgesamt zwölf Exemplaren zeigte die Inventarliste im gleichen Jahr auch den größten Bestand. Die verhältnismäßig geringe Passagierkapazität ließ die He70 allerdings schon bald auf die weniger stark frequentierten Strecken Berlin–Bremen, Köln – Essen/Mülheim – Hamburg und Karlsruhe – Mannheim – Stuttgart – München überwechseln, bis dieser Typ schließlich im Jahre 1938 von schnellen Zweimotorigen gänzlich verdrängt wurde.
Übrigens besaß auch die Hansa Luftbild, eine Tochtergesellschaft der Lufthansa, zwei He70 der Baureihe F-2 mit 750 PS (552 kW) BMW VI 7,3Z-Motor. Diese beiden Maschinen trugen die Kennzeichen D-UKAF und D-UVYR.
Insgesamt wurden nur 28 zivile He70 gebaut. Einschließlich der weiterentwickelten He 170 gab es noch 268 militärische Ausführungen. Ein interessantes Streiflicht wirft die He70G mit der Baunummer 1692 und dem Kennzeichen D-UBOF, die als Erprobungsträger für den 640 PS (471 kW) starken Rolls-Royce-Kestrel-Motor nach England geliefert werden sollte und eine Höchstgeschwindigkeit von 410 km/h erreichte. Lizenzverhandlungen zwischen Heinkel und dem späteren Spitfire-Hersteller Supermarine scheiterten am Widerstand aus Berlin, wo man seine Zustimmung von einer Lizenzvergabe für den Kestrel-Motor an deutsche Firmen abhängig machte. Hierzu war wiederum die englische Regierung nicht bereit, und so wurde das Flugzeug im Austausch gegen eine kleine Zahl von Kestrel-Motoren verkauft, die auf einige deutsche Flugzeugwerke und Motorenhersteller verteilt wurden.

Technische Daten:

Typ:	**Heinkel He 70V2**	**He 70G-1**
Hersteller:	Heinkel Flugzeugwerke Warnemünde	
Konstrukteure:	Siegfried und Werner Günter	
Erstflug:	He 70V1 1. Dezember 1932	
Baujahre:	1932 – 1935	
Produktionszahl:	28 Zivilflugzeuge	
Einsatz:	Schnellverkehrsflugzeug für Passagier-, Post- und Frachtverkehr	
Besatzung:	2	1
Passagiere:	4	4
Sitzanordnung:	2 + 2 gegenübersitzend	
Bauweise:	Tragflügel und Leitwerke mit elliptischem Grundriß in Holzbauweise. Flügel zweiholmig, sperrholzbeplankt, freitragend. Landeklappe am Innenflügel, außen Querruder, Rumpf: angenäherter Spindelkörper mit aufgesetztem Cockpit, zunächst seitlich nach links versetzt, bei G-Serie mittig. Rumpf in Dural-Schalenbauweise mit ovalem Querschnitt, Beplankung aus Glattblech mit Versenknieten auf Stoß genietet. Kabine 2,7 m^3, belüftet und beheizbar. Fahrwerk nach außen mit handbetätigter Hydraulikpumpe einziehbar. Sporn zunächst ebenfalls einziehbar später fest. Federung durch Druckluft mit Öldämpfung. Boschhorn als Warnsignal beim Gaswegnehmen falls Fahrwerk nicht ausgefahren. Fahrwerksposition und Verriegelungsanzeige durch mechanische und Leuchtanzeige. Rad: 900×200 mm. Triebwerksanlage mit Glykol-Heißkühlung und einziehbarem Kühler, Treibstoffvorrat 430 Liter im Flügel, Frachtversion zusätzlich 70 Liter im Rumpf. Eclipse-Schwungrad-Anlasser, Luftschraube 3,20 m ∅.	
Spannweite:	14,80 m	14,80 m
Länge:	11,50 m	12,00 m
Höhe:	3,10 m	3,10 m
Flügelfläche:	36,5 m^2	36,5 m^2
Leergewicht:	2300 kg (Rüstgewicht)	2530 kg
Startgewicht:	3350 (LH)	3460 kg
Flächenbelastung:	91,78 kg/m^2	94,79 kg/m^2
Reisegeschwindigkeit:	310 km/h	305 km/h
Höchstgeschwindigkeit:	377 km/h (LH: 360 km/h)	360 km/h
Landegeschwindigkeit:	100 km/h	105 km/h
Startrollstrecke:	350 m	350 m
Landerollstrecke:	260 m	260 m
Gipfelhöhe:	5500 m	5600 m
Reichweite:	800 km als Frachter mit Zusatztreibstoff: 1400 km	1000 km in 2000 m Flughöhe
Motor:	1×630 PS (463,7 kW) BMW VI6,oz mit Glykol-Kühlung und 2-Blatt-Einstell-Luftschraube	1×750 PS (552 kW) BMW VI7,3Z mit Glykol-Kühlung und 2-Blatt-Einstell-Luftschraube

Einsatzdaten:

Stückzahlne bei Lufthansa:	
Bei Einführung:	1 He 70A/1933
Größter Bestand:	12 He 70 (Versionen B/D/G)/1935
Bei Außerdienststellung:	5/1938
Streckenflüge:	ab Juni 1934 Blitz-Strecken im Städte-Viereck Berlin – Hamburg – Köln – Frankfurt tägliche 2 Kurse. Berlin – Köln mit Zwischenlandung in Frankfurt 120 Min. Berlin – Hamburg 50 Min. Hamburg – Köln 70 Min. Berlin – Frankfurt 80 Min. Später Berlin – Stuttgart – Marseilles – Sevilla (Zubringerdienst für Südamerika-Poststrecke) Ende 1934 als Schnellfrachter auf der Strecke Berlin – Wien – Budapest – Belgrad – Sofia – Saloniki.
Sonderflüge:	Anfang 1934 Versuchsflug Berlin – Sevilla – Las Palmas, 4200 km in 13 h 25 min. 3. 2. 1934 Zubringerflug Stuttgart – Sevilla.
Rekorde:	8 Weltrekorde im März/April 1933 über 100, 500, 1000 und 2000 km ohne sowie mit 500 und 1000 kg Nutzlast. Höchste dabei erreichte Schnittgeschwindigkeit 357,427 km/h

Rißzeichnung Heinkel He 70G-1, D-UBOX »Geier« (Baunummer 911). Maßstab 1:125

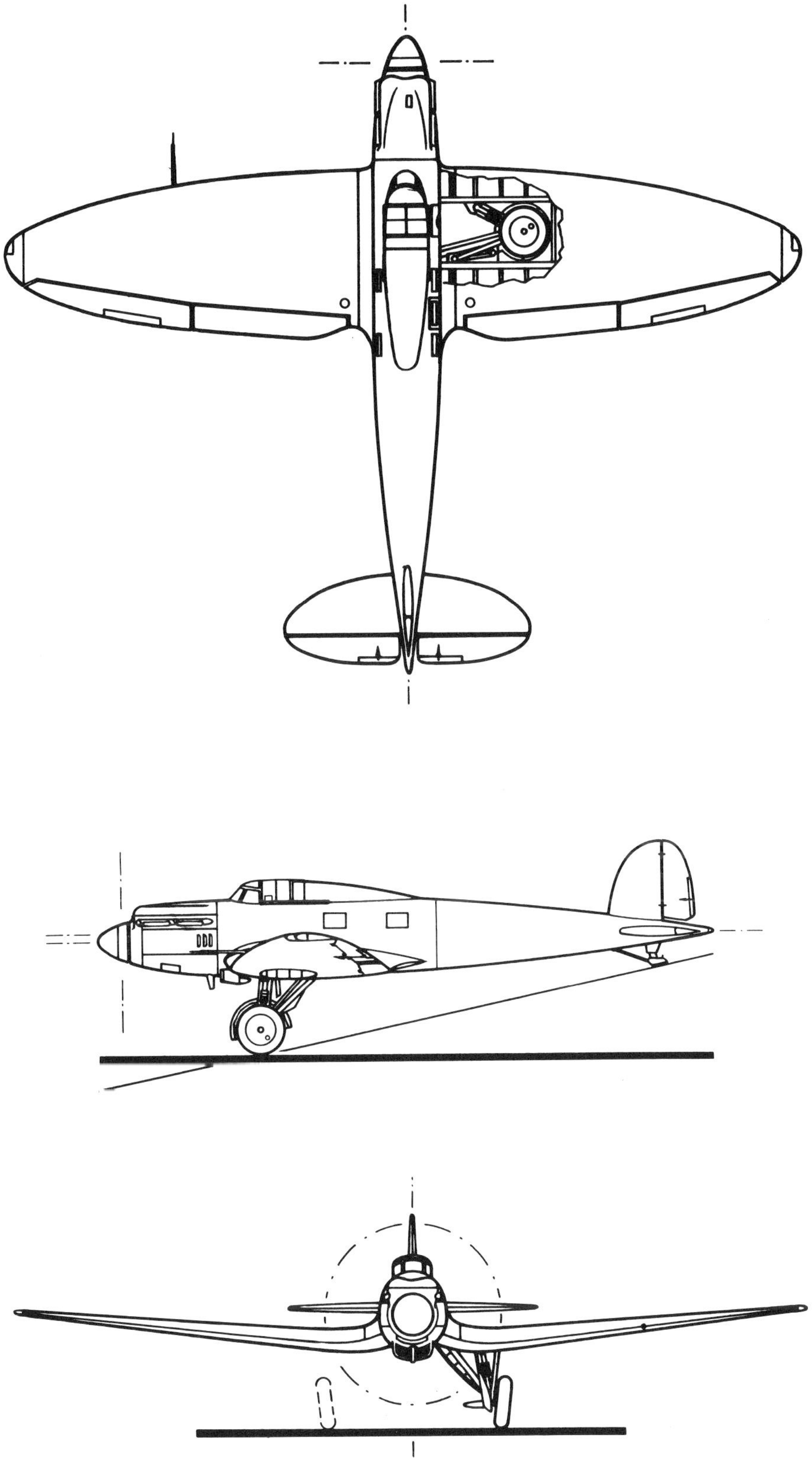

Boeing Model 247 — 1934–1935

Wenn man den Namen Boeing in Zusammenhang mit Lufthansa hört, so denkt man mit Sicherheit zunächst an Passagier-Jets und die Flotte der neuen Lufthansa. Daß bereits die ›alte‹ Lufthansa zwei Boeings besaß, ist vielen nicht bekannt. Bei diesen 1934 gelieferten Maschinen handelt es sich um zweimotorige Ganzmetall-Tiefdecker vom Typ Boeing Model 247, ein überaus fortschrittliches Verkehrsflugzeug, das wohl eher zu Studienzwecken als für den Liniendienst beschafft werden sollte.
Ursprünglich waren sogar drei Maschinen bestellt gewesen, denn neben den beiden Baunummern 1944 und 1945, die zunächst die US-Kennzeichen NC-90Y und NC-91Y getragen hatten und zur D-AGAR und D-AKIN der Lufthansa werden sollten, sollte auch der Prototyp der Version 247D an die Lufthansa gehen. Die Maschine erhielt zunächst ein nicht der normalen Reihenfolge entsprechendes Kennzeichen X-12272 und nach der Erprobung ein Übergangskennzeichen für den Export (NC-92Y). Dieses Flugzeug ging dann anstatt nach Deutschland an die Phillips Petroleum Company, für die es unter dem Kennzeichen NC-2666 flog.
Die Firma Boeing, deren Anfänge bis in das Jahr 1915 zurückreichen, als William E. Boeing und der Marineoffizier Conrad Westerfeld beschlossen, gemeinsam ein Unternehmen zu gründen und sich dem Bau von Flugzeugen zu widmen, hatte 1930 mit dem Model 200 Monomail ein modernes, leistungsfähiges Fracht- und Postflugzeug geschaffen. Die Maschine war ein verspannungsloser Ganzmetall-Tiefdecker mit Glattblech-Beplankung und halb einziehbarem Fahrwerk. Der Rumpf war in einer halb-freitragenden Dural-Schalenbauweise konstruiert. Die einmotorige Maschine folgte mit ihrem offenen Cockpit und dem Frachtraum im Schwerpunkt konventionellen Design-Praktiken, war aber sonst eine sehr fortschrittliche Konstruktion mit freitragendem, glattblechbeplanktem Flügel und einer ausgefeilten Stromlinienform. Wie gut dieses Konzept war, zeigte sich aber erst einige Jahre später, als die Maschinen mit in der Luft verstellbaren Propellern ausgestattet werden konnten. Der Flügel war zweiholmig aufgebaut. Die Holme bestanden aus Duralrohr mit rechteckigem Querschnitt und waren gitterförmig miteinander verbunden. Über den ebenfalls als Gitterwerk aufgebauten Rippen lagen aufgenietete Wellbleche, die die eigentliche Glattblechbeplankung trugen. Vor dem vorderen Holm und hinter dem zweiten Holm verwendete man konventionelle Rippen, an denen die Glattblechbeplankung direkt angenietet war.
Die hinsichtlich Aerodynamik und Bauweise beim Model 200 Monomail angewendeten Prinzipien nutzten die Boeing-Konstrukteure auch bei ihrem zweimotorigen, zehnsitzigen Passagierflugzeug Model 247, das als Ersatz für die mittlerweile den Ansprüchen nicht mehr gerecht werdenden dreimotorigen Ford-, Fokker- und auch Boeing-Maschinen gedacht war. Da Boeing damals selbst mit seiner Tochtergesellschaft Boeing Air Transport Luftverkehr trieb, kannte man die Bedürfnisse des Marktes recht gut und setzte diese Kenntnisse, ebenso wie Junkers es getan hatte, konsequent um.
Das Modell 247 zeigte ein überzeugendes Konzept, so daß es sich praktisch vom Reißbrett verkaufte. Als erst eine Attrappe der Maschine existierte, waren bereits 59 Maschinen an die in der UTAC-Gruppe (Boeing Air Transport, Pacific Air Transport, National Air Transport und Varney Air Lines) zusammengeschlossenen Vorläufergesellschaften der am 1. Mai 1934 gegründeten United Air Lines verkauft.
So gab es auch keinen eigentlichen Prototyp der Boeing 247. Das Flugzeug, das am 8. Februar 1933 den Erstflug absolvierte, war die erste Serienmaschine.
Die Baureihe 247 stellte das erste mehrmotorige Verkehrsflugzeug in Tiefdeckerbauweise der USA dar und bestach durch seine glatte aerodynamische Linie, die allerdings durch einen Nachteil eingekauft worden war. Die Hauptholme der Tragflächen liefen durch die zehnsitzige Passagierkabine und bildeten darin eine hinderliche Stufe.
Diesem Nachteil standen jedoch viele Pluspunkte und Neuerungen gegenüber. So besaß die ›247‹ beispiels-

weise eine Enteisungsanlage für Flächen- und Leitwerk sowie trimmbare Quer- und Höhenruder. Als Triebwerke dienten Ladermotoren, die es erlaubten, mit hoher Reisegeschwindigkeit (304 km/h) in großer Höhe zu fliegen und den geringeren Luftwiderstand in der dünneren Luft zu nutzen. Die Glattblechhaut war bündig genietet. Die Blechstöße waren mit einem elastischen Kitt ausgespachtelt. Anstelle eines Schutzanstriches waren die Leichtmetallbleche mit einer anodisch aufgebrachten Schutzschicht versehen, die dem Flugzeug eine leicht bläulich-graue Außenhaut verlieh. Unterschiedliche Legierungen führten teilweise zu einem scheckigen Aussehen, das United Air Lines 1940 zu einem weißen, mit Blau abgesetzten Anstrich veranlaßte, der aber nur eine optische Funktion hatte.

Das Fahrwerk wurde nach hinten in die Fläche eingezogen, wobei die untere Radhälfte herausragte. Dies sollte im Notfall beim Versagen des Ausfahrmechanismus Rumpfbeschädigungen bei der Landung vermeiden.

Abgesehen von der leidigen, durch die Flügelholme verursachten Stufe im vorderen Kabinenbereich bot das Flugzeug dem Passagier beachtlichen Komfort mit einem Sitzabstand von 103 cm und Einzelsesseln mit Armlehnen. Die Rückenlehne ließ sich bis zu 25° nach hinten neigen. Außerdem gab es ein Leselicht und individuelle Luftzufuhr. Rauchen war in der gesamten Kabine erlaubt.

Für das Gepäck der Passagiere gab es hinter der sich rückwärtig an die Kabine anschließenden Küche und Bordtoilette einen Gepäckraum. Außerdem war die Rumpfnase aufklappbar und als Gepäck- und Fracht-Stauraum nutzbar.

Auch hinsichtlich der Leistung setzte die 247 sich gut ins Bild. Sie war nicht nur schnell, sondern vermochte auch im Einmotorenflug vollbeladen ihre Höhe zu halten (nach Boeing-Unterlagen vermochte sie sogar einmotorig mit voller Nutzlast zu steigen, was allerdings laut Erprobungsbericht der Lufthansa nicht erreicht wurde).

Die Arbeit der zweiköpfigen Cockpit-Crew (bei Lufthansa ein Pilot und ein Bordmonteur) wurde durch einen Autopiloten erleichtert.

Auch die Verkaufsziffern der Boeing 247 können sich sehen lassen. Von der Grundversion 247 erhielt die United-Gruppe allein 59 Exemplare, die sie bis 1935 in dieser Ausführung flog und dann auf den Standard der 247D umrüsten ließ. Die beiden 247 der Lufthansa gehörten ebenfalls der Grundversion an, von der somit insgesamt 61 Maschinen gebaut wurden.

Die erste Variante war das Modell 247A, die 30. Maschine in der Baufolge, und wurde als Reiseflugzeug für den Triebwerkhersteller Pratt & Whitney mit nur sechssitziger Kabine ausgerüstet. Die Maschine hatte außerdem die neuen 14-Zylinder Pratt & Whitney Twin-Wasp-Jr.-Doppelsternmotoren mit je 625 PS (460 kW) und diente auch als Erprobungsträger für Triebwerke, bis es nach dem Zweiten Weltkrieg verschrottet wurde. Eine B- oder C-Version der 247 gab es nicht. Das Modell 247D unterschied sich von der Grundversion durch NACA-Motorhauben, die auch schon die einzelne A-Maschine hatte, sowie Verstellpropeller und stoffbespannte Leitwerksflächen im Gegensatz zu den zuvor metallbeplankten. Die Cockpit-Verglasung, die ursprünglich nach vorn geneigt war, war bei der D-Version wie allgemein üblich auch nach hinten geneigt. Bei der späteren Umrüstung der Grundversion wurde allerdings die Cockpit-Verglasung nicht überall geändert. Die beiden Lufthansa-Maschinen zeigen – obwohl zur Grundversion gehörend – nach hinten geneigte Frontscheiben. Es hat allerdings den Anschein, als ob diese Änderung von der Lufthansa vorgenommen wurde. Insgesamt wurden 13 Exemplare der D-Version gebaut, von denen eine mit Roscoe Turner und Clyde Pangborn 1934 mit Zusatztanks in der Kabine am Mac-Robertson-Rennen von London nach Melbourne teilnahm und in der Klasse für Verkehrsflugzeuge den zweiten Platz sowie in der allgemeinen Geschwindigkeitswertung den dritten Rang erreichte. Die Maschine flog anschließend mit einer normalen Ausstattung bei United. Ab 1942 flogen 27 Boeing 247D als C-73 für das US Army Corps, dies waren ehemalige United-Maschinen, die umgerüstet wurden. Außerdem gab es noch eine E-Version als Weiterentwicklung der D-Serie, jedoch wurde von der 247E nur ein Exemplar gebaut. Die siebte 247D wurde schließlich von United an Boeing zurückgegeben und, zur 247Y umgerüstet, als bewaffnete Version mit den Langstrecken-Zusatztanks als Reiseflugzeug für den chinesischen Verteidigungsminister Marschall Chang Hsuehliang nach China exportiert, wo sie auch montiert wurde.

Die D-AGAR auf dem Flughafen Amsterdam während der Erprobung auf Strecke. Sie war jedoch vorwiegend auf innerdeutschen Routen eingesetzt und trug ab Mai 1935 den Namen Feldberg.

Die Lufthansa erhielt zwei von ursprünglich drei bestellten Maschinen D-AGAR und D-AKIN des Grundtyps 247 im April 1934 und unterzog sie einer intensiven Erprobung. Die dritte Maschine sollte auf Wunsch des RLM als 247 D mit Wasp S1 H1-G-Motoren geliefert werden. Aufgrund der mit der Änderung verbundenen Lieferverzögerung wurde der Auftrag für die dritte Maschine schließlich storniert, obwohl das Flugzeug mit der Werknummer 1946 noch im September 1934 mit dem US-Kennzeichen NC 92 Y Testflüge für die Lufthansa absolvierte. Es kam als NC 26666 im September 1935 bei Phillips Petroleum zum Einsatz und flog bis März 1948 bei verschiedenen Haltern. Laut Lufthansa-Statistik aus dem Jahre 1936 absolvierte die D-AGAR, im europäischen Luftverkehr der Lufthansa im Jahre 1934 insgesamt 40 425 km und 1935 noch einmal 31 608 km. Fotos der D-AGAR zeigen die Maschine in Amsterdam, so daß zumindest ein Flugziel bekannt ist.
Die Motive für den Kauf gehen recht deutlich aus der Einleitung des Erprobungsberichtes hervor, in dem es heißt:

›Das Flugzeug W-Nr. 1945 mod. 247 der Boeing Airplane Company wurde bei der Deutschen Lufthansa einer eingehenden Untersuchung und Erprobung unterzogen. Die Deutsche Lufthansa setzte sich dabei zur besonderen Aufgabe, festzustellen, inwieweit bei diesem amerikanischen Flugzeugmuster in der Konstruktion und Fabrikation Gesichtspunkte zur Anwendung gekommen sind, die von den im deutschen Flugzeugbau üblichen abweichen und darüber hinaus, welche Flugeigenschaften und Flugleistungen von diesem amerikanischen Schnellflugzeug erreicht werden. Im Anschluß an diese Erprobung ist ein betrieblicher Einsatz des Flugzeuges geplant, um hierbei die Feststellungen der Erprobung durch Beobachtungen im Betriebe zu ergänzen. Da dieser Einsatz bei Abschluß des Berichtes noch nicht erfolgt ist, können Mitteilungen hierüber noch nicht gemacht werden. Den deutschen Flugzeugfirmen wurde durch besondere Vorführungen Gelegenheit gegeben, sich von den Eigenschaften und Leistungen dieses Flugzeugs zu überzeugen…‹

Das besondere Interesse der Lufthansa wie auch der deutschen Flugzeugbauer dürfte der Enteisung, den Ladertriebwerken und den Fertigungsmethoden gegolten haben. Da der Bericht im August 1934 abgeschlossen wurde, dürfte sich die Erprobung auf einen Zeitraum von etwa drei Monaten erstreckt haben. Der Streckeneinsatz erfolgte offensichtlich erst nach August 1934.
Im Prüfbericht der Lufthansa-Spezialisten, der eine insgesamt positive Beurteilung des Flugzeugs ergab,

Ansicht der gleichen Maschine schräg von vorn. Hier ist das von der Lufthansa geänderte Cockpit gut erkennbar. Beim Original sprang die Oberkante der Frontscheiben gegenüber der Unterkante vor. Cockpit der Boeing 247 (rechts)

werden einige Punkte besonders hervorgehoben. So vermerkte man mit Erstaunen, daß die Zelle nur innenseitig mit einem Aluminiumlack korrosionsgeschützt und außen nur galvanisch geschützt war, während die deutschen Flugzeugbauer grundsätzlich einen äußeren Schutzanstrich vorsahen. Die Haltbarkeit der galvanischen Schutzschicht wurde von den Lufthansa-Experten mit Skepsis betrachtet, zumindest hielt man eine ausreichende Seewasserbeständigkeit nicht für gegeben. Diese Kritik richtete sich aber wohl nicht gegen die ›247‹, sondern war wohl mehr im Hinblick auf die Seeflugzeuge der Lufthansa geäußert worden, für die die Lufthansa eine Übernahme dieses Oberflächenschutzes nicht wünschte.

Positiv beurteilt wurde auch die ausgezeichnete Verarbeitung. Pluspunkte sammelte die Testmaschine auch hinsichtlich ihres geringen Kraftstoffverbrauches, besonders erwähnt wurden auch eine Warnanzeige bei zu geringem Kraftstoffdruck und eine akustische Warnung bei im Landeanflug noch nicht ausgefahrenem Fahr-

werk, wie wir sie allerdings auch schon bei der He70 fanden. Neu für deutsche Verhältnisse war offensichtlich auch das beheizbare Pitot-Rohr.
Flugkapitän Untucht rühmte die am Boden wie auch im Fluge verstellbaren Seitenruderpedale, die beim Abstellen der Maschine arretierbaren Steuerorgane und das feinfühlige Ansprechen der Motoren auf die Gashebel.
Bei allgemein positiver Beurteilung von Technik, Flugleistungen und Flugeigenschaften gab es aber auch einige Punkte, die zur Kritik Anlaß gaben. Hierzu zählte ein abnorm hoher Seitenruderdruck, dem man durch ein geändertes Seitenleitwerk begegnen wollte, ferner die unverglaste Cockpit-Decke, die den an Glaskanzeln gewöhnten deutschen Piloten beim Kurvenflug zuwenig Sicht bot, und schließlich auch die als Notausstieg dienende Deckenklappe des Cockpits, für die Untucht durch einen Zug gemeinsam zu ziehende Scharnierbolzen forderte. Gelobt wurde dagegen die Bremsanlage wegen ihrer einfachen und praktischen Ausführung

Abmessungen und Daten laut Vermessung der D-AGAR durch die Lufthansa laut Prüfbericht vom August 1934.

a) Abmessungen	
Länge	15650 mm
Spannweite	22540 mm
Höhe (mit Antennenmast)	4880 mm
Fläche (mit Querruder)	77,7 m²
Kabinenlänge	5500 mm
Kabinenbreite	1520 mm
Kabinenhöhe	1830 mm
Laderäume (insgesamt 2) je	ca. 1,6 m³
Spurweite	5330 mm
b) Motoren	2×525 PS (1) 386,4 kW Pratt & Whitney Wasp S1D1
c) Gewichte und Belastungen	
Rüstgewicht	3820 kg
Zuladung	2120 kg
Gesamtgewicht	5940 kg
Kraftstoff	1036 l
Öl	38 l
Kraftstoffverbrauch (2)	131 l/h
Max. Flächenbelastung	74,0 kg/m²
Max. Leistungsbelastung	5,08 kg/PS 6,91 kg/kW
d) Leistungen	
Höchstgeschwindigkeit (3)	277 km/h
Höchstgeschwindigkeit (0 km) (4)	249 km/h
Reisegeschwindigkeit (0 km) (5)	246 km/h
Dienstgipfelhöhe	ca. 5330 m
Steiggeschwindigkeit und Steigzeit (6)	
Vom Stand bis 20 m Höhe (7)	550 m
Vom Abheben bis 20 m Höhe (7)	265 m
Mittlere Steiggeschwindigkeit (7)	3,7 m/s
Mittlere Waagrechtgeschwindigkeit (7)	34 m/s
Abhebegeschwindigkeit (7)	104 km/h
Abfluggeschwindigkeit (7)	115 km/h
e) Besatzung	3 (DLH: 1 Pilot, 1 Bordmonteur)
f) Fluggastsitze	10

Rüstgewicht	3830 kg
Pilot und Bordmonteur	155 kg
Öl (76 l)	68 kg
Brennstoff (1035 l)	746 kg
10 Passagiere	775 kg
Ballast (vord. Gepäckraum)	320 kg
Ballast (hint. Gepäckraum)	70 kg
	5964 kg

Höhe (km)	mittlere Steiggeschwindigkeit (m/sec)	Zeit (sec)
0,0 – 1,0	4,18	239
1,0 – 2,0	3,48	288
2,0 – 3,0	2,77	361
3,0 – 4,0	2,07	483
4,0 – 5,0	1,36	737

Höhe (km)	Zeit min	Zeit sec
0 – 1	3	59
0 – 2	8	47
0 – 3	14	48
0 – 4	22	51
0 – 5	35	08

* CINA = **C**ommission **I**nternationale de **N**avigation **A**érienne

(1) in 5000 Fuß Höhe
(2) Bei Reisegeschwindigkeit in Bodennähe
(3) in 1560 m CINA*-Höhe, Höchstdrehzahl 2055 U/min und 30 C″ Gebläsedruck
(4) in Bodennähe bei 1900 U/min und 29 C″ Gebläsedruck
(5) bei 1850 U/min in Bodennähe bei 27,7 C″ Gebläsedruck und in 1560 m CINA-Höhe bei 23,9 C″ Gebläsedruck
(6) Steiggeschwindigkeiten und Steigzeiten bei 5964 kg Gesamtgewicht

Technische Daten:

Typ:	**Boeing Model 247**
Hersteller:	Boeing Airplane Company, Seattle/Washington
Erstflug:	8. Februar 1933
Baujahre:	1933 – 34
Produktionszahlen:	61 des Typs 247, 1 Exemplar 247A, 13 des Typs 247D, 1 Exemplar 247E: insgesamt 76
Einsatz:	Passagier-Flugzeug
Besatzung:	bei Lufthansa: 1 Pilot, 1 Bordmonteur, 1 Flugbegleiter
Passagiere/Nutzlast:	10 mit Gepäck + 182 kg Post
Sitzanordnung:	zwei Reihen zu fünf Sitzen beiderseits des Mittelganges, Sitzabstand 1,03 m
Bauweise:	Ganzmetall-Tiefdecker mit freitragendem Flügel bestehend aus Mittelstück mit Motorenanlagen, Ansatzflügel in Duralbauweise mit zwei Kastenholmen, glattblechbeplankt, Flügelnase, Endrippen und Flügelspitzen abnehmbar zur leichteren Wartung und Reparatur. Enteisungsanlage für Flügel und Leitwerk. Fahrwerk mit Öldruckbremsen, elektrisch nach hinten einziehbar, Räder ermöglichen auch Aufsetzen in eingefahrenem Zustand. Dreifacher Fahrwerkanzeige und Warnhorn. Höhen- und Seitenruder mit Boeing-Patent-Entlastungsrudern, im Fluge verstellbar. Leitwerksflächen nicht verstellbar. Hilfstrimmklappe am linken Querruder. Kabine 6 m lang, 1,52 m breit, 1,83 m hoch, beheizt und belüftet plus individuelle Platzbelüftung. Ausrüstung mit Autopilot.
Spannweite:	22,56 m
Länge:	15,72 m
Höhe:	4,70 m
Flügelfläche:	77,68 m^2
Leergewicht:	4155 kg
Nutzlast:	1200 kg
Startgewicht:	6197 kg
Flächenbelastung:	79,78 kg/m^2
Reisegeschwindigkeit:	249 km/h
Höchstgeschwindigkeit:	292,6 km/h (Version D: 304 km/h in 3560 m)
Gipfelhöhe:	6248,4 m (Dienstgipfelhöhe: 5600 m)
Reichweite:	880 km (mit 208 Gallonen Treibstoff)
Motor:	Pratt & Whitney Wasp S1D1 mit 550 PS (404,8 kW) bei 2200 U/min in 1524 m Höhe Zweiblatt-Einstell-Luftschraube bei LH-Muster

Einsatzdaten:

Stückzahl bei Lufthansa:	
Bei Indienststellung:	2/1934
Größter Bestand:	2/1934/35
Einsatz:	ab Spätsommer 1934 auf Europastrecken

und ihrer Betätigung über die Seitenruderpedale, wodurch der Pilot beim Rollen beide Hände am Steuer halten konnte.
Nachdem die D-AGAR am 24. Mai 1935 auf dem Flughafen Nürnberg von einer Air-France-Maschine gerammt und schwer beschädigt worden war, wurde sie ausgeschlachtet. Die D-AKIN (Werknummer 1944), die zeitweise auch als D-4 während der RLM-Erprobung flog und bei der Lufthansa nie zum Streckeneinsatz gekommen ist, stürzte als Erprobungsträger für eine neue Kurssteuerung am 13. August 1937 in Hannover beim Start ab.

Rißzeichnung Boeing 247 D-AGAR, Maßstab 1:125

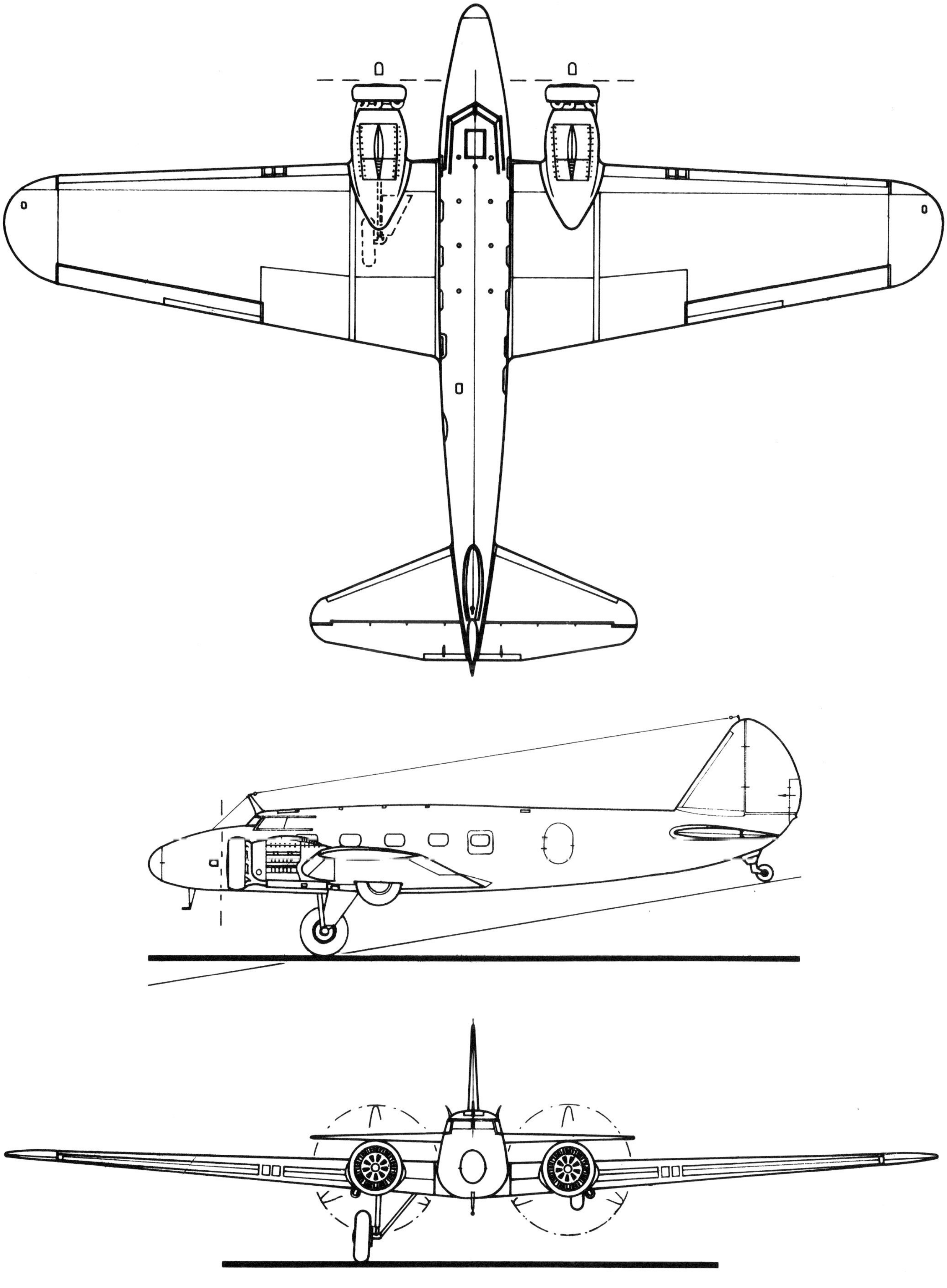

Focke-Wulf Fw 200 ›Condor‹ 1938–1944

1924 erweiterte sich der Kreis der deutschen Flugzeugbauer um einen neuen Namen, die Focke-Wulf-Flugzeugbau AG, Bremen, die am 1.1. 1924 ihre Arbeit aufnahm. Die Gründung des Unternehmens als Bremer Flugzeugbau A.-G. erfolgte auf Initiative von Konsul O. Bernhard und den Partnern Henrich K. Johann Focke und Georg Wulf, wobei die bremische Kaufmannschaft, allen voran Ludwig Roselius und Mackensen, Hilfe leistete. Man fing mit einem Startkapital von nur 20000 Reichsmark und einer Belegschaft von nur neun Mann klein und bescheiden an. In der ersten Zeit baute man hauptsächlich Kleinverkehrs-, Sport- und Schulflugzeuge.

Nachdem Georg Wulf als technischer Leiter des Unternehmens bereits am 29. September 1927 bei der Erprobung der Fw 19a-Ente tödlich verunglückt war, zog sich sein Partner Henrich Focke 1933 ebenfalls aus der Geschäftsleitung zurück, indem er seinen Vorstandsposten aufgab, um sich fortan der Entwicklung von Drehflüglern zu widmen, wobei er überaus erfolgreich war. Aufgrund der erfolgreichen Erprobung der Fw 61, des ersten praktisch verwendbaren Hubschraubers der Welt, kam es schließlich zur Gründung eines neuen Unternehmens, der Focke, Achgelis & Co. GmbH in Hoyenkamp (bzw. ab 1937 in Delmenhorst), in der Focke die Drehflügler-Entwicklung vorantrieb.

Aber auch bei Focke-Wulf sollte sich in dieser Zeit Entscheidendes tun. Bereits 1931 hatte Focke Dipl.-Ing. Kurt Tank als Leiter des Entwurfbüros und der Flugerprobung eingestellt. Tank hatte nach seiner Zeit bei Rohrbach auch kurze Zeit im Projektbüro von Messerschmitt gearbeitet, wo er die M 28 entwickelt hatte. Bei Focke-Wulf stieg er 1933 zum technischen Leiter des Bremer Werkes auf und verlieh der Entwicklung des Werkes mit hervorragenden Konstruktionen wie der Fw 200 und anderen Typen überaus wertvolle Impulse.

Den Anstoß für die Entwicklung der Fw 200 gab ein zufälliges Zusammentreffen von Tank und Dr. Rudolf Stüssel, dem technischen Direktor der Lufthansa, während eines Winterurlaubs Anfang 1936 in den Dolomiten. Dr. Stüssel berichtete Tank, daß die Lufthansa auf der Suche nach einem neuen, leistungsfähigen Langstrecken-Flugzeug sei, das vor allem zum Einsatz auf Übersee-Routen dienen sollte. Sicherheit und Rentabilität sollten eine hohe Priorität haben. Tank hörte seinem Gesprächspartner aufmerksam zu und entwickelte sein Konzept: eine viermotorige Landmaschine mit Einziehfahrwerk und großer Flügelstreckung, aerodynamisch ausgefeilt und sparsam im Treibstoffverbrauch, mit ca. 60 ccm pro Passagier und Kilometer etwa halb soviel wie bei der Ju 52/3m, die es auf 110 ccm brachte. Tanks Konzept erschien auf den ersten Blick nahezu futuristisch, aber wenn es sich verwirklichen ließ, bedeutete es einen ganz großen Schritt nach vorn. Tank war von der Durchführbarkeit seiner Ideen überzeugt und kreierte sogar schon einen Namen für das neue Flugzeug, das er nach dem besten Segler der Vogelwelt ›Condor‹ nennen wollte. Dr. Stüssel, der die Wünsche der Lufthansa nicht nur erfüllt, sondern sogar weit übertroffen sah, meldete nach der Rückkehr aus dem Urlaub das starke Interesse der Lufthansa an. Tank war inzwischen nicht untätig gewesen und hatte mit seinen Mitarbeitern v. Faehlmann und Mittelhuber seine Ideen in Zahlen und Skizzen gefaßt. Reichweite 1500–2000 km, 25–30 Passagiere, vier Motoren, nach Wunsch der Lufthansa leicht auswechselbar, Treibstoff, Inneneinrichtung, Gepäck, Zelle machten zusammen rund 14000 kg aus. Bei einer Flächenbelastung von 120 kg/m^2 hieß dies eine Flügelfläche von 110–120 m^2, was bei der angestrebten großen Flügelstreckung eine Spannweite um 35 m bedeutete.

Innerhalb von vier Wochen kristallisierte sich das Projekt heraus. Tank ließ eine komplette Rumpfattrappe im Maßstab 1 : 1 samt Inneneinrichtung bauen und sich sogar beim Reichs-Luftfahrt-Ministerium (RLM) die markante Typennummer Fw 200 reservieren.

Ende Juni 1936 fand die entscheidende Abschlußbesprechung mit Dr. Stüssel und Freiherr von Gablenz statt, bei der Tank seine Gesprächspartner von der Fw 200 überzeugen konnte. Der Auftrag zum Bau der

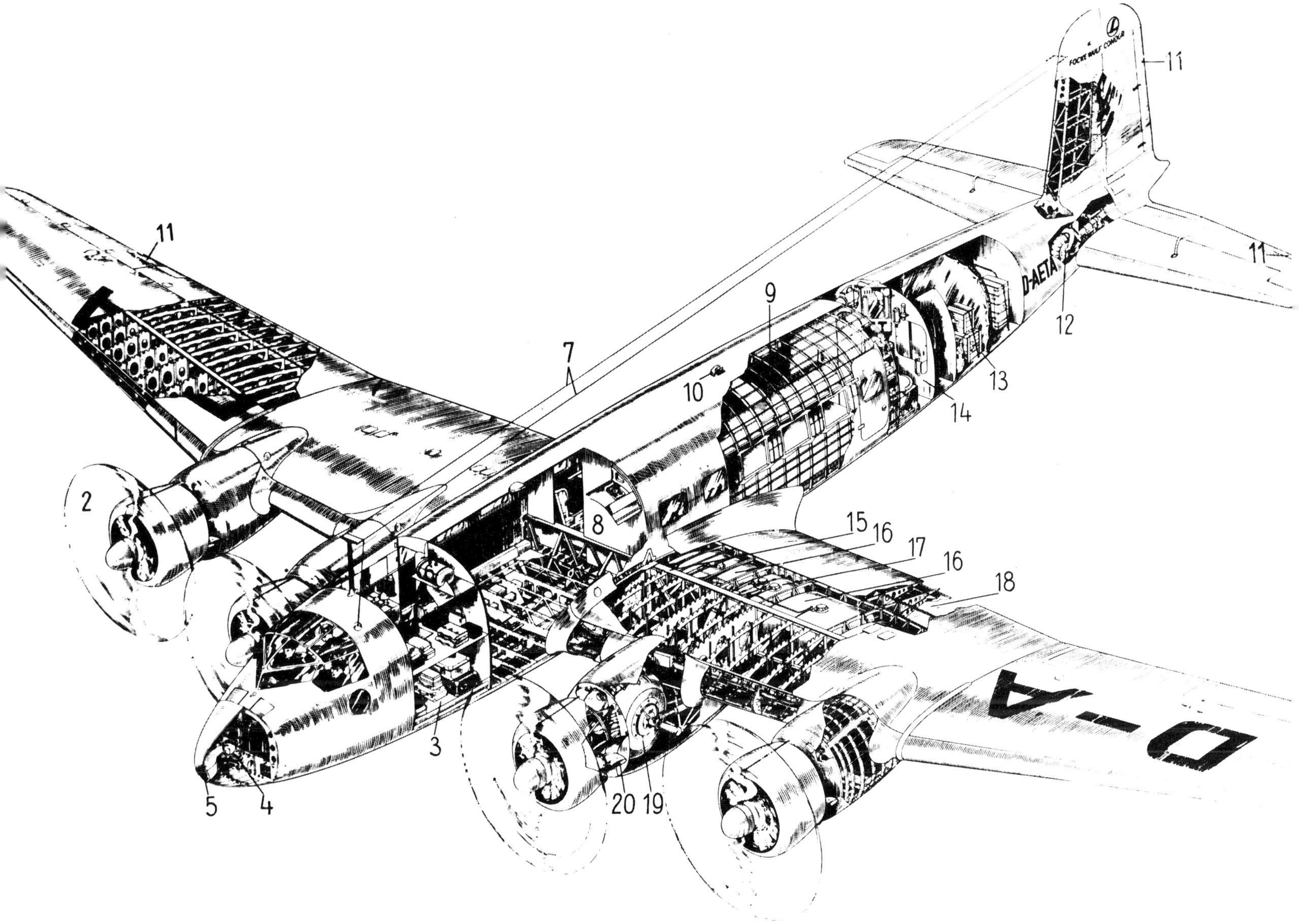

Aufbau der Fw 200 am Beispiel der D-AETA »Westfalen«

1 Durchgehend abnehmbare Flügelnase
2 Verstell-Luftschraube mit Feststellbremse
3 Steward- und Reisegepäckraum
4 Peilrahmen
5 Frischlufteintritt in Klima-Anlage
6 Zentral-Ölbehälter für die hydraulische Fahrwerks- und Landeklappenbetätigung
7 Festantenne
8 Raucherabteil
9 Nichtraucherabteil
10 Entlüftung (regelbar)
11 Trimmklappen (elektr. verstellbar)
12 Spornrad (eingezogen)
13 Frachtraum
14 Waschraum
15 Flügelhauptträger (im Rumpf durchgehend)
16 Behälter für Reisekraftstoff
17 Behälter für Startkraftstoff
18 Spreizklappe
19 Fahrwerk (eingezogen)
20 Triebwerk

WESTFALEN

D-ACON

›Condor‹ wurde erteilt. Lufthansa-Direktor von Gablenz rechnete mit dem Erstflug dieses in vieler Hinsicht revolutionierenden Flugzeuges in drei, frühestens aber in zwei Jahren. Tank versprach, daß seine Fw200 schon in zwölf Monaten fliegen würde. Schließlich mußte er den Termin dennoch überziehen, um ganze elf Tage, doch von Gablenz honorierte diese Leistung, wie versprochen, mit 25 Flaschen Champagner, um die er mit Tank gewettet hatte.

Im Juli 1937 hob die erste ›Condor‹, die Fw200VI, noch ohne ihr späteres Kennzeichen D-AERE zum Jungfernflug vom Bremer Flugfeld Neuenfeld ab. Am Steuer saß Tank selbst. Anstelle der vorgesehenen BMW-Motoren war der Prototyp mit Pratt & Whitney ›Hornet‹-Triebwerken ausgestattet, da die deutschen Motoren nicht rechtzeitig fertiggestellt werden konnten.

Die Flugerprobung ergab trotz der so kurzen Entwicklungszeit nur geringe Änderungen, so mußten an der Fw200V1 Höhen- und Seitenleitwerk leicht abgeändert werden. Auch die Außenflügel wurden etwas stärker gepfeilt, um die Schwerpunktlage zu korrigieren. Hierdurch verringerte sich die Spannweite von ursprünglich 32,97 m auf 32,84 m und die tragende Fläche um 2 m^2 auf nunmehr 118 m^2.

Auch der zweite Prototyp, die Fw200V2 mit dem Kennzeichen D-AETA, wurde später entsprechend abgeändert. Die zurückgewinkelten Außenflügel wurden fortan zum typischen Kennzeichen der Fw200.

Berühmt werden sollte die Fw200 durch die Version Fw200S1, die durch Umbau aus dem ersten Prototyp entstand und danach auch ein neues Kennzeichen D-ACON erhielt. Zusatz-Treibstofftanks im Rumpf gaben der Maschine bei einem Startgewicht von maximal 18000 kg eine extreme Langstrecken-Reichweite, die Nordatlantik-Überquerungen erlaubte. Diese Zusatztanks nahmen den gesamten hinteren Fluggastraum ein. Der Treibstoff wurde mit zunehmendem Verbrauch in die 3460 Liter fassenden Tanks im Flügelmittelstück

Oben: Die D-AETA »Westfalen« bei Motor-Wartungsarbeiten.

Unten: Das Rekordflugzeug D-ACON »Condor« entstand durch Umbau des ersten Prototyps der D-AERE (Brandenburg) und besaß Zusatztanks im Rumpf, die spektakuläre Langstreckenflüge ermöglichten. Die Maschine gehörte dem Herstellerwerk und trug eine schwarz-weiße Bemalung.

umgepumpt, was schließlich durch einen Bedienungsfehler den Verlust dieser Maschine heraufbeschwor, als das Flugzeug durch Ausbleiben der Treibstoffversorgung trotz ausreichender Reservemengen in den Zusatztanks bei den Philippinen im seichten Küstengewässer notwassern mußte. Salzwasserschäden machten eine Reparatur der ansonsten kaum beschädigten Maschine unmöglich.

Doch vor diesem vermeidbaren Zwischenfall machte die Fw200 Condor mit dem Kennzeichen D-ACON in positivem Sinne weltweit Schlagzeilen. Am Mittwoch, dem 10. August 1938, startete die D-ACON um 20.00 Uhr, gesteuert von Lufthansa-Kapitän Alfred Henke und Hauptmann von Moreau, in Berlin-Staaken buchstäblich randvoll getankt und fast 18 Tonnen schwer mit Flugziel New York. Neben den beiden Flugzeugführern war noch Walter Kober, der als Funker bereits viermal in Flugbooten der Lufthansa den Südatlantik überquert hatte, an Bord der Fw200. Vierter Mann war Paul Dierberg, der schon 53mal den Südatlantik zwischen Afrika und Brasilien überquert hatte und auch bei den Schleuderflügen von Bord der Bremen und Europa mitflog. Beim New-York-Flug flog er als Funk-Maschinist mit. Aufgrund günstigen Wetters hatte man den Start übrigens gegenüber der eigentlichen Planung um einen Tag vorgezogen. Trotz starker Gegenwinde bewältigte die D-ACON die Strecke Berlin–New York in 2000 m Höhe fliegend in der Rekordzeit von 24 h und 56 min., als sie am 11. August abends um 20.56 Uhr auf dem Floyd Bennett Field in New York landete. Bereits am übernächsten Tag, dem 13. August, startete das Flugzeug zum Rückflug nach Berlin, wo es nach 19 Stunden und 55 Minuten ebenfalls im Nonstop-Flug wohlbehalten eintraf. Beide Flüge wurden von der FAI als Weltrekorde registriert. Beim Hinflug waren übrigens von fast 10000 Litern Treibstoff noch rund 1000 Liter übrig gewesen. Die Durchschnittsgeschwindigkeit bei Gegenwind hatte 265 km/h betragen, die Nonstop-Strecke war 6400 km lang. Auf dem Rückflug mit Rückenwind und im Schnitt 3000 m hoch fliegend war die D-ACON sogar rund 330 km/h schnell gewesen.

Am 28. November 1938 startete die D-ACON mit der gleichen Besatzung sowie Focke-Wulf-Bordmonteur Kohne und dem Export-Direktor von Focke-Wulf, Heinz Junge, zu einem erneuten Langstrecken-Flug über 13600 km von Berlin nach Tokio mit Zwischenlandungen in Basra, Karachi und Hanoi. Die Maschine erreichte ihr Ziel in der Rekordzeit von 46 Stunden und 18 Minuten einschließlich Tankstops. Die reine Flugzeit ohne die drei Zwischenlandungen, die insgesamt vier Stunden und 17 Minuten beanspruchten, betrug nur 42 Stunden und 1 Minute. Bei der Planung des Fluges war man von 55 Stunden ausgegangen.

Von Tokio aus sollte die Fw200 nach den Philippinen weiterfliegen. Auf diesem Flug ereilte sie kurz vor der Zwischenlandung in Manila ihr Schicksal, das, wie sich später herausstellte, durchaus vermeidbar gewesen wäre. Etwa 20 km vor dem Zwischenlandeplatz blieben die beiden Backbordmotoren durch Treibstoffmangel stehen, weil die Backbordtanks wahrscheinlich nicht vollends gefüllt worden waren. Henke geriet offensichtlich in Panik und fuhr die Landeklappen aus, um notzuwassern, anstatt die Maschine, wie ihm Tank später vorwarf, gegen die laufenden Motoren drehend nach rechts hängen zu lassen oder aber sofort auf die Startbehälter umzuschalten und so die Motoren wieder in Sekundenschnelle mit Treibstoff zu versorgen, während Dierberg auf die Steuerbordbehälter umschaltete. Tank bewies Henke später, daß die Condor selbst mit höherem Fluggewicht mit nur zwei Motoren auf einer Seite ohne Höhenverlust flugfähig blieb und Henke somit durchaus auch mit zwei stehenden Motoren Manila hätte erreichen können. Aber Henke hatte vor seinen Flügen mit der D-ACON trotz Mahnungen seitens Tank den Zweimotorenflug nie versucht. Sein Umgang mit dem hochgezüchteten Flugzeug sollte ihm nach der glücklichen Notwasserung in Manila schließlich zum Verhängnis werden, als er mit einer anderen Fw 200 im April 1940 bei Berlin tödlich verunglückte. Möglicherweise wurde Henke auch das Opfer der technischen Entwicklung zum modernen Verkehrsflugzeug, für das das fliegerische Gefühl in der Sitzfläche nicht mehr ausreichte und das mehr und mehr mit dem Kopf geflogen werden muß.

Die Lufthansa übernahm die Fw200V2 mit dem Kennzeichen D-AETA (›Westfalen‹) und mit Sicherheit die Vorserien-Maschinen Fw200V4 bis V7 sowie zwei weitere Maschinen für das Condor-Syndikat aus der insgesamt zehn Maschinen samt zehn Maschinen umfassenden Vorserie. Als erste Vorserienmaschine kam die V4,

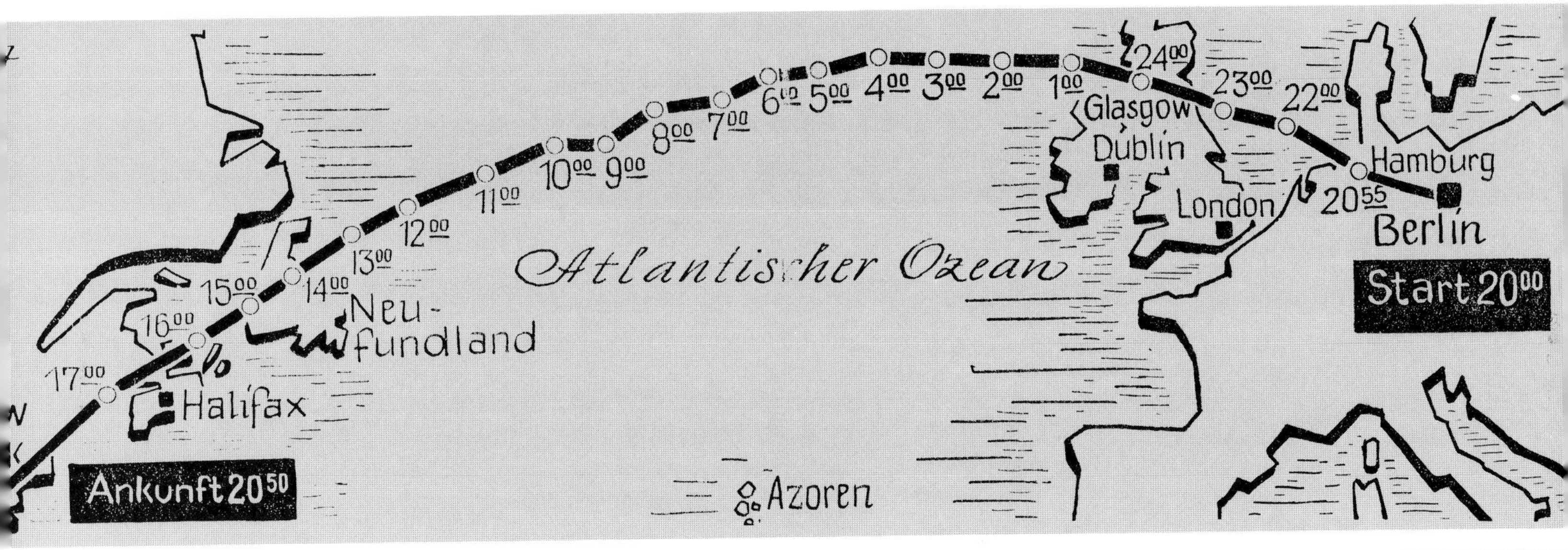

Oben: Streckenführung der D-ACON beim Nordatlantik-Rekordflug, wie sie 1938 in der Presse veröffentlicht wurde. Die eingetragenen Positionen sind die stündlichen Meldepunkte.

Unten: Die D-ACON »Condor« nach ihrem Rekordflug auf dem Floyd Bennett Flugfeld in New York.

Die Fw 200V5 »Nordmark« gehörte zur Baureihe Fw 200A-O und flog bei der Lufthansa mit dem Kennzeichen D-AMHC.

Blick in die Passagierkabine (rechts) der Fw 200, die 26 Fluggästen Platz bot.

D-ADHR (›Saarland‹) zur Lufthansa, mit der Tank und Focke-Wulf-Chef-Testpilot Dipl.-Ing. Sander am 27. Juni 1938 zu einem ersten Fernflug über Saloniki nach Kairo flogen. An Bord waren zahlreiche Journalisten als Gäste. Schlechtes Wetter beeinträchtigte diesen Flug und zwang auf dem Hinflug zu einem Umweg von etwa 100 km, um einer Schlechtwetterfront auszuweichen. Trotzdem wurde Salonoki mit einer Durchschnittsgeschwindigkeit von 360 km/h sicher erreicht. Weitere Zeit wurde eingebüßt, als Tank versehentlich auf einem RAF-Flugplatz in Ägypten landete, den er für den Kairoer Flughafen Heliopolis gehalten hatte. Ohne diese beiden Mißgeschicke hätte die ›Saarland‹ die 3155 km lange Strecke einschließlich 65minütiger Zwischenlandung in Salonoki durchaus in 9½ Stunden bewältigen können, was einem Stundenmittel von 331,6 km/h entsprochen hätte. Auch auf dem Rückflug blieb das Pech der ›Saarland‹ treu. Nach dem Start in Saloniki zwang eine erneute Schlechtwetterfront zur Umkehr nach Saloniki, wo die Maschine bei der Landung am Heck stark beschädigt wurde, weil feiner Sand die Ausfahr-Hydraulik des Spornrades blockierte und dieses nicht ausgefahren werden konnte. Am nächsten Tag brachte die gerade zur Streckenerprobung an die Lufthansa ausgelieferte ›Westfalen‹ (D-AETA) die notwendigen Ersatzteile, so daß die Maschine, die später ebenfalls von der Lufthansa übernommen wurde, nach Reparatur nach Berlin zurückkehren konnte. 1941 ging die ›Saarland‹ bei einem Unfall verloren. Das gleiche Schicksal ereilte auch die V5 D-AMHC ›Nordmark‹, die ebenfalls zu den vier Vorserien-Maschinen gehörte, die die Lufthansa erhielt. Die D-AMHC ging 1943 im Luftwaffen-Einsatz verloren.

Ebenfalls von der Lufthansa übernommen wurden die Fw 200V6 mit dem Kennzeichen D-ACVH ›Grenzmark‹ und die V7 D-ARHW ›Friesland‹, die am 29. November 1944 über See verloren gehen sollte.
Zur Vorserie Fw200A-O gehörten auch die D-AXFO ›Pommern‹ und die D-ASBK ›Holstein‹. Beide waren für das Condor-Syndikat in Brasilien bestimmt und konnten noch gerade vor Kriegsausbruch übergeführt werden. Beide Lufthansa-Maschinen traten an die Stelle von noch nicht fertiggestellten Flugzeugen, die nach Brasilien an die Lufthansa-Tochter ausgeliefert werden sollten. Am 29. Juni 1939 starteten Henke und Schuster um 20.30 Uhr in Tempelhof und erreichten mit Zwischenlandungen in Sevilla, Bathurst und Natal ihr Ziel, Rio de Janeiro, am 29. Juni um 15.24 Uhr nach einem Flug über 11105 km, der in 34 Stunden und 48 Minuten mit einer Durchschnittsgeschwindigkeit von 319 km/h bewältigt worden war. Dies war die erste Überquerung des Südatlantik mit einem Landflugzeug gewesen und schien eine neue Ära in der Verkehrsluftfahrt einzuleiten. In Brasilien flog die Ex-Pommern mit dem Kennzeichen PP-CBI als ›Abaitara‹, SC. Die ›Holstein‹, geführt von Cramer von Clausbruch, folgte der Pommern auf derselben Route und traf am 29. Juli 1939 in Rio ein, wo sie nach Ausbau der Zusatztanks unmittelbar in den Liniendienst auf den Condor-Syndikat-Strecken Rio de Janeiro–Buenos Aires und Rio de Janeiro–Porto Alegre übernommen wurde, in den sie sich mit der Ex-Pommern teilte. Die ›Holstein‹ flog in Brasilien mit dem Kennzeichen PP-CBJ und dem Erkennungsnamen ›Arumani‹ SC. Beide Flugzeuge erhielten später Pratt & Whitney Triebwerke und flogen bei Cruzeiro do Sul. Eine Maschine blieb bis 1947 im Einsatz.
Aus der Serienfertigung kamen schließlich weitere fünf Maschinen mit größerem Fluggewicht und auf Dreiblatt-Luftschrauben wirkenden BMW 132 Dc beziehungsweise BMW 132H-Motoren zur Lufthansa. Die erste Maschine der Version Fw200B-1 war die D-ASBR, die den nun wieder freigewordenen Namen ›Holstein‹ der nach Südamerika übergeführten Maschine übernahm. Ihr folgten vier Maschinen der Version B-2, und zwar die D-ASHH (›Hessen‹), die am 14. April 1945 den letzten planmäßigen Lufthansa-Flug von Barcelona nach Berlin absolvierte und am 21. April 1945 auf einem Evakuierungsflug von Berlin nach München bei Mühlberg abstürzte und ausbrannte, die D-ABOD (›Kurmark‹), die D-AMHL (als neue ›Pommern‹) und die D-ASVX ›Thüringen‹.
Bei Kriegsausbruch verzeichnete die Flottenliste der Lufthansa insgesamt zehn Condor-Maschinen, diese wurden für den Norwegen-Feldzug als Transporter von der Luftwaffe requiriert. Nur zwei Maschinen, darunter die Hessen, wurden an die Lufthansa zurückgegeben. Neben der Lufthansa flog auch die dänische Gesellschaft DDL die Fw200. Sie erhielt zwei Maschinen des Typs Fw200KA-1, die zum Baulos der Vorserienmaschinen gehörten. Die erste Maschine überführte Tank persönlich am 14. Juli 1938. Diese Maschine erhielt das Kennzeichen OY-DAM und wurde auf den Namen ›Dania‹ getauft. Sie flog auch noch nach Kriegsausbruch auf der Strecke Kopenhagen–Amsterdam–England, wo sie einen Tag vor der deutschen Besetzung Dänemarks festgehalten wurde. Sie flog dann für die BOAC als G-AGAY mit dem Namen ›Wolf‹ und wurde später der RAF überstellt, wo sie das Kennzeichen DX177 erhielt und am 12. Juli 1941 durch deutsche Fliegerbomben in White Waltham zerstört wurde. Die zweite Fw200KA-1 der DDL wurde im November 1938 ausgeliefert und flog als OY-DEM ›Jutlandia‹ auch noch nach Kriegsausbruch als neutrales Flugzeug, mit orangefarbenem Anstrich kenntlich gemacht, über Deutschland. Sie überstand eine Bauchlandung in Wien mit nur geringen Beschädigungen und blieb bis 1946 im Einsatz. Bei einer Seitenwind-Landung in Northolt (England) wurde sie so stark beschädigt, daß eine Reparatur nicht zuletzt mangels Ersatzteilen unmöglich war. Zuvor dienten zwei von England zur Verfügung gestellte militärische Fw200C, von denen insgesamt 263 Exemplare gebaut wurden, als Ersatzteil-Lieferanten.
Obwohl nicht als Militärflugzeug konzipiert, bewährte sich die Fw200 auch im Kriegseinsatz als Langstrekken-Aufklärer und Behelfsbomber unter schwierigsten Bedingungen. Berühmt wurde Churchills Unterhausrede aus dem Jahre 1941, in der er über die gefährlichen Focke-Wölfe wetterte, die er in seinen Memoiren als das gefährlichste deutsche Langstrecken-Flugzeug gegen Schiffsziele auf dem Nordatlantik bezeichnete.
Für die Lufthansa sind diese kriegerischen Reminiszenzen ein bitteres Kapitel, da sie im militärischen Einsatz fast ihre gesamte Condor-Flotte einbüßte.

Die Baumuster der Condor

Baumuster:		Fw 200 V 1	Fw 200 S-1	Fw 200 V 2	Fw 200	Fw 200 A-O	Fw 200 KA-1	Fw 200 B-1	Fw 200 B-2
Kennzeichen Name		D-AERE Condor Branden- burg	D-ACON (Branden- burg)	D-AETA Westfalen	D-2600 WL-2600) 26+00 Immelmann III	V 4, D-ADHR Saarland V 5, D-AMHC Nordmark V 6, D-ACVH Grenzmark V 7, D-ARHW Friesland D-AXFO Pommern PP-CBI Abaitara, SC D-ASBK PP-CBJ Arumani, SC	OY-DAM Dania, DDL G-AGAY Wolf, BOAC DX 177, RAF OY-DEM Jutlandia, DDL	D-ASBR Holstein	D-ASHH Hessen D-ABOD Kurmark D-AMHL Pommern D-ASVX Thüringen
Stückzahl	16	1	(1) Umbau	1	1	6	2	1	4
Verwendung		Prototyp	Rekordflgz.	Prototyp	Regier'gsflgz.	Verkehrsflgz.	Verkehrsflgz.	Verkehrsflgz.	Verkehrsflgz.
Besatzung u. Passagiere		4 + 26	4 bis 6	4 + 26	4 + ca. 7	4 + 26	4 + 26	4 + 26	4 + 26
Triebwerk	4×	P. & W. Hornet S 1 E-G	BMW 132 L	BMW 132 G	BMW 132 G	BMW 132 G/L	BMW 132 G	BMW 132 Dc	BMW 132 H
Motorleistung	4×	760 PS	750 PS	720 PS	720 PS	720/750 PS	720 PS	870 PS	830 PS
Luftschraube		2-Blatt	2-Blatt	2-Blatt	2-Blatt	2-Blatt	2-Blatt	3-Blatt	3-Blatt
Abmessungen									
Flügelfläche		120 m², 118 m²	118 m²	120 m², 118 m²	118 m²	118 m²	118 m²	118 m²	118 m²
Spannweite		32,97 m, 32,84 m	32,84 m	32,97 m 32,84 m	32,84 m	32,84 m	32,84 m	32,84 m	32,84 m
Länge		23,85 m	23,85 m	23,85 m	23,85 m	23,85 m	23,85 m	23,85 m	23,85 m
Höhe		6,00 m	6,00 m	6,00 m	6,00 m	6,00 m	6,00 m	6,20 m	6,20 m
Fahrwerk									
Laufräder		2	2	2	2	2	2	2×2	2×2
Spornrad		1	1	1	1	1	1	1	1

Anmerkung: Bei den durch geschweifte Klammern zusammengefaßten Kennzeichen handelt es sich jeweils um verschiedene Registrierungen und Halter ein und desselben Flugzeuges.

Schlüssel zu den Kurzbezeichnungen: DLH: Deutsche Lufthansa; DDL: Det Danske Luftfartselskab; SC: Syndicato Condor; BOAC: British Overseas Airways Corp.; RAF: Royal Air Force.

Technische Daten:

Typ:	**Focke-Wulf Fw 200A (B) »Condor«**
Hersteller:	Focke-Wulf Flugzeugbau AG, Bremen
Konstrukteure:	Dipl.-Ing. Kurt Tank/Dipl.-Ing. Wilhelm Bansemir Entwurfsidee auf Anregung von Dr. Rudolf Stüssel
Erstflug:	Juli 1937 (D-AERE)
Baujahre:	1937 – 1944
Produktionszahl:	18 zivile und 263 Militärmaschinen (letztere gebaut zwischen September 1939 und Anfang 1944)
Verwendung:	Langstrecken-Schnellverkehrsflugzeug
Besatzung:	4 (2 Piloten, 1 Funker, 1 Flugbegleiter)
Passagiere:	25 – 26, davon 9 in der vorderen Raucherkabine vor dem durch die Kabine laufenden Hauptholm und 16 – 17 in der dahinter liegenden Hauptkabine.
Frachträume:	insgesamt: 10,55 m³, davon 8,3 m³ als Hauptgepäckraum hinter der Kabine durch Stauluke in der rechten Rumpfseite zugänglich.

Technische Daten (Fortsetzung):

Bauweise:	freitragender Ganzmetall-Tiefdecker in Glattblech-Schalenbauweise, dreiteiliger Flügel mit Trapezform, leichte V-Form, Außenflügel stärker gepfeilt. Tragflächenmittelstück mit durch die Kabine gehendem Hauptholm zugleich als Motoraufhängung dienend. Flügelaufbau aus plattiertem Dural, Hauptholm in Fachwerkbauweise mit Vorderholm, Fachwerk- oder Vollrippen und versteifter Beplankung zu Kastenträger vereinigt. Flügelhaut mit Schraubenkranz an Rumpfschale verschraubt, um Torsionskräfte aufzunehmen. Abnehmbare Nasenschale, angesetzte Endrippen mit Blechbeplankung, Außenflügel im Bereich der Hinterkante teilweise stoffbespannt. Zweigeteilte Querruder am Außenflügel, daran nach innen anschließend siebenfach geteilte Spreizklappen mit hydraulischer Betätigung, beim Durchstarten automatisch in Startstellung gehend. Elektrisch verstellbare Trimmklappen an Querrudern. Rumpf: Leichtmetall-Schalenbauweise aus Teilschalen zusammengesetzt. Aufteilung: Cockpit mit Platz für Piloten und Funker, vorderer Gepäckraum und Küche, Raucherkabine und Nichtraucher-Abteil, Waschraum, Postraum, Gepäckraum. Durchlaufender Hauptholm weitgehend in Kabinentrennwand versteckt. Sitzanordnung 2 + 1 durch Mittelgang getrennt. Leitwerke: Freitragende Schwanzleitwerke in Leichtmetallbauweise. Ruder mit elektrisch verstellbaren Trimmklappen. Treibstoffanlage im Mittelflügel hinter dem Hauptholm, getrennte Tanks für jeden Motor mit Umschaltmöglichkeit, je 1 Starttank pro Motor mit 87-Oktan-Treibstoff, sonst 80 Oktan. Normales Kraftstoffvolumen 2300 Liter auf 3460 Liter steigerbar. Fahrwerk: Räder in Gabelträgern nach oben vorn in mittlere Motorengondeln einziehbar, Ausfahren notfalls durch Eigengewicht und Staudruck, Spornrad ebenfalls hydraulisch einziehbar, Hauptfahrwerk und Spornrad hydraulisch bremsbar. Motorenanlage: 4 luftgekühlte 9-Zyl.-Sternmotoren als Ganzes austauschbar. Bremsbare Verstell-Luftschrauben, 2-Blatt – ab B-Serie 3-Blatt. NACA-Motorhauben. Propeller durch Nachpressen außerhalb des Haubendurchmessers auf etwas größere Steigung gebracht. Wärmetauscher hinter den Innenmotoren nutzen Abgaswärme zur Kabinenheizung.

	Fw 200A	**Fw 200B**
Spannweite:	32,84 m	32,84 m
Länge:	23,85 m	23,85 m
Höhe:	6,00 m	6,20 m
Flügelfläche:	118 m^2	118 m^2
Leergewicht:	9800 kg	11300 kg
Nutzlast:	2900 kg	2950 kg
Startgewicht:	14600 kg (LH 13900 kg)	17000 kg bis 17500 kg
Flächenbelastung:	123,73 kg/m^2	144 kg/m^2
Reisegeschwindigkeit:	325 km/h in 3000 m	365 km/h in 3000 m
Höchstgeschwindigkeit:	375 km/h	420 km/h in 2600 m
Landegeschwindigkeit:	110 km/h	112 km/h
Dienstgipfelhöhe:	6700 m	7500 m
mit 3 Motoren:	4000 m	5700 m
mit 2 Motoren auf gleicher Seite:		2700 m
Steiggeschwindigkeit bei 15500 kg		
auf 1000 m		2,1 min
auf 2000 min		4,3 min
auf 3000 min		7,0 min
auf 4000 m		10,3 min
Reichweite:	normal 1250 km	normal 1500 km, bis zu 4000 km möglich
Motoren:	4×BMW 132 G/L 720/750 PS (530/553 kW)	4×BMW 132Dc 870 PS (640,3 kW) bei Version B-1: 4×BMW 132H 830 PS (610,9 kW)

Einsatzdaten:

Stückzahl bei Lufthansa:	
Bei Indienststellung:	2/1938 (2. Prototyp + 1 Maschine der A-O-Baureihe)
Größter Bestand:	10/1939
Bei Außerdienststellung:	1/1945
Erster Streckeneinsatz:	im Sommer 1938 auf Inlandstrecken
Sonderflüge:	Berlin – New York – Berlin (August 1938) Berlin – Tokio (November 1938) mit D-ACON

Rißzeichnung Fw 200V2 D-AETA »Westfalen« mit BMW 132G, die erste Fw 200 der Lufthansa. Maßstab 1:125.

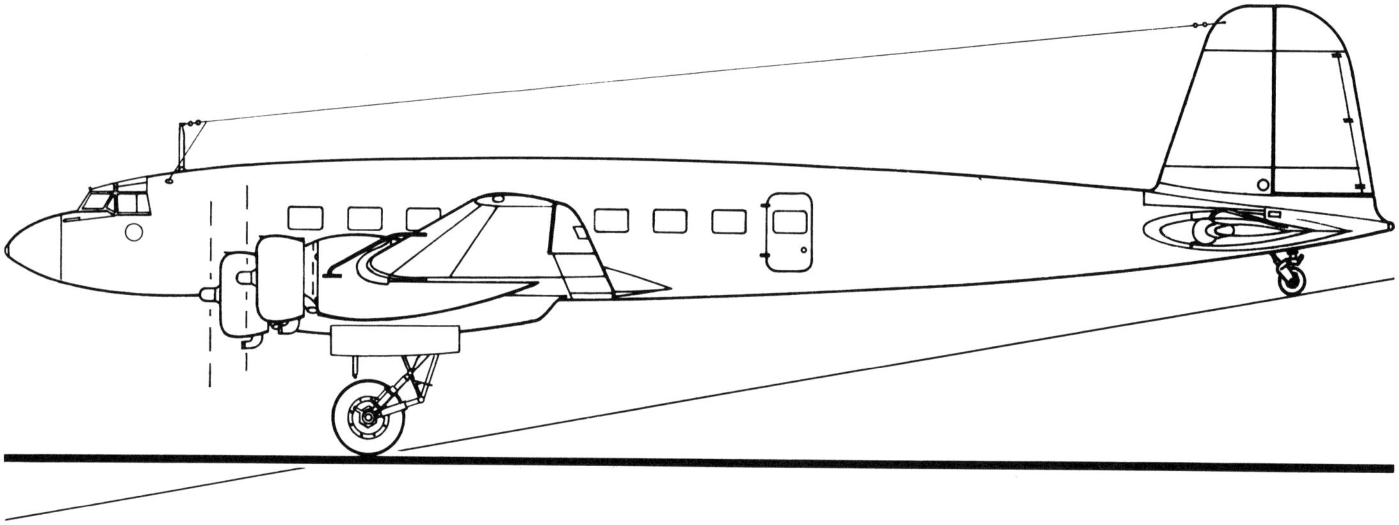

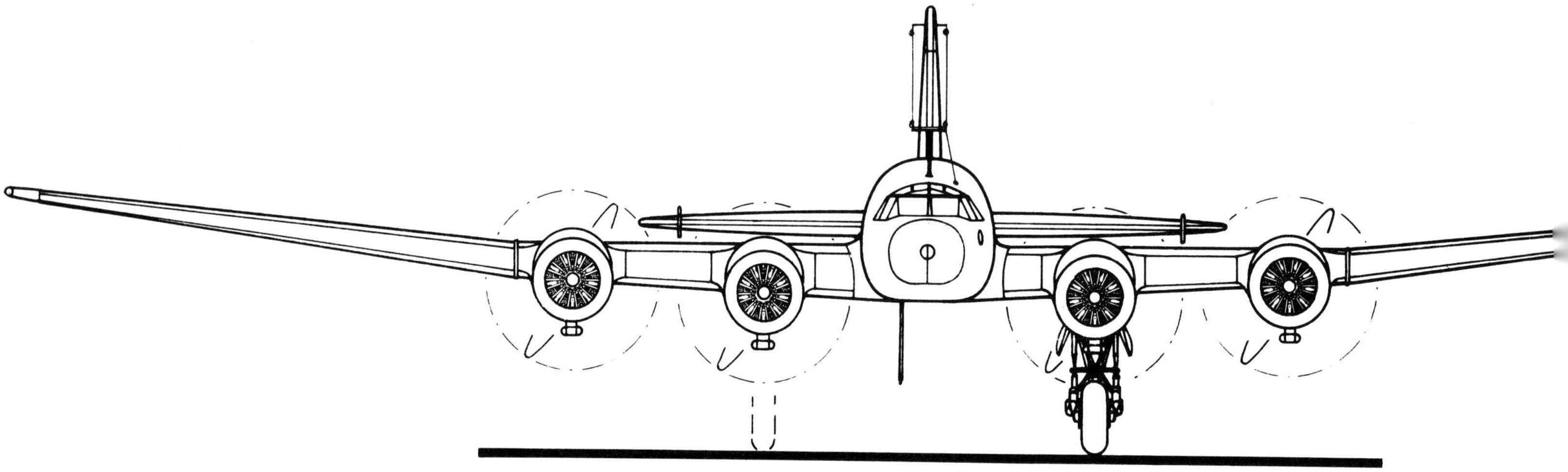

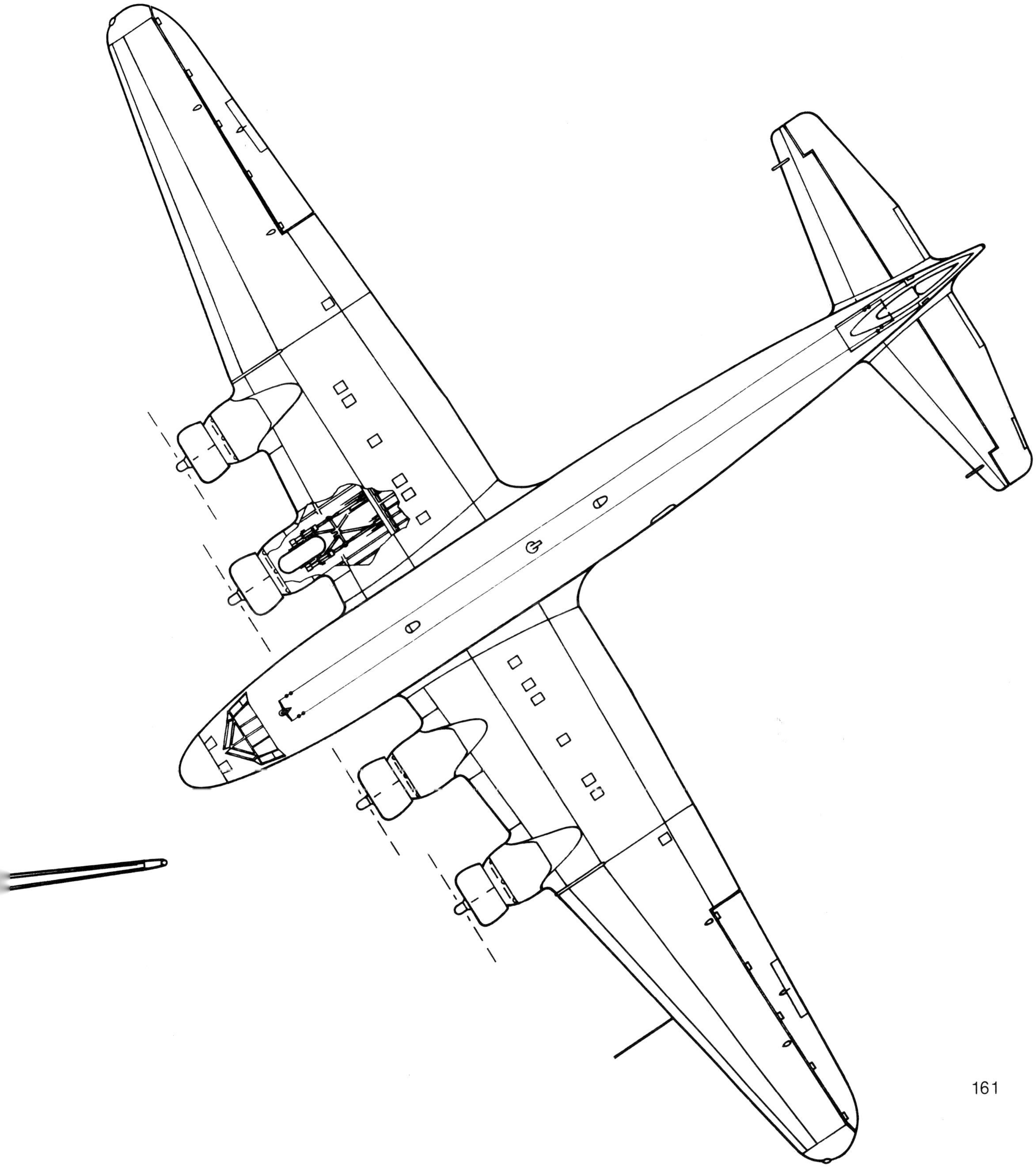

Junkers Ju 90 1939–1944

Die Junkers Ju 90 war ein weiterer Schritt der Lufthansa zum Großverkehrsflugzeug. Die ersten Entwurfsstudien lassen sich bis zum Frühjahr 1936 zurückverfolgen. Ausgangspunkt war der Entwurf des Langstreckenbombers Ju 89, der Ende 1936 in der Anfangsphase steckenblieb. Die bereits fertiggestellten Tragflächen, Leitwerke sowie das Fahrwerk und die Motoren des dritten Prototyps der Ju 89 dienten Dipl.-Ing. Zindel schließlich zum Bau Ju 90 V1, des Großen Dessauers, der am 28. August 1937 zum erstenmal flog. Das für 38–40 Passagiere ausgelegte Großflugzeug hatte eine Spannweite von 35,02 m und einen sehr geräumigen Rumpf mit 2,83 m Innenbreite. Als Antrieb waren verschiedene Triebwerke der 1000-PS-Klasse vorgesehen. Der Prototyp, die Ju 90 V1, erhielt vier 1050 PS (772,8 kW) starke Daimler-Benz-DB-600-Motoren mit Flüssigkeitskühlung und direkter Benzineinspritzung.

Die Ju 90 hatte einen freitragenden Tiefdeckerflügel, der fünfteilig aufgebaut war. Das Mittelstück war fest mit dem Rumpf verbunden. Die seitlich anschließenden Zwischenstücke trugen die inneren Motoren. Die Verbindung von Mittelstück, Zwischenstücken und Außenflügeln erfolgte mit Kugelverschraubungen. Das Raumfachwerk-Mittelstück besaß Rohrholmgurte, die Zwischenstücke waren aus fünf Hauptträgern (Flachgurte, Vollwand mit Mannlöchern) und zwei Fachwerk-Hilfsträgern aufgebaut. Die Außenflügel mit den Außenmotoren waren ähnlich wie die Zwischenstücke aufgebaut, besaßen jedoch drei Fachwerk-Hilfsträger. Die Glattblech-Beplankung war bündig genietet und zu Wartungsarbeiten teilweise abnehmbar gestaltet. Über die Flügelhinterkante zog sich der typische Junkers-Doppelflügel, der im Bereich der Außenflügel als Querruder und Wölbungsklappen und im Bereich der Zwischenstücke und des Mittelstückes als Spreizklappe wirkte. Das Mittelstück des Flügels zeigte zusammen mit den Zwischenstücken eine leicht negative V-Form, während die Außenflügel positive V-Form hatten. Der gesamte Flügel hatte eine starke Pfeilung.

Der ungeteilte Rumpf hatte einen nahezu kreisförmigen Querschnitt mit leicht abgeflachten Flanken und hatte im Bereich der Kabine eine gleichbleibende Breite. Die Rundung der Oberseite des Rumpfes flachte zum Heck hin ab. Der gesamte Rumpf war in Schalenbauweise aus Dural mit Längspfettenversteifungen und Querspanten aufgebaut und glattblechbeplankt. Rumpfnase und Endkappe waren abnehmbar gestaltet. An das Cockpit und den Funkraum schloß sich ein 6,7 m^3 großer Nutzraum an, der als Kleiderablage, Gepäckraum und Küche verwendet werden konnte, dahinter lag die in fünf Einzelkabinen unterteilte Fluggastkabine mit 55 m^3 Rauminhalt. Die ersten beiden Abteile waren mit je acht Sitzen ausgestattet, die paarweise als Doppelsitze gegenüberlagen, und dienten als Raucher-Abteile. Zwischen den Sitzepaaren gab es jeweils einen kleinen Tisch. Die anschließenden Nichtraucherkabinen waren ebenso ausgestattet. Daneben soll es auch eine andere Bestuhlung gegeben haben, bei der die Nichtraucherkabine mit in Flugrichtung weisenden Sitzen ausgestattet war. Hinter den Passagierkabinen lagen zwei Waschräume und eine weitere Garderobe, ein 3,5 m^3 großer Postraum und ein 4 m^3 großer Gepäckraum. Weiteres Gepäck und auch Frachtstücke konnten 10 m^3 fassende Frachträume im Flügelmittelstück aufnehmen. Die Leitwerke waren ebenfalls nach dem Doppelflügel-Prinzip ausgebildet. Die Ruder waren im Gegensatz zur übrigen Glattblechbeplankung mit Dural-Wellblech beplankt. Das Seitenleitwerk war als Endscheiben-Leitwerk ausgebildet. Alle Ruder verfügten über Trimmklappen. Die Höhenflosse war hydraulisch verstellbar. Auch die Landeklappen wurden hydraulisch betätigt.

Das mit je einem großen Laufrad versehene Hauptfahrwerk war an zwei mit Ölstoßdämpfern ausgestatteten Streben aufgehängt, nach vorn durch eine V-Strebe abgestützt und wurde ölhydraulisch nach hinten in die inneren Motorgondeln eingefahren. Die Einziehöffnungen wurden durch Pforten abgedeckt. Das Fahrwerk war mit feststellbaren Öldruckbremsen versehen, das Spornrad mit Stoßdämpfer ausgestattet, allseitig drehbar und einziehbar. Die Motoren waren Einheits-

Die D-AURE »Bayern« war der dritte Prototyp und kam 1938 auf der Strecke Berlin-Wien zum Einsatz. Sie hatte BMW 132H-Sternmotoren. Dieses Foto zeigt recht deutlich das Klappensystem der Ju 90.

Oben: Die D-AALU, der Prototyp der Ju 90 mit Daimler-Benz DB 600-Einspritzmotoren, die am 7. Juni 1937 zum erstenmal flog und am 6. Februar 1938 bei Flatter-Versuchen verlorenging.
Links: Frontansicht der Ju 90B-1 »Württemberg« beim Beladen der Frachträume im Flächenmittelstück.

Rechte Seite:
Oben: Die D-AIVI »Preußen« (Baunummer 4914) war der zweite Prototyp der Ju 90 und ging bei der Tropenerprobung in Bathurst durch Dampfbildung in der Kraftstoffanlage verloren. Das Flugzeug wurde durch eine neue »Preußen« ersetzt, die das Kennzeichen D-AEDS trug und zur Baureihe B-1 gehörte.
Unten links: Blick in den Fluggastraum einer Ju 90 der Lufthansa. Jeder Sitz verfügte über einen Luftschlauch zur individuellen Belüftung.
Unten rechts: Der Rumpfaufbau der Ju 90.

PREUSSEN

triebwerke und konnten innerhalb von nur 30 Minuten ausgewechselt werden. Um dabei die Unterbrechung von Schmierleitungen zu vermeiden, war der Schmierstoffbehälter in die Motorvorbauten einbezogen, die komplett mit den Motoren ausgetauscht wurden. Die Motoren wurden durch eine Synchronanlage auf Gleichlauf in der gewählten Reisedrehzahl abgestimmt. Die Treibstofftanks lagen in den Flügel-Zwischenstükken und in den Außenflügeln. Es gab Starttanks für hochoktanigen Treibstoff und Behälter für geringoktanigen Treibstoff für den Reiseflug. Gegen Vereisungsgefahr waren die Maschinen mit einer Warmluft-Enteisungsanlage ausgestattet.

Die Geschichte der Ju 90 war durch einige schwere Unfälle überschattet. Ihr Einsatz bei der Lufthansa litt außerdem unter den Begleitumständen des Krieges, die zur Requirierung mehrerer Maschinen durch die Luftwaffe führten.

Der Prototyp Ju 90V1, der das Kennzeichen D-AALU erhalten hatte, ging bei Flatterversuchen am 6. Februar 1938 durch Absturz verloren. Ein fatales Ende fand auch der zweite Prototyp mit dem Kennzeichen D-AIVI und dem Erkennungsnamen ›Preußen‹, der an die Lufthansa ausgeliefert wurde und mit 830 PS (610,9 kW) BMW 132H Sternmotoren ausgestattet war. Dieser Prototyp der B-Serie wurde von der Lufthansa zur Tropenerprobung nach Bathurst entsandt, von wo man die Maschine zu einer Südatlantik-Überquerung einsetzen wollte. Am 26. November 1938 startete die Ju 90V2 mit 15köpfiger Besatzung in Bathurst zu einem Testflug. Kurz vor dem Abheben fielen beide Backbordtriebwerke aus, worauf das Flugzeug von der Startbahn abzukommen drohte. Flugkapitän Untucht versuchte, die Maschine mit zwei Motoren abzuheben, was auch gelang. Aber das Flugzeug hatte keine Kraftreserven zum Steigen und streifte schließlich eine am Pistenende aufragende Palme und stürzte ab. Dabei fanden zwölf der fünfzehn Insassen den Tod. Unter den Opfern waren Untucht, Joachim Blankenburg sowie drei Kapitäne der Seeschiffahrt, die die schwierige Navigation bei der geplanten Südatlantik-Überquerung mit der Ju 90 übernehmen sollten. Nur drei Insassen überlebten die Katastrophe, die durch Dampfblasenbildung in den Treibstoffleitungen ausgelöst wurde, die in der tropischen Hitze praktisch unvermeidbar war, da es keinen ausreichend großen Hangar für ein so großes Flugzeug gab.

Als nächstes Flugzeug kam der dritte Prototyp, die Werknummer 4915 ›Bayern‹ mit dem Kennzeichen D-AURE zur Lufthansa. Sie war baugleich mit der in Bathurst abgestürzten ›Preußen‹, wurde am 19. Juli 1938 in Tempelhof öffentlich vorgestellt und kam anschließend auf der Strecke Berlin – Wien zum Einsatz.

Mit der V4 begann die Serienbaureihe der Ju 90. Diese Version hatte vier 830 PS (610,8 kW) BMW 132H-1-Sternmotoren. Die Ju 90V4 ›Schwabenland‹ war der Prototyp dieser Serie, zu der auch die D-ABDG ›Württemberg‹ (V5), die D-ATDC ›Hessen‹, die D-AJBH ›Brandenburg‹ und die D-AVMF ›Thüringen‹ gehörten. Einige Maschinen aus der Serienbaureihe B-1 wurden im Zuge der Entwicklung der Ju 290, die für den militärischen Einsatz bestimmt war, umgebaut. Die nächsten zivilen Flugzeuge vom Typ Ju 90Z-2 waren ursprünglich für Südafrika vorgesehen, kamen aber nicht mehr zur Auslieferung und gingen so schließlich als D-ADFJ ›Baden‹ und D-AEDS ›Preußen‹ an die Lufthansa, die mit der D-ASND ›Mecklenburg‹ noch ein drittes Exemplar dieser bis auf die Innenausstattung mit der B-1-Baureihe identischen Ausführung erhielt. Bei Kriegsbeginn gingen die zehn Ju 90 der Lufthansa an die Luftwaffe, die nur zwei Maschinen, die ›Mecklenburg‹ und die ›Württemberg‹, wieder an die Lufthansa zurückgab. Mit diesen Maschinen bediente die Lufthansa die wenigen erhalten gebliebenen Großstrecken von Berlin aus. 1940 gab es beispielsweise einen täglichen Ju-90-Dienst zwischen Berlin und Belgrad. Vor Kriegsausbruch flogen die D-ADFJ ›Baden‹ und die D-ASND ›Mecklenburg‹ auch London an.

Die breite Einführung der Ju 90 fiel jedoch dem Kriege zum Opfer.

Technische Daten:

Typ:	**Junkers Ju 90B-1**
Hersteller:	Junkers Flugzeug- und Motorenwerke, Dessau
Konstrukteur:	Dipl.-Ing. Ernst Zindel
Baujahre:	1937 – 1939 (Zivilversion)
Produktionszahl:	ca. 12
Verwendung:	Großverkehrsflugzeug
Besatzung:	2 Piloten, 1 Funker, 1 Flugbegleiter
Passagiere:	40
Bauweise:	freitragender Ganzmetall-Tiefdecker mit fünfteiligem Vielholm-Flügel und tragender Glattblechbeplankung, Mittelteil fest mit dem Rumpf verbunden mit durchlaufender zweiteiliger Spreizklappe, innere Motoren an Flügel-Zwischenstücken, äußere am Ansatz der Außenflügel, abnehmbare Flügelnase mit Warmluft-Enteisung, Junkers-Doppelflügel an der Hinterkante als Querruder (außen) und Landehilfe (innen). Rumpf: glattblechbeplankt in Schalenbauweise fünffach unterteilte Passagierkabine mit 40 Sitzen. Leitwerk mit verstellbarer Höhenflosse, Höhenruder als Doppelflügel ausgebildet. Doppelte Seitenleitwerke als Endscheiben, Seitenruder mit Ausgleichshorn. Ruder teilweise wellblechbeplankt. Fahrwerk mit Haupträdern in gefederten Gabelbeinen nach hinten in innere Motorgondeln einziehbar, Spornrad in Rumpf einziehbar. Triebwerke als Einheitstriebwerke in 30 Minuten austauschbar, mit Gleichdrehzahl-Ausrüstung und Dreiblatt-Verstell-Propeller aus Metall, 3,5 m ∅, Brennstoffkapazität 4400 Liter
Spannweite:	35,02 m
Länge:	26,30 m
Höhe:	7,50 m
Flügelfläche:	184 m^2
Leergewicht:	14300 – 16000 kg
Nutzlast:	4032 kg
Startgewicht:	24000 kg
Flächenbelastung:	130,43 kg/m^2
Reisegeschwindigkeit:	320 km/h in 3000 m Höhe
Höchstgeschwindigkeit:	350 km/h in 2500 m Höhe
Landegeschwindigkeit:	109 km/h
Startrollstrecke über Hindernis von 20 m:	600 m
Dienstgipfelhöhe:	5500 m
Gipfelhöhe mit drei Motoren:	3000 m
Reichweite:	normal 2000 km
Steigleistung:	240 m/min.
Motoren:	4×830 PS (610,8 kW) BMW 132H – Einheitstriebwerk in 30 Minuten austauschbar

Einsatzdaten:

Stückzahl bei Lufthansa:	
Bei Einführung:	4/1939 (D-AURE wurde erst 1939 übernommen aber schon 1938 zeitweise eingesetzt)
Größter Bestand:	4/1942*
Bei Außerdienststellung:	1/1944
Streckeneinsatz:	erstmals Berlin – Wien 1938, außerdem zeitweise Berlin – London und 1940 Berlin – Belgrad

* laut Inventarliste der Lufthansa per 31. 12.
tatsächlich eingesetzt wurden aber wohl nur zwei Maschinen

Rißzeichnung Junkers Ju 90 B-1 (Baunummer 90/0001) »Württemberg« D-ABDG, die erste Ju 90 der Lufthansa. Maßstab 1:125

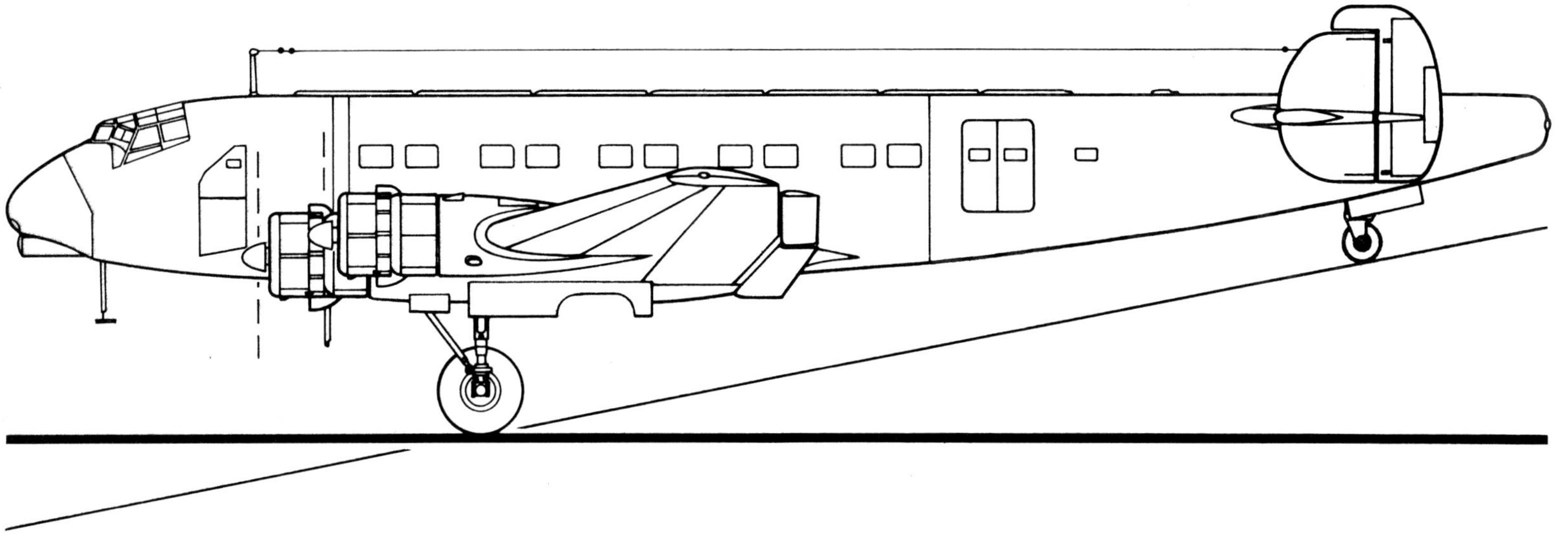

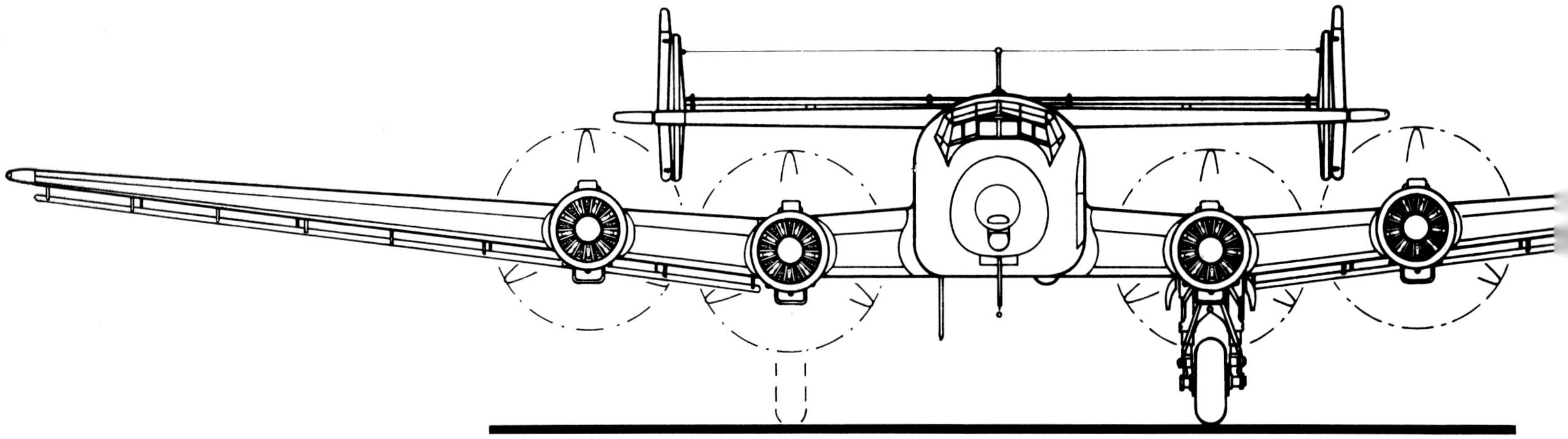

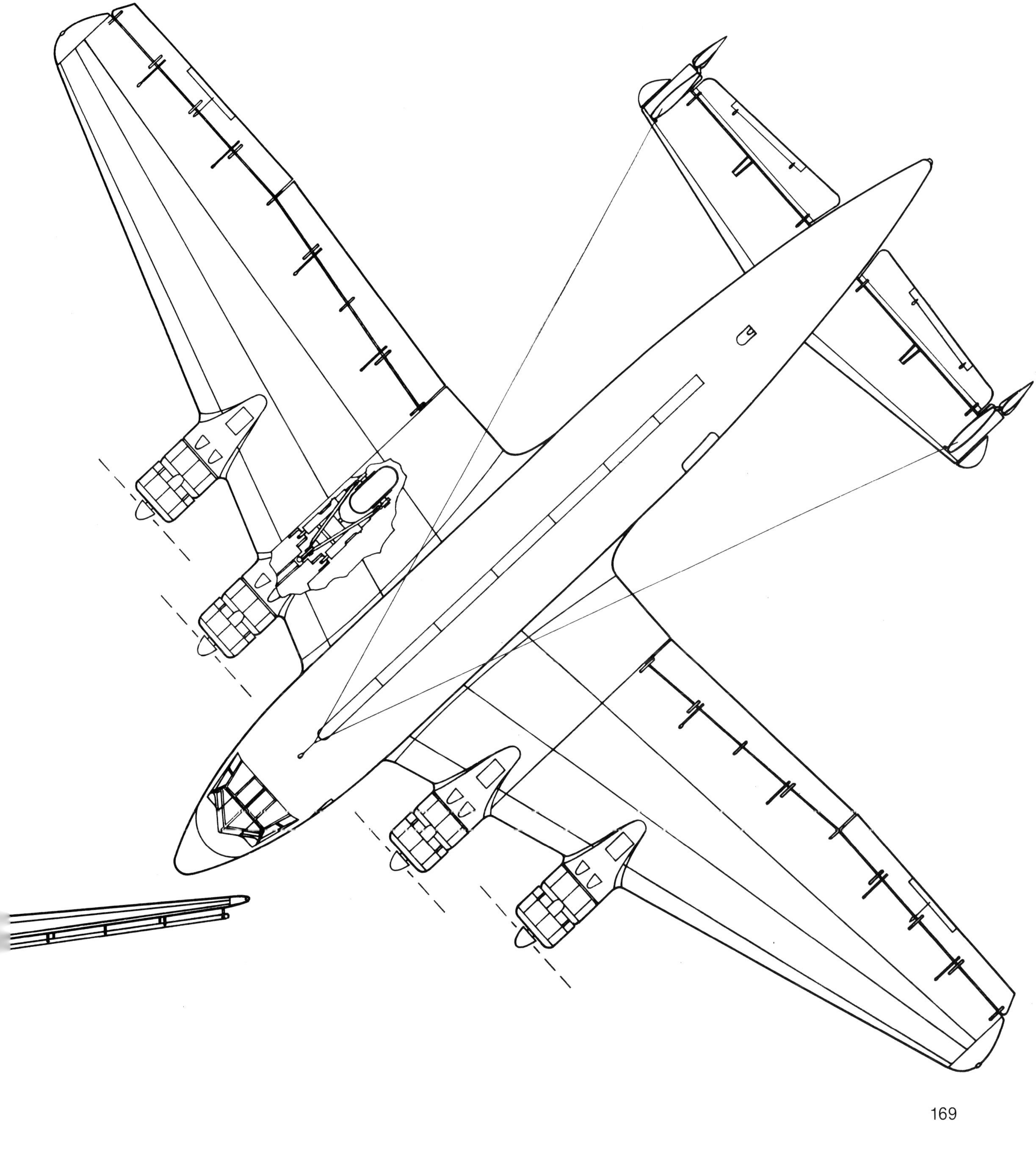

Dornier Do J Wal

1926–1940

Als die Luft Hansa 1926 aus ihren Vorläufergesellschaften hervorging, übernahm sie auch vier Dornier Wal-Flugboote, die der Aero Lloyd ab 1925 vornehmlich im Luftverkehr zwischen Danzig und Stockholm eingesetzt hatte. Die Luft Hansa setzte ihre Wale zunächst hauptsächlich auf ihren Strecken nach Skandinavien ein. 1928 wurde eine mit Walen beflogene Strecke zwischen Bremerhaven und Helgoland eingerichtet. Im gleichen Jahr begann die Luft Hansa auch mit der Erkundung der Südatlantikstrecke. Hierzu entsandte man zunächst einmal einen Wal von Spanien zu den Kanarischen Inseln. Auf der Luftpost-Strecke über den Südatlantik sollten die Dornier Wale der Lufthansa ihre große Bewährung erfahren und mit ihren 328 Atlantik-Überquerungen ein bedeutendes Kapitel in der Geschichte des interkontinentalen Luftverkehrs in der Pionierzeit schreiben. Die Wale wurden von Dornier in den langen Jahren von 1922 bis zur Produktionseinstellung dieses Musters um 1936 nach insgesamt rund 300 Maschinen immer wieder verbessert, wobei Flugleistungen und Reichweite zunahmen. Die Lufthansa stellte ihre letzten beiden Wale erst 1940 außer Dienst, so daß dieser Typ mit einer Dienstzeit von 14 Jahren neben der wohl ebenso legendär gewordenen Junkers F 13 zum dienstältesten Baumuster wurde.

Der erste Dornier Wal flog am 6. November 1922 zum erstenmal. Das Flugzeug war eine Weiterentwicklung der bereits im Zusammenhang mit der Vorgeschichte der Komet erwähnten Flugboote Gs I und Gs II und zeigte wie diese eine rechteckige Fläche mit zwei Motoren in Tandemanordnung über dem Flügelmittelstück. Der Flügel saß auf kurzen Streben über dem Bootsrumpf, der die typischen Dornier-Merkmale wie seitlich an den Bootsrumpf angesetzte Flossenstummel und zweistufigen Rumpfboden zeigte. Die Maschine war ganz aus Leichtmetall aufgebaut. Ihre Flächen stützten sich mit profilierten Streben an den seitlichen Schwimmerstummeln des Bootsrumpfes ab.

Die Langlebigkeit nicht nur der einzelnen Exemplare, sondern vor allem der Do Wal-Familie, die immerhin 14 Jahre lang in mehr als 20 Varianten in Produktion blieb, beweist die zukunftsträchtige Konzeption, die Dornier mit diesem Flugboot verwirklichte. Die ersten Wale waren Passagier-Flugboote oder Militärmaschinen. Ihre Glanzzeit erlebten die Wale als Transozean-Postflugzeuge bei der Luft Hansa und im Rahmen einiger aufsehenerregender Pionierflüge wie Amundsens Nordpol-Expedition mit zwei Wal-Flugbooten und Wolfgang von Gronaus Amerika-Flug im Jahre 1930 und seinen Weltflug des Jahres 1934, auf dem er 44 000 km zurücklegte. Als die ersten Wale entstanden, verboten die Baubeschränkungen der Alliierten den Bau von Luftfahrzeugen mit so großer Motorleistung – immerhin hatten die frühen Wale zwei 300 PS (220,8 kW) Hispano Suiza- oder gar 360 PS (265 kW) Rolls-Royce-Eagle-IX-Motoren.

Aus diesem Grunde wich Dornier nach Italien aus, wo er 1922 die CMASA (Construzioni Meccaniche Aeronautiche SA) in Marina di Pisa gründete. Hier wurden ab 1923 die ersten Serien-Wale gebaut. Später entstanden auch einige Wal-Flugboote bei Piaggio. Da man in Deutschland Flugzeuge dieser Klasse nicht nur nicht bauen, sondern auch nicht fliegen durfte, kamen als Abnehmer zunächst nur Ausländer in Frage. Die erste Bestellung für Wal-Flugboote kam aus Spanien. Dornier lieferte zunächst sechs Maschinen mit Hispano-Suiza-Motoren und später noch einmal eine Anzahl Maschinen mit Napier Lion-Motoren nach Spanien. Eine Maschine aus diesem Anschlußauftrag machte Anfang 1926 Schlagzeilen. Im Januar/Februar 1926 überquerte die M-MWAL ›Plus Ultra‹ den Südatlantik und erreichte von Spanien aus in einem Etappenflug über 10 072 km

Rechte Seite:

Oben: Dornier Do J IIa BOS 8 t-Wal »Passat«

Unten: Mit dem Schwesterflugzeug D-2069 »Monsun« gelang im Mai 1933 der erste Versuchsflug über den Südatlantik. Die D-2069 wurde später zur D-ABIR. Sie ging im September 1934 an die DVS.

PASSAT
LUFT HANSA
D-2068

D-2069

Oben links: Werbeplakat der Lufthansa für den Südatlantik-Luftpostdienst

Unten links: Katapultstart der D-2069 »Monsun«

Oben: Start des 10-t-Wals D-AKER im Rahmen des planmäßigen Luftpostdienstes über den Südatlantik.

Prinzipskizze (rechts) der Flugabwicklung mit Hilfe des schwimmenden Stützpunkt »Westfalen«.

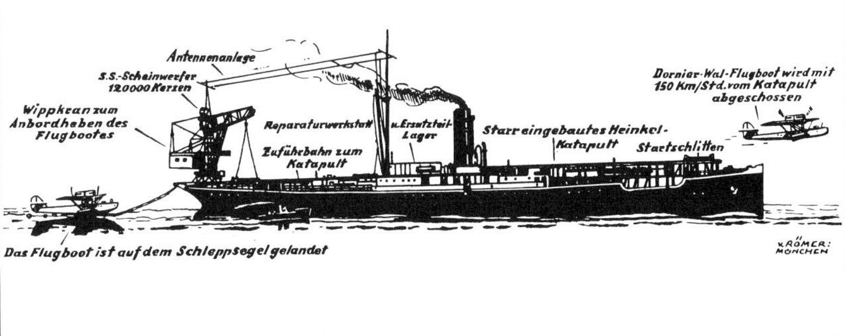

ihr Flugziel Buenos Aires in einer reinen Flugzeit von 59 Stunden und 35 Minuten, was einer Durchschnittsgeschwindigkeit von 169 km/h entsprach.
Die damaligen Passagier-Wale besaßen ein doppelsitziges offenes Cockpit in Höhe Flächennase, vor der im Bug des Bootsrumpfes die 8–10sitzige Passagierkabine mit auf beiden Seiten je vier eckigen oder auch runden Fenstern lag.
Zu den frühen Wal-Kunden gehörte nach Aufhebung der sogenannten ›Begriffsbestimmungen‹ der Alliierten auch der Deutsche Aero Lloyd, der vier Maschinen erwarb, die die Baunummer 41 bis 44 trugen und als D-861 bis D-864 registriert waren. Diese Maschinen taten noch bis 1933 auf Ostsee-Strecken Dienst.
In Italien unterhielt die SANA ab April 1926 eine mit Passagier-Walen beflogene Strecke von Genua über Rom, Neapel nach Palermo, zu der Ende 1928 eine weitere Verbindung Rom–Genua–Barcelona und als dritte Rom–Tripolis hinzukamen. Ein Jahr später flogen die Wale der SANA von Genua auch Alexandria an.
Neben den Passagier-Walen, die mit insgesamt 26 Exemplaren in Italien den stärksten Einsatz fanden, gab es, wie bereits gesagt, auch eine militärische Version mit vorn im Rumpfbug liegendem ebenfalls zweisitzigem offenem Cockpit. Aus dieser Baureihe wurde später die von der Lufthansa eingesetzte Postflugzeug-Version abgeleitet. Zum gleichen Typ gehörten auch die beiden Amundsen-Maschinen N 24 und N 25, die bei der CMASA gebaut, 1925 für Amundsens Nordpol-Expedition verwendet wurden.
Bekanntlich erreichte Amundsen den Pol nicht, stieß aber immerhin mit seinen beiden Wal-Flugbooten bis 87° 43' nördlicher Breite vor, wo die N 24 aufgegeben werden mußte. Die zweite Maschine, die die Baunummer 37 trug, kam nach diesem Unternehmen in britischen Besitz und wurde als G-EBQO registriert. Sie erhielt 1928 anstelle ihrer ursprünglich eingebauten beiden 450 PS (331,2 kW) Napier-Lion-Motoren zwei 600-PS-starke (441,6 kW) BMW-Motoren und wurde gründlich überholt, um als Schulflugzeug bei den Seeflugschulen Warnemünde und List der Deutschen Verkehrsfliegerschule eingesetzt zu werden. Wolfgang von Gronau, damaliger Leiter der Seeflugschulen, unternahm mit dieser Maschine im Juli 1929 und der Besatzung Scheurlen, Loewe und Wittmann einen ersten Langstreckenflug von List über die Färöer nach Reykjavik, von wo er eigentlich mit dem nun unter dem Kennzeichen D-1422 fliegenden Wal nach Amerika weiterfliegen wollte, den Plan aber aus technischen Erwägungen dann doch aufgab oder besser gesagt verschob. Am 18. August 1930 startete er mit der inzwischen gründlich überholten Maschine zu einem erneuten Islandflug, den er mit seiner Besatzung Zimmer, Albrecht und Hack diesmal über Grönland und Labrador nach New York fortführte, wo er am 26. August 1930 um 16.35 Uhr im Hafen wasserte. Die 6800 km lange Strecke wurde in 44 Stunden und 25 Minuten bewältigt. Die Maschine kam nach kurzem Einsatz an der Seefliegerschule List im März 1932 ins Deutsche Museum nach München, wo sie 1944 einem Bombenangriff zum Opfer fiel.
Mit einem neuen Wal-Flugboot der Version Do J II b Bos (Baunummer 223, Zulassung D-2053), das im Juli 1931 für die DVS zugelassen wurde, flog von Gronau am 8. August 1931 erneut von Warnemünde mit Ziel Amerika ab und erreichte am 7. September 1931 über Island, Grönland, Labrador und Kanada fliegend New York. Ein Jahr später starteten von Gronau, von Roth, Albrecht und Hack mit dem gleichen ›Grönlandwal‹ am 22. Juli in Sylt zur dritten Atlantik-Überquerung, die über Montreal, die Aleuten, Japan, Indonesien, Indien und den Vorderen Orient schließlich zum berühmten Weltflug werden sollte, von dem von Gronau am 10. November 1932 nach Warnemünde zurückkehrte.
Zur gleichen Version der Do-Wal-Flugboote, die im Laufe ihrer langen Karriere in vier Etappen immer größer (von 22,50 m Spannweite auf schließlich 27,00 m und von 16,20 m auf 18,20 m Länge) und schwerer (von einem Fluggewicht von zunächst rund 4000 kg auf nicht weniger als 10000 kg) wurde, gehörten auch die Wale, die von der Lufthansa im Südatlantik-Postflug-Verkehr eingesetzt wurden. Nachdem 1928 die CASA (Construcciones Aeronauticas SA) in Cadiz eine Wal-Produktion aufgenommen hatte, aus der insgesamt etwa 40 Maschinen hervorgingen, und zwischen 1927 und 1931 bei Aviolanda in den Niederlanden weitere 40 Wale für die niederländische Marine gebaut worden waren, wurde 1932 endlich auch die Wal-Produktion bei Dornier in Friedrichshafen aufgenommen. Die hier gebauten Wale hatten ein Fluggewicht von acht Tonnen und

wurden deshalb allgemein als Do J II 8-Tonnen-Wale bezeichnet.
Der erste 8-t-Wal der Luft Hansa war die D-2068 Passat mit der Baunummer 185 und zwei BMW-VId-Motoren, die je 600/690 PS (441,6/507,8 kW) leisteten. Gleichzeitig erhielt die Luft Hansa im Juni 1931 die baugleiche D-2069 ›Monsun‹ (Baunummer 210). Beide Flugboote waren bis September 1934 im Einsatz und wurden dann an die DVS abgegeben.
Ihre kurze Karriere bei der Luft Hansa war allerdings recht ereignisreich. Wie schon der frühe Erkundungsflug von Spanien zu den Kanarischen Inseln zeigte, bestand bei der Luft Hansa ein starkes Interesse, eine schnelle Luftpost-Verbindung zwischen Deutschland und Südamerika zu schaffen, um den starken Handelsbeziehungen gerecht zu werden. 1931 war das Unternehmen mit drei Erkundungsflügen erstmals bis Bathurst in Britisch Gambia vorgestoßen und hatte damit die Absprungbasis für die kürzeste Strecke über den Südatlantik erreicht. Da man zu dieser Zeit die technischen Voraussetzungen für die Atlantik-Überquerung noch nicht besaß, beschränkte man sich zunächst auf Zubringerdienste für die Dampfer der Hamburg-Süd und zu den Fahrten des Luftschiffes LZ 127. Jenseits des Südatlantiks übernahm das Condor-Syndikat in Pernambuco ebenfalls mit Wal-Flugbooten (Ex-LH-Maschinen D-1443 und D-1488) die Post zur Weiterbeförderung nach Bahia, Rio und Porto Alegre.
1931 lief ein Brief von Berlin nach Rio aber immer noch elf Tage, wobei er von Berlin bis Cadiz mit Landflugzeugen der Luft Hansa, von dort bis zu den Kanarischen Inseln mit Do-Walen und über den Südatlantik per Schnelldampfer befördert wurde. Dann ging es, wie gesagt, mit Do-Walen des Condor-Syndikates weiter bis Rio.
Die Luftbrücke über den Südatlantik plante die Luft Hansa mit Hilfe schwimmender Stützpunkte, da die Reichweite der Wale mit Nutzlast nicht für eine Nonstop-Überquerung ausreichte. Die für die Südatlantik-Strecke vorgesehenen Besatzungen erhielten zunächst eine nautische Ausbildung. Hierzu wurde der 80-t-Schoner ›Orion‹ erworben und bei den Kanarischen Inseln und vor der afrikanischen Küste als Funk- und Wetterstation eingesetzt. Am 1. Juli 1932 charterte die Luft Hansa vom Norddeutschen Lloyd den 1906 vom Stapel gelaufenen Dampfer ›Westfalen‹ und ließ das Schiff bei der A.G. Weser zu einem schwimmenden Stützpunkt umbauen. Der 5367-BRT-Dampfer erhielt einen Heck-Bordkran, mit dem die Wal-Flugboote an Bord geholt werden sollten. Zur Bergung sollte das Flugboot auf einem Schleppsegel stabilisiert werden. Der Bordkran wurde so konstruiert, daß sein Seil entsprechend dem Wellengang anzog oder nachgab, um das gefährliche Aufschaukeln von Schwingungen des am Haken hängenden Flugbootes zu verhindern. Heinkel baute eine 41,84 m lange Katapultanlage auf das Deck der Westfalen. Die Beschleunigungsstrecke des 1,7 Tonnen schweren Startschlittens betrug 31,6 m, die Bremsstrecke 5,5 m. Bei einem maximalen Betriebsdruck von 160 atü (157,94 bar) verlieh das Katapult dem Flugboot eine Beschleunigung von 3,5 g und eine Abfluggeschwindigkeit von 150 km/h. Das Katapult war für ein maximales Abfluggewicht von 14 Tonnen ausgelegt und berücksichtigte so auch die mögliche Weiterentwicklung des Fluggerätes.
Im Mai 1933 verließ die ›Westfalen‹ unter dem Kommando von Kapitän Dettmering die deutschen Gewässer und traf am 19. Mai vor dem mit englischer Zustimmung in Bathurst eingerichteten Luft Hansa Stützpunkt ein. An Bord waren die beiden Do-Wale D-2068 Passat und D-2069 ›Monsun‹, die von den erfahrenen Katapult-Piloten J. Blankenburg und Jobst v. Studnitz zunächst bis Cadiz geflogen und dort von der ›Westfalen‹ übernommen worden waren.
Am Pfingstsonntag, dem 29. Mai 1933, erfolgte der erste Probestart von Bord der in der Gambia-Mündung ankernden ›Westfalen‹. In 1,52 Sekunden beschleunigte das Katapult die D-2069 ›Monsun‹ aus dem Stand auf 150 km/h. Bei diesem geglückten Versuch saß v. Studnitz am Steuer. Mit an Bord der ›Monsun‹ waren Gruschwitz, Ernst und Fechner. Die erste Südatlantik-Überquerung im Stafettenflug folgte dann am 6. Juni 1933, als Flugkapitän Blankenburg mit der D-2068 ›Passat‹ in der Gambia-Mündung abwasserte, um der 1550 km vor Bathurst auf Station liegenden Westfalen nachzufliegen. Mittels Funkpeilung gelang es ihm, das Schiff zu finden. Vom Kran an Bord genommen, wurde der Wal aufgetankt und mit dem Katapult auf die zweite Etappe der Reise nach Südamerika geschickt. Nach einem strapaziösen Flug in geringer Höhe (oft nur 10 m

Oben: Empfang Wolfgang von Gronaus in Friedrichshafen nach seinem Weltflug mit einem 8-t-Wal (Do JII b Bos) bei Dornier in Friedrichshafen im November 1932.

über den Wellen) erreichte die Maschine Natal. Am 23.Juni traf die D-2068, wiederum mit ›Zwischenlandung‹ bei der ›Westfalen‹ und erneutem Katapultstart, wohlbehalten in Bathurst wieder ein.

Am 9. November 1933 – die ›Westfalen‹ hatte inzwischen eine neuen Bergekran erhalten und war ins Eigentum der Luft Hansa übergegangen – erfolgte dann der erste Postflug, bei dem der Wal für die Strecke Bathurst–Natal exakt 15 Stunden und 5 Minuten benötigte.

Der planmäßige Postdienst auf der Südatlantikroute begann dann am 3.Februar 1934, als Untucht und Kirchhoff in einer He70 die Post von Stuttgart nach Sevilla flogen, wo eine Ju52/3m zum Weiterflug nach Bathurst bereitstand. Am 7. Februar starteten Blankenburg, Blume, Gruschwitz und Fechner mit dem 8-t-Wal D-2399 ›Taifun‹ mit Kurs auf die im Südatlantik auf Position liegenden ›Westfalen‹. Nach Auftanken und Katapultstart erreichte die Maschine am 8. Februar Natal, wo ihre Post vom Condor-Syndikat übernommen wurde. Auf dem Rückflug wurde die projektierte Laufzeit für die Post von Rio nach Berlin, für die man vier bis fünf Tage veranschlagt hatte, erheblich unterboten, denn die Briefe waren nur 80 Stunden und 40 Minuten unterwegs, d.h. wenig mehr als drei Tage. Der geglückten Premiere folgten weitere Flüge in 14tägigem Turnus, wobei die Post nach Südamerika im Schnitt vier, die in Gegenrichtung rund drei Tage unterwegs war. Ab November konnte die Lufthansa mit der ›Schwabenland‹ einen zweiten fliegenden Stützpunkt in Dienst stellen. Das neue Schiff ging vor Bathurst auf Position, die ›Westfalen‹ vor Fernando Noronha.

Die D-2399 (Baunummer 237) war ebenso wie die D-2068 und D-2069 ein in Deutschland gebauter 8-t-Wal, aber mit untersetzten BMW-VIu-Motoren ausgerüstet.

Ende 1934 stand dann auch der 10-t-Wal zur Verfügung, der gegenüber den 8-t-Walen mit 3600 km Reichweite eine um 60 Prozent größere Reichweite hatte, so daß die schwimmenden Stützpunkte näher an der Küste postiert werden konnten. Zu dieser Baureihe gehörten die Lufthansa-Maschinen D-ADYS ›Tornado‹ (Baunummer 299), die D-AFAR Samum (Baunummer 297), die D-AGAT ›Boreas‹ (Baunummer 298), die D-AKYM ›Mistral‹ (Baunummer 676) und die D-ALOX ›Passat‹ (Baunummer 300). Die D-2399 wurde ebenfalls auf den Standard der 10-t-Wale gebracht und erhielt das neue Kennzeichen D-AKER, führte aber den Namen ›Taifun‹ weiter. Die 10-t-Wale besaßen ein geschlossenes Cockpit sowie eine stärkere Flächenabstrebung und waren mit 600/690 PS (441,6/507,8 kW) BMW-VI-Motoren ausgerüstet. Ihre Reisegeschwindigkeit lag bei 183 km/h.

Am 25. August 1935 konnte die Lufthansa die 100. Südatlantik-Überquerung mit Wal-Flugbooten verzeichnen. Insgesamt kam es zu 328 Südatlantik-Flügen, bis die Wale durch leistungsfähigere Flugboote und schließlich Landflugzeuge abgelöst wurden.

Rechts oben: Diese Ansicht des 10-t-Wal D-AGAT zeigt deutlich die verstärkte Flügelabstrebung dieses Typs.

Rechts unten: Die D-2069 läuft auf das Schleppsegel der »Westfalen« auf, um anschließend vom Bordkran an Deck gehievt zu werden.

Technische Daten:

Typ:	**Dornier Do J Wal**		
	Do J Wal	**Do J II 8t-Wal**	**Do J II 10t-Wal**
Hersteller:	frühe Typen: CMASA ab 1932: Dornier Werke GmbH, Friedrichshafen-Löwenthal		
Konstrukteur:	Dr.-Ing. e. h. Claudius Dornier		
Erstflug:	6. 11. 1922 (Prototyp)		3. Mai 1933
Baujahre:	1922 – 1936 in verschiedenen Versionen		
Produktionszahl:	ca. 300 in ca. 20 Versionen		
Verwendung:	Langstrecken-Flugboot		
Besatzung:	3	4 (LH-Postflugboote)	4 (LH-Postflugboote)

Bauweise: Abgestrebter Ganzmetall-Hochdecker, Boots-Rumpf am Bug stark gekielt, Längsstufe, Querstufe dahinter Spornkasten. Spanten und Längsverbände aus gepreßten oder gezogenen Dural-Profilen, Verstärkungen aus hochwertigen Stahlteilen, seitlich angesetzte Flossenstummel, Rumpf in sieben wasserdichte Abteilungen unterteilt von denen zwei vollaufen können, ohne daß die Maschine sinkt oder an Stabilität verliert. Frühe Versionen mit Passagierkabine im Vorderrumpf (8–10 Sitze, 1933er CMASA-Version mit max. 14 Sitzen). Rumpfaufteilung bei Postflugzeugen: vorn Kollisions- und Ankerraum, dahinter bei 10-t-Wal geschlossenes Cockpit mit Doppelsteuerung, dahinter Navigations-, Funk- und Peilraum, Brennstoff-, Post-, Hilfsmaschinen- und Waschraum.

Triebwerke in Tandemanordnung über dem Mittelflügel. Bei 10-t-Version 2×BMW VI mit Untersetzungsgetriebe (600 PS = 441,6 kW) auf 4-Blatt-Zug- und -Druckschrauben wirkend (3,90 m ∅). Schräger Bauchkühler für vorderen Motor, einziehbarer Kühler unter Motorgondel für hinteren Motor. Eclipse-Schwungradanlasser mit Handbetrieb, Treibstoff im Bootsrumpf und in den Flossenstummeln, die ebenfalls durch Schotten gegen Vollaufen gesichert sind. Treibstoff-Förderung durch motorgetriebene Pumpen. Schmierstoffvorrat im Bootsrumpf.

Tragflügel: rechteckig mit abgerundeten Enden, zweiholmiger Aufbau (Stahlholme). Im Bereich der Propellerströmung metallbeplankt, Rest stoffbespannt. Querruder über etwa halbe Spannweite jeder Flügelhälfte. Ausgleich durch Hilfsflächen über den Querrudern. Fläche gegen Stummelschwimmer abgestrebt und auf dem Rumpf aufgeständert.

Höhenleitwerk durch Seitenflosse geführt, halbfreitragend an aufs Bootsheck aufgesetzter Seitenflosse gelagert, gegen Bootsheck abgestrebt. Ausgleichsflächen über Höhenruder, Seitenruder-Ausgleich am Boden verstellbar, frühe Typen mit Hornausgleich am Seitenruder.

	Do J Wal	Do J II 8t-Wal	Do J II 10t-Wal
Spannweite:	22,50 m	23,20 m	27,50 m
Länge:	17,25 m	18,20 m	18,20 m
Flügelfläche:	96 m^2	96 m^2	112 m^2
Leergewicht:	3560 kg	5100 kg	6215 kg
Startgewicht:	5700 kg	8000 kg	10000 kg
Flächenbelastung:	59,38 kg/m^2	83,33 kg/m^2	89,28 kg/m^2
Reisegeschwindigkeit:	140 – 155 km/h	193 km/h	183 km/h
Höchstgeschwindigkeit:	180 km/h	225 km/h	220 km/h
Landegeschwindigkeit:		107 km/h	115 km/h
Gipfelhöhe:	3500 m	3000 m	3500 m
Reichweite:		2200 km	max. 3600 km
Motoren:	2×300 PS (220,8 kW) Hispano Suiza oder 360 PS (265 kW) RR-Eagle IX	2×600 PS (441,6 kW) BMW VI	2×600/690 PS (441,6/507,8 kW) BMW VI

Einsatzdaten:

Stückzahl bei Lufthansa:			
Erster Einsatz:	4/1926	ab Juni 1931	ab 1934
Größter Bestand:	9/1932 (insgesamt)		
Bei Außerdienststellung:	2/1940 (an Luftwaffe abgegeben)		

Streckeneinsatz: frühe Muster auf Skandinavien-Routen und Bremerhaven – Helgoland. Mit 8-t-Wal erste Südatlantik-Flüge ab Februar 1934. Ab Herbst 1934 mit 10-t-Wal Direktflüge Bathurst – Fernando Noronha – Natal

Sonderflüge: von-Gronau-Amerika-Flug 1930 mit D-1422 sowie mit D-2053 Weltflug 1932
insgesamt 20 Weltrekorde bis 1925

Rißzeichnung Dornier 10 t-Wal D-2399 alias D-AKER. Maßstab 1:125

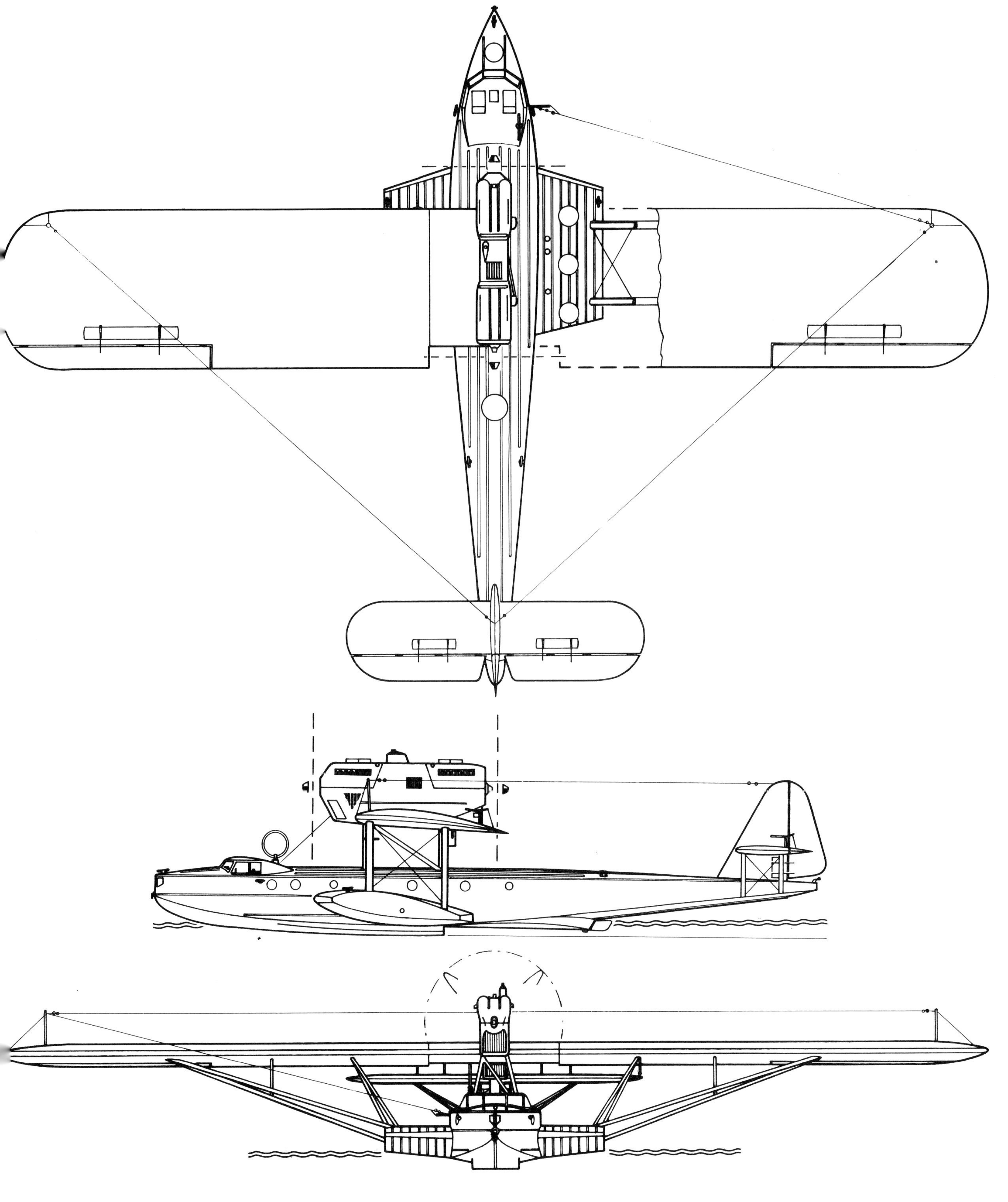

Dornier Do X

Die Dornier Do X war das größte Flugboot ihrer Zeit und ursprünglich für den Transozean-Verkehr gedacht. Dieses sogenannte Flugschiff von dem insgesamt drei Exemplare – die berühmte D-1929 und zwei weitere Exemplare für Italien (I-REDI und I-ABBN, Baunummern 2 und 3) – gebaut wurden, kam zwar nicht zum vorgesehenen Liniendienst und war nie Eigentum der Luft Hansa, immerhin aber vom Mai bis September 1933 als Luft Hansa-Flugzeug registriert. Die Erstzulassung datiert vom Oktober 1930 und lautete auf die Deutsche Versuchsanstalt für Luftfahrt e.V., Berlin-Adlershof. Darauf folgte das viermonatige Luft Hansa Intermezzo, nach dem das Flugzeug wieder von der DVL Adlershof übernommen wurde.

Der Konstruktion der Do X waren bis in das Jahr 1919 zurückreichende Studien über mehrmotorige Großflugboote vorausgegangen. So 1919 die Studie eines achtmotorigen Verkehrsflugbootes (Zeichnung No. 1780), 1924 ein zwölfmotoriges Flugboot mit 5000 – 6000 PS (3680 – 4416 kW), das bereits die DoX-Spannweite von 48 m aufwies, aber die Motoren auf dem Bootsrumpf zu je drei Tandempaaren vor der Nase und unter der Hinterkante der hoch aufgeständerten, abgestrebten Tragfläche hatte. Dieses Projekt P 1190 wurde ebenso verworfen wie das Projekt 51223P vom Juni 1926, das dem endgültigen Entwurf 51335P, der endgültigen Do X, schon sehr nahe kam.

Während der Entwurfsarbeiten bediente sich Dornier besonders stark Attrappen. Sowohl der zunächst vorgesehene 6 m breite Bootskörper als auch der später zur Ausführung gelangte Bootsrumpf wurden in voller Größe einschließlich komplettem Leitwerk in Holz gebaut.

Die eigentlichen Konstruktionsarbeiten am Projekt 51335P begannen am 22. Dezember 1926, wobei sich Dornier über lange Zeit um strikte Geheimhaltung bemühte. Konstruktiv folgte die Do X den bekannten Dornier-Prinzipien: Bootsrumpf mit Flossenstummeln in Ganzmetallbauweise und abgestrebtes Hochdecker-Tragwerk, wie es bereits der Do-Wal und seine Vorläufer zeigten. Ein gewohntes Bild boten auch die in Tandemanordnung auf der Fläche sitzenden Motoren. Die Antriebsleistung war mit 5800 PS (4269 kW) berechnet, konnte aber später auf 7200 PS (5299 kW) gesteigert werden. Die Entscheidung zugunsten von zwölf Motoren der 500-PS-Klasse (368 kW) fiel aufgrund der damals noch mangelnden Zuverlässigkeit von 800 – 1000-PS-Triebwerken (589–736 kW), denen Dornier eigentlich den Vorzug gegeben hätte. Über zwei Jahre diskutierte und untersuchte man auch die Position der Motoren, bis man schließlich alle Pläne, die Triebwerke im Flügel oder im Bootsrumpf unterzubringen, verwarf und sich für die Tandemanordnung auf dem Flügel entschied. Aufgrund der möglichen Gewichtseinsparung von 3000 kg bevorzugte Dornier luftgekühlte Motoren gegenüber solchen mit Wasserkühlung. In der Urversion waren die Motorgondeln durch eine Hilfsfläche verbunden, die bei kleinen Anstellwinkeln den Widerstand geringfügig senkte, bei großen hingegen eine nicht unerhebliche Auftriebserhöhung lieferte.

Ursprünglich im Projektentwurf nicht vorgesehen war eine gegenüber dem Wal-Rumpf geänderte Form des Flossenstummelansatzes, der bei der Do X nicht winklig ausgebildet, sondern in einer starken Hohlkehle in den Bootsrumpf übergeführt wurde. Dies hatte sowohl statische als auch hydrodynamische Vorteile, die das Abwassern erleichterten. Dornier war aber schon 1929 davon überzeugt, daß bei zukünftigen, noch größeren Flugbooten auf die bewährten Flossenstummel wohl vollständig verzichtet werden könne.

Der Rumpf der Do X war dreistöckig aufgebaut. Das obere Deck enthielt als sogenanntes Kommando-Deck das Cockpit, den Kommandantenraum, den Schaltraum sowie die Räume für die Funkstation und die Hilfsmaschinen.

Darunter zog sich in fast voller Länge des Rumpfes das 23,5 m lange Passagierdeck mit einer größten Breite von 3,5 m und einer Stehhöhe von 2 m. Darunter lagen die Räume für die Treibstoff- und Schmiermitteltanks, Vorräte, Fracht und Gepäck.

Um einen möglichst leichten Tragflügel zu erzielen, nahm Dornier von der Idee eines völlig freitragenden Flügels Abstand und entschied sich für einen dreiholmigen, halbfreitragenden, dreifach abgestützten Tragflügel, der sich durch seine Verbindung mit dem Rumpf als besonders steif und torsionsfest erwies.

Die Tragfläche hatte einen rechteckigen Grundriß mit abgerundeten Enden und maß 486,2 m^2 einschließlich der Querruder. Der Oberflügel wog nebst Abstützung und Querrudern 7559 kg. Der Mittelholm lag etwa in Höhe der größten Profildicke. Vorder- und Hinterholm waren weit auseinandergerückt und je 2,8 m vom Hauptholm entfernt. Der Abstand der einzelnen Querriegel betrug bis zu 3,6 m. Der Oberflügel wurde nicht zur Entlastung der Haupttragfläche herangezogen, sondern diente ausschließlich zur Aussteifung der Motorenanlage.

Mit Ausnahme einiger aus Stahl hergestellter Beschläge war das gesamte Tragwerk aus Dural gefertigt. Dornier sah aber damals durchaus die Möglichkeit eines stärkeren Einsatzes von Stahl bei Großflugzeugen. Da man mit dem Bau eines so großen Flugbootes konstruktives Neuland betrat, unternahm Dornier umfangreiche Vorversuche, die insbesondere der Feststellung von Festigkeit und Elastizität des Flügelholmes dienten. So wurde zum Beispiel ein Probeholm gebaut und durch Wassertanks bis zur Bruchlast von 42,5 Tonnen pro Flügelhälfte belastet.

Die Hauptholm-Konstruktion folgte der im Brückenbau bewährten Bauweise als Fachwerk mit Holmgurten aus gepreßten Dural-Winkeln und Lamellen. Entsprechend dem Momentverlauf waren zusätzliche Lamellen aufgebracht. An den Stellen geringerer Belastung waren die senkrechten Stege zur Gewichtseinsparung ausgefräst. Vorder- und Hinterholm waren ähnlich aufgebaut wie der Hauptholm. Die Querträger wurden ebenfalls weitgehend aus gepreßten Dural-Profilen hergestellt. Dabei mußte man an ihrer Anschlußstelle am Vorderholm teilweise Rahmen einbauen, um den Durchgang durch den Flügel zu erleichtern. Die Querträger (Rippen) waren in einem Abstand von 2,8–3,6 m angeordnet und bildeten so mit den Holmen Flügelhautfelder, die durch biegungssteife, mit Stoff oder Blech verkleidete Rahmen abgedeckt wurden. Die Flügelnase war vollständig aus Metall hergestellt und trug zur Versteifung des Vorderholmes gegen Ausknicken bei. Obwohl der Flügel der Do X keinesfalls ein dickes Profil aufwies, war er durch die große Profiltiefe und die daraus resultierende Profilhöhe zur Inspektion begehbar, und zwar auch im Fluge. Der die Motorgondeln verbindende Oberflügel war nach Dorniers eigenen Angaben mit 18 kg/m^2 Strukturgewicht verhältnismäßig zu schwer ausgefallen. Dornier hielt auch hier das Strukturgewicht der Haupttragfläche von nur 15,5 kg/m^2 durchaus für ausreichend. Um Spannungsspitzen zu vermeiden, waren die Enden des Oberflügels übrigens zwischen den äußeren Motorgondeln teleskopartig verschiebbar am Gondelmittelteil angeschlossen.

Die Motorgondeln mit den in Tandemanordnung eingebauten Motoren waren auf eine stromlinienförmig verkleideten Fachwerkkonstruktion aufgeständert und besaßen große Wartungstüren auf beiden Seiten.

Die Gesamtlänge des Bootsrumpfes betrug 40,05 m, seine Breite bis über die Flossenstummel 10,0 m, während die eigentliche Bootsbreite mit 3,5 m angegeben wurde. Die größte Höhe des dreideckigen Bootsrumpfes betrug 6,4 m. Unbeladen tauchte der Rumpf 80 cm tief ins Wasser ein, bei 50 t Fluggewicht 105 cm. Einschließlich der Stummel besaß der Bootsrumpf das gewaltige Volumen von 400 m^3, das war genau viermal soviel wie beim Superwal, der viermotorigen Weiterentwicklung der Wal-Flugboote, was den gewaltigen Dimensionssprung unterstreicht, den die Do X bedeutete. Ein Streiflicht auf die gewaltigen Ausmaße des Rumpfes wirft auch der Querschnitt, der am Hauptspant nicht weniger als 17,2 m^2 betrug. Insgesamt war der Bootsrumpf durch 58 Querspanten im Abstand von jeweils 80 cm ausgesteift. Wesentliche Steifigkeit lieferte außerdem ein 23,3 m langer, vom Bug bis zum Ende der Heckstufe durch den Bootskörper laufender Kielträger, der an seiner höchsten Stelle nicht weniger als 2,12 m maß und beidseitig im Abstand von 0,9 und 1,58 m mit je einem Kielschwein versehen war. So wurde in Verbindung mit den Querspanten eine außerordentlich stabile Verbundwirkung erzielt. Um den durch Seegang besonders stark beanspruchten Bootsboden abzusichern, wurden die besonders starken Bodenbleche zusätzlich durch sich kreuzende Quer- und Längsspanten in Felder von ca. 0,63 m^2 unterteilt.

Boot und Flossenstummel waren aus Sicherheitsgründen wasserdicht abgeschottet, das Boot in neun Abteilungen, jeder Stummel in vier. Dornier hatte zudem einen gewaltigen Reserveauftrieb eingeplant. Allein die Stummel verdrängten 43,5 m ^{3} Wasser und lieferten so rund 80 Prozent des benötigten Gesamtauftriebes.

Das Höhenleitwerk der Do X war aus dem Spritzwasserbereich hochgesetzt und durch die Seitenflosse geführt. Beidseitig wurde es zweifach gegen den Rumpf abgestrebt. Im unteren Bereich wurden die stromlinienförmig verkleideten Streben durch eine kleine Hilfsflosse geführt. Zwischen dieser Flosse und dem 6 m über der Wasseroberfläche liegenden Höhenleitwerk waren die mittig gelagerten Hilfsruder angeordnet, die als Ruderausgleich dienten. Das gesamte Seitenleitwerk maß 19 m ^{2}, das Höhenleitwerk, das ebenfalls mittels Hilfsflächen ausgeglichen war, 53,4 m ^{2}. Zum Schutz des Seitenruders gegen Wasserschlag war der Rumpf spornartig nach hinten verlängert und schirmte das Ruder so nach unten ab.

Die Betätigung der Ruder erfolgte durch Zugstangen, die an Pendelhebeln aufgehängt waren. Das gesamte Rudergestänge war kugelgelagert, wodurch die Maschine ihre überaus leichtgängige Steuerung erhielt. Vom Führersitz aus konnten die zu Trimmzwecken und durch Veränderung des Anstellwinkels wirksamen Ausgleichsflächen direkt und ohne Kraftaufwand verstellt werden. Dies geschah über zwei kleine Handräder, ein drittes, größeres, diente zur Betätigung des Wasserruders. Gesteuert wurde die Maschine durch eine Doppelsteuerung mit großen Handrädern auf einer neigbaren Steuersäule. Als Antrieb erhielt die erste Do X zunächst im Verhältnis 1:2 untersetzte Siemens Jupiter-Motoren.

Große Sorgfalt widmete man bei Dornier der Ermittlung der Materialspannungen, die durch Schub- und Drehmomente wie auch durch das Gewicht der Motoren selbst unvermeidlich waren. Um sicher zu gehen, wurden diese Konstruktionsteile ungewöhnlich stark dimensioniert. Die Überwachung der umfangreichen Triebwerksanlage wurde den beiden Flugzeugführern bei der Do X von einem Motorenwart abgenommen, der von seinem speziellen Schaltraum aus Anlassen, Überwachung und Stillegen der Triebwerke vornahm. Seine Maschinenzentrale war durch einen durch den Flügel führenden Tunnel mit den Motorgon-

Oben: Die Do X in der Urversion mit Siemens Jupiter Sternmotoren und Oberflügel zwischen den Motorgondeln.

Rechts: Die gleiche Maschine nach der Umrüstung auf Curtiss Conqueror-Triebwerke. Die Motoren sitzen jetzt auf vier Streben, und der Oberflügel ist entfallen.

Unten: Blick auf das Vorschiff. Der Flossenstummel dient, wie man sehen kann, als Einstiegbrücke für die Passagiere.

DORNIER
D-1929

deln verbunden. Das Anlassen der Motoren erfolgte übrigens mittels Druckluft, die ein von einem kleinen Benzinmotor angetriebener Kompressor an Bord erzeugte. Er diente zugleich als Antrieb für einen Generator, der das Bordnetz mit Strom versorgte. Die bei großen Jets heute selbstverständliche APU (Auxiliary Power Unit) gab es also schon lange vor dem Kriege bei der Do X, aber auch bei der Junkers G 31 und der G 38. Selbstverständlich konnten auch die Flugzeugführer bei Bedarf in die Kontrolle der Motorenanlage eingreifen. Für die Steuerbord- und für die Backbord-Motoren gab es je einen Drosselhebel. Beide lagen eng beieinander und konnten gemeinsam mit einer Hand, aber auch getrennt bewegt werden. Letzteres war besonders beim Manövrieren auf dem Wasser vorteilhaft. Die Flugzeugführer konnten auch die Zündung aller Motoren gleichzeitig kurzschließen, um alle Motoren gemeinsam abzustellen.
Der Triebwerksüberwachung vom Cockpit aus dienten zwei Sammeltourenzähler und eine Lampenanzeige mit zwölf Glühlämpchen, die entsprechend aufflammten, wenn ein Motor abgestellt wurde.
Dornier nannte dies offen eine Konzession an die Flugzeugführer, die bislang ein ›wohlassortiertes Instrumentenbrett‹ gewohnt waren und nun von der Triebwerksüberwachung entlastet durch Drehzahlmesser und Triebwerkskontroll-Leuchten quasi entschädigt werden sollten.
Die Betriebsstoffversorgung war im Mitteldeck des Bootsrumpfes konzentriert. Es gab vier zylindrische Behälter zu je 3000 Liter und vier weitere zu je 1000 Liter, die allesamt unmittelbar auf dem Bootsboden gelagert waren. Sie standen mit einem sogenannten Sammeltopf in Verbindung, von wo der Brennstoff von Pumpen in zwei je 300 Liter fassende Behälter in der Flügelnase gefördert wurde. Von dort wurde der Treibstoff wiederum über Pumpen den Vergasern zugeführt. Zuviel gefördertes Benzin floß in den Sammeltopf zurück. Um eine Unterbrechung in der Treibstoff-Versorgung zu vermeiden, gab es drei Pumpensysteme, eines mit Windradantrieb, ein elektrisches und ein Allweiler-Handpumpen-System. Das ganze Treibstoffsystem war im Fluge zugänglich und wartbar. Schaugläser gestatteten eine Kontrolle der Treibstoffversorgung. Der Ölvorrat von 1600 Litern war im Flügel untergebracht.
Die ersten praktischen Arbeiten an der Do X begannen am 19. Dezember 1927, also ein Jahr nach Konstruktionsbeginn. Nach 570tägiger Bauzeit erfolgte schließlich am 12. Juli 1929 der Stapellauf mit anschließendem Probeflug. Die Endmontage, d.h. der Zusammenbau der separat gebauten Einheiten von Flügel, Boot, Leitwerk und Motorenanlage, die mit dem Oberflügel eine Einheit bildete und als solche auf den Flügel aufgesetzt wurde, erforderte einschließlich der Installation aller Leitungen nur 60 Tage der Gesamtbauzeit.
Nach ersten Rollversuchen auf dem Bodensee hob die Maschine schließlich zum Probeflug sicher ab. Dies geschah eigentlich unbeabsichtigt, denn man wollte das Boot zunächst nur auf der Stufe laufen lassen. Auf diesen ersten unbeabsichtigten Luftsprung folgten am selben Tage noch weitere, am nächsten Tag flog die Do X wirklich zum erstenmal in größerer Höhe über dem Bodensee.
Bei den ersten Probeflügen zeigte sich, daß die Öltemperatur unzulässig hoch stieg und auch einige Zylinder der hinteren Motoren zu heiß wurden. Die Überhitzung des Öls ließ sich recht bald abstellen, nicht aber die der Zylinder. Um die unzureichend gekühlten Motoren zu schonen, wurden sie bei den ersten Probeflügen stark gedrosselt.
Umfangreiche Strömungsversuche und optische Vermessungen der Holme zeigten, daß die Ist-Werte überraschend nahe an den vorberechneten Soll-Werten lagen. Insgesamt betrug der Arbeitsaufwand für notwendige Änderungen an der Maschine nur ca. 100 Arbeitsstunden. Hierzu gehörte zum Beispiel ein zunächst überausgeglichenes Höhenruder und ein bei großen Ausschlägen viel Kraft erforderndes Querruder. Letzteres wurde durch eine Vergrößerung der Ausgleichsflächen über den Querrudern wie auch der Handräder-Durchmesser behoben.
Überaus positiv beurteilte man die Manövrierbarkeit des Flugbootes, sein schnelles Auf-Stufe-Kommen auch bei höchster Zuladung in nur wenigen Sekunden und die schwingungsfreie Motorenanlage. Das Anlassen sämtlicher zwölf Triebwerke nahm durchschnittlich nur vier bis fünf Minuten in Anspruch. Bestzeit hierfür waren drei Minuten.
Eindrucksvoll war auch die Startleistung der Do X. Mit ihren Siemens-Jupiter-Motoren, die beim Start mit

1830–1870 U/min liefen und dabei insgesamt 4800 PS (3533 kW), d. h. etwa 76 % der Voll-Leistung abgaben, benötigte die Do X bei ca. 50 Tonnen Abfluggewicht nur 65 Sekunden, und dies bei Windstille und spiegelglattem Wasser, sowie 400 m über dem Meeresspiegel (dem Niveau des Bodensees). Auf Meereshöhe umgerechnet bedeutete dies eine Abhebezeit von etwa 55 Sekunden. Im Rahmen der Flugerprobung gelangen Starts mit einem maximalen Fluggewicht von 51,3 Tonnen, wovon 23,3 Tonnen Zuladung waren. Im Vertrag mit der DVL hatte Dornier eine Zuladung von nur 20 Tonnen garantiert, diese Marke also um rund 16,6 Prozent übertroffen. Auch die garantierte Geschwindigkeit von 200 km/h plus minus fünf Prozent wurde übertroffen. Mit ihren unverkleideten Sternmotoren erreichte die Do X während der Erprobung in einer Flughöhe von 420 m 211 km/h. Mit gedrosselten Triebwerken (bei ca. 1850 U/min.) erreichte die Do X immer noch eine Reisegeschwindigkeit von 175 km/h in 420 m Höhe. Diese Werte wurden mit Holzpropellern erflogen. Metallschrauben versprachen eine weiter Steigerung. Mit einer Zuladung von 1500 kg für Besatzung und Ausrüstung ergab sich rechnerisch eine größte Nonstop-Reichweite von 3600 km, die mit sparsameren Triebwerken auf 4400 km gesteigert werden konnte. Vorteile versprach sich Dornier auch von der Möglichkeit, Motoren im Reiseflug stillzusetzen, wobei ihm allerdings ein Propeller-Freilauf wünschenswert erschien.

Für die Praxis veranschlagte Dornier Einsatzstrecken von 1000 bis 1500 km Länge. Als mögliche Strecken schwebten ihm vor: Buenos Aires–Montevideo mit 12 Tonnen Nutzlast (= 100 Passagieren und 2000 kg Post oder Fracht), Hamburg–Southampton oder Marseille–Algier mit 9 Tonnen Nutzlast (= 90 Passagieren), Travemünde–Southampton mit 7,8 Tonnen Nutzlast. Die Kostenrechnung sah unter Berücksichtigung einer vollkommenen Abschreibung der Zelle in 5000 und der Motoren in 1000 Stunden bei einem Treibstoffpreis von 0,49 RM pro Kilogramm und einer Versicherungsprämie von 16 Prozent des Neuwertes pro Jahr sowie der übrigen Kostenfaktoren allerdings ausschließlich Kapitalverzinsung einen Flugkilometerpreis von 15–18 RM vor. Die Kosten für einen Tonnenkilometer betrugen nach Dorniers Rechnung zwischen 1,50 und 2,– RM, je nach Streckenlänge und jährlicher Flugleistung der Maschine. Dorniers ehrgeizige Streckenperspektiven sollten aus vielerlei Gründen allerdings nie Wirklichkeit werden.

Zunächst wurde die Do X, da sich die Treibwerksprobleme nicht lösen ließen und mit gedrosselten hinteren Motoren nur eine Flughöhe von 420 m möglich war, mit neuen, leistungsfähigeren, wassergekühlten Triebwerken ausgestattet. Da es damals keine ausreichend leistungsfähigen, untersetzte und vor allem erprobte deutsche Triebwerke gab, erhielt das Flugboot noch vor seiner offiziellen Zulassung im Oktober 1930 zwölf amerikanische Curtiss-Conqueror-Getriebemotoren mit einer Leistung von je 650 PS (478,4 kW), wodurch die Gesamtleistung nunmehr 7800 PS erreichte. Vor dieser Umrüstung hatte die Do X bereits 103 Starts absolviert, davon einen einstündigen Demonstrationsflug am 21. Oktober 1929 mit der Rekordzahl von 169 Personen an Bord (150 reguläre Fluggäste, neun blinde Passagiere und 10 Mann Besatzung).

Die vorderen Motoren besaßen Stirnkühler, während die Kühler der hinteren Motoren unter der jeweiligen Motorgondel aufgehängt waren.

Bei der Umrüstung auf Curtiss-Motoren zog Dornier auch die Konsequenzen aus der Erkenntnis, daß der Oberflügel unnötig schwer und auch die Aufständerung der Motoren samt ihrer turmartigen Verkleidungen viel zu stark dimensioniert war. Er setzte die Motorgondeln nun auf wesentlich leichtere, doppelte N-Streben und ließ den Oberflügel ganz entfallen. So sparte er Zellengewicht ein. Die höhere Leistung der neuen Motoren ließ die Gipfelhöhe der Do X bei voller Zuladung auf nunmehr rund 500 m steigen. Mit der neuen Motorenanlage war die Do X am 14. August 1930 flugbereit und absolvierte ihren ersten Probestart, dem weitere 37 folgten, die eine Gesamtflugzeit von 27 Stunden und 10,8 Minuten ergaben.

Nach ihrer Abnahme durch die DVL startete die Maschine am 5. November 1930 zu ihrem Europa-Vorführungsflug vom Bodensee rheinabwärts bis Amsterdam und von dort nach Lissabon. Von hier sollte es nach einer Vorbereitung des Flugzeugs in der Dornier-Lizenzwerft in Cadiz über den Atlantik nach Amerika gehen. Ein weiterer unvorhergesehener Zwischenfall, ein Brand, machte diese Pläne zunächst zunichte.

Er wurde durch eine zum Trocknen ausgelegte Ab-

Oben: Start der Do X mit Curtiss Conqueror-Motoren.

Rechts oben: Die Do X2 (I-REDI) auf dem Überführungsflug über die Alpen nach Italien.

Rechts unten: Kabinenansicht der Do X – Komfort wie an Bord eines Ozeandampfers.

Blick auf die Do X nach dem Umbau in Altenrhein vor dem »Stapellauf«.

deckplane ausgelöst, die durch den Wind in Berührung mit dem Auspuffrohr des zur Stromerzeugung dienenden Bordhilfsmotors kam, der während der Liegezeit zum Aufladen der Akkus in Betrieb war. Das Feuer setzte die linke Tragflächenbespannung in Brand und machte eine achtwöchige Reparatur notwendig.

Ende Januar war die Maschine wieder flugbereit und ging nach einigen Probeflügen am 31. Januar 1931 auf Kurs nach Las Palmas, nachdem man sich entschlossen hatte, den Südatlantik zu überqueren und von Südamerika aus nach New York zu fliegen. Beim Start zum Weiterflug zu den Kapverdischen Inseln wurde die DoX jedoch erneut beschädigt, als sie von zwei schweren Seitendünungswellen erfaßt wurde. Darauf wurde das Flugzeug nach Las Palmas geschleppt, auf Land gesetzt und unter freiem Himmel repariert.

Während der Reparaturen besichtigte der italienische Luftmarschall Balbo die DoX und wies darauf hin, daß es wohl interessant sei, das Riesenflugzeug unter tropischen Bedingungen zu erproben. Nachdem man in Bolama in Westafrika Treibstoff bereitgestellt hatte, startete die DoX am 27. April 1931 zum Fluge nach Bolama, das mit einer Zwischenlandung sicher erreicht wurde. Drei Wochen lang ermittelte man in Flugversuchen das höchstmögliche Startgewicht für einen Direktflug von Westafrika nach Brasilien. Das Hereinbrechen der Regenzeit und nur schwache Winde machten aber schließlich das Projekt eines Direktfluges zunichte, da das Flugschiff bei vollem Startgewicht nicht in die Luft zu bringen war. So flog man die DoX schließlich am 30. Mai zu den Kapverdischen Inseln, wo ein stärkerer, den Start begünstigender Wind herrschte, der schließlich auch am 4. Juni den Nonstop-Flug nach Fernando Noronha ermöglichte, wo die Maschine am 5. Juni 1931 nach 13 Stunden und zehn Minuten Flugzeit wasserte. Am 18. Juni ging es dann weiter südwärts. Am 20. Juni wurde nach einem Etappenflug Rio de Janeiro erreicht, wo die Do X gefeiert wurde und einige Rundflüge absolvierte. Der geplante Weiterflug nach Amerika verzögerte sich dann aber infolge von Finanzierungsschwierigkeiten als Folge der auch auf Deutschland übergreifenden Weltwirtschaftskrise bis zum 5. August 1931. Die Kette der Zwischenfälle riß jedoch nicht ab, denn in Para brach beim Start die Kurbelwelle eines der zwölf Motoren. Angesichts der Hurrikan-Periode in der Karibik wagte man nicht den Weiterflug mit nur elf Motoren, sondern tauschte das defekte Triebwerk gegen einen in Natal lagernden Ersatzmotor aus. So konnte der Flug endlich am 18. August fortgesetzt werden. Im Etappenflug erreichte die Do X, die zum Teil auch zahlende Passagiere an Bord hatte, am 27. August New York, wo die Motoren vom Hersteller Curtiss nach Ablauf der 300-Stunden-Garantie grundüberholt wurden und auch das Flugboot eingehend untersucht wurde. Vor dem Rückflug wurde die Do X zur Besichtigung freigegeben und führte noch zwei Demonstrationsflüge mit einer großen Zahl an Passagieren durch. Dabei wurde die normale Kapazität (66 Fluggäste auf der Langstrecke und 100 auf kürzeren Flügen) deutlich überschritten.

Am 19. Mai 1932 startete die Do X schließlich zum Rückflug über Neufundland, von wo sie mit 55 Tonnen Startgewicht in einer Minute und fünf Sekunden zum eigentlichen Nordatlantikflug mit dem Ziel Horta auf den Azoren abwasserte. Nach einer Nachtlandung vor Horta flog die Maschine am nächsten Tag nach Southampton weiter, um am 24. Mai 1932 nach einer Gesamtflugstrecke von rund 45 000 km abends auf dem Müggelsee zu wassern. Insgesamt hatte das Flugboot auf dieser Reise über 220 Starts absolviert. Die Amerika-Tour der Do X mit Überquerung des Süd- und Nordatlantiks brachte dem Gedanken des interkontinentalen Flugverkehrs zweifellos eine große Publicity ein. Auch für Dornier und den deutschen Flugzeugbau allgemein war dies ein großer Achtungserfolg. Die Reise hatte aber auch die Leistungsgrenzen des Riesenflugbootes aufgezeigt und erkennen lassen, daß man technisch für den zivilen Luftverkehr von Kontinent zu Kontinent vor allem mit großer Nutzlast noch nicht ausreichend gerüstet war.

Auch die beiden für Italien gebauten Do X, die Do X2 ›Umberto Maddalena‹ (I-REDI) und Do X3 ›Allessandro Guidoni‹, die im Mai 1931 beziehungsweise März 1932 mit je zwölf Fiat A-22R-Motoren zu je 610 PS (449 kW) zum erstenmal flogen und ursprünglich zum Einsatz auf der SANA-Strecke Triest – Venedig – Genua – Marseilles – Barcelona – Cartagena – Gibraltar – Cadiz vorgesehen waren, kamen nicht zum erhofften Streckeneinsatz, sondern wurden schließlich der italienischen Marine übergeben und später abgewrackt.

Das Schicksal der deutschen Do X, an deren Amerikareise unter Leitung von Kapitän Christiansen auch die beiden Luft-Hansa-Piloten Merz und Cramer von Clausbruch als erste und zweite Flugzeugführer teilgenommen hatten, war nicht weniger fatal. Nach ihrem Amerika-Flug wurde die Maschine noch in einigen deutschen Städten gezeigt und kam, nachdem bei einer Wasserung auf dem Kachelet-Stausee bei Passau das gesamte Leitwerk abgerissen war und weitere Flüge abgesagt werden mußten, ins Luftfahrtmuseum am Lehrter Bahnhof in Berlin, das 1936 eröffnet wurde. Die Überführung nach Berlin wurde zum letzten Flug der Do X. Im Museum fiel das Flugschiff schließlich einem Bombenangriff zum Opfer.

Technische Daten:

Typ:	**Dornier Do X**
Hersteller:	A.G. für Dornier-Flugzeuge, Altenrhein am Bodensee (Schweiz)
Konstrukteur:	Prof. Dr.-Ing. e.h. Claudius Dornier
Erstflug:	25. Juli 1929
Baujahre:	1929 – 1931
Produktionszahl:	3
Verwendung:	Transozean-Passagier-Flugschiff
Besatzung:	10
Passagiere:	auf Langstrecken 66, auf kürzeren Flügen bis 100, Höchstzahl auf Demonstrationsflug 159.
Sitzanordnung:	im Mitteldeck, Bestuhlung: lose Polstersessel
Bauweise:	Schulterdecker-Flugboot in Ganzmetall-Bauweise. Triebwerke in sechs Tandemgondeln auf dem Flügel angeordnet. Abgestrebter Rechteckflügel mit Seitenverhältnis 1:5 und abgerundeten Flügelenden. Fläche weitgehend stoffbespannt. Rumpf mit drei Decks, zweistufiger Bootskörper in Ganzmetallbauweise, Wasserruder am Ende der Heckstufe. Leitwerk auf Rumpfheck aufgesetzt. Höhenleitwerk rechteckig, abgestrebt. Alle Ruder mit Ausgleich durch Hilfsflächen.
Spannweite:	48,00 m
Länge:	40,05 m
Höhe:	10,10 m
Flügelfläche:	486,2 m^2 mit Oberflügel (1. Ausführung) 454 m^2 nach Umrüstung auf Curtiss-Motoren und Wegfall des Oberflügels
Leergewicht:	28 000 kg/29 500 kg*
normales Startgewicht:	48 000 kg/52 000 kg*
maximales Startgewicht:	52 000 kg/56 000 kg*
Flächenbelastung:	max. 106,95 kg/m^2/max. 123,35 kg/m^2*
Reisegeschwindigkeit:	175 km/h / 190 km/h*
Höchstgeschwindigkeit:	211 km/h / 216 km/h*
Landegeschwindigkeit:	105 km/h
Gipfelhöhe:	max. 420 m / 500 m
Reichweite:	normal 1000 km / 1700 km*
Motoren:	zunächst 12×Siemens Jupiter Sternmotoren mit je 525 PS (386 kW), danach 12×Curtiss Conqueror V-12-Motoren mit Wasserkühlung je 600 PS (441 kW). Italienische Maschinen mit 12×Fiat A.22R mit je 550 PS (404,8 kW).
Kraftstoffkapazität:	normal 16 000 Liter auf max. 23 000 Liter steigerbar
Einsatzdaten:	
	Die Do X wurde nicht im Linienverkehr eingesetzt, stand aber von Mai bis Sept. 1933 in der Erprobung durch die Luft Hansa. Amerika-Flug unter Luft Hansa-Flugzeugführern. Vorher und nachher DVL. Auftraggeber war die Reichsmarine gewesen.
Pionierflüge:	Weltflugreise vom 2. 11. 1930 bis 24. 5. 1932 mit Luft Hansa Besatzung: Friedrichshafen – Amsterdam – Calshot – Lissabon – Kanarische Inseln – Bolama – Kapverdische Inseln – Fernando Noronha – Rio de Janeiro – Antigua – Miami – New York – Neufundland – Horta – Southampton – Berlin.

* nach Umrüstung auf Curtiss-Motoren

Riß Dornier Do X nach Umrüstung auf Curtiss-Conqueror-Motoren. Maßstab 1:250

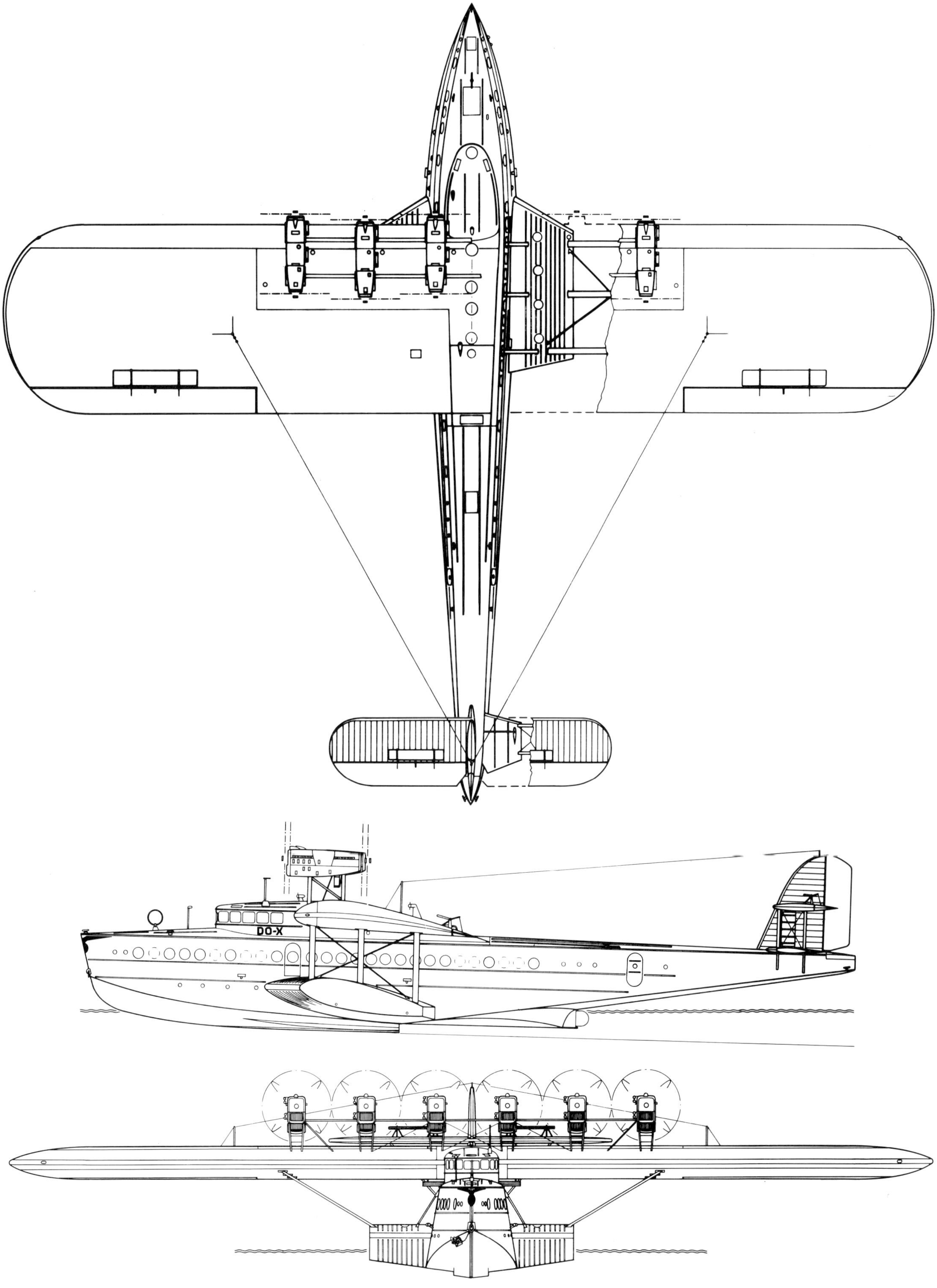
DO-X

Dornier Do 18 1936–1939

Die Dornier Do 18 war eine Weiterentwicklung der bewährten Do Wal-Flugboote, mit denen die Lufthansa 1934 den planmäßigen Postflugdienst über den Südatlantik eröffnet hatte. Mit der Do 18 sollte 1936 auch der erste Nonstop-Postflug über den Nordatlantik gelingen, von dem folgende Pressemeldung der Lufthansa vom 10. September 1936 berichtet:

›Heute abend 23 Uhr 22 Min. deutscher Zeit landete das Lufthansa-Flugboot Dornier Do-18 »Zephir«, das, wie schon gemeldet, am 10. 9. früh um 1 Uhr 10 Minuten von Bord des Motorschiffes »Schwabenland« bei Horta auf der Azoren-Insel Fayal abgeflogen war. Die zurückgelegte Strecke betrug über 4460 Kilometer und wurde in 22 Std. 12 Min. bewältigt. Die Besatzung des Flugbootes war Direktor Freiherr von Gablenz, Flugkapitän Blankenburg, Flugzeugfunker Ehlberg und Flugmaschinist Eger.

Mit der Landung in New York hat die Deutsche Lufthansa als erste Luftverkehrsgesellschaft der Welt den Nordatlantik mit einem für den planmäßigen Luftpostverkehr ausgerüsteten Flugzeug in der schwierigen Ost-West-Richtung, also von Europa nach Amerika, bezwungen. Diese bedeutende Leistung ist das Ergebnis einer jahrelangen, planvollen Vorbereitung. Die praktischen Vorarbeiten begannen mit dem Schleuderflugdienst der Lufthansa von den Norddeutschen Lloyd-Dampfern »Bremen« und »Europa« aus bereits im Jahre 1929. Hier wurden im Laufe der Jahre außerordentlich wertvolle Erfahrungen gesammelt, die auch bei der erfolgten Aufnahme des planmäßigen Luftpostdienstes über den Südatlantik mitverwandt werden konnten.

Über zwei Jahre hindurch war die Lufthansa die einzige Luftverkehrsgesellschaft, die einen durchgehend nur mit Flugzeugen betriebenen Verkehr über den Südatlantik regelmäßig und pünktlich unterhielt. Inzwischen sind mit den Lufthansa-Flugbooten fast 200 Ozeanüberquerungen im Südatlantik planmäßig durchgeführt worden. Diese stolze Zahl steht einzig in der Welt. Man hatte, als man jetzt die Erkundungsflüge im Nordatlantik in Angriff nahm, also eine bedeutende Erfahrung im Nord- und Südatlantikflugdienst gesammelt, so daß man, gestützt hierauf, diesen Nordatlantik-Weitflug durchführen konnte.

An diesen Versuchen sind, wie die Lufthansa schon meldete, zwei Dornier-Do-18-Flugboote, ausgerüstet mit Junkers-Schwerölmotoren, und das zur Zeit bei den Azoren-Inseln liegende Motorschiff »Schwabenland«, der aus dem Südatlantik bekannte schwimmende Flugstützpunkt, beteiligt. Es handelt sich bei den Flugbooten um eine Weiterentwicklung der seit über 12 Jahren bewährten Dornier Wale, die besonders für den Langstreckenverkehr gebaut wurden, und ebenfalls von den Heinkel-Großflugzeugschleuderanlagen abgeschossen werden können. Die Junkers-Schwerölmotoren sind hier zum ersten Male in einem Seeflugzeug eingebaut, nachdem die Lufthansa als einziges Luftverkehrsunternehmen der Welt seit Jahren mit diesen Ölmotoren im planmäßigen europäischen Streckenverkehr fliegt und mit ihnen die für einen derartigen Versuch notwendigen guten Erfahrungen gemacht hat.

Wie eingangs erwähnt, befand sich an Bord des »Zephir« der Direktor der Lufthansa, Freiherr von Gablenz, der erst drei Tage vor Beginn des Unternehmens im zweitägigen Fluge von Rio de Janeiro nach Berlin zurückgekehrt war. Den Hin- und Rückflug über den Südatlantik hatte Freiherr von Gablenz mit dem planmäßigen Postflugzeug als Flugzeugführer mitgemacht, wie er auch bei diesem Nordatlantikflug zusammen mit Flugkapitän Joachim Blankenburg das Steuer führte. Blankenburg ist einer der erfahrensten Atlantikflieger der Lufthansa, dem bereits im Jahre 1930 die Führung des Schleuderflugzeuges des Dampfers »Europa« übertragen wurde und der seitdem ohne Unterbrechung im Ozeanflugdienst steht. Blankenburg war es auch, der im Februar 1934 den ersten planmäßigen Postflug über den Südatlantik ausführte. Der Flugzeugfunker Ehlberg und der Flugmaschinist Eger sind ebenfalls erprobte Kräfte des Südatlantikdienstes. Sie haben beide an vielen planmäßigen Postflügen über den Südatlantik teilgenommen.

Die Vorbereitungen des Versuchsdienstes über den Nordatlantik lagen in den Händen des Atlantikflugbetriebsleiters Freiherr von Buddenbrock. Er befindet sich auf dem Motorschiff »Schwabenland« und wird von dort mit dem zweiten Dornier-Do-18-Flugboot als Flugzeugführer ebenfalls weitere Erkundungsflüge durchführen.

Trotz dieses erfolgreichen ersten Versuchsfluges mit dem Postflugboot wird noch viel Arbeit geleistet werden müssen, bis zur Eröffnung eines planmäßigen Luftpostdienstes über den Nordatlantik geschritten werden kann. Die Deutsche Lufthansa wird jedoch in zähem Streben ihre Versuche fortsetzen, um in nicht zu ferner Zeit dieses Ziel zu erreichen.‹

Diese Phase sollte allerdings nicht mit der Do 18, sondern mit viermotorigen Maschinen vom Typ Ha 139 durchgeführt werden. Doch bleiben wir bei der Do 18, deren Prototyp Do 18V1 ›Monsun‹ mit dem Kennzeichen D-AHIS am 15. März 1935 in die Flugerprobung ging.

Die Do 18 war zwar mit den noch relativ plumpen Wal-Flugbooten verwandt, aber wesentlich sauberer durchgebildet. Sie war in Ganzmetallbauweise mit versenkten Nieten erstellt. Das Tragflächenmittelstück mit der Tandem-Triebwerksgondel wurde durch einen stromlinienförmig gestalteten Pylon mit dem Bootsrumpf verbunden und zusätzlich durch stromlinienförmige Streben gegen die nun auch wesentlich strömungsgünstigeren Flossenstummel abgestrebt. Der hohle Pylon war als Steigschacht ausgebildet und trug vorn die durch Klappen regelbaren Kühler der beiden Rohölmotoren, die sich durch ihre Zuverlässigkeit und ganz besonders durch ihren geringen Verbrauch auszeichneten.

Die Tragfläche hatte einen relativ schlanken Grundriß

Oben: Die D-ANHR war die einzige Do 18F und flog am 11. Juni 1937 zum erstenmal. Sie wurde von der Lufthansa erprobt und stellte im März 1938 einen internationalen Streckenrekord für Flugboote auf. Sie wurde später zur Do 18L umgebaut.

Unten: Frontansicht der schlanken und strömungsgünstig durchgebildeten Do 18E. Gut sichtbar der Doppelflügel entlang der gesamten Hinterkante des Flügels.

Die Dornier Do 18E V3 »Aeolus« mit Jumo 205C Schwerölmotor.

und verjüngte sich zu den abgerundeten Flügelspitzen. Ihre größte Profildicke lag dort, wo die Abstrebungen den Flügel trafen. Entlang der gesamten Hinterkante von der Flächenspitze bis zur dicksten Stelle des Flügels trug die Do 18 Querruder und Landeklappen als Doppelflügel, wobei die Querruder als Landehilfe mit angestellt wurden. Der gesamte Flügel war aus Metall aufgebaut, aber außer im Mittelbereich, der im Propellerstrom lag und metallbeplankt war, stoffbespannt.

Der Rumpf hatte einen nahezu kreisförmigen Querschnitt und war am Bug stark gekielt. Gegen die erste Stufe wurde die V-Form des Bootsbodens jedoch deutlich flacher. Dahinter schloß sich eine zweite Stufe mit Wasserruder an. Der nach oben gezogene Rumpf ging in das Seitenleitwerk über. Es war wie der Rumpf metallbeplankt. Der Rumpf war seitlich mit den typischen Dornier-Flossenstummeln ausgestattet und in acht wasserdichte Abteilungen unterteilt. Im Rumpfbug gab es eine Manövrierkammer zum An- und Ablegen, hinter der das geschlossene Cockpit lag. Daran schloß sich der Funk- und Navigationsraum an. In der Rumpfmitte lagen die Tanks und der Postraum.

Die erste Do 18 war mit zwei 540 PS (397,4 kW) Junkers Jumo 205B Schwerölmotoren ausgerüstet, die sich neben ihren bereits genannten Vorteilen auch durch ein geringeres Brandrisiko auszeichneten. Der Frontmotor trieb eine Dreiblatt-Metall-Luftschraube direkt an, der hintere einen gleichartigen Propeller über eine etwa 1 m lange Fernwelle, wodurch eine aerodynamisch günstigere Formgebung möglich war. Die späteren Do 18 hatten anstelle des Jumo 205B den 600 PS (441,6 kW) leistenden Jumo 205C als Standardtriebwerk. Das Höhenleitwerk der Do 18 war hochgelegt und gegen den Rumpf doppelt abgestrebt. Höhen- wie Seitenruder besaßen einen Hornausgleich.

Die Lufthansa flog zwei Versionen der Do 18, und zwar die Ausführung Do 18E, zu der der Prototyp Do 18V1 ›Monsun‹ (D-AHIS) mit Jumo 205B, die Do 18V3 ›Aeolus‹ (D-ABYM), die Do 18V5 ›Zephir‹ (D-ARUN) und die Do 18V6 ›Pampero‹ (D-AROZ) gehörten. Letztere ging am 1. Oktober 1938 vor Bathurst verloren. Ursache des Absturzes war vermutlich ein Schwingungsbruch, weshalb man bei der Do 18F die Flügelabstrebung durch Hilfsstreben gegen Schwingungen absicherte. Die Lufthansa erhielt die einzige gebaute Do 18F, die am 11. Juni 1937 zum erstenmal flog und nicht nur schwerer, sondern auch etwas größer als die Do 18E war. Das Flugboot kam zur Erprobung an die Lufthansa und trug dort das Kennzeichen D-ANHR, aber keinen Namen.

Mit eindrucksvollen Flugleistungen insbesondere hinsichtlich ihrer Reichweite unterstrich die Do 18 ihre Qualität. Den Auftakt bildete ein über 31 Stunden dauernder Erprobungsflug mit einer Do 18E, der im Juli 1936 über der Ostsee durchgeführt wurde, um Zuverlässigkeit und effektive Reichweite der Schwerölmotoren unter Einsatzbedingungen zu testen. Darauf folgten im September 1936 die Nordatlantik-Einsätze der D-ARUN ›Zephir‹ und der D-ABYM ›Aeolus‹, wobei die ›Zephir‹ bei ihrer Landung in New York noch eine Treibstoffreserve für weitere zehn Flugstunden nach ihrem 22 Stunden und 12 Minuten Flug von Horta nach New York besaß. Die ›Aerolus‹ folgte der ›Zephir‹ am 11. September, indem sie von Horta nach Hamilton auf den Bermudas flog. Auf diesen 18-Stunden-und-15-Minuten-Nonstop-Flug folgte am nächsten Tag der Weiterflug nach New York. Insgesamt führten beide Flugboote bis zum 20. Oktober 1936 acht Nordatlantik-Überquerungen auf verschiedenen Routen aus, bevor die beiden Maschinen zum Südatlantik verlegt wurden, wo sie zusammen mit den beiden anderen 1937 gelieferten Do 18E bis zum Kriegsausbruch 65 Südatlantik-Überquerungen verbuchen konnten. Dabei legten sie 235887 Streckenkilometer zurück, über dem Nordatlantik hatten die ›Zephir‹ und ›Aeolus‹ im Rahmen ihrer acht Testflüge weitere 37637 Flugkilometer zurückgelegt.

Die Do 18F stellte am 27.–29. März 1938 einen internationalen Streckenrekord für Wasserflugzeuge auf, als sie in 43 Stunden und 10 Minuten nonstop nach Katapultstart von Bord der ›Westfalen‹, die vor Plymouth im englischen Kanal lag, 8392 km nach Caravellas in Brasilien flog. Das Flugzeug kam nur auf Erprobungsflügen zum Einsatz und wurde später durch Einbau von zwei 880 PS (647,7 kW) BMW-132N-Sternmotoren zur Do 18L, die am 21. November 1939 zum erstenmal flog und ohne Starthilfe mit einem Gewicht von maximal 13500 kg abwassern konnte. Sie wurde aber nie in Serie gebaut. Neben den sechs zivilen Do 18 gab es noch militärische Versionen (Do 18D/G/H und N), von denen über 90 Exemplare gebaut wurden. Auch die Lufthansa-Maschinen endeten schließlich bei der Luftwaffe.

Technische Daten:

Typ:	**Dornier Do 18E (Do 18F)**
Hersteller:	Dornier Werke GmbH, Friedrichshafen-Löwental
Konstrukteure:	Prof. Dr.-Ing. e.h. Claudius Dornier und Dipl.-Ing. Pressel
Erstflug:	Do 18V1 Monsun am 15. 3. 1935 Do 18F am 11. 6. 1937
Baujahre:	1935 – 1939
Produktionszahl:	sechs Zivilmuster (1 Do 18(V1), 4 Do 18E und 1 Do 18F (später in Do 18L umgebaut)
Verwendung:	katapultfähiges Langstrecken-Postflugboot
Besatzung:	4 (2 Piloten, 1 Funker, 1 Bordmechaniker)
Passagiere:	keine
Bauweise:	Abgestrebter Hochdecker in Ganzmetall-Bauweise. Flügel auf stromlinienförmigem, als Wartungsschacht ausgebildetem Pylon auf dem Bootsrumpf abgestützt, Kühler durch Klappen regelbar in der Pylonnase, Abstrebungen zu den Flossenstummeln mit Spanndrähten ausgekreuzt. Flügelmitte blechbeplankt, Rest bespannt. Doppelflügel über gesamte Hinterkante innen als Landeklappe außen als Querruder und Landeklappe wirkend. Rumpf: Ganzmetall-Schalenbauweise mit acht wasserdichten Abteilungen, Verstärkungen für Schleuderstart. Bootsrumpf vorn stark gekielt, zwei Stufen. Hinter der Hauptstufe in eine Schneide auslaufender Verdrängungskiel mit Wasserruder. Leitwerk Ganzmetall. Seitenleitwerk bildet Einheit mit dem Rumpf, Höhenleitwerk abgestrebt und hoch an der Seitenflosse angesetzt, Flossen metallbeplankt, Ruder bespannt. Seitenruder mit Trimmklappe und aerodynamischem Hornausgleich, Höhenruder mit aerodynamischem und Gewichts-Ausgleich. Motoranlage in Tandem-Anordnung auf Dreiblatt-Metall-Luftschrauben wirkend, vorn Direktantrieb, hinten über Fernwelle. Propellerdurchmesser 3,20 m. Treibstofftanks im Rumpf und in den Flossenstummeln. Tankkapazität 2900 Liter (Do 18 V1) bzw. 3920 Liter (Do 18F), plus 380 Liter Schmierstoff.
Spannweite:	23,70 m (26,30 m)
Länge:	19,25 m (19,25 m)
Höhe:	5,35 m (5,35 m)
Flügelfläche:	98 m^2 (111,2 m^2)
Leergewicht:	5575 kg (5800 kg)
Treibstoff- und Öl-Zuladung:	3200kg (4000 kg)
Fracht und Post:	300 kg
Startgewicht:	10000 kg (11000 kg)
Flächenbelastung:	102,04 kg/m^2 (98,92 kg/m^2)
Reisegeschwindigkeit:	225 km/h, auf Langstrecke 185 km/h; (220 km/h, auf Langstrecke 185 km/h)
Höchstgeschwindigkeit:	260 km/h (250 km/h)
Landegeschwindigkeit:	95 km/h (90 km/h)
Dienstgipfelhöhe:	4200 m (4700 m)
Reichweite:	max. 5700 km (max. 7250 km)
Motoren:	Do 18V1: 2×Junkers Jumo 205B Schwerölmotoren mit je 540 PS (397,4 kW) Do 18E: 2×Junkers Jumo 205C mit je 600 PS (441,6 kW) Do 18F: wie Do 18E, nach Umrüstung zur Do 18L: 2×BMW 132N Sternmotoren mit je 880 PS (647,7 kW)

Einsatzdaten:

Stückzahlen bei Lufthansa:	
Bei Einführung:	2/1936
Größter Bestand:	4/1937
Bei Außerdienststellung:	2/1939
Streckenflüge:	über den Nordatlantik: Lissabon – Azoren – New York. 1937 insgesamt 38 Südatlantik-Überquerungen im planmäßigen Dienst, bis Kriegsbeginn insgesamt 65 Südatlantik-Postflüge.
Sonderflüge/Rekorde:	Langstrecken-Rekordflug nach Katapultstart vor Plymouth über 8392 km nach Caravellas in Brasilien (27. – 29. März 1938) mit Do 18F (D-ANHR).

Rißzeichnung Dornier Do 18E D-ABYM »Aeolus« Maßstab 1:125

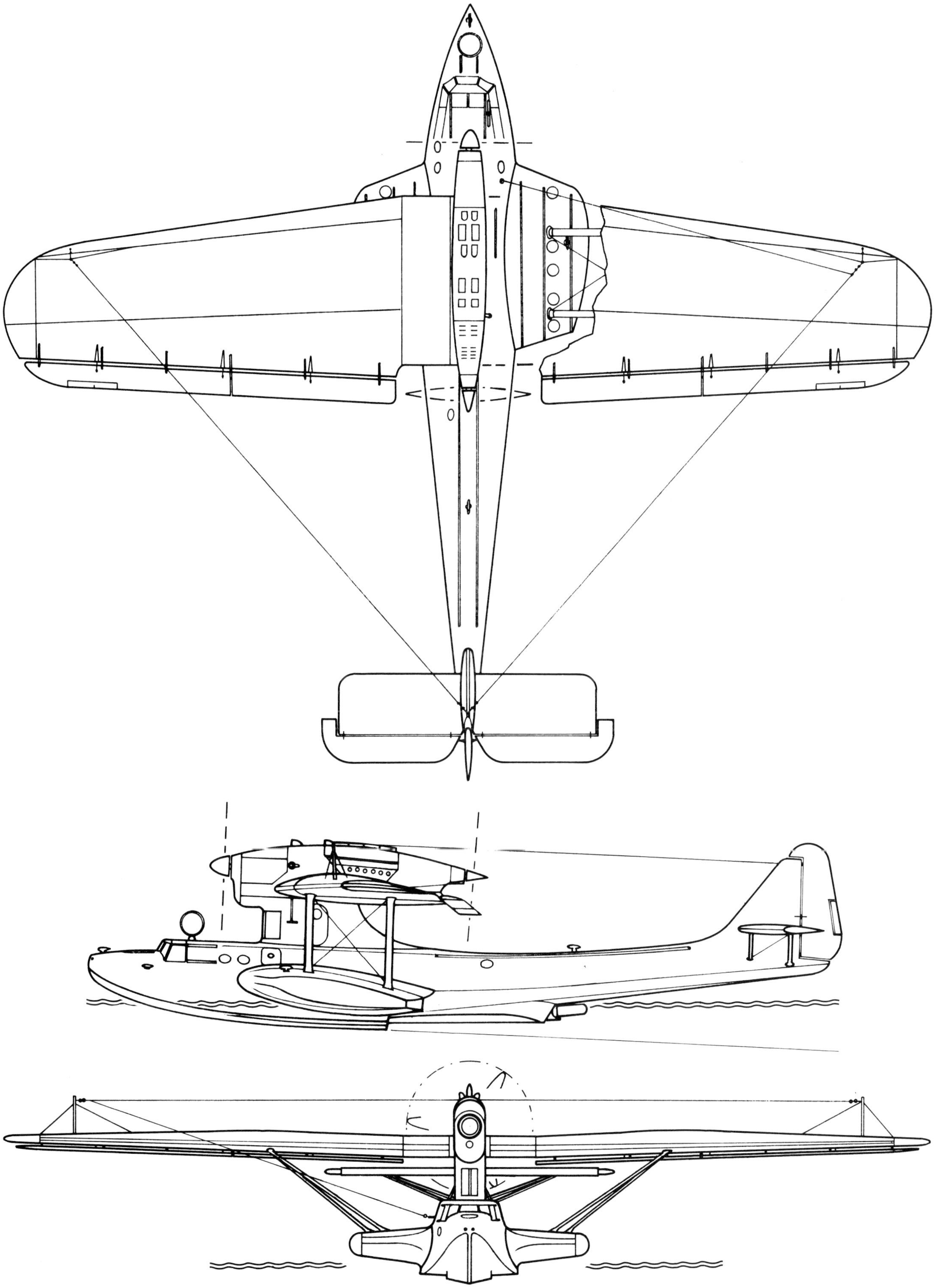

Dornier Do 26 1938–1939

Die erfolgreichen Versuchsflüge mit der Do 18 auf dem Nordatlantik veranlaßten die Lufthansa 1937 zur Bestellung von drei Dornier Do 26-Flugbooten, die es gestatten sollten, den Nordatlantik auf der 5800 km langen Distanz Lissabon – New York bei jeder Wetterlage mit hoher Reisegeschwindigkeit zu überfliegen. Wegen der bei Ost-West-Flügen häufig auftretenden starken Gegenwinde wurde die Do 26 mit einer maximalen Reichweite von 9000 km konzipiert. Zur Erhöhung der Reisegeschwindigkeit wurde die Maschine mit vier Triebwerken in Tandemanordnung ausgestattet. Auch bei der Do 26 kamen wieder Junkers Jumo Schwerölmotoren zum Einsatz, die auf Dreiblatt-Luftschrauben wirkten. Während die vorderen in schlanken Gondeln auf dem Mittelflügel rechts und links des Rumpfes sitzenden Motoren die stillsetzbaren Junkers-Hamilton-Verstell-Luftschrauben direkt antrieben, kamen bei den hinteren Triebwerken wiederum Fernwellen zum Einsatz, die aber zur Verringerung der Spritzwassergefährdung beim Wasserstart um 10°, d. h. 40 cm nach oben geschwenkt werden konnten und zum Reiseflug wieder in die Normalposition zurückgeführt wurden.

Die Forderung nach einer möglichst hohen Reisegeschwindigkeit führte zu einer starken aerodynamischen Verfeinerung von Bootsrumpf und Tragwerk nebst Motorenanlage und zum Verzicht auf die bisher für Dornier-Flugboote so typischen Flossenstummel. Zum erstenmal im deutschen Flugzeugbau wurde bei der Do 26 das Prinzip des Einzieh-Fahrwerkes von Landflugzeugen auf die Stabilisierungsschwimmer des Flugbootes angewendet, die bei der Do 26 während des Reisefluges in das Flügelinnere eingezogen wurden. Die Lösung vom Flossenstummel-Prinzip wurde möglich, da die Do 26 im Normalfall mittels Katapult gestartet werden sollte und Landungen in rauhem Wasser nur im Notfall erfolgen sollten. Zur Verringerung des Schlingerns in schwerer See hatte man herablaßbare Trimmsäcke vorgesehen. Die Do 26 war erstmals als freitragender Schulterdecker ausgelegt und in einer aerodynamisch sehr sauberen Ganzmetallbauweise erstellt. Der Tragflügel war dreiteilig und metallbeplankt. Das rechteckige Mittelstück wuchs unter leichter V-Form organisch aus dem Bootsrumpf heraus und trug an seinen Enden die schlanken Motorengondeln. Daran schlossen sich die gepfeilten Außenflügel an, deren Hinterkante gerade und deren Spitzen abgerundet waren. Ein Teil der Außenflügel war wasserdicht genietet, um im Notfall als Auftriebskörper zu dienen und ein Sinken des Flugbootes zu verhindern. Die äußere Hälfte der Flügel-Hinterkante nahmen die trimmbaren Querruder ein. Bis zum Rumpfanschluß setzte sich das Klappensystem mit Spreiz-Landeklappen fort, die mit den Querrudern gekoppelt waren, so daß eine wirksame Auftriebssteigerung über die gesamte Fläche bei der Landung erreicht wurde. Die Tragfläche war zweiholmig ausgeführt.

Der Bootsrumpf war in der bewährten Dornier-Schalenbauweise erstellt und in acht wasserdichte Sektionen unterteilt. Der vordere Bugraum, durch eine runde Luke wasserdicht abgedeckt, enthielt die notwendige Seeausrüstung wie Treibanker etc. Daran schloß sich, ebenfalls durch eine runde Luke zugänglich, der vordere Postraum für Fracht- und Briefpostsendungen an. Dahinter lag das geräumige Cockpit mit aufklappbarem Dach, auf das wiederum der Funk- und Navigationsraum folgte. Ein weiteres Rumpfabteil nahm die Triebwerksüberwachungsanlage auf, in der der Flugmaschinist Dienst tat.

In der Bootseinteilung schloß sich nach hinten der Tankraum an. Anstelle der sonst üblichen separaten Tanks hatte man in der Do 26 einen Teil des Rumpfes selbst zur Aufnahme der großen Treibölmengen (6750 kg inklusive Schmierstoff) ausgestaltet. Diese Lösung setzte das erforderliche Gewicht der Kraftstoffanlage herab und verringerte auch deren Raumbedarf erheblich, da keine Luftzwischenräume zwischen den einzelnen Behältern, wie sonst üblich, Platz wegnahmen. Schließlich ermöglichte die kompakte Kraftstoffkonzentration nahe dem Schwerpunkt eine stabile Schwerpunktlage während des Reisefluges und vermied so die sonst üblichen Trimmprobleme. Hinter der

Festmachen der D-AGNT »Seeadler« am Krangeschirr des schwimmenden Stützpunktes »Friesenland«.

Tankanlage hatte man im Hinblick auf die lange Flugdauer einen bequemen, großen Ruheraum für die Besatzung eingeplant, aus dem später eine 2–4sitzige Passagierkabine entstand. Im Heck lagen Toilette und Waschraum. Die Postkapazität der Do26 betrug etwa 80000 Luftpostbriefe.
Das Höhenleitwerk war am Seitenleitwerk hoch angesetzt und durch umgedrehte V-Streben nach unten gegen den Rumpf abgestrebt. Die Struktur der Leitwerke bestand aus Metall, ihre Flossen waren glattblechbeplankt, die Ruder bespannt. Die Ruder waren zudem aerodynamisch und gewichtlich ausgeglichen.
Die etwa mittig am Flügel angesetzten Stützschwimmer wurden hydraulisch nach innen in die Flächen eingezogen und verschwanden vollends darin. Ebenfalls auf der Flächenunterseite, und zwar rechts und links der Motorgondeln, lagen die verkleideten Wasser- und Ölkühler. Mit ihren vier Triebwerken bot die Do26 eine große Sicherheit, denn sie blieb auch mit nur zwei Triebwerken, gleich welcher Kombination, voll flugfähig.
Der Prototyp der Do26, die D-AGNT ›Seeadler‹, flog am 21. Mai 1938 zum erstenmal. Das Schwesterflugzeug, die D-AWDS ›Seefalke‹, wurde Anfang 1939 als Baunummer 792 fertiggestellt.
Am 1. September 1938 wurde die ›Seeadler‹ auf dem Müggelsee bei Berlin der Presse vorgestellt und ging dann in die Dauererprobung. Von Bord der in der Wesermündung bei Bremerhaven liegenden ›Friesenland‹ erfolgte am 22. November 1938 der erste Katapultstart mit einem Abfluggewicht von 14,7t. Bei 29km/h starkem Gegenwind beschleunigte das Katapult die Do26V1 mit 2,6g auf eine Abfluggeschwindigkeit von 156km/h. Beim zweiten Versuch am gleichen Tage wurde das Startgewicht auf 16,5t erhöht und bei 18km/h und 3,1g Beschleunigung eine Endgeschwindigkeit von 159km/h erreicht. Bei zwei weiteren Versuchen am nächsten Tage wurde das Abfluggewicht erneut gesteigert. Mit 17t Fluggewicht erreichte die Do26V1 bei 33km/h Gegenwind eine Endgeschwindigkeit von 160km/h (Beschleunigung 2,9g). Mit einem Abfluggewicht von 19t hob sie bei 43km/h Gegenwind sicher mit 135km/h ab (Beschleunigung 2,85g).
Nach diesen erfolgreichen Katapult-Versuchen, bei denen Gundermann und Graf Schack am Steuer saßen, gelang später auch noch ein einwandfreier Wasserstart mit 17t Abfluggewicht bei Seegang 5. Oberhalb dieses Gewichtes war die Do26 allerdings nur mit Katapult zu starten. Die Lufthansa hatte für den Nordatlantik-Einsatz ein maximales Startgewicht von 19t vorgesehen. Das höchstmögliche Startgewicht der Do26 betrug 20t. Mit einer Reisegeschwindigkeit von 305–310km/h und 265km/h auf sehr langen Strecken erwies sich die Do26 der nur zweimotorigen Do18 um rund 80 km/h überlegen.
Die Lufthansa übernahm neben dem Prototyp D-AGNT ›Seeadler‹ (Do2A) auch den zweiten Prototyp D-AWDS ›Seefalke‹ als Do26B. Die beiden Maschinen unterschieden sich durch ihre Triebwerksausstattung. Die Do26A war mit vier Junkers Jumo 205C-Schwerölmotoren mit je 600PS (441,6kW) bestückt, während die Do26B Jumo 205D-Triebwerke mit je 700PS (515,2kW) hatte.
Der dritte Prototyp war die D-ASRA ›Seemöve‹, die jedoch bei Kriegsausbruch noch nicht fertiggestellt war. Sie sollte ebenfalls eine B-Version sein, aber eine viersitzige Passagierkabine erhalten. Sie ging zwar noch nominell in die Flottenliste der Lufthansa über, wurde aber als P5+DF der Luftwaffe überstellt. Auch die Do26V4–V6 gingen an die Luftwaffe.
Auf dem eigentlichen Einsatzziel, der Nordatlantik-Postlinie nach USA, kamen die Do 26 Flugboote der Lufthansa nie zum Einsatz. Bis zum Kriegsbeginn absolvierten sie jedoch noch 18 Postflüge über den Südatlantik. Einen eindrucksvollen Leistungsbeweis lieferte Graf Schack im Februar 1939, als er mit der Do26V2 ›Seeadler‹ mit 600kg Medikamenten an Bord einen Hilfsflug nach Chile durchführte, um die medizinische Versorgung von Erdbebenopfern zu unterstützen. Das Flugzeug legte bei dieser Reise von Travemünde nach Chile und zurück insgesamt 20600km zurück.
Der Krieg setzte den Langstrecken-Ambitionen der Lufthansa ein Ende, ebenso auch dem Projekt Do214, einem 145t schweren, 8motorigen Transatlantik-Flugboot mit doppelstöckigem Rumpf für 40 Passagiere und mit einer Spannweite von 60m. Es kam nur noch zur Erprobung einer verkleinerten Ausführung mit 12m Spannweite, der Gö8, und zum Baubeginn des Prototyps, der 1942 in fortgeschrittenem Stadium abgebrochen wurde.

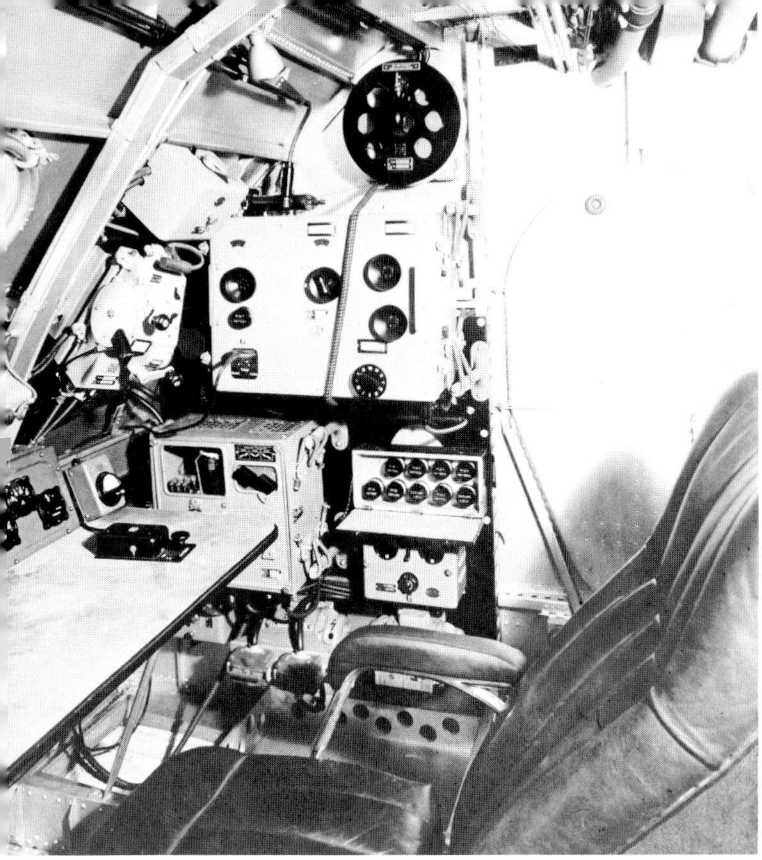

Oben: Blick in die Funkkabine der Do 26.

Rechts oben: Frontansicht der »Seeadler« Unter der Fläche beidseitig der Motorgondeln liegen die Lufteinlässe der Kühler. Charakteristisch ist der nach oben geknickte Mittelflügel.

Rechts Mitte: Die D-AGNT mit nach oben geschwenkten hinteren Propellerwellen und ausgefahrenen Stützschwimmern.

Rechts unten: Die Do 26V1 wird auf die Katapultbahn gehievt. Diese Ansicht schräg von hinten läßt die aerodynamisch perfekte Formgebung erkennen.

Unten: Blick in den Rumpf der Do 26, der in der bekannten Dornier-Schalenbauweise erstellt war. Rechts im Bild das Steuergestänge. Der Rumpf war zur Erhöhung der Stabilität mit Rohrstreben dreiecksförmig ausgesteift.

Technische Daten:

Typ:	**Dornier Do 26A (Do 26B)**
Hersteller:	Dornier-Metallbauten GmbH, Lindau-Reutin
Konstrukteur:	Prof. Dr.-Ing. e. h. Claudius Dornier
Erstflug:	21. 5. 1938 Do 26V1 Erster Katapultstart am 22. 11. 1938
Baujahre:	1938 – 1940
Produktionszahl:	6 (davon 3 für Lufthansa)
Verwendung:	Transozean-Postflugboot für den Nordatlantik-Dienst, Einsatz aber nur auf Südatlantik
Besatzung:	5
Passagiere:	ursprünglich 0, später 2 – 4
Bauweise:	freitragender Ganzmetall-Schulterdecker glattblechbeplankt. Mittelstück organisch aus dem Rumpf wachsend, nach oben geknickt. Außen Querruder, zwischen Querrudern und Rumpf Spreizklappen. Bootsrumpf zweistufig ohne Flossenstummel in Dornier-Schalenbauweise, achtfach unterteilt, Tankraum in Rumpfstruktur integriert, dadurch Platz- und Gewichtseinsparung und Verzicht auf Pumpen zum Umpumpen. Höhenleitwerk hoch am aufgesetzten Seitenleitwerk angesetzt und mit umgedrehten V-Streben gegen Rumpf abgestrebt. Flossen glattbleckbeplankt, aerodynamisch und gewichtlich ausgeglichene Ruder bespannt. Stützschwimmer in der Flügelmitte hydraulisch einziehbar. Triebwerke in Tandem-Anordnung. Kühler unter dem Flügel rechts und links vom Motor, stillsetzbare Junkers-Hamilton Verstellpropeller (3-Blatt), vordere direkt angetrieben, hintere über Fernwellen 10° (=40 cm) nach oben schwenkbar (zum Schutz gegen Spritzwassereinfluß). Triebwerke wassergekühlt. Treibstoffkapazität 7300 Liter im Rumpf in vier Schotträumen, Schmierstoffkapazität 600 Liter.
Spannweite:	30,00 m
Länge:	24,60 m
Höhe:	6,85 m
Flügelfläche:	120 m^2
Leergewicht:	10 200 kg
Treibstoff und Öl:	6750 kg
Nutzlast inkl. Treibstoff:	9800 kg (davon 900 kg Zahlfracht)
Startgewicht:	bei Wasserstart max. 17 000 kg bei Katapultstart 19 000 bis 20 000 kg
Flächenbelastung:	bei Wasserstart max. 141,67 kg/m^2 bei Katapultstart max. 166,66 kg/m^2
Reisegeschwindigkeit:	305 – 310 km/h, auf Langstrecke 265 km/h
Höchstgeschwindigkeit:	335 km/h
Landegeschwindigkeit:	110 km/h
Dienstgipfelhöhe:	4800 m
Reichweite:	maximal 9000 km
Motoren:	Do 26A: 4×Junkers Jumo 205C Schwerölmotoren mit je 600 PS (441,6 kW) = 1. Prototyp Do 26B: 4×Junkers Jumo 205D mit je 700 PS (515,2 kW) = Do 26V2 und V3

Einsatzdaten:

Stückzahlen bei Lufthansa:

Bei Einführung:	1/1938
Größter Bestand:	3/1939
Bei Außerdienststellung:	3/1939 (Maschinen wurden an Luftwaffe überstellt und gingen zusammen mit den V4–V6 in Norwegen und im Balkaneinsatz verloren)
Streckenflüge:	18 Postflüge über den Südatlantik
Sonderflug:	Medikamenten-Hilfsflug von Travemünde nach Chile mit Do 26V2 »Seefalke« D-AWDS und zurück über 20 600 km im Februar 1939. Nutzlast auf Hinflug 600 kg.

Rißzeichnung Dornier Do 26V1 »Seeadler« D-AGNT Maßstab 1:125

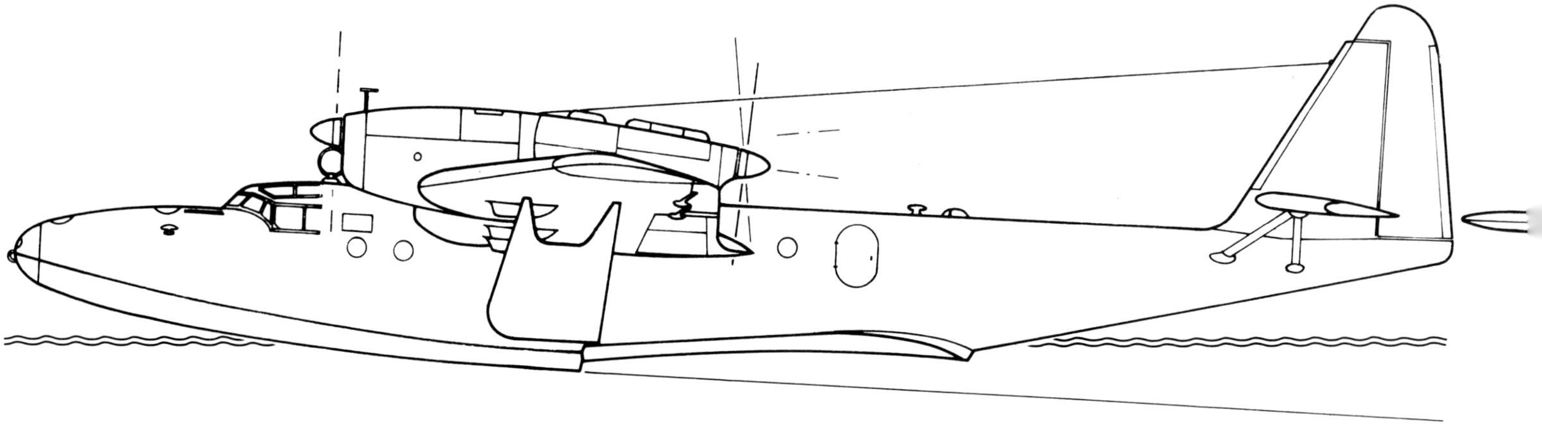

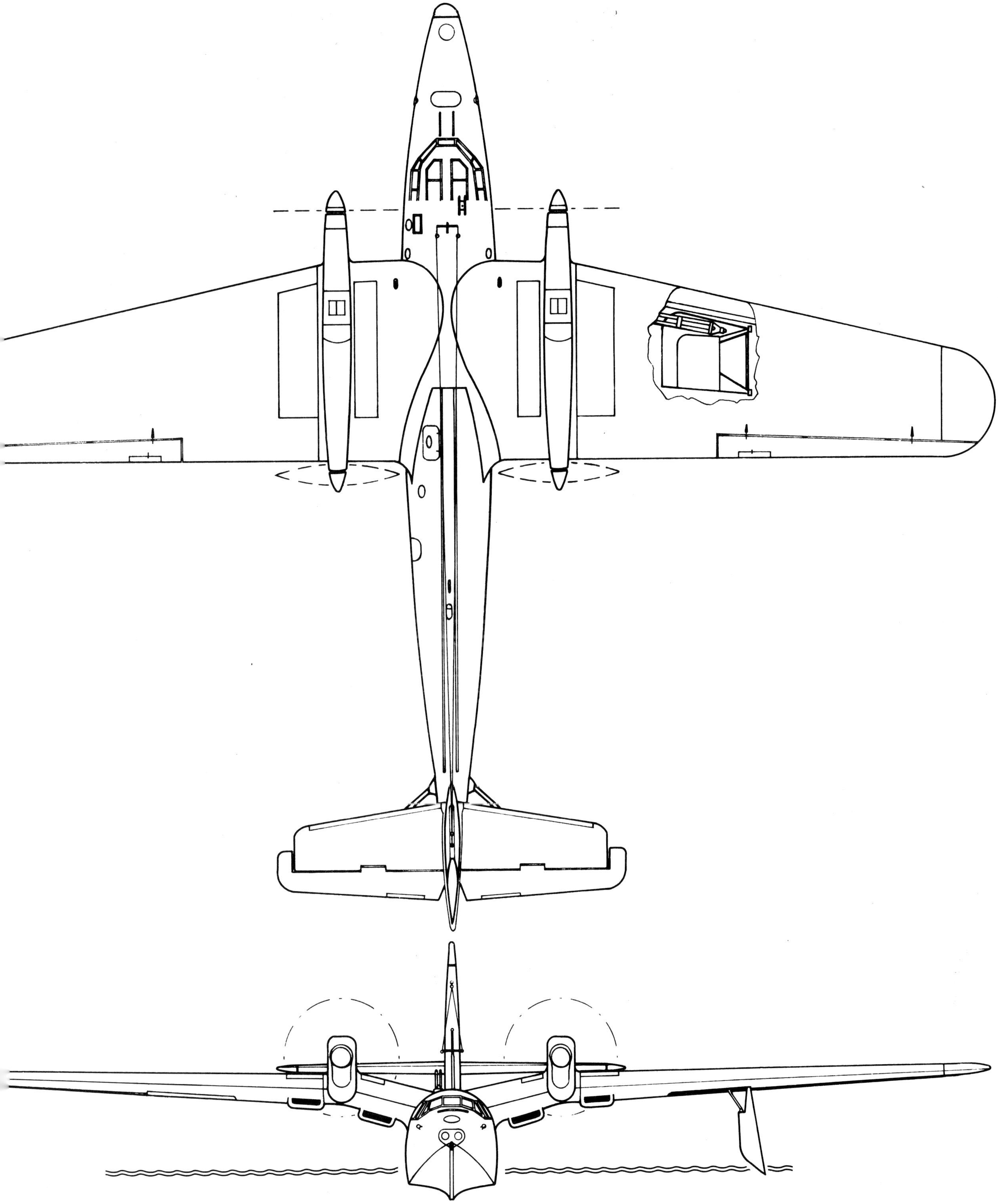

Blohm & Voss/Hamburger Flugzeugbau Ha 139A/B 1938–1939

Parallel zum an Dornier vergebenen Entwicklungsauftrag für ein viermotoriges Langstrecken-Flugzeug für den Nordatlantik-Dienst, der schließlich zur Do 26 führte, hatte die Lufthansa auch einen Entwicklungsauftrag an die Hamburger Flugzeugbau GmbH, eine 1933 gegründete Tochtergesellschaft der Werft Blohm & Voss, vergeben. Die Forderung der Lufthansa lautete auf ein Flugzeug, das mit 500 kg Nutzlast maximal 5000 km mit einer Reisegeschwindigkeit von 250 km/h überwinden sollte.

Technischer Direktor bei der Hamburger Flugzeugbau GmbH, die ab 1937 als Blohm & Voss firmieren sollte, war Dr.-Ing. Richard Vogt, ein hochbegabter, ideenreicher Konstrukteur, der mit seinen Konstruktionen häufig neue Wege gehen sollte. Dies trifft auch auf die Ha 139 zu, die in drei Exemplaren bei der Lufthansa flog und mehrere Atlantik-Überquerungen in den Jahren 1937/38 hinter sich brachte. Die Ha 139 war kein Flugboot wie alle bisherigen auf Atlantik-Strecken eingesetzten Baumuster der Lufthansa, sondern ein Seeflugzeug mit zwei großen Schwimmern unter den Tragflächen. Durch die am Schwimmeransatz geknickten Tragflächen lag der Rumpf so hoch über dem Wasser, daß Führerraum und Leitwerke spritzwasserfrei blieben. Interessantestes Bauteil waren die Flügel. Dort, wo bei anderen Flugzeugen mindestens zwei Holme den Flächen die notwendige Stabilität verliehen, vertraute Dr.-Ing. Vogt einem einzigen starken Rohrholm, der zugleich als Tank diente. Die beiden Holmhälften des linken und rechten Flügels waren geschweißt und konnten über 6000 Liter Dieselöl aufnehmen. Diese Lokalisierung des Treibstoffes war geradezu ideal, denn das sich ständig ändernde Kraftstoffgewicht verursachte durch die schwerpunktnahe Unterbringung keine Trimmänderungen. Als Antrieb dienten bei der Ha 139 ebenfalls die bewährten, sparsamen Junkers Jumo 205C Schwerölmotoren mit zweimal vier Zylindern und einer Leistung von 600 PS (441,6 kW).

Die Ha 139 stellte den Übergang vom Langstrecken-Wasserflugzeug zum modernen Landflugzeug für den interkontinentalen Verkehr dar, wie es die Weiterentwicklung zu der mit einem Räderfahrwerk ausgestatteten Blohm & Voss BV 142 zeigen sollte. Reichweite und Zuverlässigkeit der gegen Ende der 30er Jahre heranreifenden Flugzeug-Generation hatten übrigens dazu geführt, daß die Lufthansa bei der Spezifikation für das neue viermotorige Langstrecken-Flugzeug die Forderung nach einer unbedingten Seefähigkeit erheblich reduziert hatte, was auch bei der Do 26 den Wegfall der Flossenstummel erlaubt hatte. Wie diese war auch die Ha 139, wie Versuche zeigen sollten, auch bei Ausfall von zwei Motoren noch voll flugfähig.

Die Lufthansa erhielt nach umfangreicher Flugerprobung und Katapulttests zunächst die Baunummer 181, D-AMIE ›Nordmeer‹, die im Herbst 1936 zum erstenmal geflogen war und im März 1937 übernommen wurde. Ihr folgte im Sommer 1937 die zweite Maschine, D-AJEY ›Nordwind‹. Beide Flugzeuge bildeten die Baureihe Ha 139A. Der freitragende Tiefdecker mit seinen charakteristisch W-förmig geknickten Tragflächen war eine Ganzmetall-Konstruktion. Der Rumpf hatte einen kreisrunden Querschnitt und war in Schalenbauweise erstellt. Die Hauptspanten bildeten kräftige Kastenrahmen. In der Rumpfnase hatte der Rumpf eine Manövrieröffnung, hinter der das viersitzige geschlossene Cockpit mit Dachluke lag. Es bot Platz für zwei Flugzeugführer, den Flugingenieur und einen Bordfunker.

Wie bereits erwähnt, war der Flügel einholmig aufgebaut. Das Holmmittelstück war aus Chrom-Molybdän-Stahl gerollt und aus zwei Halbschalen zu einem Rohr mit abgeflachtem Querschnitt verschweißt. Das Holmmittelstück war fünffach unterteilt und diente als Tank, angeflanschte Stahlgußbeschläge lieferten die Aufnahmepunkte für den Katapultschlitten. Ebenfalls am Hauptholm angeflanscht waren die bis zum Schwimmerboden durchgeführten Schwimmerstreben aus Rohren. Der Hauptholm verjüngte sich zu den Flügelspitzen entsprechend seiner Belastung und setzte sich

Die D-AMIE »Nordmeer« mit den ursprünglichen Seitenleitwerken mit nahezu kreisrunder Form wird an Bord der Schwabenland gehievt.

im äußeren Bereich in einer genieteten Dural-Konstruktion fort. Während der Mittelflügel metallbeplankt war, trugen die Außenflügel eine Stoffbespannung. An der Flügelhinterkante waren vierteilige, hydraulisch betätigte Klappen angelenkt, deren innere als Spreizklappen arbeiteten. Die Außenflügel waren mittels Stahlgußflanschen mit dem Stahlholm des Mittelflügels verbunden.
Die beiden Schwimmer waren in Ganzmetallbauweise erstellt und in zwölf wasserdichte Sektionen unterteilt. Durch den W-förmigen Knickflügel waren nur relativ kurze Schwimmerbeine notwendig. Ihre Verkleidung diente gleichzeitig zur Aufnahme der Kühler für die beiden inneren Motoren. Jeder Schwimmer hatte ein Volumen von 12500 Litern und war einstufig aufgebaut.
Das Höhenleitwerk saß auf einer niedrigen Flosse über dem Rumpfheck und war beidseitig durch jeweils zwei Streben gegen den Rumpf abgestützt. Die beiden scheibenförmigen Seitenleitwerke lagen im Luftschraubenstrahl der Innenmotoren und hatten eine kreisrunde Form. Die Ha 139B erhielt aufgrund der Erfahrungen in der Flugerprobung durch die Lufthansa geänderte, nahezu rechteckige, ebenfalls als Endscheiben ausgebildete Seitenleitwerke, mit denen später dann auch die beiden Ha 139A ausgerüstet wurden. Dieser Umbau erfolgte im Winter 1937/38 und betraf auch die Kühleranordnung. Diese wurde so geändert, daß die Kühler nun wirkungsvoller neben den Motoren unter dem Flügel aufgehängt waren.
Die dritte Ha 139 der Lufthansa, die D-ASTA ›Nordstern‹, gehörte zur Baureihe B, deren einziges Flugzeug sie auch blieb. Sie hatte gegenüber der A-Version eine von 27,00 auf 29,53 m vergrößerte Spannweite, verbesserte Spreizklappen sowie die bei der Ha 139A abgeänderten Seitenruder und Kühler. Außerdem hatte man bei der Ha 139V3 die Motoren etwas tiefer gesetzt und die Querruder mit Paddelausgleich versehen. Gegenüber der A-Version hatte sich die Reichweite von rund 5000 km auf 5900 km vergrößert. Die Ha 139B wurde Anfang 1938 an die Lufthansa ausgeliefert.
Insgesamt gestaltete sich der Einsatz der drei Ha 139 bei der Lufthansa recht erfolgreich.
Zwischen dem 15. August und dem 18. November 1937 absolvierten die beiden Ha 139A D-AMIE und D-AJEY ›Nordmeer‹ und ›Nordwind‹ insgesamt 14 Probeflüge zwischen Horta auf den Azoren und New York. Westwärts fliegend erreichten sie dabei eine Durchschnittsgeschwindigkeit von 321 km/h, in West-Ost-Richtung 249 km/h. Dabei dienten die schwimmenden Stützpunkte Schwabenland und Friesenland zum Katapultstart.
Vom 21. Juli bis 19. Oktober 1938 erfolgten dreizehn weitere Hin- und Rückflüge auf der Nordatlantik-Route, an denen ab 12. September 1938 nun auch die Ha 139B ›Nordstern‹ mit dem Kennzeichen D-ASTA teilnahm. Dabei schafften die Ha 139A ›Nordmeer‹ und die Ha 139B ›Nordstern‹ auf dem Fluge nach Amerika mit 13 Stunden und 40 Minuten die schnellsten Zeiten. In Gegenrichtung benötigte die aerodynamisch günstigere ›Nordstern‹ nur 11 Stunden und 53 Minuten. Die Abwicklung der Flüge bewies, daß ein regelmäßiger Postflugdienst zwischen Europa und USA durch die Lufthansa nun unter Linienbedingungen möglich war. Da die Amerikaner aber nicht in der Lage waren, ihrerseits einen solchen Dienst einzurichten, verweigerte die US-Regierung der Lufthansa die entsprechende Genehmigung, die üblicherweise auf Gegenseitigkeit erteilt wird.
Da die drei Maschinen nun nicht wie vorgesehen auf dem Nordatlantik eingesetzt werden konnten, wurden sie von der Lufthansa nach insgesamt 597 Flugstunden über dem Nordatlantik auf die Südatlantik-Strecke verlegt, wo die Ha 139A ab Frühjahr 1938 und B ab Sommer 1938 zwischen Bathurst und Natal eingesetzt wurde.
Dabei konnte die Lufthansa auf den bislang üblichen Katapultstart verzichten. Im Februar 1939 gelang mit der D-ASTA ›Nordstern‹ bei einer Temperatur von 30° C im Schatten und Windstille ein einwandfreier Wasserstart mit einem Abfluggewicht von 16500 kg innerhalb von nur 92 Sekunden und auf dem Rückflug in Natal bei einem Abfluggewicht von sogar 16800 kg und leichtem Gegenwind ein Start innerhalb von nur 52 Sekunden.
Alle drei Lufthansa-Maschinen erflogen bis Ende Juni 1939 insgesamt 100 Atlantik-Überquerungen, davon 60 über den Süd- und 40 über den Nordatlantik. Im Kriege kamen sie zur Luftwaffe, wo die beiden Ha 139A als Transporter und die Ha 139B, mit Magnetsuchring versehen, als Minensucher eingesetzt wurden.
Wie nahe die Ha 139 an der Schwelle zum interkontinental einsetzbaren Landflugzeug war, zeigte die Weiterentwicklung der Ha 139B zu der ebenfalls viermotorigen

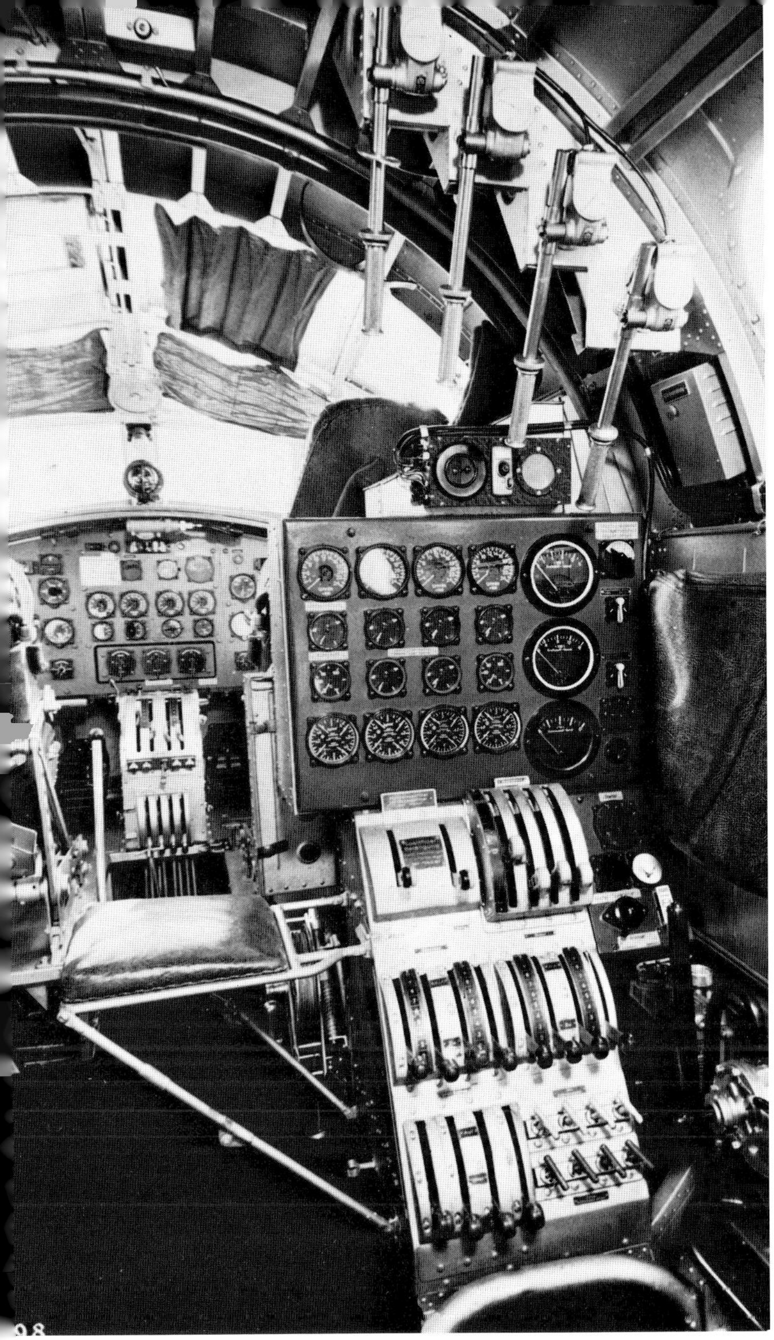

Links Mitte: Cockpit einer Ha 139, vorn rechts der Platz zur Motorenüberwachung.

Rechts oben: Die Ha 139A D-AMIE auf dem Katapultschlitten, dessen Angriffspunkte am Hauptholm der Maschine liegen. Die verkleideten Schwimmerabstützungen tragen vorn die Kühler der Innenmotoren.

Rechts Mitte: Der W-förmig geknickte Flügel der Ha 139 hob Rumpf und Leitwerk aus der Spritzwasserzone. Auch hier sind die Kühleröffnungen an den Schwimmerbeinen gut zu sehen.

Rechts unten: Katapultstart der Ha 139B »Nordstern« vom Katapult der Schwabenland.

Zum Landflugzeug war es nur ein kleiner Schritt: die BV-142 V-2 »Kastor« mit Räderfahrwerk war eine Weiterentwicklung der Ha 139.

Links oben: Die D-AJEY »Nordwind« mit Kreisscheiben-Seitenleitwerk im Fluge – deutlich sichtbar sind die Kühleröffnungen in den Schwimmerabstützungen und die dahinter liegenden Kühlluft-Auslässe.

Links: Die D-ASTA beim Katapultstart.

Links unten: Wasserstart der D-ASTA.

Ha142, deren Entwicklung Ende 1937 aufgenommen wurde. Als Antrieb dienten vier BMW 132H 9-Zylinder-Sternmotoren mit je 880PS (647,7kW), die mit NACA-Hauben versehen waren und Dreiblatt-Propeller mit Spinnernaben antrieben. Die Schwimmer waren durch doppelt bereifte Fahrwerksbeine ersetzt, die nach hinten in die verlängerte innere Motorgondel eingezogen wurde. Auch das Spornfahrwerk war doppelt bereift und einziehbar. Die Ha142V1 mit dem Kennzeichen D-AHFB und der Baunummer 218 flog am 11. Oktober 1938 zum erstenmal. Der zweite Prototyp folgte bald und wurde als BV142V2 geführt, weil das Herstellerwerk inzwischen seinen Namen in Blohm & Voss geändert hatte. Diese Maschine erhielt das Kennzeichen D-ABUV und den Merknamen Kastor. Bis zum Sommer 1939 flogen vier Versuchsmuster, die auch von der Lufthansa erprobt wurden. Die Tester konnten sich allerdings nicht allzu sehr für das Landflugzeug erwärmen, und so gingen die Maschinen ans Herstellerwerk zurück, wo sie für die Luftwaffe umgebaut wurden.

Technische Daten:

Typ:	**Ha 139A**	**Ha 139B**
Hersteller:	Hamburger Flugzeugbau GmbH, Hamburg-Finkenwerder, ab 1937 unter dem Namen der Muttergesellschaft Blohm & Voss firmierend	
Konstrukteur:	Dr.-Ing. Richard Vogt	
Erstflug:	Herbst 1936	
Baujahre:	1936 – 1938	
Produktionszahl:	3 (2 Ha 139A + 1 Ha 139B)	
Verwendung:	katapultfähiges Postflugzeug für Nordatlantikstrecken	
Besatzung:	4 – 5, (2 Piloten, 1 Funker, 1 Flugmaschinist im Cockpit, 5. Mann auf zusätzlichem Sitz im Frachtraum)	
Bauweise:	freitragender, glattblechbeplankter Ganzmetall-Tiefdecker mit W-förmigen Knickflügeln. Tragflächen mit gleichbleibender Tiefe und Dicke, Stahlrohrholm im Mittelflügel zugleich als Tankbehälter dienend, daran angesetzt Katapultbeschläge und Schwimmeraufhängung, Mittelflügel metallbeplankt, Außenflügel mit genietetem Dural-Rohrholm bespannt. Querruder am Außenflügel, Spreizklappen zwischen den Außen- und Innenmotoren sowie zwischen Rumpf und Innentriebwerken, hydraulisch betätigt. Rumpf in Schalenbauweise mit nahezu kreisförmigem Querschnitt. Im Bug Manövrierluk mit Seeausrüstung, dahinter in Flugrichtung rechts Platz für den Bordmechaniker, links Platz für Funker mit Navigationstisch, Funk- und Peilanlage. Hinter dem durchgehenden Holm Frachtraum mit 5. Sitzplatz und Toilette. Höhenleitwerk über dem Rumpfheck liegend, doppelt gegen den Rumpf abgestrebt, Seitenleitwerke als Endscheiben zunächst rund später nahezu rechteckig. Schwimmer einstufig, freitragend mit Rohrabstützung am Hauptholm, 12500 Liter Volumen pro Schwimmer. Kühler der Innenmotoren in Verkleidung der Schwimmer-Abstützung, später unter der Fläche zwischen den Motoren.	
Spannweite:	27,00 m	29,50 m
Länge:	19,50 m	19,65 m
Höhe:	4,80 m	4,80 m
Flügelfläche:	117 m^2	130 m^2
Leergewicht:	10360 kg	10410 kg
Treibstoff:	5350 kg	5350 kg
Nutzlast:	480 kg	480 kg
Katapultstartgewicht:	max. 17500 kg	17550 kg
Wasserstartgewicht:	max. 16000 kg	16050 kg
Flächenbelastung:	max. 149,57 kg/m^2	135 kg/m^2
Reisegeschwindigkeit:	245 – 260 km/h	270 km/h
Höchstgeschwindigkeit:	315 km/h	325 km/h
Landegeschwindigkeit:	105 km/h	95 km/h
Dienstgipfelhöhe:	3500 m	3700 m
Reichweite:	3700 km bei 16000 kg Fluggewicht, max. 5300 km bei Reisegeschwindigkeit	maximal 5900 km bei Reisegeschwindigkeit
Motoren:	4×Junkers Jumo 205C Doppelkolben-Schweröl-motoren mit 600 PS (441,6 kW) wassergekühlt auf Junkers-Hamilton-Dreiblatt-Verstell-Luftschrauben wirkend. Kraftstoffvorrat 6560 Liter plus 600 Liter Schmierstoff.	wie Ha 139A

Einsatzdaten:

Stückzahlen bei Lufthansa:

Bei Einführung:	1/1937
Größter Bestand:	3/1938
Bei Außerdienststellung:	1/1939
Versuchsflüge:	bereits im Sommer 1937 (Maschinen aber noch nicht Lufthansa-Eigentum)
Pionierflüge:	August bis November 1937: 14 Nordatlantik-Versuchsflügem mit Ha 139A, Juli bis Oktober 1938: 26 Überquerungen mit Ha 139A und Ha 139B
Streckenflüge:	ab Frühjahr 1938 Ha 139A und ab Sommer 1938 Ha 139B Südatlantik-Einsatz zwischen Bathurst und Natal, bis Ende Juni insgesamt 60 Südatlantik-Überquerungen ohne Katapulthilfe.
Besonderheiten:	Ha 139B (V3) D-ASTA »Nordstern« mit pneumatischer Askania-Kurssteuerung Lz 11a, Ha 139A bereits mit Blindfluginstrumentierung.

Vergleichsdaten der Bv 142 (V2) D-ABUV »Kastor«:

Spannweite:	29,53 m	Reisegeschwindigkeit:	325 km/h
Länge:	20,45 m	Höchstgeschwindigkeit:	375 km/h
Höhe:	4,44 m	Landegeschwindigkeit:	100 km/h
Flügelfläche:	130,0 m^2	Dienstgipfelhöhe:	9000 m
Leergewicht:	11000 kg	Reichweite:	max. 3900 km
Startgewicht:	16500 kg		

Daten betreffen militärische Version!

Rißzeichnung Blohm & Voss/Hamburger Flugzeugbau Ha 139A D-AMIE »Nordmeer« nach der Änderung der Seitenleitwerke.

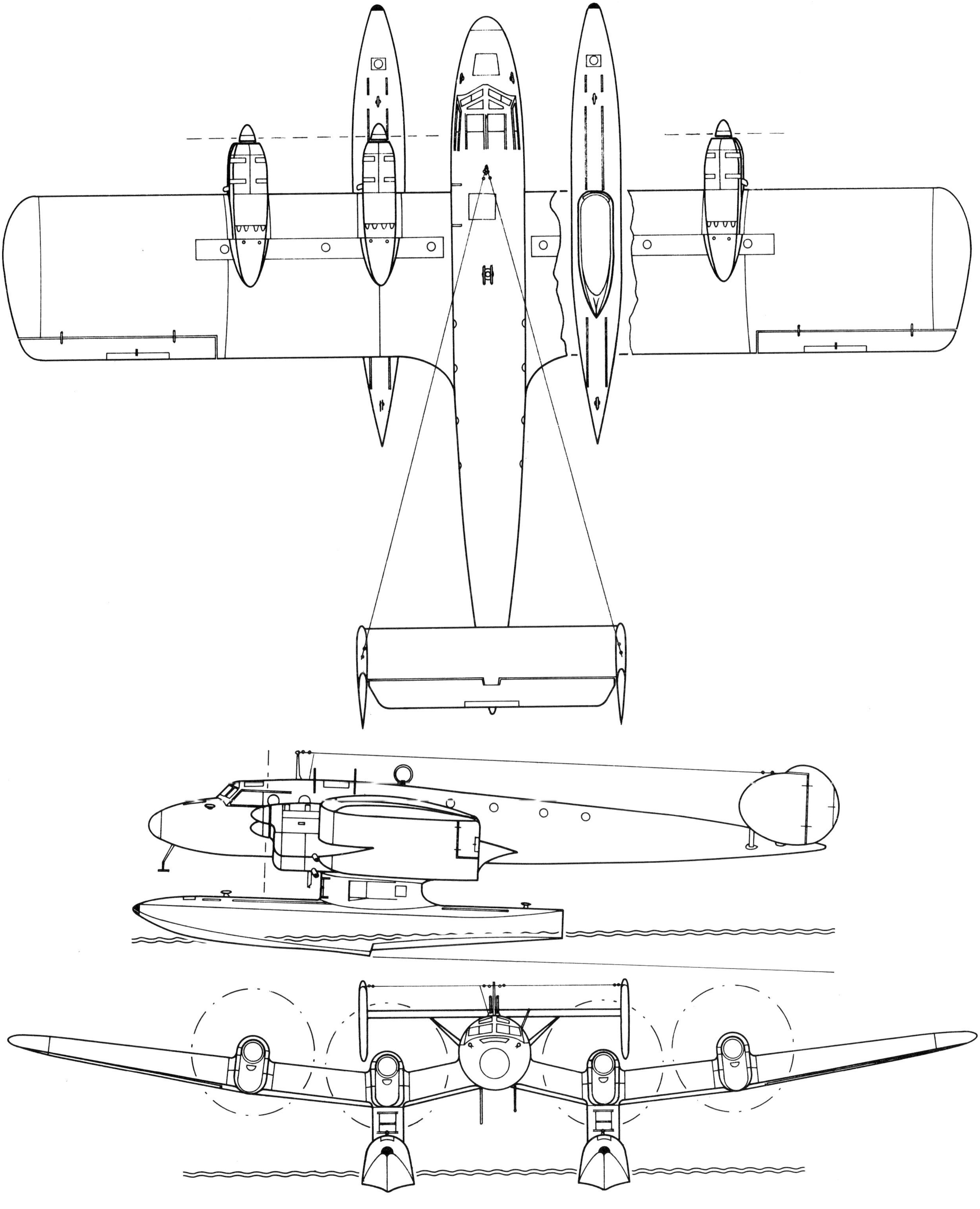

Die neue Lufthansa

Mit dem letzten Streckenflug einer Ju52/3m von Berlin nach Warnemünde am 22. April 1945 endete der Flugbetrieb der alten Lufthansa, die mit ihrem Pioniergeist erheblich zur Entwicklung des Luftverkehrs beigetragen hatte. Dies gilt sowohl auf technisch-fliegerischem Gebiet als auch für die Förderung des nationalen Flugverkehrs im Ausland, wo die Lufthansa, wie in Spanien, Südamerika und China, tatkräftige »Entwicklungshilfe« leistete.

Nach Kriegsende waren die Aussichten für einen Wiederbeginn praktisch gleich Null. Das Potsdamer Abkommen untersagte den Deutschen nicht nur das Fliegen, sondern auch den bloßen Besitz von Flugzeugen. Trotzdem unternahm Hans M. Bongers, ehemaliger Junkers-Mitarbeiter und danach Verkehrsleiter der alten Lufthansa, schon 1945 mehrere Vorstöße bei der US-Militärregierung, 1946 auch bei den Briten, um die Überreste der Lufthansa vor dem völligen Zerfall zu retten und wenigstens eine Bodenorganisation ins Leben zu rufen, die den Anschluß Deutschlands an den internationalen Luftverkehr ermöglichen sollte. Doch diese Pläne scheiterten. Im Sommer 1946 wiesen die Alliierten Bongers unter Strafandrohung in die Schranken. Bongers zog sich nach Bollendorf in die Eifel zurück, um als Steuer- und Wirtschaftsprüfer seinen Lebensunterhalt zu verdienen, ohne aber den Gedanken an die Wiederbelebung des deutschen Luftverkehrs aufzugeben. Er hielt weiterhin Kontakt zu ehemaligen Lufthanseaten, um bei günstigeren Aussichten einen neuen Versuch zu starten.

Die US-Militärregierung hatte inzwischen den ehemaligen Lufthansa-Direktor Dr. Reister beauftragt, das in Bayern liegende Vermögen der Lufthansa treuhänderisch zu verwalten. Später wurde diese Aufgabe auf die gesamte amerikanische und französische Besatzungszone ausgedehnt. Wie Bongers, mit dem Dr. Reister befreundet war, bemühte auch er sich um den Aufbau einer deutschen Bodenorganisation für den wieder anlaufenden Luftverkehr in Deutschland, den ausländische Gesellschaften betrieben. Ähnliche Bestrebungen gingen von Mitarbeitern der ehemaligen deutschen Verkehrsflughäfen aus. Nachdem die Alliierten begannen, die Verkehrsflughäfen – zunächst Stuttgart und München – wieder in deutsche Hände zu legen, und unter Führung von Lothar Zobel, dem ehemaligen Direktor der Regionalgesellschaft ›Luftverkehr Württemberg AG‹, und des Stuttgarter Oberbürgermeisters Klett ein Gremium entstanden war, aus dem später die Arbeitsgemeinschaft Deutscher Verkehrsflughäfen hervorgehen sollte, faßten weitere Kreise Mut, sich für einen eigenständigen deutschen Luftverkehr zu engagieren. Hierzu gehörten auch die ehemaligen Aktionäre des Deutschen Aero Lloyd, der 1926 in der Luft Hansa aufgegangen war und der von der Liquidationsforderung der Alliierten verschont geblieben war. Am 11. September 1948 wählten die ehemaligen Aero-Lloyd-Aktionäre auf Vorschlag Dr. Kurt Weigelts, ihres ehemaligen Repräsentanten im Lufthansa-Aufsichtsrat, Dr. Fritz Reister, den Treuhänder des Lufthansa-Restvermögens, zum Vorsitzenden eines neuen Aufsichtsrates. Man

entwickelte detaillierte Pläne für die Wiederaufnahme eines innerdeutschen Flugbetriebs.
In diese von Optimismus geprägte Phase platzte die Forderung der Alliierten nach umgehender Liquidierung der alten Lufthansa, die am 24. November 1950 gestellt wurde. Am 13. Februar 1951 war dies allerdings immer noch nicht geschehen. An diesem Tag fiel jedoch die Entscheidung, daß die Liquidation durch deutsche Hände, nämlich Dr. Reister, erfolgen sollte.
Eine Hauptversammlung der Deutschen Lufthansa beschloß entsprechend am 15. Februar 1951 die Liquidation der alten Lufthansa rückwirkend zum 1. Januar 1951. Es sollte allerdings noch über 14 Jahre dauern, bis das Liquidationsverfahren schließlich abgeschlossen war und die Deutsche Lufthansa Aktien-Gesellschaft (Berlin), die 1926 gegründet worden war, am 18. November 1965 im Handelsregister gelöscht wurde. Inzwischen gab es allerdings schon wieder eine neue Lufthansa, die zwar nicht Rechtsnachfolgerin der traditionsreichen und international geschätzten Vorkriegs-Lufthansa war, aber bewußt an die Tradition des Unternehmens anknüpfte.
Den Grundstein für die neue Lufthansa legte das ›Büro Bongers‹, das im März 1951 vom Bundesverkehrsminister Dr.-Ing. Hans Christoph Seebohm beauftragt wurde, beim Aufbau eines eigenständigen deutschen Luftverkehrs mitzuwirken und dabei die Lösung praktischer Probleme zu übernehmen, während die Gruppe um Dr. Weigelt sich der Organisations- und Verwaltungsprobleme annehmen sollte. Im Mai 1951 ließ sich das Büro Bongers in einem Büro am Kölner Kaiser-Wilhelm-Ring nieder. Zu Bongers' Mitarbeitern gehörten damals Dipl.-Ing. Gerhard Höltje, der ehemalige Leiter der technischen Versuchsabteilung der Lufthansa und von 1945–1951 Chefingenieur der U.S. Air Force in Berlin-Tempelhof, Walter Issel, ehemaliger Vorstand der Deruluft, Lufthansa-Syndikus und ehemaliger Mitarbeiter des Zeppelin-Konzerns, ferner der ehemalige Lufthansa-Pilot H.W. von Engel, der als Flugzeugführer der Lufthansa 30mal den Süd- und 20mal den Nordatlantik überquert und nach dem Kriege als Flugbetriebsleiter und Ausbilder bei der spanischen Iberia gearbeitet hatte.
Im September 1951 entstand aus dem bis dahin existierenden Referat ›Luftfahrt‹ eine eigenständige Abteilung Luftfahrt im Bundesverkehrsministerium.
Zwei Monate später setzte das Ministerium einen ›Vorbereitungsausschuß Luftverkehr (VAL)‹ ein, in dem Dr. Weigelt den Vorsitz führte. Dem VAL gehörten vier Vertreter der Länder, einer der Bundespost, einer der Treuhandgesellschaft und ein Ministerialrat aus Bonn an. Im Oktober 1952 legte der VAL der Bundesregierung eine Situationsanalyse und einen Aufbauplan für eine bundesdeutsche Luftverkehrsgesellschaft vor.
Darin wurde darauf hingewiesen, daß mittlerweile immer mehr ausländische Luftverkehrsgesellschaften in Deutschland Luftverkehr betrieben. Zum Zeitpunkt des Gutachtens waren dies nicht weniger als 20 Liniengesellschaften, vier Fracht- und Charter-Unternehmen und vier weitere Gesellschaften, die ihre vorhandene Luftverkehrskonzession für die Bundesrepublik nicht nutzten.
Diese Gesellschaften tätigten 1951 in der Bundesrepublik Umsätze in einer Gesamthöhe von 145 Millionen DM, gaben selbst aber nur rund 50 Millionen DM in der Bundesrepublik aus, wodurch die Devisenbilanz stark belastet wurde. Eine Studie des Büros Bongers zeigte zudem, daß für die deutsche Wirtschaft Verkehrsverbindungen nach Nord- und Südamerika, Mittel- und Fernost, Afrika und nicht zuletzt zu den Zentren Europas bedeutend waren.
Dementsprechend wurde in Entwicklungsstufen ein Streckenplan erarbeitet. Innerhalb Europas sollten Strecken zu den nördlichen und westlichen Nachbarn Priorität genießen. Italien und die iberische Halbinsel sollten dann folgen. Interkontinental nahmen die USA den ersten Platz ein. In der Stufe 2 wollte man über Spanien und Dakar nach Südamerika fliegen. Stufe 3 bildete der Nahe Osten bis Teheran, während die Fernost-Verbindungen bis Bangkok die Stufe 4 des Streckenausbauplanes bildeten.
Ursprünglich glaubte man, bereits 1953 den Flugbetrieb aufnehmen zu können, wobei man sich in den ersten beiden Jahren auf zweimotorige Maschinen beschränken wollte. Erst im dritten Betriebsjahr sollten Viermotorige hinzukommen. Über die Schwierigkeiten beim Wiederaufbau war man sich angesichts des Vorsprunges der ausländischen Gesellschaften durchaus im Klaren und erwartete frühestens für das siebte Betriebsjahr eine Kostendeckung. Bis dahin sollten die Kosten von zehn Millionen DM im ersten Jahr auf

schließlich 130 Millionen DM steigen. Der Kapitalbedarf für die Errichtung des geplanten deutschen Luftverkehrs-Unternehmens wurde auf 140–150 Millionen DM veranschlagt, wovon ca. 130 Millionen in US-Dollar aufzubringen seien.
Eine Kardinalfrage war die Wahl des Fluggerätes. Insgesamt wollte man je zwölf zwei- und viermotorige Flugzeuge erwerben, wobei der VAL den Kauf erprobten Fluggerätes empfahl.
Eine direkte Kaufempfehlung enthielt das Memorandum des VAL allerdings nicht, man beschränkte sich klugerweise auf eine Analyse der Flotten von vier führenden US- und sieben europäischen Gesellschaften.
Bei den Kurzstrecken-Maschinen dominierten damals zwar noch die betagten Douglas DC-3 respektive C-47, die militärische Version der DC-3, mit insgesamt 267 Exemplaren. Auf Platz 2 hielten jedoch die modernen Convair 240 und 340 mit 120 eingesetzten und 53 weiteren Bestellungen für die Convair 340 eine gute Position. Auf Platz 3 lag die Martin 4-0-4. Als in absehbarer Zeit aktuell werdendes Flugzeug bot sich die für Mittelstrecken konzipierte Vickers Viscount 814 an, für die damals bereits 38 Bestellungen vorlagen. Diese Maschine besaß vier Propeller-Turbinen als Antrieb. Den Langstreckenmarkt beherrschte Douglas mit 156 DC-4, vor 139 Lockheed Constellation und weiteren 120 DC-6, von deren verbessertem Nachfolgemuster DC-6B weitere 39 Maschinen bereits im Einsatz waren. Auch im Hinblick auf die Bestellungen lag Douglas mit neun DC-6A, 82 DC-6B und 50 DC-7 deutlich vorn. Für die Lockheed Super Constellation lagen dagegen nur 32 Bestellungen vor, für die Comet Jets insgesamt 20.
Diese Analyse legte eigentlich bei der Beschaffung des Fluggerätes die Wahl von Convair-Maschinen auf der Kurzstrecke und von Douglas-Flugzeugen für die Langstrecken-Ausrüstung nahe.
Diese Wunschvorstellung ließ sich jedoch nicht vollständig verwirklichen, denn einmal waren die Auftragsbücher von Douglas wohl gefüllt und zum anderen war die Finanzlage des neu zu gründenden deutschen Luftverkehrs-Unternehmens nicht so, daß man aus dem vollen schöpfen konnte. Man war auf günstige Kredite angewiesen. Außerdem vollzog sich der Neuaufbau keineswegs so schnell, wie man gehofft hatte.
Am 15. März zog das inzwischen weiter gewachsene Büro Bongers in die alte Kölner Universität um, wo auch die am 6. Januar 1953 – nicht von ungefähr dem Jahrestag der Gründung der alten Lufthansa – gegründete Aktiengesellschaft für Luftverkehrsbedarf (Luftag) einzog. Die Luftag bildete die Keimzelle des neuen deutschen Luftverkehrs-Unternehmens und war mit einem bescheidenen Kapital von sechs Millionen DM ausgestattet. Dieses Kapital stellten der Bund, die Bundesbahn und das Land Nordrhein-Westfalen. Dr. Kurt Weigelt wurde zum Vorsitzenden des Aufsichtsrates berufen. Den Vorstand bildeten Hans M. Bongers und Dipl.-Ing. Gerhard Höltje. Am 16. November 1953 wurde das Kapital der Luftag auf Beschluß der Hauptversammlung auf 25 Millionen erhöht, woran sich auch 125 Privataktionäre beteiligten, die zusammen etwa zehn Prozent des neuen Aktienkapitals zeichneten.
Gleichzeitig bestellte die Luftag im November 1953, obwohl die Kontrollbestimmungen der Alliierten Deutschen immer noch den Besitz und Betrieb von Flugzeugen verboten, je vier zwei- und viermotorige Streckenflugzeuge. Die Wahl fiel auf die Convair 340 und die Lockheed Super Constellation L 1049E.
Dieser Kauf stand im Widerspruch zu den aus der zuvor zitierten Flottenanalyse zu ziehenden Schlüssen. Die naheliegende Entscheidung für die DC-6B ließ sich angesichts des Auftragsbooms bei Douglas nicht verwirklichen, außerdem bot Lockheed nicht nur günstigere Lieferzeiten, sondern auch günstigere, langfristige Kredite. Diesem Gesichtspunkt mußte man schließlich auch den Vorteil der homogenen (gleichartigen) Triebwerksausstattung von DC-6B und Convair 340 opfern. Neben den acht Streckenflugzeugen orderte die Luftag außerdem bei SAAB in Schweden zwei Schulflugzeuge. In Hamburg wurde in Abstimmung mit dem Senat die Planung von Wartungsbetrieben aufgenommen.
Das Cockpit-Personal sollten ehemalige Lufthansa-Kapitäne bilden, die man in England auf modernes Fluggerät umschulen ließ. Mittlerweile schrieb man bereits das Jahr 1954. Man flog immer noch nicht. Am 6. August 1954 wurde jedoch die Luftag in »Deutsche Lufthansa Aktiengesellschaft« umbenannt und das Aktienkapital noch einmal auf nunmehr 50 Millionen DM erhöht.
Ausnahmegenehmigungen ermöglichten den Kauf von Linktrainern und Fluggerät wie auch die Schulung des fliegenden Personals. Fast ein halbes Jahr dauerte es,

bis die am 25. August 1954 von Adenauer brieflich erbetene Einfuhrerlaubnis für die ersten Convair-Maschinen erteilt wurde. Sie erlaubte zugleich den Einsatz der Maschinen zu Schulungszwecken, nicht aber zum Linienverkehr. Auf die Einfuhrerlaubnis für die vier bestellten Super Constellations mußte die Lufthansa sogar bis zum 1. März 1955 warten. Eine Ausnahmegenehmigung der Alliierten Hohen Kommission ermöglichte schließlich die Aufnahme des kommerziellen Luftverkehrs in Deutschland, der am 1. April 1955 um 7.40 Uhr mit der Convair 340 D-ACEF mit einem amerikanischen Kapitän auf dem Kommandantensitz und dem Lufthansa-Piloten Nonnenberg als ›Co‹ eröffnet wurde. Die D-ACEF flog an diesem Tage Düsseldorf, Frankfurt und München an und kehrte abends wieder nach Hamburg zurück.
Am 5. Mai 1955 fielen schließlich die letzten Beschränkungen. Nach Ratifizierung der Pariser Verträge hatte die Bundesrepublik ihre Lufthoheit wiedergewonnen, so daß die Bundesregierung der Lufthansa die Erlaubnis zur Aufnahme des europäischen Linienverkehrs zum 15. Mai 1955 erteilen konnte. Erste Auslandsziele wurden London, Paris und Madrid.
Nachdem die erste ›Super Conny‹ am 29. März 1955 in Hamburg eingetroffen war und im Mai Probeflüge über dem Nordatlantik durchgeführt worden waren, konnte am 8. Juni 1955 die Strecke Hamburg – Düsseldorf – Shannon – New York eröffnet werden.
Am 29. Juni 1955 wurde die Lufthansa, die bereits 1954 als Beobachter zu den IATA-Konferenzen eingeladen worden war, ordentliches Mitglied im internationalen Verband der Linienfluggesellschaften.

Zur Finanzierung des Flottenausbaus wurde am 4. Oktober 1955 das Aktienkapital der Lufthansa erneut erhöht und betrug nun 80 Millionen DM.

Am 23. Dezember 1955 beteiligte sich die Lufthansa mit 26 Prozent an der neugegründeten Bedarfsfluggesellschaft »Deutsche Flugdienst GmbH« mit Sitz in Frankfurt, die am 29. März 1956 ihren Flugbetrieb mit drei zweimotorigen Vickers Viking aufnahm und später einmal die Basis für die Lufthansa-Tochter ›Condor Flugdienst GmbH‹ bilden sollte, deren Kurzzeichen DF noch heute auf ihre Anfänge hinweist.

Der späte Eintritt in den Luftverkehr erschwerte den Start der Lufthansa erheblich. Dennoch zeichnete sich ein stetiger Aufstieg ab, der das Unternehmen in den siebziger Jahren in die Spitzengruppe der internationalen Liniengesellschaften aufrücken ließ. Wichtige Etappen auf diesem Weg waren die Umstellung der Flotte auf Strahlturbinenflugzeuge, die 1960 begann, und das achte Betriebsjahr 1963, in dem erstmals ein bescheidener Gewinn von 80000 DM erwirtschaftet werden konnte. Ein Jahr später verzeichnete der Jahresbericht bereits einen Gewinn von 35,8 Millionen. Dieser Aufwärtstrend setzte sich in der Folgezeit fort und war nicht zuletzt das Resultat einer marktorientierten Flottenpolitik, bei der sich das Unternehmen durch turnusmäßigen Ersatz älterer Maschinen durch modernere, wirtschaftlichere und auch umweltfreundlichere Muster eine konkurrenzfähige Flotte aufbaute, die im Sommer 1980 insgesamt 93 (zuzüglich 17 bei der Condor und vier bei der German Cargo) Jets umfaßt.

Die Convair 440-88 »D-ACAP« der Lufthansa.

Die folgende Doppelseite zeigt:

Oben links: Elegant und schlank, die Super Star L.1649, die ohne Zusatztanks Transatlantik-Reichweite hatte.

Mitte links: Eine L.1049G der Lufthansa ohne Zusatztanks an den Flächenspitzen. Die Landeklappen sind voll ausgefahren.

Unten links: Die Lockheed Super Constellation L.1049G D-ALID traf als letzte der bestellten Maschinen dieses Typs am 10. August 1956 in Hamburg ein. Sie hatte Tip-Tanks für den Langstrecken-Einsatz. Im Hintergrund steht die D-ACAP, die vierte Convair 440-88 der Lufthansa.

Oben rechts: Die D-ANUN, die erste Lufthansa-Viscount im Reiseflug.

Unten rechts: Die D-ANAD war die dritte Viscount 814D der Lufthansa. Die Vickers Viscount kam auf Mittelstrecken zum Einsatz und flog bis 1971 bei Lufthansa.

LUFTHANSA

LUFTHANSA

LUFTHANSA

LUFTHANSA

LUFTHANSA
D-ABOF
D-ABOF

Lufthansa

Linke Seite:

Oben: Die D-ABOF gehörte zu den frühen Boeing 707-430 der Lufthansa. Sie hatte Rolls-Royce Conway Triebwerke, die an ihrem typischen Schalldämpfer leicht zu erkennen sind. Weitere Merkmale, die das Gesicht dieses Typs prägten, waren die große Kielflosse und der Antennenmast an der Leitwerksoberkante.

Unten: Die 707-430 Berlin in moderner Lufthansa-Bemalung.

Rechts: Das Kennzeichen der ersten Boeing 707-330B mit Pratt & Whitney-Triebwerken wurde von D-ABOS in D-ABOV geändert. Gut zu erkennen sind die Pratt & Whitney-Triebwerke dieser Version.

Die Boeing 707-330B »Stuttgart« D-ABUB wird in Köln/Bonn betankt und beladen.

Oben: Die D-ABUA kam von der Lufthansa zur Fracht-Charter-Tochter »German Cargo«. Sie besaß im Sommer vier Boeing 707-330 C. Zu diesem Typ gehört auch die D-ABUA, die hier gerade beladen wird.

Links: 1985 schlug auch bei German Cargo die Abschiedsstunde für die Boeing 707. Sie wurde seit August 1984 schrittweise durch DC8-73 mit CFM 56-Triebwerken abgelöst.

Große und kleine Schwester im Verbandsflug: vorn die Boeing 707-430 D-ABOG und dahinter die Mittelstrecken-Maschine Boeing 720-030B mit dem Kennzeichen D-ABOH, die als erste Maschine dieses Typs zur Lufthansa kam.

Eingeklinktes Bild: Die D-ABON in Paris-Orly. Dieses Flugzeug kam als fünfte Boeing 720B im Januar 1962 zur Lufthansa.

Unten: Die erste Boeing 720B D-ABOH kam am 8. März 1961 zur Lufthansa.

LUFTHANSA
D-ABOG
BOEING

LUFTHANSA
BOEING JET 720
LUFTHANSA

Typisch für die Boeing 727 Europa Jet ist das hoch aufragende T-Leitwerk. Hier eine Parade von Boeing 727-30, die heute bereits alle durch modernere Versionen ersetzt sind (oben).

Neuestes und leistungsfähigstes Modell der Boeing 727 Europa Jet ist die Version 727-230 advanced, von Lufthansa auch als 727E bezeichnet. Hier die D-ABHI, das erste Flugzeug dieser Ausführung, das am 22. Mai 1972 übernommen wurde und den Namen »Mönchengladbach« trägt.

Umwandlung einer 727 Europa Jet zum Frachter. Die auf Paletten montierten Sitze werden entriegelt und ausgebaut, die Ablagen über den Sitzen hochgeklappt. Dann kann die Fracht kommen (rechts).

Nachts wurden die QC-Versionen zu Frachtern. Hier die D-ABIX, eine 727-30C (QC) beim nächtlichen Entladen. Auch diese Maschine hat inzwischen einer gestreckten 727 Platz gemacht (rechts).

Lufthansa
D-ABHI

Luft

Lufthansa
D-ABEF

ER
Lufthansa
Lufthansa
D-ABER
Goslar
City Jet 737
BOEING 737
ER

Die D-ABCE Landshut war die zweite Maschine der gestreckten 737, die als 737-230C oder kurz 737C bezeichnet wird. Diese Maschinen kamen ab 1970 zum Einsatz.

Linke Seite, oben: Die Boeing 737 wurde weitgehend nach den Spezifikationen der Lufthansa entwickelt und auch von Lufthansa zuerst eingesetzt. Hier die Grundausführung 737-130 (737A) D-ABEF »Kempten«.
Linke Seite, unten: Der City Jet, hier die 737-130 Goslar (D-ABER) hat hier noch zwei bordeigene Fluggasttreppen. Die vordere Treppe wurde 1973 bei der 737-130 und 737-230 ausgebaut.

Die D-ABYA, eine 747-130, war der erste Lufthansa-Jumbo. Hier ein in USA aufgenommenes Foto, auf dem die Maschine noch ihre US-Übergangsregistrierung N1800B trägt.

Rechte Seite: Die Boeing 747 B/SL kam 1976 in zwei ersten Exemplaren zur Lufthansa. Hier die D-ABYL »Saarland«, die dritte Maschine dieses Typs. Die Maschine ist von den übrigen 747 leicht durch ihre große Frachttür am Heck, ihre zehn Fenster im Oberdeck und die tonnenförmigen Triebwerke zu unterscheiden.

Unten: Das Cockpit der 747 B/SL.

Unten ganz rechts: 50 Jahre Luftverkehrsgeschichte repräsentiert die von der Lufthansa angekaufte und restaurierte Junkers Ju 52/3m, die 1936 bei der Lufthansa als D-AQUI erstmals zum Einsatz kam und sich hier beim ersten Roll-out am 7. Januar 1986 im historischen Gewand präsentiert. Sie fliegt jetzt wieder als D-CDLH.

Lufthansa
YL

Lufthansa
6
7
8
9
10
D-AQUI

Zum Beladen klappt der Jumbo-Frachter den Rumpfbug hoch, so daß der volle Rumpfquerschnitt offenliegt (links).

Auf Gleitrollen wandern die riesigen Container an ihren endgültigen Platz. Die Bodenrollen sind angetrieben und bringen so die tonnenschweren Frachtstücke leicht und schnell an Ort und Stelle (unten).

Beladen des neuen Jumbofrachters D-ABYO, der über eine zusätzliche seitliche Frachttür verfügt (rechts).

Rechte Seite:

Die D-ADKO wurde als neunte DC 10-30 am 31. März 1975 von der Lufthansa übernommen. Auch hier ist das Mittelfahrwerk unter dem Rumpf gut sichtbar.

Mitte: Triebwerkswechsel an einer Lufthansa DC 10-30 mit einem speziellen Heißgeschirr.

Ein vertrautes Gesicht: die DC 10-30 der Lufthansa. Hier ist das Zusatzfahrwerk in der Rumpfmitte deutlich zu erkennen.

Lufthansa

Lufthansa

Lufthansa

Lufthansa
D-AIAA
Airbus A300

Lufthansa

Flugzeugtypen ab 1955

Linke Seite: Der erste Lufthansa Airbus A 300B-2 D-AIAA »Garmisch-Partenkirchen« im Reiseflug. Am Tragflügel sind die Klappen deutlich sichtbar.

Unten links: Der Airbus A 310 wird von der Lufthansa auf Mittel- und Kurzstrecken eingesetzt. Ein neuer, transsonischer Flügel, weiterentwickelte Triebwerke und ein digitales »Zwei-Mann«-Cockpit zeichnen dieses fortschrittliche, umweltfreundliche Flugzeug aus. Hier die D-AICK »Westerland«, die siebte A 310 der Lufthansa.

Unten rechts: Mit dem Airbus A 310 wurde das moderne Zwei-Mann-Cockpit Wirklichkeit, das mit seinen Bildschirm-Displays für viel Übersicht und eine schnelle, umfassende Information der Cockpit-Crew sorgt.

Convair 340/440 ›Metropolitan‹ 1954–1968

Die Convair CV340-68 war das erste Streckenflugzeug der 1955 ihren Flugbetrieb aufnehmenden neuen Lufthansa. Die Geschichte dieses Flugzeugtyps begann gegen Kriegsende, als American Airlines nach einem zweimotorigen Kurzstreckenflugzeug moderner Bauart suchten. Die Firma Convair, die am 17. März 1943 durch Zusammenschluß der Flugzeugwerke Consolidated Aircraft Corporation und Vultee Aircraft Inc. zur *Con*solidated *V*ultee *Air*craft Corporation entstanden war, entwickelte ein entsprechendes Flugzeug, das zwar wie die DC-3, die es ablösen sollte, ein zweimotoriger Tiefdecker war, aber im Gegensatz zu dem bereits recht betagten Douglas-Entwurf kein herkömmliches Zweibein-Fahrwerk mit Spornrad, sondern ein modernes Dreibein-Fahrwerk besaß. Somit mußten die Passagiere beim Betreten und Verlassen des Flugzeuges nicht mehr auf einer schiefen Ebene gehen.
Der Prototyp, der die Bezeichnung CV 110 trug, flog am 8. Juli 1946 zum erstenmal, konnte aber seine Konstrukteure nicht befriedigen.
Als verbesserte Weiterentwicklung entstand in nur sieben Monaten die CV240, die am 16. März 1947 zum erstenmal flog und im November 1947 ihre Musterzulassung erhielt.
Die Konstruktion des Ganzmetall-Tiefdeckers war an sich kaum revolutionär, besaß aber ein Novum, das speziell für den rationellen Kurzstreckenverkehr interessant war: eine bordeigene Fluggasttreppe, wodurch die Abfertigung der Maschinen unter Verzicht auf mobile Fluggasttreppen beschleunigt werden konnte. Die erste Serien-Convair CV 240 wurde im Februar 1948 an American Airlines geliefert und kam im Juli des gleichen Jahres erstmals zum Einsatz. Insgesamt 176 Exemplare dieses Typs kamen in der Folgezeit bei verschiedenen Luftverkehrsgesellschaften im Liniendienst zum Einsatz. Fast 400 weitere Maschinen wurden an militärische Abnehmer und Privatfirmen geliefert.
Das wachsende Passagieraufkommen erforderte zu Beginn der fünfziger Jahre eine größere Sitzkapazität, und so wurde die CV240 durch Verlängerung des Rumpfes um 1,37 m gestreckt, wodurch nun 44 statt 40 Passagiere befördert werden konnten. Gleichzeitig wurde auch die Spannweite um 2,14 m vergrößert, wodurch sich die Flügelfläche von 75,90 m^2 auf 85,50 m^2 steigerte und die Flächenbelastung trotz eines deutlich erhöhten Startgewichtes geringfügig von 249,80 kg/m^2 auf 249,27 kg/m^2 gesenkt werden konnte. Die ebenfalls mit zwei je 2400 PS (1766,4 kW) abgebenden 18-Zylinder Pratt & Whitney Doppelsternmotoren ausgestattete, durch ein 40-cm-Einschubstück vor und ein 97-cm-Stück hinter dem Flügel verlängerte CV340 flog am 5. Oktober 1951 zum erstenmal und erhielt am 28. März 1952 ihre Typenzulassung. Im gleichen Monat gelangten die ersten von 209 im zivilen Luftverkehr eingesetzten Maschinen dieses Typs zum Einsatz.
Zu diesem Abnehmerkreis gehörte auch die Deutsche Lufthansa AG., die, noch als Luftag firmierend, im November 1953 vier Maschinen des Typs CV340 bestellt hatte, diese aber wegen der zunächst fehlenden Einfuhrgenehmigung erst ab November 1954 übernehmen konnte. Mit der D-ACEF erfolgte am 1. April 1955 die Aufnahme des innerdeutschen Luftverkehrs.
Inzwischen reifte bei Convair eine weiter verbesserte Version der erfolgreichen Kurzstreckenmaschine heran, die CV440, die den Beinahmen ›Metropolitan‹ erhielt. Der Prototyp dieser Ausführung flog am 6. Oktober 1955 zum erstenmal, die erste Serienmaschine wurde am 15. Dezember 1955 ausgeliefert.
Gegenüber dem Vorläufermodell hatte die ›Metropolitan‹ eine etwas größere Reisegeschwindigkeit, ein höheres Startgewicht und eine auf 2 x 2535 PS (1865,8 kW) gesteigerte Antriebsleistung. Die gesteigerte Startmasse erlaubte eine Passagierzahl von maximal 52. Die Lufthansa flog diesen Typ mit 50 Sitzen. Als besonderer Vorteil für die Passagiere erwies sich eine erhebliche Verminderung des Geräuschpegels in der Kabine, die durch eine Neukonstruktion der Motorenabgasanlage erzielt werden konnte. Die Motorgondeln der ›Metropolitan‹ gingen in einen als Schubdüse ausgebildeten Auspuff über.

Aufnahme des Flugbetriebes der neuen Lufthansa am 1. April 1955 mit der Convair CV 340, die das Kennzeichen D-ACEF trug.

D-ACIG
LUFTHANSA

LUFTHANSA
D-ACIB
Metropolitan

Die ersten beiden ›Metropolitans‹ D-ACIB und D-ACUM landeten am 2. April 1957 auf dem Flughafen Hamburg-Fuhlsbüttel, wo sie um 14.17 bzw. 14.26 Uhr nach einem langen Überführungsflug von San Diego aufsetzten und von Lufthansa-Vertretern und der Presse begrüßt wurden. Der Etappenflug führte von San Diego nach Kansas City (5 h 44 min.), von dort nach New York (4 h 12 min.) und weiter nach Goosebay (5 h 05 min.). Von dort wurde in 6 h und 40 min. Keflawik erreicht. Die letzte Etappe bis Hamburg nahm weitere 6 Stunden und 15 Minuten in Anspruch.

Die beiden Maschinen wurden zur Eröffnung des Sommerflugplanes am 14. April 1957 auf der neuen Strecke nach Zürich und ab 28. April im Liniendienst nach Wien eingesetzt. Drei weitere Maschinen des gleichen Typs erhöhten den Bestand an zweimotorigen Convair-Maschinen im Herbst des gleichen Jahres auf insgesamt neun. Die vier vorhandenen CV340 wurden im Winter 1957/58 durch einen Umrüstsatz, den Convair entwikkelt hatte, auf den Standard der CV440 gebracht. Zwei weitere Convair CV440-0 brachten die Kurzstreckenflotte der Lufthansa 1961 schließlich auf 11 Exemplare. Im gleichen Jahr wurde von der Lufthansa auch der Nacht-Luftpostverkehr eingerichtet, an dem neben Maschinen vom Typ Vickers Viscount 814D auch Convair-Maschinen teilhatten. Sternpunkt des Nachtluftpostnetzes wurde Frankfurt, wo ab 1. September 1961 an fünf Wochentagen Lufthansa-Flugzeuge aus Hamburg, Bremen, Hannover, Düsseldorf, Köln, Stuttgart, Nürnberg und München um Mitternacht ihre in Säcken auf den Passagiersitzen beförderten Postsendungen austauschten und mit der für ihre Zielorte bestimmten Postfracht zu ihren Ausgangspunkten zurückflogen. Die Länge dieses Nachtpostnetzes betrug 2137 km.

Am 14. Juli 1968 zog die Lufthansa ihre letzte Convair 440 aus dem Dienst. Auch auf der Kurzstrecke hatte für die Lufthansa das Jet-Zeitalter begonnen. An die Stelle der Propellerflugzeuge traten zweistrahlige Boeing 737 City Jets.

Oben: Die CV 340-Maschinen wurden ab 1958 in die Version CV-440 umgerüstet. Hier die am 18. Oktober 1954 übernommene D-ACIG.

Außen links: Die D-ACIB war die erste »echte« CV 440 Metropolitan der Lufthansa.

Links: Eine wichtige Neuerung: Die bordeigene Passagiertreppe.

Technische Daten:

Typ:	**Convair CV 340 »Convair Liner«**	**Convair CV 440 »Metropolitan«**
Hersteller:	Consolidated Vultee Aircraft Corporation (Convair), San Diego USA	
Modellbezeichnungen:	CV 340-68 / CV 440-88 / CV 440-0	
Anschaffungswert:	3,40 Millionen US-Dollar (1969)	
Produktionszahl:	209 (zivil)	153 (zivil)
Erstflug:	5. 10. 1951	6. 10. 1955
Besatzung:	2+2	2+2
Passagiere:	44	48 – 50
Bauweise:	Rumpf mit kreisrundem Querschnitt in Ganzmetall-Bauweise, Druckkabine, bordeigene Fluggasttreppe. Tragflächen: freitragend, zweiholmig in Tiefdecker-Anordnung, thermische Enteisung, schlanker Trapezgrundriß mit 4° Pfeilung und 6,3° V-Form. Leitwerk gerade, Trapezgrundriß, freitragend mit thermischer Enteisung und Trimmklappen. Fahrwerk: einziehbares Bugradfahrwerk, Bug- und Hauptfahrwerke zwillingsbereift. Hauptfahrwerke werden nach vorn eingezogen in Motorgondeln das Bugrad nach vorn in den Rumpfbug. Bugrad steuerbar und mit blockiersicheren Bremsen. (Lufthansa-Maschinen hatten Bugradfahrwerk ohne Bremsen)	
Spannweite:	32,10 m	32,10 m
Länge:	24,10 m	24,10 m
Höhe:	8,59 m	8,59 m
Frachtraum:	10,84 m^3	9,44 m^3
Rüstgewicht:	13 282 kg	14 200 kg
Nutzlast:		4900 kg bei 580 km Reichweite 2100 kg bei 2800 km Reichweite
Startgewicht:	21 320 kg	22 540 kg
Flügelfläche:	85,5 m^2	85,5 m^2
Flächenbelastung:	249,36 kg/m^2	263,63 kg/m^2
Reisegeschwindigkeit:	448 km/h	458 km/h
Höchstgeschwindigkeit:	504 km/h	504 km/h
Landegeschwindigkeit:	183 km/h	183 km/h
Startbahnlänge:	1425 m	1737 m
Landebahnlänge:	1370 m	1235 m
Steigleistung:	213 m/min.	366 m/min.
Reiseflughöhe:	5468 m	5486 m
Gipfelhöhe:	7200 m	7770 m
Reichweite:		2800 km mit 2,1 t Nutzlast
Technische Besonderheiten:	Druckkabine, bordeigene Fluggasttreppe	Druckkabine, bordeigene Fluggasttreppe.
Motoren:	2×Pratt & Whitney R-2800-CB 16 mit je 2400 PS (1766,4 kW) mit Wassereinspritzung, Dreiblatt-Hamilton-Standard-Hydromatic-Propeller	2×Pratt & Whitney R-2800-CB 17 Double Wasp mit je 2535 PS (1841,3 kW) mit Wassereinspritzung, Dreiblatt-Hamilton-Standard-Hydromatic-Propeller
Tankinhalt:		6550 l

Lufthansa-Einsatzdaten:

Erster Einsatz:	ab April 1955 auf Strecke
Stückzahlen bei Lufthansa:	
Bei Einführung:	4/1954 (CV 340)
Größter Bestand:	11/1961–65 (umgerüstete CV 340 und neue CV 440)
Bei Außerdienststellung:	10/1968

Rißzeichnung Convair CV 340, Maßstab 1:250

Übersicht über die Convair CV 340- und CV 440-Maschinen der Lufthansa

Kennzeichen / Typ	Werk-Nr.	Abnahmedatum	Verbleib
D-ACAD CV 340-68*	198	20. 8. 54	Außerdienststellung am 12. 4. 68, Verkauft anGeneral Air am 18. 4. 69
D-ACEF CV 340-68*	210	26. 10. 54	Außerdienststellung am 31. 5. 68. Verkauft an General Air am 18. 4. 69
D-ACIG CV 340-68*	211	18. 10. 54	Außerdienststellung am 28. 1. 68. Verkauft an Jugoslovenski Aerotransport (JAT) am 17. 3. 69
D-ACOH CV 340-68*	213	28. 10. 54	Außerdienststellung am 10. 3. 68, Verkauft an Tellair am 12. 3. 69. Nach Rücknahme abgegeben an General Air am 1. 2. 1971, am 1. 2. 1971 nach Rücknahme der D-ACAD, die am 1. 2. 71 an Boutagy & Sons verkauft wurde.
D-ACIB CV 440-88	408	31. 3. 57	Außerdienststellung am 3. 5. 68. Verkauft an Air Algérie am 21. 6. 68
D-ACUM CV 440-88	409	31. 3. 57	Außerdienststellung am 26. 4. 68. Verkauft an Air Algérie am 21. 6. 68
D-ACYL CV 440-88	448	8. 8. 57	Außerdienststellung am 14. 6. 68. Verkauft an Tellair am 17. 3. 69
D-ACAP CV 440-88	451	16. 8. 57	Außerdienststellung am 14. 6. 68. Verkauft an Air Algérie am 21. 6. 68
D-ACEX CV 440-88	460	17. 9. 57	Außerdienststellung am 24. 5. 68. Verkauft an Air Algérie am 21. 6. 68
D-ACAT** CV 440-0	464	ehemals D-ABAB der Condor-Luftreederei 1. 11. 1961	Totalverlust durch Absturz im Linienverkehr beim Anflug auf Bremen 1964 (46 Opfer)
D-ACEK** CV 440-0	470	ehemals D-ADIL der Condor-Luftreederei 1. 11. 61	Außerdienststellung am 21. 1. 68. Verkauft an Jugoslovenski Aerotransport (JAT) am 5. 4. 68

* im Winter 1957/58 auf Standard der CV 440 umgebaut.

** Diese beiden Maschinen hatten zwar Radarnasen, verfügten jedoch nicht über die entsprechende elektrische Ausrüstung.

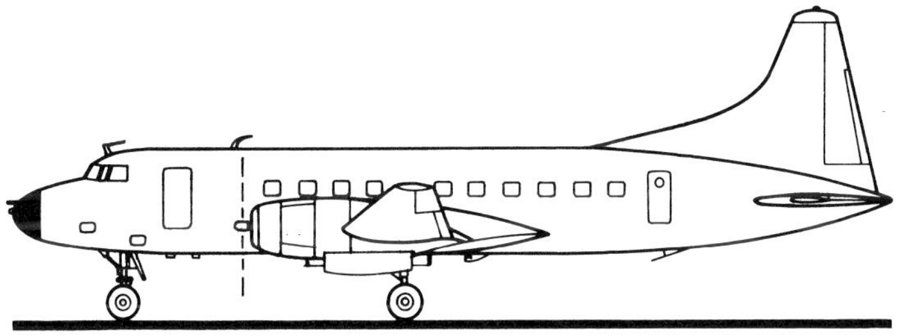

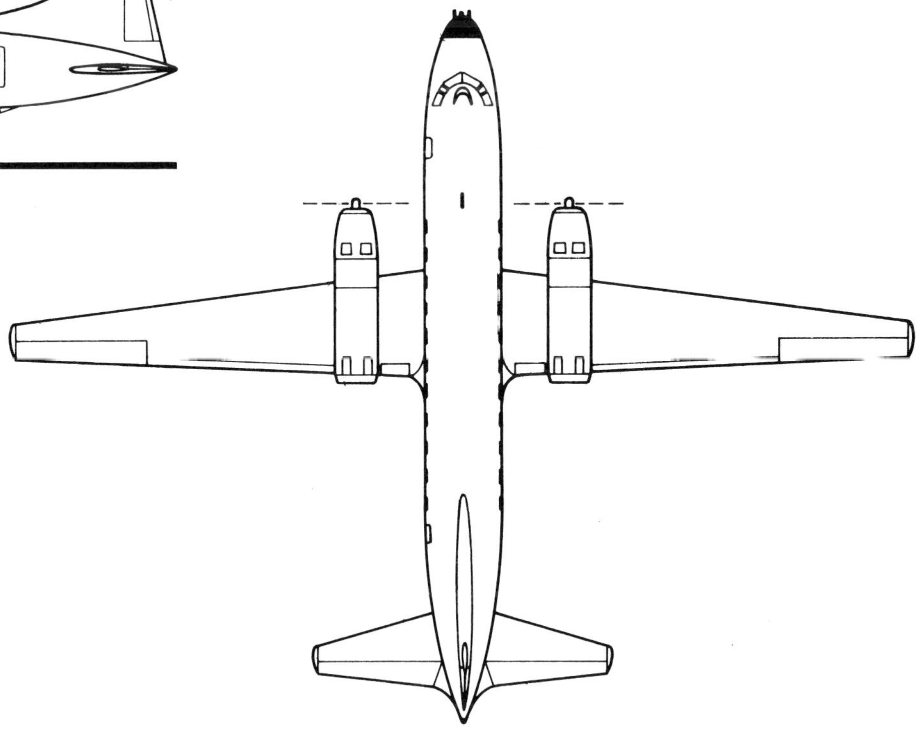

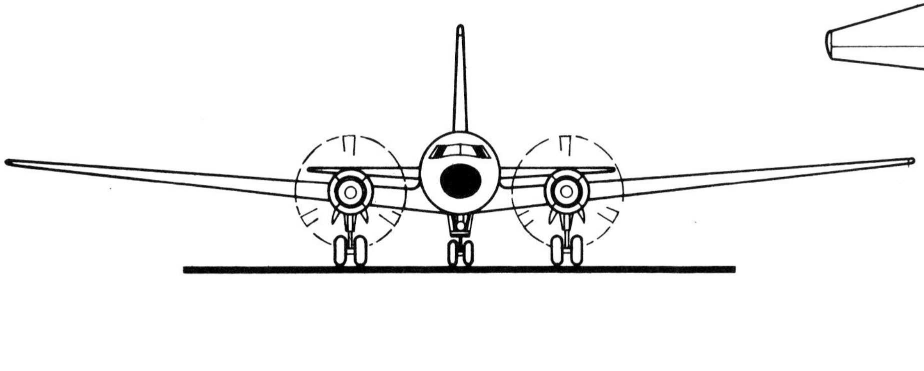

Lockheed Super Constellation und Super Star 1955–1967

Die Geschichte der Firma Lockheed reicht bis in die Pionierzeit des kommerziellen Flugzeugbaues zurück. Bereits 1916 wurden Lockheed-Flugzeuge gebaut. Allan and Malcolm Loughead, eines der zahlreichen Brüderpaare, die Luftfahrtgeschichte machten, konstruierten und bauten damals in Santa Barbara in Kalifornien große Flugboote. Der heutige Firmenname entstand durch Umformung der phonetischen Aussprache des Gründernamens, der wie ›Log Head‹ gesprochen wurde, zu einem kantigen, griffigen und zugleich einprägsamen Namen, den Howard Hughes 1938 mit seiner Weltumrundung in einer Lockheed 14 innerhalb von 90 Stunden, die er für seinen aufsehenerregenden Flug benötigte, weltberühmt machen sollte.
Eben jener Howard Hughes war in den dreißiger Jahren Mehrheitsaktionär der Transcontinental & Western Air, die am 17. Mai 1950 ihren Namen in Trans World Airlines (TWA) ändern sollte. Hughes wandte sich im Juni 1939 mit der Forderung nach einem überlegenen Langstrekken-Flugzeug an Lockheed. Es sollte im transkontinentalen Verkehr mit einer sechsköpfigen Besatzung eine Nutzlast von 2720 kg mit einer Geschwindigkeit von 400–480 km/h über eine Distanz von 5600 km befördern können. Etwa gleichzeitig standen übrigens die DC-4 bei Douglas und die Boeing 307 Stratoliner im Versuchsstadium.
Lockheed Chefkonstrukteur Hall Hibbard wählte für die nach Hughes' Vorstellungen zu entwickelnde Maschine vier Wrigt R-3350 Cyclone 18-Triebwerke mit einer Startleistung von 2200 PS (1619,2 kW), die für den Reiseflug gedrosselt bei einem außerordentlich geringen Treibstoffverbrauch immer noch 1400 PS (1030,4 kW) abgaben. Als Vorbild für die Maschine mit dem schlanken Spindelrumpf dienten die schlanken Flächen des zweimotorigen Jagdbombers P-38 Lightning, ebenfalls einer Lockheed-Entwicklung.
Als die Konstruktion des neuen viermotorigen Verkehrsflugzeuges beinahe abgeschlossen war, meldeten auch Pan American Airways ihr Interesse an der Constellation an. Zu Beginn des Jahres 1940 lagen bereits 40 Bestellungen für die L.049 vor, die bislang nur auf dem Reißbrett existierte.
Der japanische Überfall auf Pearl Harbour im Jahre 1941 bereitete zunächst allen zivilen Einsatzplänen ein vorzeitiges Ende. Als XC-69 machte die erste Constellation am 9. Januar 1943 ihren Jungfernflug als Prototyp eines überaus erfolgreichen Militärtransporters. Im Juli 1943 wurde der Prototyp an die US-Air Force ausgeliefert, das erste Serienflugzeug folgte im April 1944, zwei weitere im Oktober des gleichen Jahres. Die Luftwaffe steckte ihre Ziele rasch höher und verlangte eine Langstrecken-Maschine, die nicht weniger als 94 Soldaten auf Bänken und eine sechsköpfige Besatzung an Bord nehmen sollte. Diesen Sprung schafften die Lockheed-Konstrukteure zwar nicht, aber aus der verbesserten C-69B entwickelten sie die Version C-69G, die immerhin 43 ausgerüstete Soldaten in üblichen Fluggastsitzen befördern konnte und als schnelles Verbindungsflugzeug dienen sollte. Bis zum Waffenstillstand wurden insgesamt 20 Constellations an die Luftwaffe abgeliefert. Dann konnte sich Lockheed wieder dem ursprünglichen Entwicklungsziel, dem Langstrecken-Passagierflugzeug, widmen. Die ersten beiden zivilen L.049 Constellations wurden zu Beginn des Jahres 1946 an TWA und PanAm ausgeliefert, die zusammen insgesamt 49 Exemplaren dieses Typs erhielten. Weitere Maschinen gingen an American Overseas Airlines, Air France, KLM, BOAC, Linea Aeropostal sowie als C-69A an die Army Air Forces.
Das nächste Baumuster der Constellation-Familie war die L.149. Sie hatte ein Startgewicht von 45 400 kg gegenüber 39 300 kg der ersten L.049 und außerdem Zusatztanks im Außenflügel.
Auf sie folgte der Typ L.649 mit den neuen Wright C-I-8-BD-I-Triebwerken, die beim Start 2500 PS (1840 kW) abgaben.
Den nächsten Schritt markierte die Version L.749A mit einem weiter gesteigerten Abfluggewicht und weiteren Zusatztanks im Außenflügel, die ihr die größte Reichweite aller Constellation-Typen mit 4025 km verliehen.

Die L. 1049G D-ALAP mit der Erstbemalung.

Links: Die gleiche Maschine mit den charakteristischen Tip-Tanks und einer neueren Lufthansa-Bemalung.

Mit der nächsten Weiterentwicklung erhielt das Flugzeug nicht nur eine vierstellige Typennummer L.1049 und die Bezeichnung ›Super Constellation‹, sondern konnte auch mit entsprechenden Daten und Leistungen aufwarten. Der Prototyp der L.1049 flog am 13. Oktober 1950 zum erstenmal. Gegenüber der letzten Constellation hatte die Super Constellation L.1049 einen um 5,60 m verlängerten Rumpf und war 6852 kg schwerer. Ihre vier Wright-Cyclone-Doppelsternmotoren leisteten je 2800 PS (2060,8 kW). Mit Wright-Turbo-Compound-Motoren, die durch nachgeschaltete Abgasturbinen zusätzliche Leistung an die Propellerwelle abgaben und 3250 PS (2392 kW) leisteten, war erstmals die mit der L.1049 ansonsten baugleiche L.1049C ausgestattet, deren Erstflug am 17. Februar 1953 stattfand. Ihr folgte die L.1049D, ein Frachter mit 156 m^3 Ladekapazität und großen Ladeluken. Das erste Langstreckenflugzeug der neuen Lufthansa wurde die L.1049G ›Super Constellation‹ mit 77 Passagiersitzen. Sie erzielte eine Höchstgeschwindigkeit von 530 km/h und war im Reiseflug 450 km/h schnell. Ihr maximales Startgewicht betrug 67 400 kg und lag so mehr als 60 Prozent höher als beim Ausgangsmodell L.049 mit 41 000 kg. Die durch Abgasturbinen gegenüber einem normalen Kolbenmotor um 20 Prozent gesteigerte Antriebsleistung von 3250 PS (2392 kW) lag rund 50 Prozent über der der Motoren der Ur-Constellation L.049.

Die Abgasturbinen machten das Flugzeug besonders wirtschaftlich, denn sie lieferten nicht nur beim Start die nötige Leistungsreserve, sondern ergaben im Reiseflug zugleich eine Treibstoffersparnis von etwa 20 Prozent. Die Super Conny, deren erstes Muster die Lufthansa am 19. April 1955 übernahm, war zwar ein Langstrecken-Flugzeug, aber mit voller Zuladung und bei starkem

Frontansicht der L.1649 A D-ALOL.

Rechts oben: Auf Langstrecke ging die Lufthansa zuerst mit der Lockheed Super Constellation L-1049G. Hier die D-ALEM beim Beladen, mit der am 8. Juni 1955 der erste planmäßige Linienflug über den Nordatlantik auf der Strecke Düsseldorf – Shannon – New York durchgeführt wurde.

Rechts Mitte: Das hohe Bugfahrwerk der Super Star wurde nach hinten eingezogen.

Rechts unten: Charakteristisch für Super Constellation und Super Star das dreifache Seitenleitwerk. Hier vereint mit einer Lufthansa-Boeing im Hintergrund die D-ALOP, D-ALOF und D-ALID vom Typ Super Constellation ohne Zusatztanks an den Flügelspitzen.

Gegenwind langte es nicht für einen Nonstopflug von Frankfurt nach New York oder umgekehrt. Hieran änderten auch die tropfenförmigen Zusatztanks an den Flügelspitzen nichts, mit denen die L.1049G sich von den Vorläufermustern unterschied.
So wurden die Nordatlantik-Strecken der Lufthansa mit Zwischenlandungen in Shannon auf Irland oder Gander auf Neufundland beflogen.
Insgesamt besaß die Lufthansa acht Exemplare der L.1049G, deren letzte, die D-ALID, am 10. August 1956 auf dem Flughafen Hamburg-Fuhlsbüttel eintraf und ab 12. September 1956 auf der neuen Mittelost-Route über Istanbul und Beirut nach Teheran flog. Außerdem wurden die Super Connies auch auf den Strecken nach Südamerika eingesetzt. Der Erfolg der Super Constellation wurde allerdings am 11. Januar 1956 durch den Absturz der D-ALAK im Schlechtwetteranflug auf Rio de Janeiro überschattet, wobei nur drei der insgesamt 39 Insassen das Unglück überlebten.
1956 bestellte die Lufthansa vier Lockheed L. 1649 Super Star, die mit einer Reichweite von 8500 km eine sichere Nordatlantik-Reichweite aufwiesen und mit einer Reisegeschwindigkeit von 510 km/h das Vorläufermodell um 60 km/h übertrafen.
Die L.1649 Super Star (in USA auch Starliner genannt) entstand im Wettbewerb mit der DC-7C und war praktisch eine Neukonstruktion, zumindest was ihr Tragwerk anbelangt. Die jetzt trapezförmigen, geradkantigen und kaum noch gepfeilten Flächen hatten eine auf 45,75 m gesteigerte Spannweite und eine um 16 Prozent verringerte Dicke. Der Rumpf der Super Star war gegenüber der Super Constellation nochmals um knapp 78 cm verlängert worden. Der gesamte Treibstoff (37 250 Liter) wurde übrigens jetzt ausnahmslos von Tanks im

Links: Noch schlanker und mit echter Nonstop-Reichweite für den Nordatlantik-Einsatz: die L.1649A Super Star. Hier die D-ALOL (Baunummer 1042), die an die Deutsche Flugdienst verkauft wurde und später bei Trek Airways flog.

Flügelinnern aufgenommen, so daß auf die Außentanks der Super Constellation verzichtet werden konnte. Die vier Curtiss-Wright Turbo Compound Triebwerke vom Typ 988 TC18EA-2 mit je 3450PS (2539,2kW) stellten den Höhepunkt in der Propeller-Triebwerksentwicklung dar, der eine Steigerung kaum zuließ.
Die Lufthansa erhielt ihre ersten beiden L.1649A im September und Dezember 1957, zwei weitere im Januar 1958. Sie wurden auf den Nordatlantik-Strecken eingesetzt. Allerdings kam dieses leistungsstarke Propellerflugzeug etwas zu spät auf den Markt, denn das Düsenzeitalter, das Anfang 1960 auch für die Lufthansa begann, kündigte sich bereits an.
Als die Boeing Jets die Rolle der Super Stars und Super Connies übernahmen, verkaufte die Lufthansa ihre beiden L.1649A D-ALER und D-ALOL an die Deutsche Flugdienst GmbH, die beiden anderen wurden umgerüstet und flogen fortan als Frachter mit den Kennzeichen D-ALUB ›Isar‹ und D-ALUN ›Neckar‹.
Die L.1049 Constellations wurden zum Teil im innerdeutschen Flugverkehr eingesetzt und flogen im Pendelverkehr des am 1. April 1963 eingeführten preisgünstigen Airbus-Systems, das die Lufthansa mit vereinfachter Abfertigung als erste europäische Gesellschaft einführte, 1966 aber wieder einstellte, weil es die Erwartungen nicht erfüllte. Eine ähnliche Einrichtung hatte es übrigens bereits bei der alten Lufthansa unter der Bezeichnung Aeorobus-Dienst gegeben.
Eine dieser Maschinen, die D-ALIN, die am 29.4.1955 in Dienst gestellt worden war, wurde im September 1967 an Flughafen Hamburg verschenkt und ist heute noch dort auf dem Vorfeld zu sehen. Die D-ALEM und D-ALAP wurden verschrottet, die D-ALEC am 8.3.1968 an North American Aircraft Trading Corp. verkauft, die auch die D-ALOF (im Dezember 1967) und die D-ALID (im Februar 1968) abnahm. Die D-ALUB (L.1649A) war vom 13.9.1962 bis zum 17.2.1964 an World Airways verchartert und wurde Ende November zum Teil verschrottet, die Reste gingen am 27. Januar 1966 an die Nordflug GmbH. Die D-ALAN, die zweite zum Frachter umgebaute L.1649A, wurde nach einem Zwischenspiel bei World Airways (vom 11.10.1962 bis 13.2.1964 verchartert) am 17.2.1966 an Parker and Ransom Aircraft Sales verkauft. Die beiden an die DFG abgegebenen L.1649A wurden schließlich im Februar und März 1964 über die Lufthansa an Trek Airways verkauft.

Verbleib der L. 1049- und L. 1649A-Maschinen

Kennzeichen	Werknummer	Abnahmedatum	Bei Lufthansa außer Dienst gestellt	verkauft am	Käufer	Bemerkungen
Super Constellation L.1049G:						
D-ALAK	4602	29. 03. 55	11. 01. 59			abgestürzt
D-ALEM	4603	19. 04. 55		01. 04. 67		verschrottet
D-ALIN	4604	29. 04. 55		07. 09. 67	verschenkt an Flughafen Hamburg	
D-ALOP	4605	28. 05. 55		02. 08. 67	Privat	
D-ALAP	4637	20. 02. 56		Dez. 1966		verschrottet
D-ALEC	4640	28. 03. 56	06. 10. 67	08. 03. 68	North American Aircraft Trading Corp.	
D-ALOF	4642	25. 07. 56	06. 10. 67	08. 12. 67	North American Aircraft Trading Corp.	
D-ALID	4647	07. 08. 56	06. 10. 67	23. 02. 68	North American Aircraft Trading Corp.	
Super Star L.1649A:						
D-ALUB	1034	27. 09. 57		29. 11. 65		zum Teil verschrottet
				27. 01. 66	Nordflug GmbH	
D-ALAN	1040	20. 12. 57		17. 02. 66	Parker and Ransom Aircraft Sales	
D-ALER	1041	09. 01. 58		01. 03. 60	Deutsche Flugdienst GmbH	
				13. 02. 64	Trek Airways	
D-ALOL	1042	17. 01. 58		01. 03. 60	Deutsche Flugdienst GmbH	
				01. 03. 64	Trek Airways	

Technische Daten:

Typ:	**L. 1049G Super Constellation**	**L. 1649A Super Star**
Hersteller:	Lockheed Aircraft Corporation, San Diego USA	
Konstrukteur:	Hall Hibbard (Chefkonstrukteur)	
Erstflug:	13. Oktober 1950	10. Oktober 1956
Anschaffungswert:	9,15 Mio. DM/1969	—
Besatzung (Cockpit):	3	3
Passagiere:	86	86
Bauweise:	freitragender Tiefdecker in Ganzmetallbauweise, Flügel zweiholmig bestehend aus zwei Innenflügeln mit Triebwerksgondeln, zwei Außenflügeln und zwei Flügelenden, Fowler-Klappen. Keulenfömige 5,70 m lange Zusatztanks mit je 2200 Liter Inhalt an den Flügelspitzen (L. 1049) Super Star mit neuem durchgehendem Flügel ohne Tip-Tanks. Rumpf: Ganzmetall-Schalenbauweise mit kreisrundem Querschnitt, Druckkabine mit rechteckigen Fenstern. Leitwerke: Höhenleitwerk auf Rumpfheck aufgesetzt, Dreifach-Seitenleitwerk. Fahrwerk: einziehbares Bugradfahrwerk. Hauptfahrwerk nach vorn in die inneren Motorgondeln, Bugfahrwerk nach hinten in den Rumpfbug. Haupt- und Bugfahrwerke zwillingsbereift. Wetter-Bord-Radar-Ausrüstung zur Ortung von Turbulenz-Gebieten auf 280 km Entfernung und als Navigationshilfe (L. 1649A).	
Spannweite:	37,50 m	45,68 m
Länge:	34,60 m	35,40 m
Höhe:	7,54 m	7,54 m
Flügelfläche:	153,3 m^2	171,8 m^2
Kraftstoffkapazität:	29400 Liter (inkl. Tip-Tanks)	37250 Liter
Frachtraum-Volumen:	19,63 m^3	15,72 m^2
Leergewicht:	46947 kg	53070 kg
Fluggewicht:	62370 kg	72575 kg
Flächenbelastung:	406,85 kg/m^2	422,44 kg/m^2
Reisegeschwindigkeit:	450 km/h (LH)	510 km/h (LH)
Höchstgeschwindigkeit:	595 km/h	
Landegeschwindigkeit:	159 km/h	163 km/h
Startbahnlänge:	1910 m	1981 m
Landebahnlänge:	1620 m	1829 m
Steiggeschwindigkeit:	335 m/min.	335 m/min.
Reiseflughöhe:	6100 m	6400 m
Reichweite:	4450 km mit 9,5 t Nutzlast normal: 5340 km	5700 km mit 8,9 t Nutzlast, 8085 km mit 2,7 t, normal 6300 km, max. 8500 km
Motoren:	4×Curtiss-Wright 972 TC18-DA-3 Doppelstern-Verbundmotoren mit je 3250 PS (2390 kW)	4×Curtiss-Wright Turbo-Compound-Motoren 988TC18EA-2 mit je 3450 PS (2537 kW)
Reiseflugverbrauch:	1730 l/h	1830 l/h
Lufthansa-Einsatzdaten:		
Erstes Einsatzdatum:	8. Juni 1955	Anfang 1958
Stückzahlen bei Lufthansa:		
Bei Einführung:	3/März/April 1955	2/Sept./Dez. 1957
Größter Bestand:	7/August 1956	4/Januar 1958
Bei Außerdienststellung:	3/Okt. 1967	2/Jan./Febr. 1966

Rißzeichnung Lockheed Starliner L. 1649A Super Star Maßstab 1:250

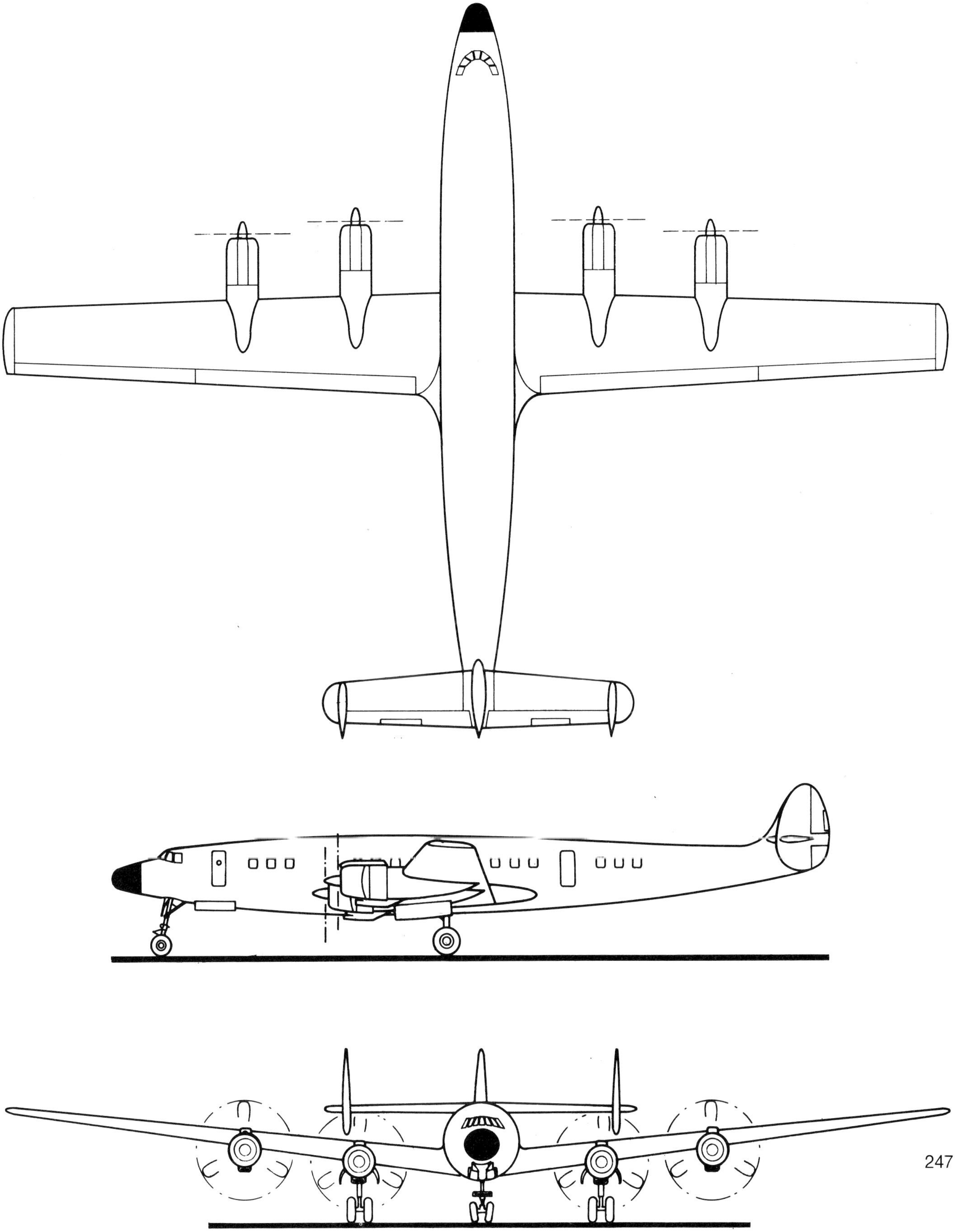

Vickers-Armstrong Viscount V.814D 1958–1971

Die Vickers Viscount war das erste Verkehrsflugzeug mit Turboprop-Antrieb. Ihre Entwicklungsgeschichte reicht in den ersten Anfängen bis Ende 1942 zurück, als die britische Regierung eine Kommission unter Lord Brabazon of Tara beauftragte, eine Planung für die britische Zivilluftfahrt nach dem Kriege zu erarbeiten. In mehreren Berichten, die zwischen Februar 1943 und November 1945 erstellt wurden, befürwortete die Kommission die Nutzung neuester Technologien und empfahl für die zu entwickelnden Langstreckenflugzeuge einen reinen Gasturbinenantrieb, wie er auch bei der De Havilland ›Comet‹ verwirklicht werden sollte, sowie für das ebenso dringend benötigte moderne Kurz- und Mittelstrecken-Fluggerät einen Propeller-Turbinen-Antrieb, was den Anstoß zur Entwicklung der Viscount gab.

Zunächst stellte man die Forderung nach einem relativ kleinen Passagierflugzeug mit 24 Sitzen. Vickers entsprach dieser Vorgabe mit dem Projekt 453 alias VC-2. Als Antrieb waren die sehr kompakten Rolls-Royce-Dart-Turbinen vorgesehen. Ein solcher Antrieb war zuvor in einer ursprünglich zweistrahligen Gloster-Meteor-Jagdmaschine erfolgreich erprobt worden. Hierzu hatte man lediglich vor die Verdichterwelle der beiden Derwent-Triebwerke der Meteor ein Untersetzungsgetriebe gesetzt, über das zwei Luftschrauben angetrieben wurden. Das so improvisierte erste Turboprop-Triebwerk bewährte sich in der Flugerprobung und führte zur Entwicklung der Rolls Royce-Dart-Triebwerke, die sich nach anfänglichen Schwierigkeiten als recht zuverlässig erwiesen und auch eine gute Leistung brachten, so daß man sie für den Einbau in ein Verkehrsflugzeug vorsehen konnte.

Die Ingenieure bei Rolls Royce verstanden es, dem Dart-Triebwerk schrittweise eine immer größere Leistung zu entlocken. Diese Entwicklung war hochwillkommen, denn das britische Luftfahrtministerium erhöhte entsprechend dem wachsenden Luftverkehrsaufkommen und den sich daraus ergebenden Perspektiven die Passagierkapazität ihres Wunschflugzeuges von ursprünglich 24 auf 28 und schließlich 32 Sitze. Durch Streckung des Rumpfes und Vergrößerung der Flügel gelang es Vickers-Armstrongs, mit ihrem Projekt den steigenden Anforderungen zu entsprechen, so daß es schließlich am 9. Mai 1946 zur Vergabe eines Entwicklungsauftrages für das Kurz- und Mittelstreckenflugzeug, das die Projektnummer 609 und den Namen ›Viceroy‹ erhielt. Mit einer staatlichen Entwicklungsbeihilfe in Höhe von 1,8 Millionen Pfund Sterling wurden zwei Prototypen gebaut, die 1946 ihrer Fertigstellung entgegengingen. Zu diesem Zeitpunkt geriet unglücklicherweise die Entwicklung des Rolls Royce-Dart-Triebwerkes in technische Schwierigkeiten, so daß die zum Einbau vorgesehenen Triebwerke nicht rechtzeitig zur Verfügung standen. Aus diesem Grunde wurde der erste Prototyp der 609 mit Armstrong-Siddeley Mamba Propellerturbinen ausgerüstet, die ebenfalls in die schlanken Triebwerksgondeln paßten. Schließlich gelang es, bei Rolls Royce die Probleme mit dem Dart-Triebwerk zu lösen, und das Triebwerk konnte 1947 im Bug eines viermotorigen Lancaster-Bombers erfolgreich erprobt werden. Auch bei Vickers erfolgten Triebwerks-Erprobungsflüge, bei denen eine Wellington mit zwei Dart-Turbinen ausgerüstet wurde, die sich in der Flugerprobung gegenüber der Normalausstattung mit Kolbenmotoren als außerordentlich temperamentvoll erwies.

Aufgrund der positiven Erprobungsergebnisse erhielt der zweite Prototyp die ursprünglich vorgesehenen Dart-Propellerturbinen, und auch die erste 609 wurde auf Dart-Triebwerke umgerüstet. Gleichzeitig wurden Projektnummer und Name in ›Viscount‹ Type 630 geändert.

Die revolutionäre Konstruktion löste mannigfaltige Kontroversen aus, doch mit ihrem Erstflug am 16. Juli 1948 bewies die Maschine ihre guten Flugeigenschaften. Anfang September 1948 wurde sie erstmals auf der Luftfahrtschau in Farnborough der Öffentlichkeit vorgestellt.

Während die Viscount 630 in die zweite Phase der Flug-

Die D-ANUN war die erste Lufthansa Viscount.

Seitenansicht der D-ANUN. Typisch für die Viscount die großen ovalen Fenster.

erprobung ging, die ihre Leistungsfähigkeit unter Beweis stellte und am 15. September zur Erteilung des Lufttüchtigkeitszeugnisses führte, entstand bereits – ebenfalls im Regierungsauftrag – der Typ Viscount 700, der mit den weiterentwickelten und leistungsfähigeren Dart 3 Mk 504 Propeller-Turbinen ausgerüstet wurde, eine um 1,5 m vergrößerte Spannweite und einen 2,0 m längeren Rumpf erhielt.

Inzwischen ging einer der beiden Prototypen der Viscount 630 im März und April 1950 in den Farben der BEA auf eine unter Linienbedingungen arrangierte Demonstrationstour durch Europa. Drei Tage nach Erteilung des nunmehr umfassenden Lufttüchtigkeitszeugnisses, das nun auch Tropentauglichkeit, Druckkabine und Enteisung umfaßte, ging der erste Prototyp schließlich in der neuen BEA-Bemalung mit dem Kennzeichen G-AHRF am 29. Juli mit Gästen und zahlenden Passagieren probeweise auf Strecke. Diese Erprobungsphase dauerte bis August und endete mit der Rückgabe der Maschine an das Herstellerwerk. Am 27. August 1952 ging diese Maschine bei Landeversuchen unter extremen Bedingungen zu Bruch und mußte als Totalverlust abgeschrieben werden.

Als der erste Prototyp nach der Linienerprobung an Vickers-Armstrong zurückging, flog der Prototyp der neuen 700er Baureihe, die G-AMAV am 28. August 1950 gerade zum erstenmal. Knapp zwei Jahre danach erhielt die 700er Baureihe ihr Lufttüchtigkeitszeugnis. Nach einer anschließenden Streckenerprobung unter Linienbedingungen gingen der Prototyp Viscount 700 und die beiden ersten Viscount 701-Serienmaschinen G-ALWE und G-ALWF, die im Januar und Februar 1953

Rechts: Die schlanken Triebwerksgondeln der Viscount 814D, die weit über die Tragflügelvorderkante hervorragten.

ausgeliefert wurden, bei BEA in den regulären Linieneinsatz. Die beiden Serienmaschinen unterschieden sich wie alle Folgeversionen von dem Prototyp Viscount 700 durch um 45 cm weiter nach außen versetzte Triebwerke. Mit dieser Maßnahme sollten Geräuschpegel und Vibrationen in der Kabine herabgesetzt werden, was auch gelang. Der Prototyp G-AMAV wurde übrigens später auf Rolls-Royce Dart 7-Triebwerke umgerüstet und zum Erprobungsobjekt für die Baureihe 840, wobei Geschwindigkeiten um 400 Meilen/Stunde (ca. 644 km/h) anvisiert wurden. Das Flugzeug flog am 1. April 1958 zum letztenmal. Die G-ALWE, die erste Serienmaschine vom Typ 701, stürzte am 14. März 1957 infolge eines Ermüdungsbruches im Klappensystem und Blockierung der Querruder im Anflug auf Manchester-Ringway ab.

Der zweite Prototyp der Baureihe 630, der ursprünglich ebenfalls zur zivilen Verwendung vorgesehen war, bereits ein ziviles Kennzeichen zugeschrieben erhalten hatte (G-AHRG) und vom Ministry of Supply geordert worden war, wurde schließlich zur 663 und diente als Erprobungsträger für die Rolls-Royce Tay Strahlturbinen, von denen die Maschine zwei unter den Flügeln plazierte Exemplare erhielt. Diese Maschine trug das Kennzeichen VX 217 und diente später der Firma Boulton Paul zur Erprobung von Servo-Steuerungen. Sie ist für die zivile Entwicklung ohne Bedeutung, aber als Kuriosum interessant, denn wer weiß schon, daß es auch einmal eine zweistrahlige Viscount gab?!
Nach der erfolgreichen Erprobung bestellte BEA am 3. August 1950 insgesamt 20 Viscount 701 und erhöhte den Auftrag später auf 26 Einheiten für 47 Passagiere

(Startgewicht 24062 kg). Zu dieser Serie gehörten auch die bereits erwähnten Maschinen G-ALWE und G-ALWF. In der Folgezeit gingen bei Vickers auch weitere Bestellungen anderer Gesellschaften ein, so im November 1951 von Air France und Aer Lingus. Ein halbes Jahr später folgte die australische TAA mit einer speziellen ›Langstreckenversion‹ für die 2091 km lange Strecke Adelaide–Perth.
Eine Bestellung von Trans-Canada Air Lines (später Air Canada) brachte die Viscount schließlich auch nach Amerika.
Im Februar 1953 überquerte die G-AMAV im Rahmen eines Kälte-Erprobungs-Programms als erstes Turboprop-Flugzeug den Nordatlantik auf der Nordroute nach Kanada.
Steigendes Passagieraufkommen ließ die Viscount allmählich zu klein werden und forderte eine Anpassung, die mit der Baureihe 800 erfolgte. Im Februar 1953 orderte BEA die Viscount 801 für 86 Economy-Passagiere. Diese Version sollte Rolls-Royce Dart RDa5 Propellerturbinen mit je 1690 Äquivalent-PS (1243,8 kW) erhalten und einen um 4,03 m längeren Rumpf besitzen. Hierzu kam es jedoch nicht, doch wurde der Entwurf zu einem wichtigen Schritt, der zur Viscount 802 für BEA und der späteren Serie 810 führte. Diese hatte stärkere Triebwerke und ein höheres Fluggewicht. Zu dieser Baureihe gehörten auch die Lufthansa-Viscounts vom Typ 814D, wobei die Bezeichnung auf die Lufthansa-Ausführung der Baureihe 810 hinweist. Der Erfolg der Viscount machte übrigens im Dezember 1953 eine Zweigfertigung in Hurn notwendig. Hier wurden insgesamt 279 der Gesamtzahl von 445 Maschinen gebaut. Auf dem Höhepunkt des Viscount-Booms verließen monatlich sechs Maschinen die Hallen in Hurn.
Im April wandelte die BEA ihre Bestellung auf ein Testmodell der Reihe 801 in eine feste Bestellung für zwölf Maschinen der Version 802 mit einem um 1,16 m längeren Rumpf und einer durch rückwärtiges Verschieben des hinteren Druckspantes insgesamt gegenüber der Version 701 sogar 2,82 m längeren Passagierkabine um. Damit vergrößerte sich das Sitzplatzangebot auf 57–65 Plätze. Als Triebwerke kamen die Rolls-Royce Dart 510 Propellerturbinen mit 1740 Äquivalent-PS (1280,6 kW) zum Einsatz. Neu eingeführt wurden auch rechteckige Passagiertüren anstelle der zuvor ovalen, die das Ein- und Aussteigen bequemer machten und auch die Beladung beim Einsatz zum Frachttransport günstiger gestalteten.
Die Lufthansa unterzeichnete am 12. Juni 1956 einen Kaufvertrag für sieben Vickers Viscount 814D, die mit Rolls-Royce Dart 7-Propeller-Turbinen mit je 2020 Äquivalent-PS (1468 kW) ausgerüstet wurden und bei voller Nutzlast eine Reichweite von 1530 km haben sollten.
Am 22. September 1958 flog die erste Lufthansa-Viscount, die D-ANUN, unter Führung von Vickers-Testpilot Capt. R. Rymer zum erstenmal. Sie blieb dabei zwei Stunden in der Luft. Die Maschine wurde anschließend in Farnborough in Lufthansa-Farben vorgestellt und nach Deutschland überführt. Die übrigen acht Viscounts folgten zwischen Dezember 1958 und Ende April 1959, zwei weitere im Juli und November 1961 nach Umwandlung einer Option in eine feste Bestellung.
Die neuen Viscounts wurden von der Lufthansa hauptsächlich auf den längeren Strecken ihres Europa-Netzes nach Lissabon, Madrid, Rom, Wien, London und Paris, aber auch nach Istanbul und Beirut eingesetzt. Die letzten Maschinen wurden erst 1971 aus dem Verkehr gezogen, als die Jets auch die Kurz- und Mittelstrecken eroberten.
Die Viscount war bei den Passagieren nicht nur wegen ihrer großen ovalen Fenster, sondern auch wegen ihres ruhigen Fluges beliebt. Gegenüber der Convair und der DC-3 zeichnete sich das Flugzeug durch das fehlende Rütteln, das von Kolbenmotoren ausgeht, aus. Außerdem war es in ihrer Kabine erstaunlich leise. Flughafen-Anwohnern erschien das helle Jaulen der Propellerturbinen allerdings meist unangenehmer als das sonore Dröhnen der Kolbenmotoren anderer Flugzeuge. Beachtlich war auch die Zuverlässigkeit der Propellerturbinen, die nach amerikanischen Statistiken mindestens doppelt so hoch lag wie bei den damals besten Kolbenmotoren. Die Grundüberholung war erst nach 1900 Flugstunden notwendig. Zum Flugkomfort trug auch die große Gipfelhöhe der Viscount bei, die es erlaubte, in Höhen von mehr als 7000 m über das Wetter zu klettern.
Der ganze Rumpf der Viscount 814 war einschließlich der unter der Passagierkabine liegenden Frachträume als Druckkabine ausgebildet. Bis zu einer Flughöhe von

4500 m herrschte im Rumpf derselbe Druck wie in Meereshöhe, in 7500 m Höhe entsprach der Druck dem Druck in 1500 m über dem Meeresspiegel, und selbst in der im normalen Reiseflug nie erreichten Höhe von 9100 m herrschte im Rumpfinnern immer noch ein Druck wie in 2400 m Höhe über der Erde. Durch Drucklader wurde die Kabinenluft alle 105 Sekunden erneuert. Zur rechtzeitigen Ortung von Schlechtwettergebieten hatten die Lufthansa-Viscounts ein Wetterradar mit 300 km Reichweite.
In der Normalausstattung flogen die Lufthansa-Viscounts mit 54 Fluggastsitzen, davon lagen acht hinter dem Cockpit, dahinter schlossen sich zwei Wasch- und Toilettenräume an. Darauf folgte die Hauptkabine mit 35 Economy-Plätzen und durch eine Wand abgetrennt die elfsitzige 1.-Klasse-Kabine.
Weiter hinten lagen die Bordküche, eine Garderobe und ein Frachtraum. Ein weiterer Frachtraum unter der Passagierkabine brachte das Gesamt-Frachtvolumen auf 8,2 m^3.
Die Sitzplatzversion ließ sich aber auch in insgesamt 64 Economy-Sitze abwandeln.

Übersicht über Lebensläufe der elf LH-Viscounts:

Kennzeichen	Übernahme	Außerdienststellung	Verbleib
D-ANUN	5. 10. 58	4. 12. 69	5. 2. 62 bis 27. 8. 69 bei Condor 7. 6. 71 verkauft an Nora Air Services
D-ANOL	19. 12. 58	12. 3. 64	12. 3. 64 bis 22. 1. 69 bei Condor 22. 1. 69 verkauft an British Midland (G-AWXI)
D-ANAD	10. 1. 59	27. 3. 70	7. 6. 71 verkauft an Nora Air Services
D-ANIP	15. 2. 59	31. 3. 71	1. 11. 61 bis 1. 11. 67 bei Condor, 7. 6. 71 verkauft an Nora Air Services
D-ANUR	8. 3. 59	31. 3. 71	15. 3. 63 bis 27. 8. 69 bei Condor 13. 1. 72 verkauft an Airworks Services Ltd.

Kennzeichen	Übernahme	Außerdienststellung	Verbleib
D-ANEF	26. 3. 59	31. 3. 71	verkauft an Airworks Services Ltd. am 13. 1. 72
D-ANIZ	4. 4. 59	8. 12. 69	verkauft an Nora Air Services am 7. 6. 71
D-ANAM	17. 4. 59	12. 2. 70	ab 1. 7. 70 zur Schulung verwendet
D-ANAB	29. 4. 59	28. 11. 69	ab 1. 7. 70 zum Teil verschrottet, Rest an Privat verkauft am 12. 11. 70
D-ANAC	30. 7. 61	1. 7. 69	verkauft an Universal Aviation Supply (G-AYOX) am 19. 12. 1970
D-ANAF	30. 11. 61	30. 1. 69	ab 12. 4. 72 zur Schulung verwendet.

Technische Daten:

Typ:	**Vickers Viscount V.814D**
Hersteller:	Vickers-Armstrong Aircraft Ltd. Weybridge und Hurn (Die Lufthansa-Maschinen wurden ausnahmslos im Hauptwerk in Weybridge gebaut)
Konstrukteure:	Rex K. Pierson, Sir George Edwards, Basil Stephenson (insgesamt 3 Millionen Konstruktionsstunden)
Erstflug:	Prototyp V.630 16. 7. 48 Lufthansa-Version 22. 8. 1958
Baujahre:	1948 – 1968
Produktionszahl:	445 (alle Serien)
Anschaffungswert:	5,30 Millionen DM/1959
Besatzung:	2 (Cockpit) + 3 (Kabine)
Passsagiere:	64 (max.)

Technische Daten (Fortsetzung):

Bauweise:	Ganzmetall-Tiefdecker mit kreisförmigem Rumpfquerschnitt. Tragflächen etwa in der Rumpfmitte tief angesetzt. Flügeloberseite durch Motorgondeln praktisch ungestört. Flügelaufbau dreiteilig je Flügelhälfte: Mittelstück mit Motorgondeln, Außenflügel und Flügelspitze. Hauptholm bei 40% der Flügeltiefe. Hilfsholme bei 5 und 70 Prozent der Profiltiefe. Dazwischen liegen die flexiblen Tanksäcke, die an der inneren Verkleidung des Ober- und Unterflügels aufgehängt sind. Hauptholm aus extrudiertem Leichtmetall in T-Form mit zusätzlichen Versteifungen. Nasen- und Endholm aus gezogenen Profilen, Rippenabstand 20 cm, davon nur acht als Hauptlastträger, übrige nur zur Formgebung. Verzicht auf Stringer. Verstärkte Rippen an den Motorgondeln, an den Landeklappen- und Querruderaufhängungen. Beplankungsstöße bündig genietet und mit Leichtmetallstreifen unterlegt. Keine Stöße in Längsrichtung des Flügels. Zweite innere Flügelhaut aus Dünnblechen dient zur Fixierung der Tanksäcke, die mit Druckknopf-Verbindungen befestigt sind. Flügel war nicht durch den Rumpf geführt, sondern seitlich angesetzt, Flügelunterhaut unter dem Rumpf in die Rumpfkontur eingestrakt. Flügelbefestigung mit sechs Hauptbolzen pro Hauptholm, ähnliche Befestigung auch bei Hilfsholmen. Kraftverteilung von den Holmenden auf die Rumpfhaut mittels großflächigen Holmflanschen. Anschluß von Mittel- und Außenflügel verschraubt. Flügelspitze mit zehn Pilzkopfschrauben befestigt. Ein Spalt zwischen der Nasenbeplankung und der zitierten Innenverkleidung des Flügels dient als Heißluftkanal zur Enteisung. Alle Klappen und Querruder konventionell mit D-förmigem Nasenholm und eng positionierten Formrippen. Jedes Querruder ist geteilt um die Flügeldurchbiegung nicht zu beeinträchtigen. Große dreiteilige Landeklappen mit Innenführung, voll ausgefahren auch als Bremsklappen dienend. Höhenleitwerk mit starker V-Form, um es aus dem Propellerstrom zu ziehen. Ruder- und Flossenfläche bei Höhen- und Seitenruder etwa gleich. Flossen einholmig aufgebaut und an der Wurzel mti je drei Bolzen am Rumpf verschraubt. Nasen doppelt beplankt (dadurch Heißluftkanal für Enteisung). Ruderaufbau einholmig mit D-Nase und Hilfsholm für die Trimmruder. Gewichtsausgleich durch Weichstahl-Einlagen in den Rudernasen. Bugrad und Hauptfahrwerk jeweils doppelt bereift wird nach vorn in Rumpf bzw. Motorgondeln eingezogen.
Spannweite:	28,65 m
Länge:	26,10 m
Höhe:	8,20 m
Flügelfläche:	89,5 m^2
Frachtraum:	8,2 m^3
Leergewicht:	26250 kg
Tankvolumen:	8640 Liter
Startgewicht:	32885 kg
Flächenbelastung:	367, 43 kg/m^2
Reisegeschwindigkeit:	540 km/h
Höchstgeschwindigkeit:	580 km/h (im Bahnneigungsflug in der Erprobung wurden bis 810 km/h erflogen)
Steigzeiten:	auf 1000 m 2 Minuten auf 3000 m 11 Minuten
Reiseflughöhe:	6400 m
Gipfelhöhe normal:	7500 m
Gipfelhöhe (Test):	9100 m
Startrollstrecke:	1920 m
Landerollstrecke:	1690 m
Landegeschwindigkeit:	172 km/h
Reichweite:	1840 km mit 5,7 t Nutzlast 1740 km mit 5,9 t Nutzlast
Triebwerke:	4 Rolls-Royce Dart R.Da.7 mit je 1830 Wellen-PS (1346 kW) plus geringer Schub aus Abgasstrahl
Reiseflugverbrauch:	1700 Liter/Stunde

Einsatzdaten:

Erster Einsatz:	Winter 1958/59 nach Spanien und Portugal
Stückzahlen bei Lufthansa:	
Bei Einführung:	2/Okt./Dez. 1958
Größter Bestand:	9/April 1959
Bei Außerdienststellung:	3/März 1971

Rißzeichnung Vickers Viscount 814D, Maßstab 1:250

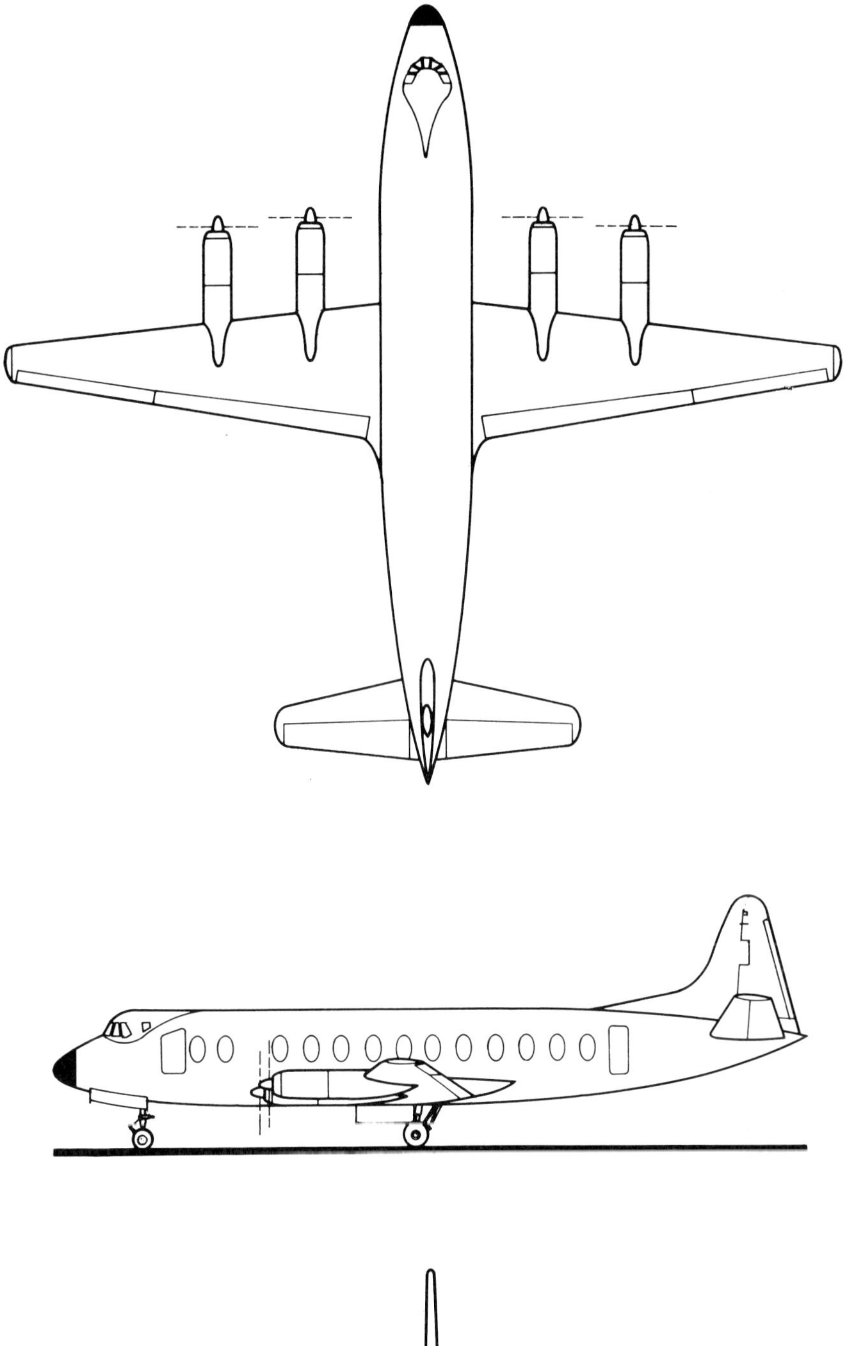

Boeing 707 Intercontinental Jet 1960–1985

Der Erstflug des sechsstrahligen Pfeilflügel-Bombers XB-47 am 17. Dezember 1947 legte den Grundstein für die Entwicklung einer ganzen Generation erfolgreicher Boeing-Strahlflugzeuge für den Luftverkehr.
Die XB-47 war nicht nur der erste US-Jet-Bomber, sondern auch das erste mehrstrahlige Großflugzeug mit Pfeilflügel und darunter an Pylonen aufgehängten Triebwerken – ein Konzept, das uns heute nicht nur bei Boeing-Jets bis hin zur 747 wohl vertraut ist.
Eine wesentliche Neuheit war auch der von Boeing entwickelte ›aeroelastische‹ Flügel, der die im Flug auftretenden Belastungen elastisch aufnahm und so nicht nur zu einem besonders ruhigen Flug der Maschine beitrug, da der Rumpf im wesentlichen in Ruhe verharrte, sondern zugleich auch die Strukturbelastungen verringern half. In der Folgezeit sollten sich nicht nur die nach diesem Prinzip konstruierten Boeing-Flugzeuge als Bestseller erweisen, auch der Lizenzverkauf dieses Konstruktionsprinzips gestaltete sich zu einem einträglichen Geschäft. Schon in der Endphase der Entwicklung der XB-47 reifte bei Boeing der Plan heran, ein Zivilflugzeug ähnlicher Bauweise zu schaffen. Dabei erwog man verschiedene Antriebe. Die Entscheidung für einen reinen Strahlturbinenantrieb fiel endlich im Jahre 1952, als der US-Triebwerkhersteller Pratt & Whitney ein ausreichend starkes Triebwerk ankündigte, das den Bau eines Airliners in der geplanten Größe erlaubte.
Bei Boeing war man überzeugt, daß das Werk in der Lage sei, unter Einsatz der bisherigen Erfahrungen ein Verkehrsflugzeug zu schaffen, das sich allen anderen Jets (gemeint war aber wohl die Comet I, die im gleichen Jahr zum Einsatz im Luftverkehr kam und der erste und damals einzige Jet-Liner war) als überlegen erweisen sollte. Man war auch sehr zuversichtlich, daß sich diese Überlegenheit auch in entsprechenden Aufträgen niederschlagen mußte.
Auf Grund des überlegenen Konzepts entschloß sich die Boeing-Direktion, das Projekt 367-80 auf eigenes Risiko voranzutreiben und 16 Millionen Dollar in die Entwicklung des Prototyps zu investieren.
Die Projektnummer 367 ›Strich 80‹ wurde für den Prototyp beibehalten, obwohl man bei Boeing bereits 1951 für die verschiedenen Arbeitsbereiche des Konzerns spezielle Typennummern-Blocks vorgesehen hatte, und längst feststand, daß der erste Boeing-Jet-Liner die Typennummer 707 tragen würde. Firmenintern sprach man immer nur von der ›Strich 80‹, beim Kontakt zur FAA und Regierungsstellen wurde die Projektnummer 367-80 verwendet. Diese Praxis erleichterte auch die Geheimhaltung des Projektes, zumal die Nummer 367 eigentlich auch schon vergeben war. Diese Nummer trug nämlich ursprünglich das Projekt zur Weiterentwicklung des von Kolbenmotoren angetriebenen viermotorigen C-97 Transporters, der eigentlich neue Flächen und neue Triebwerke erhalten sollte. Schließlich hatte man sich immer weiter von der C-97 entfernt und auch die Idee, den Rumpf zu übernehmen, aufgegeben. Mittlerweile war die Idee aber immer weniger interessant geworden, so daß sich die Gedanken der Boeing-Leute verselbständigten und anstelle einer Verbesserung der C-97 unter der um den Zusatz ›-80‹ erweiterten Projektnummer ein an der XB-47 orientiertes Verkehrsflugzeug entstand. In der Öffentlichkeit wie auch im Kreise der Wettbewerber erweckte die Projektnummer 367-80 den Eindruck, daß man bei Boeing immer noch an der Weiterentwicklung der C-97 arbeitete. Technisch bedeutete die Boeing 707 einen gewaltigen Schritt voran, denn sie war dank ihrem 35° gepfeilten Flügel, der ihr eine Geschwindigkeit von 885 km/h erlaubte, rund 160 km/h schneller als die Comet II und rund 400 km/h schneller als die damals im Dienst stehenden Propellermaschinen, deren Sitzkapazität sie um beinahe 100 Prozent zu übertreffen vermochte.
Der Erstflug der ›Dash 80‹ (Strich 80) erfolgte am 15. Juli 1954 unter Boeing-Chefpilot Johnston und dauerte 84 Minuten. Er war ein voller Erfolg.
Der kommerzielle Erfolg der Boeing 707 sollte allerdings noch einige Zeit auf sich warten lassen, denn der Markt war von einer relativ großen Zahl noch nicht abgeschriebener Langstrecken-Propeller-Flugzeuge

blockiert. Bei den Luftverkehrsgesellschaften ergaben sich Finanzierungsprobleme, zumal die Einführung völlig neuartigen Fluggerätes über den Anschaffungspreis der Maschinen hinaus nicht unerhebliche und kostenträchtige Umstellungen und Vorbereitungen erforderte. Auf der anderen Seite war man bei Boeing nach der Investition von 16 Millionen Dollar an Entwicklungskosten nicht in der Lage, ohne feste Bestellungen die Produktion der Maschine aufzunehmen.

So startete die 707 nicht wie geplant als Verkehrsflugzeug, sondern zunächst unter der Bezeichnung KC-135A als fliegender Tanker, von dem die US-Air Force zwei Monate nach dem Erstflug des Prototyps 29 Exemplare bestellt hatte.

Um die zivile Produktion der 707 in Gang zu bringen, erwirkte Boeing bei der US-Regierung die Erlaubnis, die vertragsgemäß der Regierung gehörenden Werkzeuge und Vorrichtungen zum Bau der KC-135A für die Produktion der 707 zu mieten, wobei allerdings eine nur teilweise Nutzung möglich war, da die 707 einen um 10 cm dickeren Rumpf erhalten sollte, der auch bei den weiteren Entwicklungsstufen beibehalten und später auch für die 727 und 737 Verwendung finden sollte. Die Boeing 707 wurde in der Folgezeit mehrfach weiterentwickelt, wobei sich Fluggewicht, Flügelspannweite und Fläche wie auch die Triebwerksausstattung änderten. Zu Unterscheidung der verschiedenen Baumuster wurden der Typenbezeichnung Hunderter-Kennziffern angehängt, zum Beispiel 707-100 für die erste Serienausführung. Zehner und Einer bezeichneten die verschiedenen Ausstattungsvarianten der einzelnen Luftverkehrsgesellschaften, wobei die Kennziffer ›30‹ beispielsweise die Lufthansa-Ausführungen bezeichnet. So trugen die ersten Lufthansa Boeing-Jets die Bezeichnung 707-430. Sie gehörten der Baureihe 400 an und waren durch die Kundennummer 30 als Lufthansa-Version zu erkennen.

Nach mehr als 1000 Testflugstunden des Prototyps ›Dash Eighty‹ erhielt die Boeing 707 am 18. September 1958 ihr Lufttüchtigkeitszeugnis. Die erste Serienmaschine der Baureihe 707-100 war bereits am 20. Dezember 1957 zum erstenmal geflogen. Für die notwendigen Tests zur Erteilung des Lufttüchtigkeitszeugnisses wurden die ersten drei Serienmaschinen herangezogen. Die ersten Boeing 707-100 kosteten damals 5,5 Millionen US-Dollar, was beim damaligen Dollarkurs rund 23,1 Millionen DM entsprach.

Der erste Linieneinsatz der Boeing 707 erfolgte am 26. Oktober 1958, rund drei Wochen nach dem Ersteinsatz der neuentwickelten Comet IV im Nordatlantikdienst zwischen New York und London. Als Konkurrenten der Comets der BOAC traten die Boeing 707-121 der PanAm an. Bei gleicher Reichweite war die 707 rund 115 km/h schneller und hatte die doppelte Passagierkapazität.

Die Serienversion der ›Dash Eighty‹ unterschied sich allerdings in vielen Aspekten vom eigentlichen Prototyp wie auch von der KC-135A. Ihr Rumpf war nicht nur 10 cm dicker als bei der KC-135A, sondern auch 3,05 m länger. Abweichend vom Prototpy war der Flügel der Serienmaschinen mit 35,6 cm breiten, insgesamt 3,66 m langen Krüger-Nasenklappen ausgestattet, die sich nach innen an die äußere Triebwerksaufhängung angeschlossen und automatisch ausgefahren wurden, wenn die Hauptklappen weiter als 9,5° ausgefahren wurden. Die Landeklappen, die die gesamte Flügelhinterkante zwischen Querrudern und Rumpfanschluß einnahmen, verliehen der Maschine trotz ihrer hohen Flächenbelastung eine akzeptable Landegeschwindigkeit. Als problematisch hatte sich schon früh die lange Landerollstrecke der 707 erwiesen, die zwar in der Flugerprobung auf Plätzen mit langen Pisten keine Schwierigkeiten bereitete, aber im praktischen Flugbetrieb überaus hinderlich sein mußte. Im Gegensatz zu den Propellerflugzeugen, deren Luftschrauben durch entsprechende Blattverstellung eine wirksame Abbremsung ermöglichten, benötigte die Boeing 707 einen langen Auslauf, da eine ausreichende Bremsung über das Fahrwerk aufgrund von Masse und Geschwindigkeit nicht möglich war. Die im militärischen Bereich üblichen Bremsfallschirme wurden von den Luftverkehrsgesellschaften als nicht praktikabel abgelehnt. Boeing löste das Problem schließlich durch die Eigenentwicklung der Schubumkehr, die bereits bei der 100er-Baureihe zum Einsatz kam und in Entwicklung und Erprobung nicht weniger als knapp 15 Millionen Dollar verschlang. Die Einführung milderte zugleich auch ein anderes gravierendes Problem, indem die über den Triebwerksauslaß gesetzte Vorrichtung zugleich als Schalldämpfer in der Startphase wirkte.

Kurz nach der Einführung der Boeing 707 wurden 1959 erste Verbesserungen konzipiert. So wurde das Seitenleitwerk zur Verbesserung der Richtungsstabilität erhöht und außerdem unter dem Rumpf eine Kielflosse angesetzt, die die Aufgabe hatte, Rumpfschäden bei zu steilem Abheben zu vermeiden. Außerdem war eine leichte Berührung dieser Flosse mit der Piste im Cockpit spürbar, so daß der Pilot rechtzeitig nachdrücken konnte. Dies war auch insofern wichtig, als sich der Auftrieb bei extrem großem Anstellwinkel verringerte. Die meisten der noch ohne diese Flosse ausgelieferten Boeing 707 wurden nachträglich mit einer solchen Flosse versehen. Alle späteren Maschinen erhielten zwar das höhere Seitenleitwerk, nicht aber ausnahmslos die Kielflosse.

Übrigens war die Boeing 707 in ihren ersten Modellen der 100er-Baureihe eigentlich gar nicht für den Transatlantik-Einsatz gedacht, doch reichte ihre Treibstoff-Kapazität von 13478 US-Gallonen (51081 Liter) bei geringfügig verringerter Nutzlast für den Einsatz über dem Nordatlantik aus.

Insgesamt umfaßt der Typ Boeing 707 vier Haupt-Baureihen, die jeweils durch steigende 100er-Kennziffern bezeichnet werden.

Die Baureihe 707-100 begann mit den ersten Serienflugzeugen der Boeing 707, die als PanAm-Versionen die Typennummer 121 trugen, von der FAA aber als Baureihe 100 geführt wurden. Diese Maschinen konnten bis zu 179 Passagiere aufnehmen und waren mit Pratt & Whitney JT3C-6-Triebwerken ausgestattet, die je 5675 kp Schub lieferten. Die Spannweite betrug 40,64 m, die Länge 44,04 m, die Höhe 11,79 m und die Flügelfläche 219 m². Das maximale Startgewicht erreichte 116678 kg, womit sich eine Flächenbelastung von 532,78 kg/m² ergab. In einer Flughöhe von 7620 m waren die Boeing 707-100 im Reiseflug 920 km/h schnell. Ihre Dienstgipfelhöhe betrug 9600 m, die maximale Reichweite mit voller Nutzlast und ohne Treibstoffreserven rund 5000 km. Von dieser Baureihe gab es auch noch eine verbesserte B-Version mit einem verbesserten Flügel, der eine umgestaltete Nase im Bereich des Innenflügels und zusätzlich Krüger-Nasenklappen erhielt. Diese Änderungen wurden später auch bei der Boeing 720B übernommen. Außerdem hatte die Boeing 707-100B die verbesserten Pratt & Whitney

Nach einem ausgedehnten Flugerprobungs- und Schulungsprogramm in
Sie trug das Kennzeichen D-ABOB.

traf am 2. März 1960 um 12 Uhr mittags die erste Boeing 707-430 »Intercontinental Jet« auf der Lufthansa-Werft in Hamburg-Fuhlsbüttel ein.

JT3D-1- oder D-3-Mantelstromturbinen mit einem Standschub von 8172kp. Diese Triebwerke führten zu einem stark veränderten Aussehen im Bereich der Triebwerksgondeln. Die Änderungen ergaben insgesamt eine Verringerung der Startrollstrecke sowie eine Steigerung von Steiggeschwindigkeit, Reisegeschwindigkeit und Reichweite. Erstflug dieser Version, einer 707-123B, die durch Umbau einer American Airlines 707-123 entstanden war, am 22. Juni 1960.

Der nächste große Schritt war die Baureihe 707-200 nach FAA-Bezeichnung, beziehungsweise 707-220 nach Boeing-Nomenklatur. Diese Maschine entsprach in ihren Abmessungen der 707-100, hatte aber größere und stärkere Pratt & Whitney JT 4A-3-Triebwerke mit je 7173 kp Schub gegenüber 5675 kp der 100er-Baureihe. Ab der Baureihe 707-300 bzw. 707-320 trugen die Boeings den Beinamen ›Intercontinental‹. Diese Version hatte einen verlängerten Rumpf, dessen Kabine bis zu 189 Passagieren Platz bot. Auch die Spannweite war um 3,53 m vergrößert worden. Eine Veränderung der Flügelform im rumpfnahen Bereich der Flügelhinterkante ergab außerdem eine weitere Steigerung der tragenden Fläche. Die Tankkapazität dieses speziell als Transatlantik-Flugzeug konzipierten Airliners betrug normal 80348 Liter, konnte aber durch Sondertanks auf 89065 Liter gesteigert werden. Als Triebwerke kamen die Pratt & Whitney JT4A3 mit 7173kp Schub zum Einsatz. Aufgrund der umfangreichen Änderungen gegenüber der 100er-Serie bedurfte die Serie 300 eines neuen Lufttüchtigkeitszeugnisses, das am 15. Juli 1959 erteilt wurde. Die nach 1960 ausgelieferten Maschinen besaßen ausnahmslos das höhere Seitenleitwerk, die früheren wurden nachträglich damit ausgestattet.

Durch einen noch einmal verlängerten Flügel, abgerundete Flügelspitzen, zusätzliche Nasenklappen, überarbeitete Landeklappen und einen veränderten Verlauf der Flügelhinterkante entstand die Version 707-330B. Als Triebwerke verfügte dieses Muster über Pratt & Whitney JT3D-3 Turbofans mit doppelter Schubumkehr und einer Leistung von 8172kp. Auch diese Version erhielt ein eigenes Lufttüchtigkeitszeugnis, das im Januar 1962 erteilt wurde. Es wurde auch von der Lufthansa bestellt und als Boeing707-330B beziehungsweise in der Frachtversion als Boeing707-330C bezeichnet. Die C-Version hatte eine 2,13 x 3,35 m große Frachttür im vorderen linken Rumpfbereich. Anfang 1964 kostete eine Boeing707-300B oder C rund 6,75 Millionen US-Dollar.

Die ersten Lufthansa-Maschinen der Version 707-330B trugen die Kennzeichen D-ABOS (später D-ABOV), D-ABOT, D-ABOX, D-ABUB, D-ABUC, D-ABUF, D-ABUG, D-ABUH und D-ABUK. Die beiden Frachter vom Typ 707-330C flogen als D-ABUA und D-ABUE. Sie wurden in der Folgezeit durch Maschinen des gleichen Musters ergänzt (D-ABUI, D-ABUJ, D-ABUO und D-ABUY). Alle Boeing 707-330C-Frachter konnten von der Frachtversion innerhalb von 24 Stunden zur Passagierausführung umgerüstet werden. Zuletzt flogen noch vier Exemplare als Nur-Fracht-Version bei German Cargo, wo sie mittlerweile durch DC-8-Frachter ersetzt wurden. Nach Abgabe von vier 707-30C an die Fracht-Charter-Tochter der Lufthansa, German Cargo Services, die am 8. Mai 1977 ihren Dienst aufnahm und nach dem Totalverlust der D-ABUY »Essen«, die am 26. Juli 1979 drei Minuten nach dem Start in Rio de Janeiro bei schlechtem Wetter infolge fehlerhafter Anweisung des Towers gegen einen Berg prallte und explodierte, wobei die dreiköpfige Besatzung den Tod fand, besaß die Lufthansa zeitweise keine Maschine des Typs 707-330C mehr. Ein Umbau einer Passagiermaschine ersetzte den verlorenen Frachter. Vom Typ 707-330B waren im März 1982 noch fünf Maschinen im Einsatz. Sie trugen die Kennzeichen D-ABUD, D-ABUF, D-ABUH, D-ABUL und D-ABUM und wurden zwischen November 1965 und Januar 1967 ausgeliefert.

Völlig aus der Flotte verschwunden sind auch die Maschinen des Typs 707-430 der 400er-Baureihe, die anstelle der Pratt & Whitney-Triebwerke der 300er-Serie Rolls-Royce Conway 508-Triebwerke mit je 7945kp Schub besaßen und sich als Mantelstromtriebwerke durch einen geringeren Lärmpegel auszeichneten. Außerdem waren die Rolls-Royce-Triebwerke leichter und erlaubten so eine Steigerung der Zuladung um 2200kg. Die ersten vier Boeing707-430 wurden bereits durch einen am 11. Februar 1956 geschlossenen Vorvertrag zwischen der Lufthansa und Boeing gesichert. Am 5. November des gleichen Jahres startete die Lufthansa mit ihrer ›Operation Paper Jet‹ die technischen und organisatorischen Vorbereitungen für den Flugbetrieb mit Strahlverkehrsflugzeugen.

Rechts: Die D-ABOV der Baureihe 707-330B mit Pratt & Whitney-Triebwerken.

Eingeklinktes Bild: Der Prototyp der Boeing 707, die Dash Eighty mit dem Kennzeichen N 70700 bei der Flugerprobung.

Linke Spalte:

Oben: Im Vergleich dazu die Pratt & Whitney Mantelstromtriebwerke der 707-330B.

Unten: Die Rolls-Royce-Triebwerke der Version 707-430.

Die ABOB ›Hamburg‹ (jetzt trägt die DC 10-30 D-ADDO den Namen ›Hamburg‹) in neuer Lufthansa-Bemalung beim Landeanflug. Gut sichtbar die Nasenklappen am Außenflügel und die Landeklappen. Triebwerke: Rolls-Royce Conway.

Blick in den Hauptladeraum (links) eines Boeing 707-330C-Frachters mit Kugelrollen im Lukenbereich zum Manövrieren der Paletten und Walzenrollen zum Verschieben der Frachtstücke in Längsrichtung des Rumpfes.

FTHANSA
D-ABOV
BOEING
N70700
BOEING
707

Blick in die Montagehallen bei Boeing in Renton. Im Hintergrund eine fast fertiggestellte Boeing 707-330, im Vordergrund teilweise fertiggestellte Tragflächen, die einen Einblick in den Flächenaufbau geben.

Die Aufnahme des praktischen Flugbetriebes erfolgte am 17. März 1960 mit der D-ABOB ›Hamburg‹ aus der Baureihe 707-430, die an diesem Tage von Frankfurt zum Nonstop-Flug nach New York startete. Ihr Einsatz halbierte gegenüber der Lockheed L.1649 Super Star die Flugzeit und verdoppelte gleichzeitig die Passagierkapazität. Die große Reichweite erlaubt es zudem, ab 21. Mai 1960 von Frankfurt nonstop nach Chicago zu fliegen (7000 km). Die erste Bestellung für die Boeing 707-330B erfolgte am 31. Oktober 1961. Der geringere Kraftstoffverbrauch der Maschinen ermöglichte eine noch größere Reichweite. Diese beiden verbesser-

Die Boeing 707-330B »Stuttgart«, die am 4. August 1965 übernommen wurde und das Kennzeichen D-ABUB erhielt. Hier eine Startaufnahme. Gut sichtbar sind die nun fast die ganze Flächenvorderkante einnehmenden Nasenklappen dieses Baumusters und die in Startstellung befindlichen Landeklappen. Triebwerke Pratt & Whitney JT3D-3B

ten 707 kamen im März 1963 und 1964 zur Auslieferung. Acht weitere wurden 1965 geordert, außerdem zwei umrüstbare 707-330C-Jet-Frachter.

Im Sommer 1971 besaß die Lufthansa insgesamt vier 707-430*, zehn 707-330B und sechs 707-330C.

* Die fünfte -430 (D-ABOC) war im März 1970 an die Condor gegangen.

Aus der großen Boeing 707-Flotte der Lufthansa war mit Beginn des Sommerflugplanes 1984 keine Maschine mehr im Linieneinsatz. Nach Chartereinsätzen wurde die 707 schließlich zur Jahreswende 1984/85 endgültig ausgemustert. Vier weitere Ex-Lufthansa-Maschi-

Technische Daten:

Typ:	**Boeing 707-330B**	**707-330C**	**707-430**
Hersteller:	The Boeing Company, Seattle (Washington/USA)		
Erstflug:	Prototyp 367-80 am 15. Juli 1954		
Baujahre:	Serienproduktion allgemein ab 1954 Serie 300 ab 1959		ab 1960
Produktionszahl:	bisher insgesamt 435 zivile Muster aller Serien plus 327 Militärflugzeuge		
Anschaffungswert:	47 Millionen DM/1980	51 Millionen DM/1980	–
Passagiere:	16 F / 128 E	keine	16 F / 132 E
Besatzung:	3 Cockpit/6 Kabine	3	3 Cockpit/6 Kabine
Frachtraum:	45,70 m^3	212,0 m^3 (13 Paletten)	45,73 m^3
Kabinenbreite:	3,53 m	3,53 m	3,53 m
Bauweise:	freitragender Tiefdecker in Ganzmetallbauweise, Fläche zweiholmig, Krüger-Nasenklappen und Doppelspalt-Landeklappen, Spoiler auf der Flügeloberseite, Flächen V-Form 7°, Pfeilung 35°. Rumpf Ganzmetall mit seitlich leicht eingezogenem ovalem Querschnitt. Doppeltandem-Hauptfahrwerk wird nach innen in den Rumpf eingezogen, doppelt bereiftes Bugfahrwerk nach vorn in den Rumpfbug. Leitwerk mit leichter V- und stärkerer Pfeilform, Ruderbetätigung mit Kraftverstärkung.		
Spannweite:	44,40 m	44,40 m	43,40 m
Länge:	46,60 m	46,60 m	46,60 m
Höhe:	12,94 m	12,94 m	12,90 m
Flügelfläche:	269 m^2	269 m^2	241 m^2
Maximales Startgewicht:	150850 kg	150850 kg	141070 kg
Maximales Landegewicht:	112040 kg	112040 kg	93895 kg
Flächenbelastung:	560,78 kg/m^2	560,78 kg/m^2	585,35 kg/m^2
Reisegeschwindigkeit:	875 km/h	875 km/h	900 km/h
Reiseflughöhe:	10058 m	10058 m	10058 m
Startbahnlänge:	3730 m	3730 m	3260 m
Landebahnlänge:	2160 m	2160 m	2040 m
Landegeschwindigkeit:	252 km/h	252 km/h	226 km/h
Reichweite/mit Nutzlast:	8350 km/17,7 t 9295 km/12,5 t	6030 km/33,7 t 9195 km/16,7 t	6260 km/18,4 t 7960 km/8,4 t
Steiggeschwindigkeit:	610 m/min.	610 m/min.	610 m/min.
Triebwerke:	4×Pratt & Whitney JT3D-3B mit je	8165 kp (80,06 kN) Schub	Rolls-Royce Conway mit 4×7940 kp (77,86 kN) Schub
Kraftstoffkapazität:	90280 Liter	90280 Liter	90150 Liter
Reiseflugverbrauch:	7100 l/h	7500 l/h	8000 l/h

Einsatzdaten bei Lufthansa:

Erster Einsatz einer 707:	am 17. März 1960 (707-430)		
Stückzahlen bei Lufthansa:			
Bei Einführung:	4/1960 (707-430)		
Größter Bestand:	insges. 13*	insges. 6**	insges. 5***
Bestand per 31. 3. 1982	5	0	0

* davon 1 Totalverlust D-ABOT »Düsseldorf« am 19. 12. 1973 beim Anflug auf New Delhi; 3 bei Condor, 2 verkauft an LAN Chile
** davon 4 an German Cargo; 6. Maschine Totalverlust D-ABUY »Essen«
*** davon 4 verkauft, 1 in Hamburg für die Schulung von Auszubildenden abgestellt.

nen flogen bei der Charter-Tochter German Cargo als Frachter, und zwar die D-ABUA, die D-ABUE, die D-ABUI und die D-ABUO. Sie wurden ab August 1984 schrittweise durch DC8-73 abgelöst.

Rißzeichnung Boeing 707-430 Intercontinental Jet, der erste Lufthansa-Jet. Maßstab 1:500

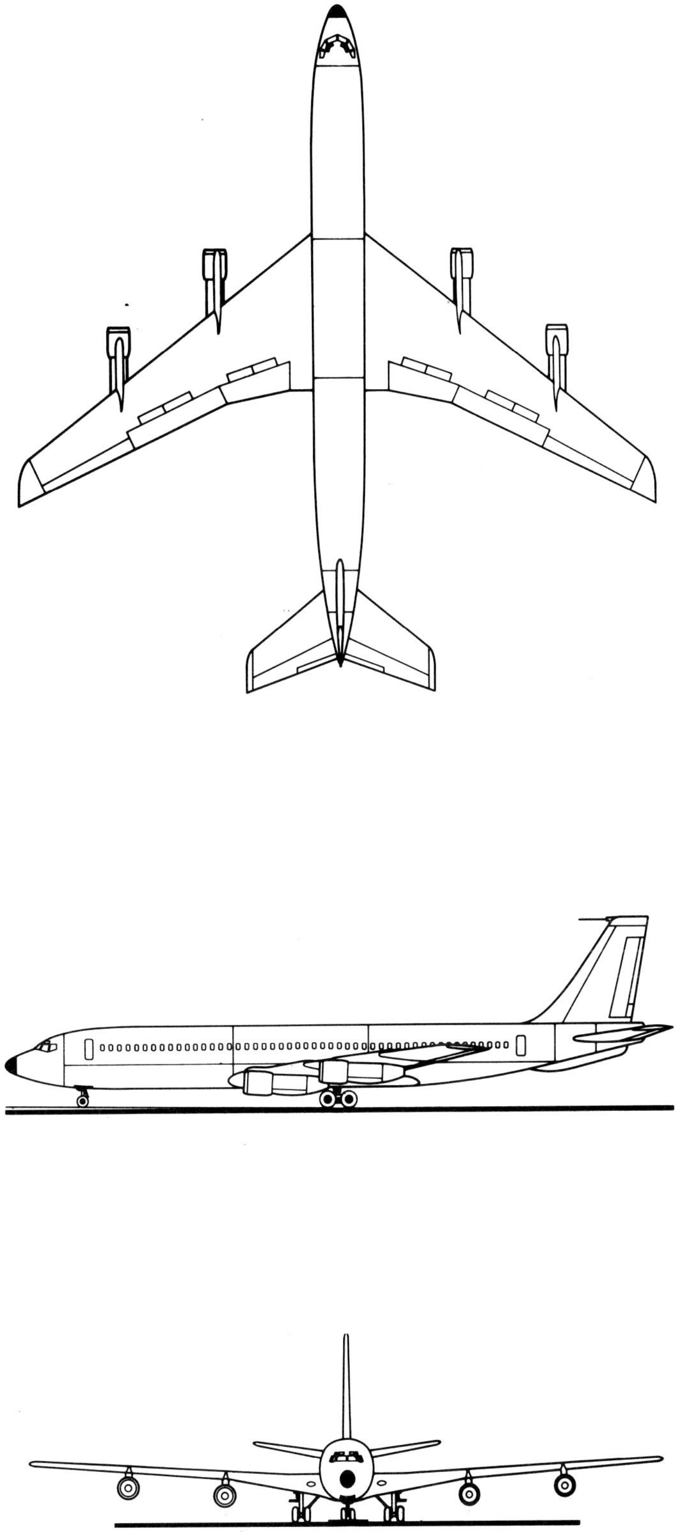

Boeing 720B

1961–1965

Die Boeing 720 ist als Kurz- bis Mittelstreckenversion aus der 707-100 abgeleitet. Sie wurde von manchen Gesellschaften, die die Verwandtschaft zur Boeing 707 herausstellen wollten, auch als Boeing 707-000 bezeichnet und ursprünglich auch bei Boeing als 707-Variante geführt. Das Flugzeug war kleiner als die 707 und sollte von kürzeren Startbahnen operieren. Es war vor allem für Strecken mit häufigen Zwischenlandungen gedacht.

Obwohl äußerlich der Langstrecken-Version sehr ähnlich und unter Verwendung vieler Komponenten und Systeme der 707 gebaut, erforderte dieses Baumuster einen erheblichen Konstruktionsaufwand und erhielt deshalb auch eine eigene Typennummer. Der Rumpf der 720 war 2,74 m kürzer als der einer normalen 707-100. Auch ihr Leergewicht lag 1,816 Tonnen niedriger.

Ein weiteres Unterscheidungsmerkmal war die am Flügelansatz verstärkte Pfeilung des Flügels bis zu den inneren Triebwerksträgern, die erst dann in die normale Pfeilung von 35° überging. Die Krüger-Nasenklappen zogen sich wie bei dem Modell 707-100B auch bei der 720 über praktisch die gesamte Flächennase. Die normale Triebwerksausstattung der Boeing 720 bestand aus vier Pratt & Whitney JT3C-7- oder C-12-Strahlturbinen mit einem Schub von je 5448 kp, während die Lufthansa die weiterentwickelten 720-030B mit JT3D-1 Triebwerken von 4 x 7710 kp (75,61 kN) erhielt, wodurch diese Ausführung besonders temperamentvoll und steigfreudig war.

Die Lufthansa bestellte insgesamt acht Boeing 720-030B, deren erste vier zwischen dem 8. März und 3. Juni 1961 zur Auslieferung gelangten (D-ABOH, D-ABOK, D-ABOL und D-ABOM). Die übrigen vier Flugzeuge kamen zwischen dem 5. Januar und dem 23. März 1962 zur Lufthansa (D-ABON, D-ABOP, D-ABOQ und D-ABOR). Der Einsatz der Boeing 720B gestaltete sich zunächst recht positiv. So konnte die Lufthansa die neuen Maschinen zunächst erfolgreich auf ihrer am 23. Januar 1961 eröffneten, bis dahin längsten Interkontinentalstrecke einsetzen, die die bisherige Mittelost-Route über Bangkok und Honkong bis Tokio verlängerte und 15 000 km lang war. Ab Mai 1961 kam die Boeing 720B auch auf der über Zürich führenden Brasilienroute zum Einsatz, wobei eine deutliche Steigerung des Marktanteils auf dieser Strecke zu verzeichnen war.

Doch dieser positive Trend sollte sich nicht fortsetzen. Zunächst ging die D-ABOK am 4. Dezember 1961 auf einem Trainingsflug durch Absturz verloren, wobei die Besatzung ums Leben kam. Ein ähnliches Schicksal ereilte die D-ABOP knapp drei Jahre später, als diese Maschine auf einem Checkflug am 15. Juli 1964 abstürzte.

Als schließlich die erwarteten erweiterten Verkehrsrechte für die Ausdehnung der Südamerika-Dienste ausblieben, trennte sich die Lufthansa von den verbliebenen sechs Maschinen, die ausnahmslos an PanAm verkauft wurden, und zwar die D-ABOH am 12. März 1964, die D-ABOL am 31. März 1964, die D-ABOR am 1. Dezember 1965, die D-ABON am 17. Dezember 1965, die D-ABOM am 26. Januar 1966 und die D-ABOQ am 14. Januar 1966.

Rechte Seite:

Oben: Die D-ABOH war die erste Boeing 720-030 B der Lufthansa. Sie wurde 1961 übernommen.

Unten: Die Boeing 720B D-ABON war die erste der 1962 ausgelieferten Maschinen dieses Typs. Im Hintergrund eine 707-430 (D-ABOG).

D-ABOH
LUFTHANSA

D-ABON
LUFTHANSA

Technische Daten:

Typ:	**Boeing 720-030B**
Hersteller:	The Boeing Company, Seattle (Washington/USA)
Erstflug:	1960
Baujahre:	ab 1960
Produktionszahl:	ca. 150
Einsatzzweck:	Verkehrsflugzeug für Kurz- und Mittelstrecken
Besatzung:	3 Cockpit/5 Kabine
Passagiere:	28 F/78 E
Frachtvolumen:	35,40 m^3
Kabinenbreite:	3,35 m
Bauweise:	grundsätzlich wie Boeing 707-100 jedoch mit um 2,74 m verkürztem Rumpf, verringerter Spannweite und verändertem Flügel-Grundriß, Krüger-Klappen an der gesamten Flügelnase. Gegenüber der ursprünglichen Version 720 hatte die 720B JT3D-Turbinen mit höherer Leistung.
Spannweite:	39,90 m
Länge:	41,60 m
Höhe:	12,60 m
Flügelfläche:	226 m^2
Maximales Startgewicht:	106 140 kg
Maximales Landegewicht:	79 380 kg
Flächenbelastung:	469,65 kg/m^2
Reisegeschwindigkeit:	910 km/h
Reiseflughöhe:	11 278 m
Startbahnlänge:	2070 m
Landebahnlänge:	1800 m
Landegeschwindigkeit:	246 km/h
Reichweite mit Nutzlast:	5135 km/13,6 t 6360 km/ 6,7 t
Steiggeschwindigkeit:	732 m/min.
Triebwerke:	4×Pratt & Whitney JT3D-1 mit je 7710 kp (75,61 kN) Schub
Kraftstoffkapazität:	56 153 Liter
Reiseflugverbrauch:	5700 l/h

Einsatzdaten bei Lufthansa:

Erster Einsatz:	Frühsommer 1961
Stückzahlen bei Lufthansa:	
Bei Einführung:	4/1961
Größter Bestand:	7/1962
Bei Außerdienststellung:	4/Ende 1965
Einsatz:	auf Nahost-, Fernost- und Südamerika-Strecken; unter anderem auf der längsten Lufthansa-Interkont-Strecke Frankfurt – Tokio über Bangkok und Hongkong (15 000 km).

Rißzeichnung Boeing 720-030B, Maßstab 1:500

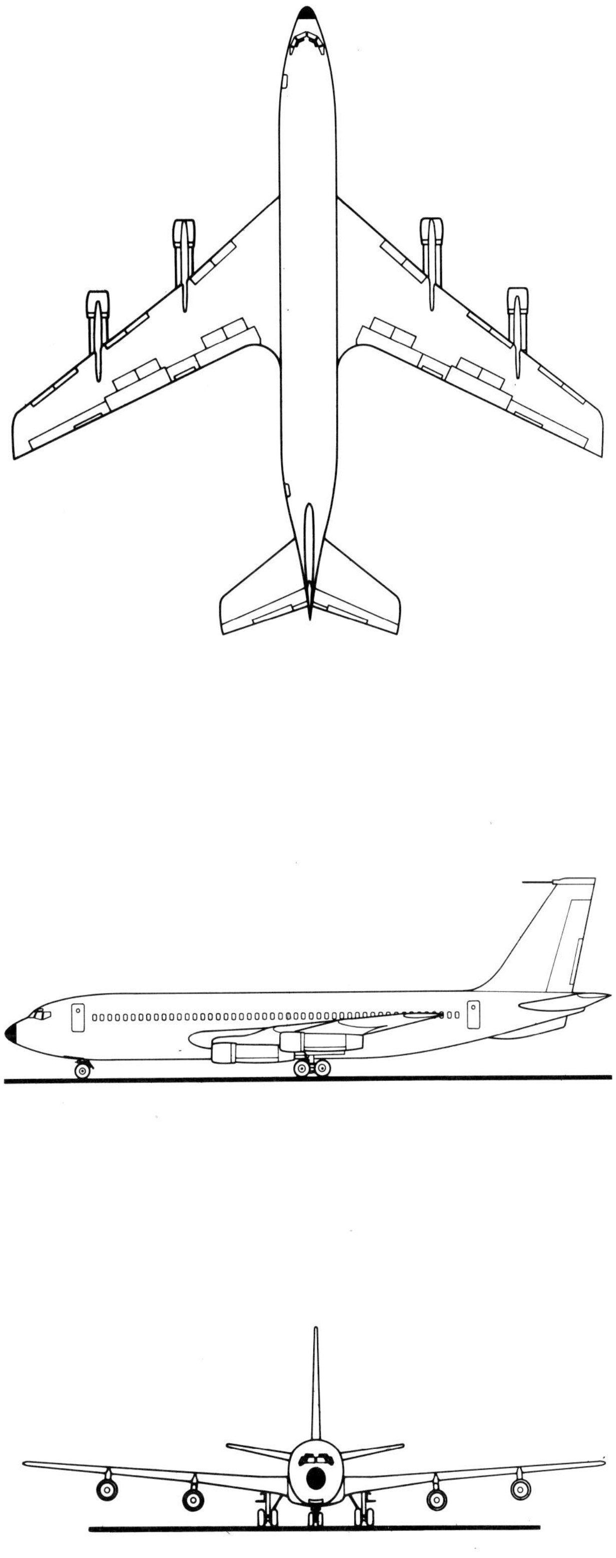

Boeing 727 Europa Jet seit 1964

Schon während der Entwicklung der Boeing707 erkannte man bei Boeing, daß sich der Einsatz von Strahlflugzeugen in Zukunft nicht auf den Langstreckenverkehr beschränken werde und daß sich hier mit Sicherheit ein Markt für leistungsfähige Mittelstreckenflugzeuge mit einer größeren Passagierkapazität, als sie die damaligen Propellermaschinen boten, wie auch mit einer größeren Reichweite eröffnete. Die ersten Studien für einen Mittelstrecken-Jet begannen bei Boeing Mitte 1955. In viereinhalbjährigen Projektstudien kristallisierte sich aus insgesamt 68 Entwürfen unterschiedlichster Triebwerksanordnung, Flügel- und Leitwerksformen schließlich im Dezember 1960 das Modell 727 heraus, das für Strecken konzipiert war, die mit der 720B nicht mehr rentabel bedient werden konnten. Die Maschine sollte bis zu 129 Passagiere in der Economy-Klasse (Touristenklasse) befördern und in der Lage sein, von Plätzen mit kurzer Piste zu operieren.

Der Rumpf des Modells 727 entsprach weitgehend dem der ›707‹, hatte den gleichen Durchmesser und auch den gleichen Rumpfbug. Im unteren Rumpfbereich wie auch im Heck ergaben sich durch die abweichende Triebwerksanordnung und einen anderen Flügel jedoch starke Abweichungen. Dennoch ermöglichten die gemeinsamen Bauteile eine erheblich rationellere Fertigung und boten zugleich einen Anreiz für die Luftverkehrsgesellschaften, die bereits Boeing 707-Maschinen flogen, bei der Wahl des Mittelstreckengerätes ebenfalls auf Boeing zu setzen und die Vorteile einer homogenen Flotte zu nutzen. Auf diese Weise erhielt der Mittelstreckenjet aber auch einen weiteren Vorteil. Seine Kabine bot den Komfort und die Geräumigkeit eines Langstreckenjets.

Da man bei Boeing besonderen Wert darauf legte, die 727 auch auf Plätzen mit kurzer Piste einsetzen zu können, stattete man die Maschine mit einem Flügel aus, der einmal frei von aerodynamisch störenden Triebwerken oder ihren Aufhängungen war und zum anderen über ein ausgefeiltes System von Hochauftriebshilfen verfügte, wie man es bis dahin bei keinem anderen Flugzeug finden konnte. Wie schon bei der Boeing707-100B und der 720 war der Flügel an der Wurzel stärker gepfeilt und ging vom zweiten Drittel der Spannweite nach außen in eine Pfeilung von 32° über. Die Nase des stärker gepfeilten Innenflügels war mit dreigeteilten Krüger-Klappen versehen, daran schlossen sich nach außen vierfach geteilte Vorflügel an. An der Flügel-Hinterkante besaß der Flügel neuartige, dreifach geschlitzte Spaltklappen. Ausgefahren bildete das abgestimmte System von Nasen- und Fowler-Spaltklappen an der Flügelhinterkante ein nahezu halbkreisförmiges Hochauftriebsprofil und vergrößerte im Langsamflug die tragende Flügelfläche um rund 25 Prozent. Zu der umfangreichen Klappenmechanik der 727 gehören außerdem auf der Flügeloberseite unmittelbar vor den Fowler-Flaps liegende Spoiler, die in zwei Dreier-Gruppen auf dem Innen- und Mittelflügel angeordnet sind und beim Aufklappen den Auftrieb des Flügels beträchtlich mindern. Gleichzeitig lassen sie den Widerstand ansteigen. Einseitig betätigt unterstützen sie die Wirkung der an den Flügelenden liegenden Querruder. An beiden Flügeln betätigt, führen sie zu einer raschen Auftriebsminderung an beiden Flächen und lassen das Flugzeug schneller sinken. Hierdurch bietet sich die Möglichkeit zu einer sehr exakten Auftriebssteuerung im Landeanflug. Sobald das Flugzeug mit seinem Fahrwerk die Landebahn berührt, kann ein Teil der Spoiler, deren Ausschlag im Reiseflug begrenzt war, ganz aufgestellt werden und läßt den Restauftrieb nahezu schlagartig zusammenbrechen. So wird das Fahrwerk unmittelbar nach dem Aufsetzen voll belastet, so daß der Flugzeugführer ohne die Gefahr eines Ausbrechens der Maschine die Radbremsen zur Verkürzung der Ausrollstrecke betätigen kann. Im Reiseflug liegen die Spoiler hingegen glatt an und bilden einen Teil der Flügelhaut, so daß sie so die Strömung nicht beeinträchtigen.

Da der ›saubere‹ Flügel mit seinem Hochauftriebssystem von Triebwerken und ihren Aufhängungen befreit war, mußte man eine andere Triebwerksanordnung su-

chen. Nach eingehenden Studien entschied man sich bei Boeing für drei Strahlturbinen im Heck. Hecktriebwerke waren keine absolute Neuheit, denn die Junkers Ju 287, die gegen Ende des Zweiten Weltkrieges entstanden war, besaß bereits am Heck angeordnete Triebwerke, und seit 1959 war auch mit der Sud Aviation Caravelle 1 ein Flugzeug mit Hecktriebwerken im Einsatz, das allerdings nur zweistrahlig war und nur eine Passagierkapazität von 70 Plätzen bot.
Boeing zog aus Erwägungen hinsichtlich Zuverlässigkeit, Leistung und Wirtschaftlichkeit drei Triebwerke in Heckanordnung vor, die durch ihre Nähe zur Rumpfachse zudem bei einem Triebwerksausfall praktisch keine Trimmprobleme ergaben.
Die Triebwerksposition mit zwei seitlichen Triebwerksgondeln am Heck und einem dritten Triebwerk in der Leitwerkswurzel reduzierte zudem die Lärmeinflüsse auf die Kabine, erforderte aber ein hochgezogenes Höhenleitwerk, das mit dem Seitenleitwerk ein hoch aufragendes T bildete.
Die Triebwerksanordnung wurde in der Konstruktionsphase sorgfältig untersucht. Die seitliche Anordnung wurde beispielsweise durch Anbau eines Hecktriebwerkes an die mittlerweile als Forschungsflugzeug dienende ›Dash Eighty‹ getestet. Der einstige Prototyp der 707 diente aber auch zur Erprobung von Klappen-Details.
Trotz umfangreicher Windkanalversuche zeigte es sich in der Erprobungsphase des 727-Prototyps, der am 9. Februar 1963 zum erstenmal flog, daß das Mitteltriebwerk, dem die Verbrennungsluft durch einen S-förmigen Kanal zugeführt wurde, bei bestimmten Anstellwinkeln aussetzte. Die hohe Leistungsreserve der Triebwerke führte dazu, daß die Testpiloten diesen Fehler zunächst kaum registrierten, da das Flugzeug seinen Steigflug nach Ausfall des Mitteltriebwerkes nahezu unbeeinträchtigt fortsetzte. Aber die Instrumente wiesen eindeutig nach, daß tatsächlich nur zwei Triebwerke liefen. Das Problem mit dem Mitteltriebwerk konnte schließlich aber relativ rasch durch verhältnismäßig geringfügige Änderungen an der Luftführung und den Einbau von Vortex-Generators (kleinen Wirbelleitblechen) im Innern des Einlaufkanals gelöst werden.
Die Triebwerke waren von Pratt & Whitney speziell für die Boeing 727 entwickelt worden (JT8D) und zur weiteren Landebahnverkürzung mit Schubumkehr ausgerüstet. Die Mantelstrom-Turbinen waren durch die Umhüllung des heißen, energiereichen Abgasstrahles mit der von der Bläserstufe um das Triebwerk herumgeführten Mantelströmung erheblich leiser als herkömmliche Strahlturbinen, so daß man auf einen speziellen Schalldämpfer für die Triebwerke verzichten konnte. Trotzdem wurde die 727 das erste Flugzeug, das die Erlaubnis erhielt, den stadtnahen und bis dahin aus Lärmschutzgründen für Jets absolut gesperrten New Yorker La-Guardia-Flughafen anzufliegen.
Um das Flugzeug von Bodeneinrichtungen weitgehend unabhängig zu machen, erhielt es nicht nur am Heck eine bordeigene Fluggasttreppe und die Möglichkeit, eine zweite an der vorderen Kabinentür einzubauen, sondern auch eine Hilfsturbine in der rechten Rumpfseite in Nähe des Fahrwerkschachtes, die die Energieversorgung des Flugzeuges wie auch die Versorgung der Klimaanlage am Boden übernahm. Sie erlaubte auch das Anlassen der drei Haupttriebwerke ohne Bodenaggregate.
Ein Treibstoffvolumen von 27 190 Litern erlaubte 3620 km lange Etappenflüge, ohne daß es notwendig wurde, das Flugzeug bei Zwischenlandungen aufzutanken, wodurch sich die Bodenzeiten im Kurz- und Mittelstreckeneinsatz deutlich verringern ließen.
Die Boeing 727 erhielt am 24. Dezember 1963 ihr Lufttüchtigkeitszeugnis und wurde zu einem Bestseller. Als Boeing am 5. Dezember 1960 die Entscheidung zum Bau der 727 in einer Pressekonferenz bekanntgab, konnte das Werk bereits auf zwei Bestellungen amerikanischer Air Lines für insgesamt 40 Maschinen verweisen, obwohl die 727 erst auf dem Papier existierte. Als das Flugzeug 1963/64 in die Serienproduktion ging, betrug der Grundpreis 4,25 Millionen Dollar.
Ursprünglich hatte man vorgesehen, die 727 in nur einer Größe, wohl aber in verschiedenen Ausstattungsvarianten für die einzelnen Airlines zu bauen, und so erhielten die ersten Maschinen auch keine der Boeing-Praxis entsprechenden 100er-Seriennummern, sondern nur Zehner-Kennziffern zur Unterscheidung der Airline-Versionen beziehungsweise Kennbuchstaben für die Frachtversionen. Zunächst gab es eine 727C, eine wahlweise für den Passagier- und Frachtverkehr umrüstbare Variante, die mit 16 685 kg Nutzlast 2413 km

LUFTHANSA
HANK'S WELDING
AND MACHINE SHOP
Europa Jet 727

Lufthansa
D-ABID
BOEING 727
Braunschweig
Europa Jet 727

Lufthansa
D-ABCI
BOEING 727

Die 727-30C (QC) ist an der großen Frachtluke hinter dem sechsten Fenster zu erkennen und läßt sich kurzfristig von der Passagierversion in einen Frachter umrüsten und umgekehrt. Hier die am 26. Mai 1967 übernommene D-ABIY ›Aachen‹ im Frachteinsatz.

Linke Seite:

Oben: Die erste Boeing 727-30 D-ABIB in der alten Lufthansa-Bemalung während der Abschlußarbeiten in Renton.

Mitte: Die Boeing 727-30 D-ABID ›Braunschweig‹ eine der ersten 727 der Lufthansa in der neuen Bemalung. Gut sichtbar die große vordere Frachtluke zum Beladen der Frachträume unter der Passagierkabine.

Unten: Die D-ABCI ›Karlsruhe‹ war die erste gestreckte 727 der Lufthansa. In dieser Seitenansicht kommt der jetzt sehr schlank wirkende Rumpf der 727-230 besonders gut zur Geltung.

Zur Erprobung der Triebwerksposition rechts und links des Rumpfhecks wurde der Prototyp der Boeing 707, die ›Dash Eighty‹, mit einem zusätzlichen Triebwerk am Rumpfheck ausgestattet und erprobt. Die Dash Eighty diente übrigens über elf Jahre als fliegender Prüfstand der Boeing Company.

weit fliegen konnte. Auf dieses Muster folgte eine sogenannte Quick Change Ausführung, die 727QC, die durch den Aufbau der Kabineneinrichtung auf Paletten innerhalb kürzester Zeit nach Bedarf umgerüstet werden konnte. Erste Bestellungen für das QC-Modell gingen im April 1965 ein. Auch die Lufthansa stellte diese Ausführung in Dienst.

1965 brachte Boeing eine gestreckte Version der 727 heraus, bei der jeweils vor und hinter dem Flügel eine 3,05 m lange Rumpfsektion eingesetzt wurde. Die ab Sommer angebotene Maschine hatte dadurch eine um 34 Prozent gesteigerte Sitzkapazität und wurde mit JT8D-7-Triebwerken mit je 6356 kp Schub ausgestattet. Durch das rund 3600 kg höhere Strukturgewicht gegenüber der Ausgangsversion besaß die gestreckte Version ein Startgewicht von maximal 76726 kg. Die gestreckte Version der 727 erhielt die Serienbezeichnung 727-200, entsprechend wurde die ungestreckte Grundversion ab 1965 als 727-100 bezeichnet. Die Lufthansa-Maschinen sind wie bei der 707 wiederum durch die Kundennummer ›30‹ bezeichnet.

Obwohl die europäischen Wettbewerber der Lufthansa auf Kurz- und Mittelstrecken bereits Caravelle- und Comet-Jets einsetzten, entschied sich die Lufthansa im Hinblick auf die Homogenität ihrer Flotte dafür, die 727 abzuwarten, und bestellte am 28. Februar 1961 zwölf

Eine 727-30C (D-ABIW, ›Bielefeld‹) im Landeanflug. Dabei kommen die Auftriebshilfen an der Flügelnase wie auch an der Hinterkante gut ins Bild.
Eingeklinktes Bild: Teilansicht des umfangreichen Klappensystems des Europa Jet. Links die dreigeteilte Landeklappe an der Hinterkante, rechts die Vorflügel, die am Innenflügel durch (hier nicht sichtbare) Krüger-Klappen ergänzt werden.

Boeing727-30 zur Lieferung ab Frühjahr 1964. Die ersten Maschinen dieses Musters kamen im April 1964 auf Europa-Strecken zum Einsatz und machten die Lufthansa zum ersten europäischen Operator dieses Typs. Im gleichen Jahr folgte noch die Bestellung weiterer neun Europa Jets von denen ein Teil als QC-Version bestellt wurde. Der Einsatz der 727 war übrigens auch ein zusätzliches Motiv zur Ausmusterung der Boeing 720B-Maschinen. Im Rahmen einer ständigen Flottenmodernisierung bestellte die Lufthansa in der Folgezeit weitere Maschinen des Typs 727-30 und 727-30QC sowie gestreckte 727-230, die neuerdings nach Einführung des Boeing-Jumbos mit einer völlig überarbeiteten Innenausstattung im Großraumlook mit verschließbaren Handgepäckfächern über den Sitzen ausgeliefert werden. Diese Maschinen werden als Boeing727-230 adv. (advanced) bezeichnet und wurden im November 1969 von Lufthansa in zunächst zwei Exemplaren bestellt. Der Anteil der QC-Versionen hat sich mittlerweile erheblich verringert, da fortschreitende Nachtflugbeschränkungen sowie die wachsende Frachtkapazität der Großraumflugzeuge die Einsatzbedingungen grundlegend verändert haben. Die Modernisierung der 727-Flotte wurde Anfang 1982 abgeschlossen, dabei wurden ältere Flugzeuge abgegeben oder eingetauscht, um für die 727-230 adv. Platz zu machen.

Technische Daten:

Typ:	**Boeing 727-30**	**727-30C**	**727-230**	**727-230 adv.**
LH-Bezeichnung:	727A	727C (QC)	727B*	727B*
LH-Name:	Europa Jet	Europa Jet	Europa Jet	Europa Jet
Hersteller:	The Boeing Company, Seattle (Washington/USA)			
Erstflug:	Prototyp: 9. Februar 1963			
Baujahre:	seit 1963			
Produktionszahl:	bisher 1240			
Anschaffungswert:				66 Mio. DM 1986
Besatzung:	3/3	3/4–5	3/4–5	3/4
Passagiere:	12 F / 84 Y	8 F / 101 Y	0 F / 158 Y	8 F / 138 Y
Bauweise:	freitragender Tiefdecker in Ganzmetallbauweise mit triebwerklosem, sauberem Flügel und Hochauftriebshilfen (Krüger-Nasenklappen, Vorflügel, dreifach geschlitzte Fowler-Flaps) sowie Spoilern als Querruder-Unterstützung und zur Erhöhung der Sinkgeschwindigkeit. Fahrwerk doppelt bereift. Kurze Streben durch Triebwerksanordnung am Heck – günstig für Kurz- und Mittelstreckeneinsatz wegen häufigerer Landungen. Rumpf unter Verwendung von Komponenten der 707 gebaut, T-Leitwerk, Triebwerke rechts und links am Rumpfheck und in der Leitwerkswurzel, bordeigene Hecktreppe und Hilfsturbine zur Energieerzeugung. Version 230 mit um 2×3,05 m gestrecktem Rumpf. 23o/adv. mit Großraum-Look-Innenausstattung.			
Spannweite:	32,92 m	32,92 m	32,92 m	32,92 m
Länge:	42,00 m	40,60 m	46,69 m	46,70 m
Höhe:	10,36 m	10,36 m	10,36 m	10,36 m
Kabinenbreite:	3,53 m	3,53 m	3,53 m	3,53 m
Flügelfläche:	145 m^2	145 m^2	145 m^2	145 m^2
Frachtvolumen:	25,70 m^3	25,70 m^3 + 128 m^3 (als Nur-Frachter)	41,0 m^3	
Maximales Startgewicht:	68950 kg	72775 kg	76660 kg	82750 kg
Maximales Landegewicht:	61235 kg	64635 kg	67130 kg	70100 kg
Flächenbelastung:	475,52 kg/m^2	501,90 km/m^2	528,69 kg/m^2	570,69 kg/m^2
Reisegeschwindigkeit:	930 km/h	865 km/h	930 km/h	850 km/h
Landegeschwindigkeit:	226 km/h	226 km/h	226 km/h	226 km/h
Reiseflughöhe:	10058 m	10058 m	10058 m	10058 m
Startbahnlänge:	1920 m			2377 m
Landebahnlänge:	1580 m			1484 m
Reichweite/mit Nutzlast:	2610 km/11,3 t	2430 km/11,4 t* 3590 km/6,7 t**	1633 km/15,02 t	2400 km/16,6 t
	3620 km/7,2 t	1480 km/17,4 t* 3540 km/9,5 t**	3000 km/8,6 t	3440 km/11,6 t
Steiggeschwindigkeit:	853 m/min.	853 m/min.		792 m/min.
Triebwerke:	Pratt & Whitney JT8D-1	JT8D-7	JT8D-15	JT8D-15
Schub:	3×6340 kp 3×62,17 kN	3×6350 kp 3×62,30 kN	3×7030 kp 3×68,98 kN	3×7030 kp 3×68,98 kN
Kraftstoffkapazität:	27245 l	27150 l	31000 l	31000 l
Reiseflugverbrauch:	4125 l/h	4500 l/h	5560 l/h	5300 l/h
Neuwert in DM ohne Ersatzteile (abhängig von Wechselkursen):		29,0 Mio.	26,3 Mio.	66 Mio. (1986)

Lufthansa-Einsatzdaten:

Erster Einsatz: 727-30 April 1964

Stückzahlen bei Lufthansa:

Bei Einführung: 8/1964 (727-30)

Größter Bestand je Typ insgesamt: 16 727-30, 11 727-30C, 34 727-230

Bestand 31. 3. 82: insgesamt 26, davon: 4 727-230 und 22 727-230 adv.

Bestand 1. 7. 86: insgesamt: 28, davon: 4 727-230 und 24 727-230 adv. inklusive 2 von Condor gecharterte 727-230 adv.

* als Passagier-Ausführung
** als Frachter

Maßübersicht über die gestreckte 727 (727-230), Maßstab 1:500

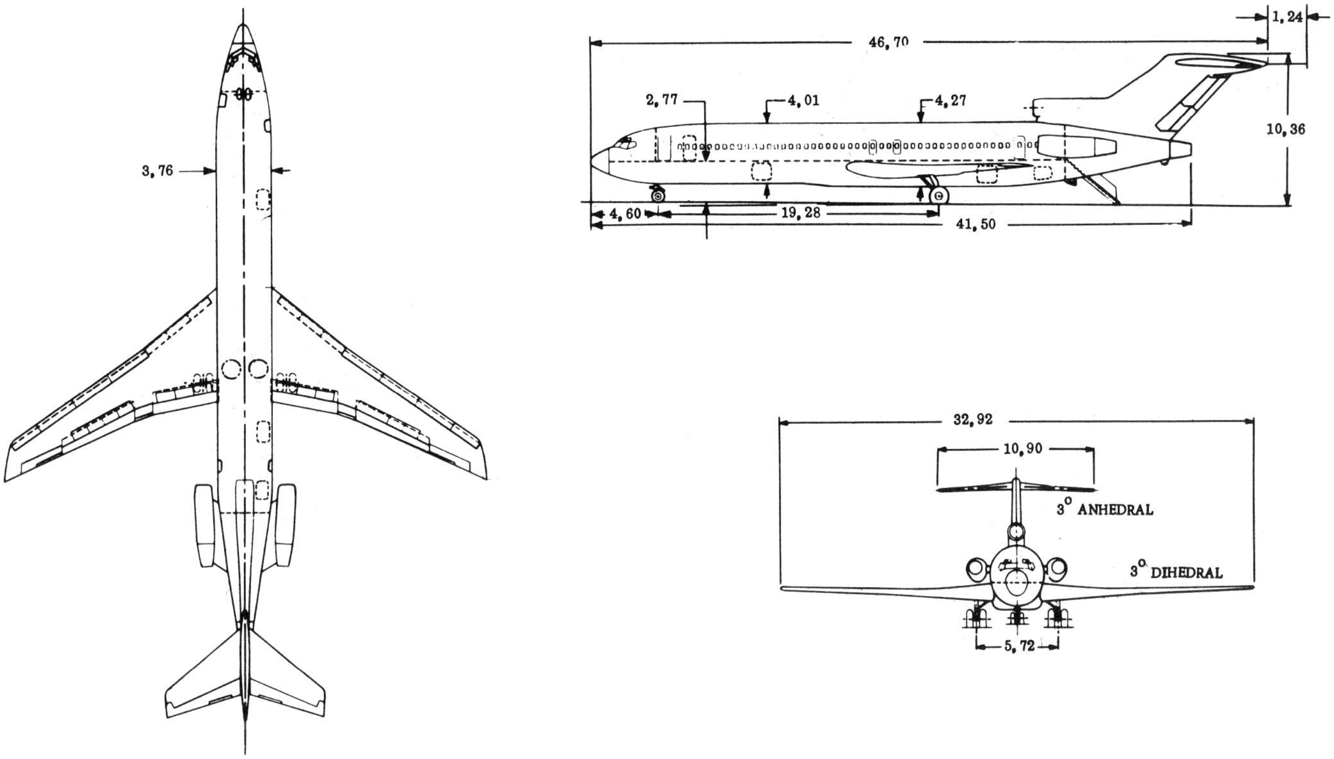

Rißzeichnung Boeing 727-30C (727C bzw. QC), Maßstab 1:500

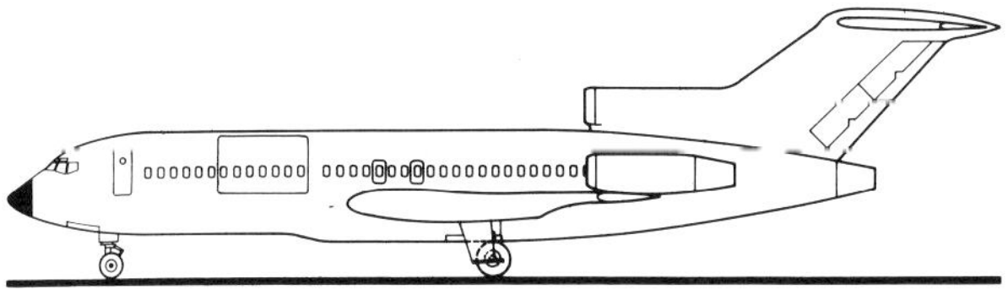

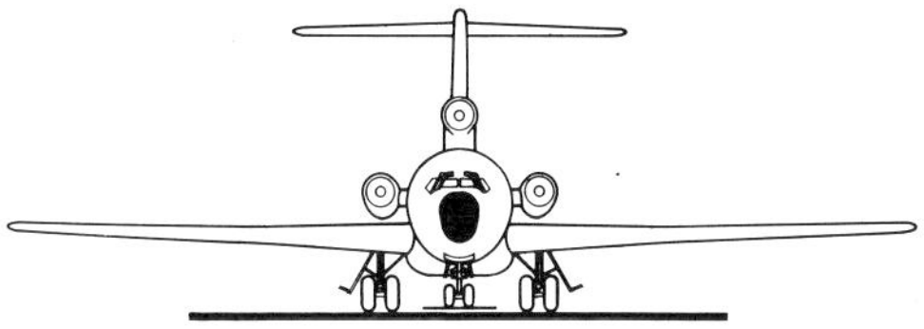

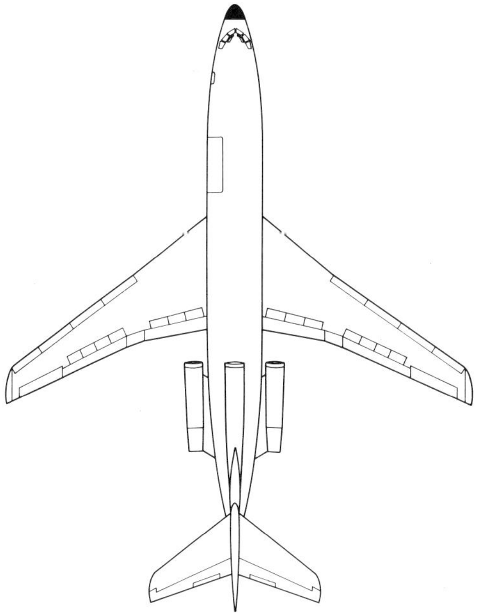

Boeing 737 City Jet seit 1968

Als Ergänzung des nun Mittel-, Lang- und Super-Langstrecken abdeckenden Boeing-Fluggerätes beabsichtigte die Boeing Company 1964 die Entwicklung eines kleinen, zweistrahligen Flugzeugs, für das eine Sitzkapazität von 55–60 Passagieren vorgesehen war.
Auch die Lufthansa suchte damals nach einem speziellen Kurzstreckenflugzeug und hatte hinsichtlich der Leistung auch konkrete Vorstellungen. Die Maschine sollte 82 Passagiere plus Gepäck über eine Distanz von 900 km befördern können. Außerdem war die Lufthansa daran interessiert, die Homogenität ihrer Flotte möglichst durch ein weiteres Boeing-Muster zu steigern.
Zusammen mit der US-Gesellschaft United, die ähnliche Vorstellungen von einem modernen Kurzstrecken-Flugzeug hatte, gelang es der Lufthansa schließlich, Boeing zu einer entsprechenden Änderung des Planungszieles zu bewegen. Der Hersteller willigte unter der Bedingung ein, daß mindestens 50 Maschinen bestellt würden.
Am 19. Februar 1965 überraschte die Lufthansa die Öffentlichkeit mit einer Bestellung von 21 Boeing 737, und als nur wenige Wochen später United Airlines mit einer Bestellung von 40 Einheiten nachzog, war der Bau des Flugzeuges perfekt. Bei Boeing hatte man bereits im Mai 1964 zwei konkurrierende Ingenieurteams auf das Projekt angesetzt, wovon eines eine zweistrahlige Maschine mit am Heck angeordneten Triebwerken und das zweite eine Konfiguration mit Triebwerken unter der Fläche untersuchen sollte. Ziel war ein Flugzeug, das sich durch eine kurze Startstrecke, niedrige Betriebskosten und nach Einflußnahme der beiden potentiellen Kunden eine hohe Passagierkapazität auszeichnen sollte.
In viereinhalb Monaten intensiver Arbeit prüften die Projektingenieure fast 50 Entwürfe. Von sieben am aussichtsreichsten erscheinenden Studien wurden mit einem Kostenaufwand von rund 100 000 Mark pro Stück Windkanalmodelle gebaut und in 200 Teststunden im Windkanal erprobt.
Schließlich stellte es sich heraus, daß für die gegebenen Bedingungen ein Flugzeug mit dicht unter den Flächen liegenden Triebwerken die Ideallösung darstellte. Diese Auslegung ermöglichte ein besonders wirtschaftliches Flugzeug ohne Kompromisse auf anderen Gebieten und erlaubte einen großen Rumpf wie bei der 707 und 727, ohne daß sich die normalerweise bei kleinen, aber dickrumpfigen Flugzeugen üblichen Probleme bei der Heckgestaltung einstellten. Gegenüber der Variante mit am Heck angeordneten Triebwerken ergab die 737 mit Triebwerken unter der Fläche bei gleicher Rumpflänge mehr Raum für die Passagierkabine, sprich mehr Sitze, wie es Lufthansa und United wünschten. Darüber hinaus ergab die schwerpunktnahe Aufhängung der Triebwerke am Flügel eine insgesamt günstigere Gewichtsverteilung. Da das Heck frei von Triebwerksanlagen war, konnte zudem auch hier eine Kabinentür vorgesehen werden. Eine Tür vorn und eine weitere am Heck, jeweils mit bordeigener Treppe, beschleunigten das Aus- und Einsteigen. Weitere Pluspunkte waren ein geringeres Leergewicht der Maschine, da auf Verstärkungen des Hecks zur Triebwerksaufnahme verzichtet werden konnte, und eine erleichterte Inspektion und Wartung der Triebwerke, die ohne Leitern zugänglich waren.
Mit einem Anteil von rund 65 Prozent bereits existierender Bauteile und Baugruppen, die bei der 707 und 727 Verwendung fanden, sollte sich die neue 737 ausgezeichnet in bereits bestehende Boeing-Flotten einfügen. Für die nicht-identischen Baugruppen richtete man ein umfangreiches Versuchsprogramm ein. So wurden Tausende von Laborstunden darauf verwendet, neue Bauweisen zu testen. Bei der 737 wurden nämlich an weit mehr Stellen der Zelle glasfaserverstärkte Kunststoffe und Honeycomb-Strukturen (Waben-Bauteile) verwendet als bei jedem anderen Baumuster zuvor, was sich schließlich in einem günstigen Zellengewicht niederschlagen sollte. Seitenruder, Rumpfheck, Flügelansatzverkleidungen, Querruder und Störplatten sind Beispiele für den erfolgreichen Einsatz dieser neuartigen Werkstoffe. Besondere Sorgfalt verwandte man

auf die Ermittlung von Ermüdungs- und Korrosionsfestigkeit der neuen Werkstoffe und der aus ihnen erstellten Bauteile sowie auf ihre Widerstandsfähigkeit gegen Beschädigungen.

Beim Fahrwerk übernahm man viele bewährte Elemente der 727, brachte aber auch eine Vielzahl Wartung und Teileaustausch erleichternde Neuerungen ein. Auch die Ersatzteilhaltung konnte durch die Überarbeitung des Fahrwerkes verringert werden. In einem Dauerversuch wurden komplette Fahrwerkseinheiten der Belastung von 150000 simulierten Starts und Landungen unterzogen, um die Zuverlässigkeit der Fahrwerkskonstruktion zu prüfen. Eine komplette Zelle der 737 wurde in einem 15 m hohen Stahlgerüst in einem achtmonatigen Testprogramm bis zum Bruch belastet, um die Festigkeitsreserven der Konstruktion zu ermitteln.

Die erste für die Flugerprobung bestimmte 737-100 wurde am 21. Februar 1967 der Flugerprobungsabteilung übergeben und mit nicht weniger als drei Tonnen Meßinstrumenten ausgestattet. Am 9. April 1967 erfolgte der Erstflug der Maschine, der zweieinhalb Stunden dauerte. Weitere fünf Maschinen beschleunigten das anschließende, zur Musterzulassung führende Erprobungsprogramm, wobei bis Ende 1967 über 1300 Flugstunden erflogen wurden.

Als erste Luftverkehrsgesellschaft der Welt konnte die Lufthansa am 10. Februar 1968 ihre ersten City Jets vom Typ 737-130, intern als 737 A bezeichnet, zum Einsatz bringen und damit die endgültige Ablösung des verbliebenen Propellergerätes einleiten. Ab Frühjahr 1971 besaß die Lufthansa eine Nur-Boeing-Flotte, nachdem die letzten Viscounts ausgemustert worden waren.

Die 737 wurde von Anfang an so ausgelegt, daß sie später gestreckt werden konnte. Die hierzu nötige Leistungsreserve steckte bereits in den von der 727 übernommenen Pratt & Whitney JT8D-Mantelstromturbinen, die bei einem Gewicht von je 1402 kg einen Startschub von 6350 kp lieferten. Die Weiterentwicklung dieses Triebwerkes, der Typ JT8D-9 war ebenfalls zum Einbau in die 737 geeignet, lieferte durch eine Erhöhung des Luftdurchsatzes um 14 Prozent einen Standschub von 6580 kp und kam bei der Version - 230 QC zum Einsatz. Wie die Triebwerke der 727 wurden auch die der 737 mit einer Schubumkehranlage ausgerüstet. Die anfänglich in senkrechter Richtung vor die Auslaßöffnung des Triebwerkes schwenkenden Umkehrmuscheln wurden später leicht nach außen gedreht, um zu vermeiden, daß der umgelenkte Abgasstrahl unter die Tragflächen geblasen wurde und so den Auftrieb unerwünscht erhöhte. Die Umkehreinheit besteht aus zwei flach am Triebwerksauslaß anliegenden Außenklappen (lower and upper reverser deflector door), beide sind jeweils durch Pneumatik-Zylinder gekoppelt, die durch Triebwerkszapfluft betätigt werden. Im normalen Flugbetrieb verschließen die Außenklappen die Umkehröffnungen und bilden einen Teil der Triebwerksverkleidung. In der Umkehrstellung öffnen sich die Muschelklappen innerhalb des Triebwerkes und schwenken in den Abgasstrahl. Gleichzeitig wirken die ebenfalls auffahrenden Außenklappen als zusätzliche Strahlablenkung und erhöhen somit die Bremswirkung. Durch Austausch der Brennkammern gelang es der Lufthansa später, die Rauchemission der Triebwerke erheblich zu reduzieren und gleichzeitig die Wirtschaftlichkeit der Triebwerke zu steigern. Bei den neueren Maschinen der Baureihe 737-230 sorgen überarbeitete Triebwerke und längere Triebwerksgondeln zusätzlich durch eine spürbare Senkung des Lärmpegels für eine gesteigerte Umweltfreundlichkeit dieses Typs. Im Rahmen der Flottenmodernisierung bestellte die Lufthansa 1978 mit einem Rekordauftrag in Höhe von mehr als 830 Millionen DM insgesamt 32* Boeing 737-230 adv, die in einer großangelegten Umtauschaktion die vorhandenen älteren 737-130 und 737-230 QC ablösen sollen. Diese Flugzeuge werden eine verbesserte vordere Fluggasttreppe besitzen, während auf die Hecktreppe verzichtet wird. Das Fahrwerk erhält verstärkte Bremsen und ebensolche Räder und Reifen, um den verschärften Lärmschutz-Bestimmungen zu entsprechen und gleichzeitig kürzere Transitzeiten durch eine erhöhte Temperatur-Speicherfähigkeit der Bremsen sicherzustellen. Als Triebwerke sind zwei JT8D-15 vorgesehen, die auch bei der 727 B eingebaut sind. Ein Performance Data Computer wird für bestimmte Flugprofile optimale Geschwindigkeiten und Triebwerksschubeinstellungen ermitteln und Treibstoffeinsparungen von 3,5% ermöglichen.

Buchstäblich überragendes Merkmal der 737, die in ih-

* 1980 vier weitere bestellt

EQ
Lufthansa
EQ

HE
Lufthansa
D-ABHE
Official Airline
München 1972
Lufthansa
BOEING 737
Darmstadt
4

rer Grundausführung wegen ihres gedrungenen Äußeren bei den Lufthansa-Technikern scherzhaft ›Luftschweinchen‹ genannt wurde, ist das hochaufragende, übergroß erscheinende Seitenleitwerk, das zum Ausgleich des asymmetrischen Schubes im Einmotorenflug so groß bemessen wurde.
Durch die Streckung des Rumpfes von 28,65 m bei der 100er-Baureihe auf 30,48 m bei der 200er ist das Flugzeug in seinem Äußeren wesentlich gefälliger geworden. Der Rumpf der 737 ist nach dem von Boeing unter dem Eindruck der Comet-Unfälle entwickelten Fail-safe-Prinzip konstruiert, das auch die 720B und die 727 kennzeichnet und auch beim Jumbo übernommen wurde. Boeing schuf erstmals für die 707 eine ausfallsichere Rumpfkonstruktion, bei der ein Strukturversagen an einem kritischen Punkt durch mindestens ein die volle Belastung übernehmendes Teil der Zelle ohne fatale Folgen aufgefangen werden kann. Dieses Prinzip fand auch bei der 737 Anwendung und wurde durch auf die Innenhaut aufgeklebte Verstärkungen perfektioniert. Diese Verstärkungen haben ebenso wie die rißstoppenden Rumpfgurte der 707 eine Gitterstruktur, die auftretende Schäden an der Zelle wirkungsvoll eingrenzt. Diese Technik dient in erster Linie der Steigerung der Ermüdungsfestigkeit, trägt aber auch zur Verstärkung der Nahtstellen wesentlich bei, obwohl die Nietverbindungen durchaus allein auch die höchsten auftretenden Belastungen aufnehmen könnten, wenn alle geklebten Verstärkungen fehlten.
Der Rumpf der 737 ist aus drei Segmenten, dem Cockpit, der zylindrischen Hauptkabine und dem Heckteil, aufgebaut. Letzterer trägt die große Seitenflosse, das Seitenruder, Höhenflosse und Höhenruder.
Der Flügel der 737 ist im Prinzip aus dem der 727 abgeleitet und ebenfalls mit wirkungsvollen Hochauftriebshilfen ausgestattet. Er zeigt eine Pfeilung, die am Innenflügel wie bei der 727 und 720B am Rumpf etwas stärker ist als an den um 25° gepfeilten Außenflügeln, so daß sich in Höhe der Triebwerksgondeln ein leichter Knick in der Flügelnase ergibt. Die Tragflächen sind aus hochfesten Aluminium-Legierungen aufgebaut und folgen dem bewährten, Böen ausgleichenden aeroelastischen Prinzip. Die Flächen sind aus Stringern und Rippen aufgebaut und nehmen auch die Kraftstoffanlage auf. Zusatzbehälter aus eingeschnürten Gummizellen liegen im Flügelmittelstück. Die beiden Flächentanks sind dagegen in Integralbauweise erstellt, bei der der tragende Flügelkasten zugleich die Behälterwände bildet. Die Leitwerksflächen der 737 sind aus Holmen und Rippen aufgebaut, die Ruder in der zitierten, gewichtsparenden Wabenbauweise mit leichtem Kern und festen Deckschichten.
Die 737-Maschinen der Lufthansa verfügen einschließlich der 737-230 adv. über nur eine bordeigene Treppe und über eine Hilfsturbine zur Energieversorgung am Boden, die das Flugzeug von der Fremdversorgung auf dem Vorfeld unabhängig macht. Die vorderen Fluggasttreppen der 737 A und 737-230 wurden 1973 ausgebaut.
Die Frachträume unter dem Kabinenboden sind ebenso klimatisiert wie der Elektronikschacht, der unmittelbar hinter dem Bugradschacht liegt und von unten durch eine Klappe zugänglich optimale Wartungsbedingungen bietet. Die beheizten und druckbelüfteten Frachträume sind durch Luken auf der rechten Rumpfseite zugänglich, deren vordere 130 x 122 cm und deren hintere 122 x 122 cm mißt. Die Klimaanlage ist im Rumpf unter den Flügeln untergebracht. Die Hilfsturbine liegt im Heck, wo auch ihre Auspufföffnung mündet. Sie ist von unten zugänglich. Neben den beiden Kabinenzugängen verfügt die 737 noch über zwei Türen für die Bordbeladung oder das Catering. Für einen hohen Passagierkomfort sorgen schall- und schwingungsdämpfende Maßnahmen und ein von der Kabinendecke ausgehendes Lüftungssystem.
Die Kabinenfenster sind dreifach ›verglast‹ und sitzen in starken Alu-Schmiederahmen wie bei den übrigen Boeing-Mustern. Die beiden äußeren Scheiben aus gestrecktem Acrylglas können jede für sich allein dem Kabinendruck standhalten. Die äußere steht während des Fluges unter einem ständigen Überdruck von maximal

Oben: Start einer Boeing 737-130 D-ABEQ »Koblenz« (Übernahme am 1. August 1968) City Jet.

Unten: Die D-ABHE »Darmstadt« wurde als sechste Maschine des Typs 737-230 QC (737 C) am 18. Februar 1971 übernommen. Der schlanker wirkende längere Rumpf und die längere Triebwerksverkleidung erleichtern die Unterscheidung. Nach der Umrüstung von der ursprünglich pneumatischen zur hydraulischen Schubumkehranlage zeigten allerdings alle 737 die lange Triebwerksgondel.

Die D-ABGE »Erlangen«, eine 737-230C von unten im Steigflug aufgenommen. Die nicht abgedeckten Haupt-Fahrwerkräder sind gut sichtbar.

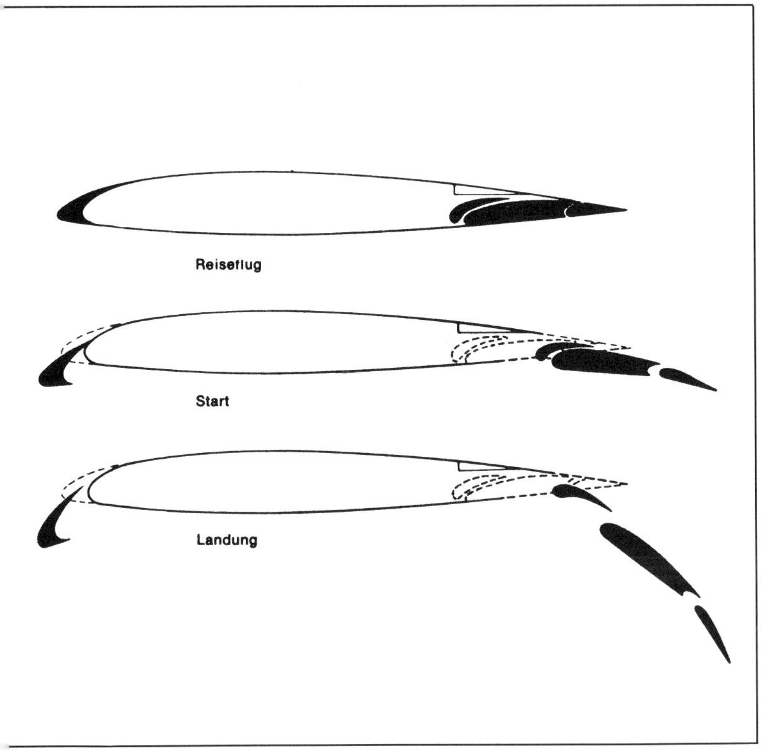

Klappensystem der 737 City Jet bei Reiseflug, Start und Landung.

Das Cockpit der Boeing 737-130 City Jet.

0,6 kp/cm² durch die zur Belüftung der Kabine dienende Luft. Die Innenscheibe besteht aus leichtem Plexiglas.

Die Druckbelüftung hält bis zu einer Flughöhe von 5000 m den Normaldruck in Meereshöhe. In 11 000 m Höhe entspricht der Kabinendruck immer noch dem Druck in 2400 m Höhe.

Die Hydraulikanlage der 737 verfügt über zwei Pumpensysteme, von denen eines mit den Triebwerken gekoppelt ist, während das zweite durch elektrisch angetriebene Pumpen versorgt wird.

Die Fahrwerke werden im Normalfall hydraulisch aus- und eingefahren: das Hauptfahrwerk nach innen in den Rumpf, wobei die Räder nicht abgedeckt wurden, sondern ursprünglich durch aufblasbare Gummimanschetten mit dem Fahrwerkschacht abschlossen. Diese legten sich an die Laufflächen der Reifen an. Die neue Abdichtung erfolgt durch einen Ring aus einzelnen Gummiplatten, der das Außenrad des Hauptfahrwerkes gegenüber dem Rumpf abdichtet. Das Bugfahrwerk wird nach vorn eingezogen und durch zwei einteilige Klappen abgedeckt. Das Fahrwerk kann auch manuell ausgefahren werden. Die Fahrwerke sind mit zwei getrennten Hydraulik-Systemen zur Betätigung der Scheibenbremsen versehen, die mit einer Anti-Blokkiereinrichtung ausgestattet sind. Für den Fall eines Ausfallens beider Hydrauliksysteme treten Hydraulikakkumulatoren in Funktion.

Die Lufthansa fliegt derzeit keine 737-130 (737 A) mehr sondern nur noch die modernen Versionen 737-230 adv. und zwei zu Frachtern umgebaute 737-230 QC. Die erste 727-230 QC war übrigens die D-ABBE »Remscheid«. Sie wurde am 16. Dezember 1969 übernommen. Die zweite ausgelieferte Maschine dieses Typs war die D-ABCE »Landshut« die am 13. Januar 1970 übernommen wurde und durch die Entführung auf dem Fluge von Palma de Mallorca nach Nizza und Frankfurt in die Schlagzeilen der Weltpresse geriet.

Jüngster Sproß der 737-Familie ist die Boeing 737-330, von der zehn Exemplare zum Einsatz ab 1987 fest bestellt sind. Über zehn weitere Einheiten erwarb die Lufthansa eine Option für einen Liefertermin von September 1987 bis März 1988.
Die neue 737-330 vereinigt bewährte Eigenschaften der nun schon seit fast zwei Jahrzehnten bei Lufthansa eingesetzten und in den verschiedenen Baureihen ständig verbesserten 737 mit moderner Technologie. Die neue Version unterscheidet sich neben einem um 2.64 m gestreckten Rumpf, verlängerten Spitzen von Tragflächen und Leitwerk, einer nach vorn gezogenen Leitwerksflosse, einer veränderten Bug-Fahrwerksposition und einem optimierten Flügel und Klappenwerk vor allem durch ein nach dem Muster der A 310 digitalisiertes Cockpit wie auch den Einsatz des hochmodernen Triebwerks CFM56-3B1. Trotz all dieser Neuerungen besteht aber immer noch eine weitgehende Bauähnlichkeit mit der bewährten 737-230 adv., die seit 1980 bei Lufthansa als Arbeitspferd den Kern der kontinentalen Flotte bildet. Dies bietet nicht nur Vorteile bei der Wartung und Ersatzteilhaltung, sondern erlaubt es den Piloten, nach wenigen Tagen Schulung beide Typen zu fliegen. Die Kaufentscheidung der Lufthansa fiel 1985. Mit der Boeing 737-330 wird bei Lufthansa nach der A 310 das zweite Baumuster mit digitalisiertem Cockpit zum Einsatz kommen. Die Flugzeugführer werden per hochauflösenden Farbbildschirm optimal über alle jeweils relevanten Flugdaten informiert. Auch der traditionelle »künstliche Horizont« ist der Bildschirmanzeige gewichen. Er wird ebenso von einem Kathodenstrahl auf den Bildschirm gezeichnet wie der aktuelle Flugweg vor dem Hintergrund eines wählbaren Ausschnittes der Navigationskarte markiert wird.
Die Gesamtheit der elektronischen Fluginstrumente der Boeing 737-330 wie auch des kleinen Airbus A 310 wird kurz EFIS (Electronic Flight Instrument System) genannt. Es ist mit dem ebenfalls mit der A 310 bei der Lufthansa eingeführten Flight Management System (FMS) gekoppelt, das die Cockpit-Crew wesentlich entlastet. Es überwacht die Einhaltung des günstigsten und damit auch am meisten kraftstoffsparenden, umweltfreundlichen Flugweges sowohl in der Horizontalen als auch in der Vertikalen. Hierdurch wird eine Kraftstoffeinsparung in der Größenordnung von sechs Prozent möglich.
Durch die Kombination des zur Grundausstattung der Boeing 737-330 gehörenden Flight-Management-Systems (FMS) wie auch des EFIS wird die Cockpit-Crew spürbar entlastet. Das farbige Monitorbild bietet den Flugzeugführern eine Fülle klarer Informationen über den aktuellen Ablauf des Fluges. In dieses synthetische Bild des Ist-Zustandes können auch die vom Wetterradar gelieferten Informationen eingeblendet werden. So wird zum Beispiel die Lage einer Gewitterfront zum geplanten Flugweg auf einen Blick erkennbar. Neu ist auch ein System zur Warnung vor gefährlichen Scherwinden in Bodennähe. Die Digitalisierung des Künstlichen Horizontes erlaubt es jetzt, ein entsprechendes Bildsignal zu integrieren und so der Cockpit-Crew sofort zu erkennen zu geben, wie das Flugzeug am besten aus dieser kritischen Zone herauszusteuern ist.
Die neue Triebwerksausstattung der 737-300 ist schon äußerlich an der Größe, der unten abgeflachten Form und der veränderten Aufhängung der Triebwerke zu erkennen. Das neue CFM56-3B1 mit seinem sehr hohen Nebenstromverhältnis von 5,0 gehört zu den leistungsfähigsten und wirtschaftlichsten, die in jüngster Zeit gebaut wurden. Es zeichnet sich zudem durch eine geringe Lärmemission aus, womit es neben dem geringen Kraftstoffverbrauch doppelt umweltfreundlich ist.
Der große Bläser bedingte eine relativ hohe Montageposition der beiden Motoren und eine zusätzliche Abflachung des Triebwerkseinlasses, um die notwendige Bodenfreiheit sicherzustellen.
Mit einem Schub von 9060 kp liefert das in Co-Produktion des US-Herstellers General Electric und der französischen SNECMA in Frankreich gebaute Triebwerk praktisch in jeder Flugphase einen hohen Leistungsüberschuß, zumal die Lufthansa in absehbarer Zeit das von Boeing geplante Abfluggewicht nicht ausschöpfen

Oben: Seit September 1986 im Dienst ist die neue Boeing 737-300, die sich äußerlich durch den gestreckten Rumpf, das nach vorn gezogene Seitenleitwerk und die weit vor die Tragflächenvorderkante vorgezogenen, voluminösen Triebwerke des Typs General Electric/Snecma CFM 56-3-BI.

Unten: Diese Ansicht zeigt sehr deutlich die zur Gewinnung der nötigen Bodenfreiheit notwendig gewordene Abflachung der Triebwerksgondeln.

Lufthansa
XA
D-ABXA
Boeing 737-300

Lufthansa

Hochmoderne Elektronik hielt Einzug in das Cockpit der neuen Boeing 737-300, das wesentlich übersichtlicher wirkt als das konventionelle Cockpit der Vorläufer-Versionen.

Die wesentlichen technologischen Neuerungen der 737-330 zeigt diese Grafik. Korrosionsschutz entsprechend dem Standard der Typen 757/767
Aerodynamik:
Neue Flügelnase
Innenausstattung:
Fortschrittliche Ausstattungstechnik
Cockpit: Digitale Avionik mit Flight Management-System und Electronic Flight Instrument System
Triebwerke:
Hohes Nebenstrom-Verhältnis, dadurch geringer Verbrauch und niedriger Geräuschpegel
Fortschrittliche Materialien und Technologien:
Verbundwerkstoffe
Aluminium-Legierungen

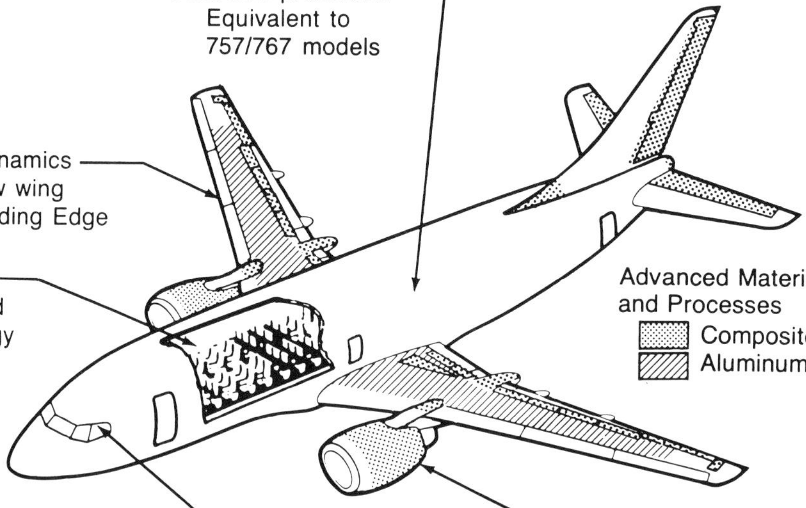

wird. Dadurch wird eine zusätzliche Treibstoffersparnis möglich.
Der hohe Wirkungsgrad des CFM56-3B1 resultiert aus verschiedenen Konstruktionsmerkmalen, so der Minimierung des Spaltes zwischen den Schaufelspitzen des Frontgebläses und dem Gehäuse, verstellbaren Leitschaufeln in den ersten vier Verdichterstufen zur Optimierung der Triebwerksleistung und weiterentwickelten Brennkammern mit geringer Rauchgas-Emission, die den strengen Vorschriften der US-Umweltbehörden gerecht wird. Zur Entlastung der Piloten verfügen die Triebwerke der 737-330 über eine automatische Gasregulierung.
Auch in der Aerodynamik unterscheidet sich die neue 737 von ihren Vorläufermodellen. So wurden die Flügelvorderkanten neu gestaltet und die Übergänge der Triebwerksgondeln zu den Flügeln optimiert. Dieses aerodynamische Make-up hat laut Boeing den aerodynamischen Wirkungsgrad des Flugzeuges um zwei Prozent erhöht und zu einer Erhöhung der optimalen Reisefluggeschwindigkeit um 20 km/h gegenüber der 737-230 adv. geführt. Neue Vorflügel ermöglichten eine Herabsetzung der Landegeschwindigkeit.
Zur Verbesserung der Wirtschaftlichkeit durch Gewichtseinsparungen trägt der verstärkte Einsatz moderner Kunststoffe und Verbundbauweisen bei. Im Vergleich zur 737-230 adv. sind bei der 300er-Baureihe viele neue nichttragende Bauteile aus Kunststoffen oder verbesserten Verbundmaterialien hergestellt. Für die Höhen- und Seitenruder werden Kohlefaserverstärkte Kunstharze eingesetzt, ebenso für die Triebwerksverkleidungen und eine Vielzahl von Verkleidungen und Übergängsstücken an Tragwerk, Rumpf und Leitwerken. Die Fahrwerksklappen bestehen aus einem Verbund von Glas- und Kohlefasern. Kunststoff-Wabenkonstruktionen findet man bei der Kabinenverkleidung wie auch bei den Gepäckablagen. Dem vorbeugenden Korrosionsschutz dienen mehr als 100 Maßnahmen.
Die Kabine der 737-330 zeichnet sich durch eine moderne am Standard der Boeing 757 orientierte Ausstattung aus. Neben einer verbesserten Luftführung sorgen vergrößerte Gepäckablagen (jetzt 55 Liter Stauraum je Fluggastsitz) und ein großzügig bemessener Sitzabstand für ein hohes Maß an Passagierkomfort.

Technische Daten:

Typ:	**Boeing 737-130**	**Boeing 737-230 QC**	**Boeing 737-230 adv.**	**Boeing 737-330**
Lufthansa-Bezeichnung:	(737A)	(737C)	(737E u. D)	(737 X)
Hersteller:	The Boeing Company, Seattle (Washington/USA)			
Erstflug:	Prototyp 737: 9. April 1967			
Baujahre:	seit 1967 (737-100); seit 1969 (737-200)			
Produktionszahl:	über 1360 (alle Serien)			
Anschaffungswert: (ohne Ersatzteile, Preis abhängig vom Wechselkurs)	25 Mio. DM (1968)	55 Mio. DM (1986)	55 Mio. DM (1986)	69 Mio. DM (1986)
Besatzung:	2/3	2/3	2/3	2/4
Passagiere:	8 F / 82 Y	8 F / 95 Y	8/101 (D) 8/98 (E)	8/102
Frachtvolumen:	18,4 m³	24,80 m³ – als Frachter 105,40 m³	21,10 m³	25,70 m³
Bauweise:	freitragender Tiefdecker mit zwei Triebwerken unter den mit Hochauftriebshilfen ausgestatteten Tragflächen. Flügel an der Wurzel stärker gepfeilt als an den Außenflügeln. Aufbau aus hochfesten Leichtmetall-Legierungen. Rumpf in Fail-safe-Bauweise aus drei Sektionen, großes Seitenleitwerk zur Kompensation des asymmetrischen Schubes im Einmotorenflug. Hilfsturbine im Heck. Hauptfahrwerk doppelt bereift wird in Rumpf eingefahren, Verzicht auf Radabdeckungen. Bugrad doppelt bereift wird nach vorn in den Rumpf eingezogen und ist im eingezogenen Zustand durch Klappen abgedeckt.			
Spannweite:	28,35 m	28,35 m	28,35 m	28,88 m
Länge:	28,65 m	30,48 m	30,48 m	33,41 m
Höhe:	11,28 m	11,28 m	11,28 m	11,13 m
Kabinenbreite:	3,53 m	3,53 m	3,53 m	3,53 m
Flügelfläche:	91 m²	91 m²	91 m²	–
Maximales Startgewicht:	44 200 kg	50 200 kg	47900 (D) 50 900 (E) kg	56 456 kg
Maximales Landegewicht:	43 090 kg	46 700 kg	46 700 kg	51 700 kg
Flächenbelastung:	485,71 kg/m²	551,65 kg/m²	526,37 kg/m² (D), 559,34 kg/m² (E)	
Reisegeschwindigkeit:	830 km/h	830 km/h	780 km/h	795 km/h
Landegeschwindigkeit:	246 km/h	228 km/h		
Startbahnlänge:	1860 m	2480 m		
Landebahnlänge:	1520 m	1500 m		2140 km/13 t
Reichweite mit Nutzlast:	1160 km/9,3 t 2415 km/5,9 t	1353 km/11,3 t* 971 km/14,3 t** 2116 km/ 9,0 t* 2116 km/11,0 t**	500/12,9 (D) 1300/12,9 (E) 3970/3,1 (D) 3725/5,8 (E)	1470/km14,8 t 4270 km/7,1 t
Steiggeschwindigkeit:	732 m/min.	762 m/min.		
Triebwerke:	2×Pratt & Whitney JT8D-7 mit je 6350 kp (62,30 kN) Startschub	2×Pratt & Whitney JT8D-9 mit je 6580 kp (64,53 kN) Startschub	2×Pratt & Whitney JT8D-15 mit je 7030 kp (68,95 kN) Startschub	2 x CF M 56-3B1 mit je 9060 kp (88,86 kN) Startschub
Kraftstoffkapazität:	13 420 l	13 420 l	19 530 l	
Reiseflugverbrauch:	2640 l/h	3000 l/h	2900 l/h	
Lufthansa Einsatzdaten:				
Erster Einsatz:	10. Februar 1968	ab 1970	ab Juli 1980	ab 1987
Stückzahlen bei Lufthansa:				
Bei Einführung:	3/1967 (im Dezember 67 übernommene 737/130) 1/1969 (1. im Dezemver 69 übernommene 737/230C)			
Bisher größter Bestand:	insgesamt 28 davon 22 737-130 und 6 737-230C			
Bestand am 1. Juli 86:	0	2 (umgebaut als	42***	10/10****
Bestellungen/Optionen:	–/–	–/– Nur-Frachter)	–/–	

* Passagierversion
** als Frachter
*** davon 4 fest an Condor verchartert
**** Auslieferung der Bestellungen 1986 begonnen, Optionen zur Lieferung in 1987/88

Rißzeichnung Boeing 737-130 (737A) City Jet, Maßstab 1:250

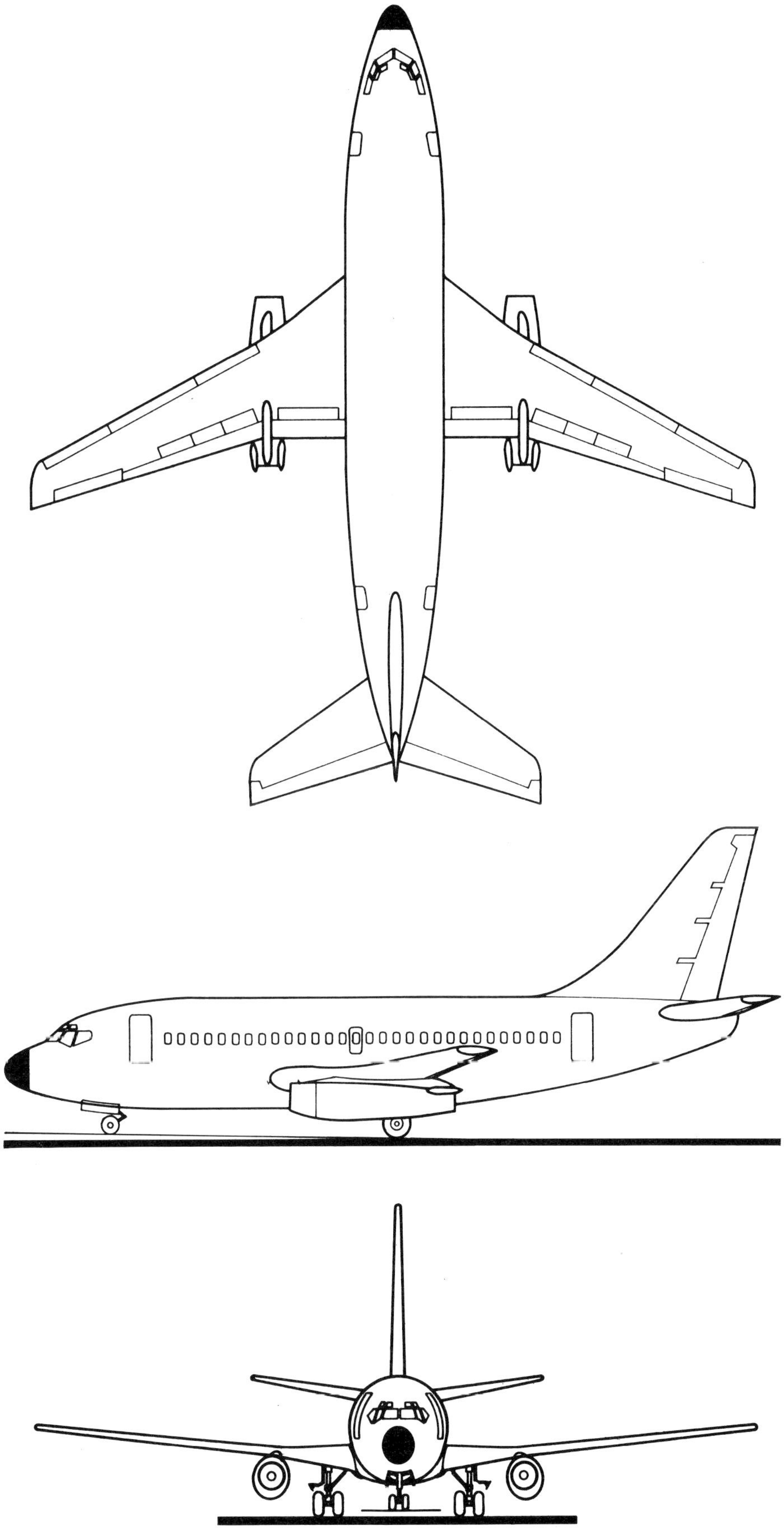

Boeing 747 Jumbo Jet seit 1970

Das starke Ansteigen der Passagierzahlen im interkontinentalen Luftverkehr machte Mitte der sechziger Jahre deutlich, daß man im kommenden Jahrzehnt, mit dem die zweiten 50 Jahre des Luftverkehrs beginnen sollten, wesentlich größeres Fluggerät benötigen werde. Eine Kapazitätssteigerung durch weitere Streckung war kaum denkbar. Eine völlig neue Flugzeuggeneration kündigte sich an, das Großraum-Flugzeug (high capacity oder wide body jet).
Bei Boeing konzentrierte man sich ab September 1965 auf die Entwicklung eines Großraumjets, der der Entwicklung zum Massenluftverkehr Rechnung tragen und 450 Passagiere befördern sollte.
Bei diesen Überlegungen bewegte sich Boeing keineswegs auf absolutem Neuland, denn das Unternehmen war zuvor an der Ausschreibung der US-Luftwaffe für einen Super-Transporter beteiligt gewesen. Der Zuschlag der Regierung war zwar an Lockheed gegangen, wo man die C5A baute, aber die Vorarbeiten zu diesem Projekt konnten nun von Boeing für das zivile Projekt ausgewertet werden. Der erste Entwurf sah ein vierstrahliges Großflugzeug vor, bei dem der Flügel erstmalig nicht in Tiefdeckeranordnung, sondern mittig am Rumpf angesetzt sein sollte. Der Rumpf sollte zwei Passagierdecks haben. Dieses Projekt fand allerdings bei den Luftverkehrsgesellschaften keine Gegenliebe. Zwei Passagierdecks bedeuteten einen schwierigen Passagierfluß beim Ein- und Aussteigen und ließen bei der Abfertigung Probleme erwarten, die bei der Einführung so großen Fluggerätes ohnehin nicht auszuschließen waren, aber bei einer Rumpfausführung mit zwei Decks ungleich größer werden mußten als bei der herkömmlichen Lösung mit einem Passagierdeck. Ein anderer Aspekt betraf die Sicherheit. Bei einer Notwasserung wäre die untere Kabine unvermeidlich ins Wasser eingetaucht, was nicht akzeptabel war.
In der Folgezeit wurden über 50 weitere Entwürfe untersucht, bis man schließlich zu einer Lösung kam, die, abgesehen von den gewaltigen Maßen durchaus konventionell zu nennen war und eine deutliche Verwandtschaft mit der Boeing707 erkennen ließ. Im Januar 1966 legte Boeing den Entwurf den interessierten Luftverkehrsgesellschaften vor. Drei Monate später konnte Boeing die erste Bestellung über 25 Maschinen durch die US-Gesellschaft Pan Am verbuchen. Dies bedeutete den endgültigen Startschuß für das Entwicklungsprogramm der Boeing747, das im Sommer 1966 bereits auf Hochtouren lief. Ein Jahr später arbeiteten bereits 2500 Ingenieure an dem Großraum-Flugzeug, für dessen Fertigung Boeing mit einem Kostenaufwand von einer halben Milliarde DM (nach damaligem Wechselkurs) in Everett, 50 km nördlich von Seattle, ein Zweigwerk aus dem Boden stampfte, wo die Tragflächen des Jumbo Jet gebaut werden sollten und die Endmontage der 747 vorgenommen werden sollte, an der nicht nur 25000 Boeing-Mitarbeiter, sondern auch 1500 Zulieferer aus 49 US-Staaten und sechs ausländische Unternehmen beteiligt waren. So sollten neben den Boeing-Werken in Everett, Boeing Wichita den Rumpfbug und die zum Boeing-Konzern gehörende Vertol Flügelteile liefern, Fairchild-Hiller an der Ostküste die Klappen und Ruder, Cleveland Pneumatic Tool Co. die Fahrwerke, Ling-Temco-Vought das Leitwerk, North American die Flügelnase, Goodyear die Fahrwerksklappen, die Rohr Corporation die Triebwerksaufhängungen und in einem zweiten Werk die Triebwerksverkleidungen, Aerocal die Flügelrippen und Northrop-Norair Rumpfabschnitte fertigen. Sogar ein Unternehmen aus der Bundesrepublik, die auf Aluminium-Großschmiedeteile spezialisierte Firma Otto Fuchs Metallwerke, Meinerzhagen, gehört zu den Jumbo-Zulieferern. Ebenso wie die Konstruktion des alle bisherigen Dimensionen sprengenden Flugzeuges eine große Meisterleistung der Konstrukteure war, bedeutete die Koordination der vielen Zulieferer und die Tatsache, daß schließlich alles zusammenpassen und termingerecht geliefert werden mußte, eine organisatorische Meisterleistung.
Trotz exakter Planung lief die Entwicklung des Jumbo Jet jedoch nicht ohne jegliche Störungen ab. So geriet das Projekt im Herbst 1966 unerwartet in eine Ge-

Die Lufthansa 747-230B »Baden-Württemberg« im Landeanflug kurz vor dem Aufsetzen in Frankfurt Rhein-Main. Die D-ABYD wurde am 5. Mai 1971 von der Lufthansa übernommen.

wichtskrise. Man errechnete, daß die Maschine rund zehn Tonnen schwerer würde als das projektierte Gewicht. Ein Gewichtszuwachs, der nicht zu verkraften war! So mußte die Projektleitung alle beteiligten Konstrukteure auffordern, ihre Konstruktion auf die mögliche Gewichtseinsparungen zu überprüfen. Es war klar, daß das Abmagern des Jumbos ohne Festigkeitseinbuße erfolgen mußte und daß die Konstruktionsänderungen zusätzliches Geld kosten würden. Als Marschrichtung galt, daß jeder Abteilungsleiter Maßnahmen zur Gewichtseinsparung selbst genehmigen konnte, sofern die Kosten pro eingespartes Kilogramm Gewicht nicht höher als 800 DM lagen. Kostete die Einsparung mehr als 1200 DM, war die Einwilligung des Direktors der Konstruktionsabteilung notwendig. Durch den Einsatz von leichten und dennoch hochfesten Werkstoffen wie Titan und Glasfaser-Kunststoffen, die schon bei der 737 in erheblichem Maße zum Einsatz gekommen waren, wie auch durch moderne Verbundbauweisen (Sandwich- und Honeycomb-System) gelang es schließlich, das Leergewicht des Jumbo um runde zehn Tonnen zu senken.
Doch es sollte noch ein zweites Problem geben, als der Triebwerkhersteller Pratt & Whitney kurz vor Fertigstellung der ersten Jumbos technische Schwierigkeiten bewältigen mußte, was den Einsatz der ersten 747 geringfügig gegenüber dem Plan verzögerte. Und die Triebwerke sollten auch nach dem Linieneinsatz der ersten Flugzeuge noch einige Sorgen bereiten, die die Luftverkehrsgesellschaften vor große Probleme stellten. Es gab Verspätungen und Zusammenlegungen von Flügen, wobei sich die konkurrierenden Gesellschaften gegenseitig halfen, da der Ersatz eines ausgefallenen Jumbos durch herkömmliches Fluggerät wegen der gewaltigen Kapazitätsunterschiede überaus schwierig war. Aber schließlich konnten auch diese ›Kinderkrankheiten‹ überwunden werden.
Die Jumbo-Triebwerke gehörten zur sogenannten ›zweiten Generation‹ der Mantelstromtriebwerke und waren mit einem Startschub von 20000 kp konzipiert. Während die Mantelstromtriebwerke der ersten Generation ein Bypass-Verhältnis von 1,5 zu 1 hatten, also das eineinhalbfache der Luftmenge, die zur Verbrennung durch das Triebwerk geführt wurde, durch die große Bläserstufe um das Triebwerk herumführten, hat-

Mit der ersten großen Umtauschaktion zur Modernisierung der Luftha Fenstern im Oberdeck. Die D-ABYJ wurde als erste Maschine am 30.

tte kam 1976 die Jumbo-Version 747-230 B/SL mit General-Electric CF6-50E2-Triebwerken, großer Frachttür auf der linken Heckseite und zehn '6 übernommen.

ten die riesigen JT9D-Triebwerke, die für den Jumbo vorgesehen waren, ein Bypass-Verhältnis von 5:1. Dementsprechend war der Bläser des Triebwerkes auch mit 2,5 m Durchmesser der Lufteinlaßöffnung sehr groß. Das hohe Bypass-Verhältnis schlug sich nicht nur in einer verbesserten Schubausbeute nieder, sondern senkte zugleich auch den Treibstoffverbrauch um rund 20 Prozent. Gleichzeitig war auch der Geräuschpegel dieser Triebwerke geringer. Für die Flugerprobung des ersten 747-Jumbos stand erst das JT9D-1-Triebwerk zur Verfügung, das 18500 kp Standschub lieferte. Es sollte 1969 durch eine weiterentwickelte Version vom Typ JT9D-3 mit einem Schub von 19600 kp ersetzt werden. Nachfolgemuster wie das JT9D-7, das die ersten Lufthansa-Jumbos erhielten, übertrafen bereits die 20000-kp-Grenze. Die hohe Leistung war nicht zuletzt das Ergebnis moderner Kühltechniken und hoch hitzebeständiger Werkstoffe, die Spitzentemperaturen von 1150°C im Triebwerksinnern zuließen. Das Trockengewicht der mit Verkleidung 7 m langen und rund 3 m dikken Triebwerke betrug ca. 3,8 Tonnen.
Die gewaltigen Dimensionen der Boeing 747 wie auch ihr Gewicht von 362 Tonnen erforderten eine Vielzahl spezieller technischer Lösungen. Damit der Jumbo von vorhandenen Pisten überhaupt starten konnte, mußte man dafür sorgen, daß die Flächenpressung der Startbahndecke nicht höher war als bei herkömmlichen Flugzeugen. Aus diesem Grunde verteilte man das Gewicht der 747 auf insgesamt 18 Räder. Neben einem konventionellen, doppelt bereiften Bugradfahrwerk erhielt die 747 vier Hauptfahrwerke mit jeweils vier Rädern in Doppel-Tandemanordnung. Sie werden hydraulisch ein- und ausgefahren. Die hinteren beiden Fahrwerksbeine werden nach oben in den Rumpf eingezogen. Die weiter vorn liegenden Hauptfahrwerksbeine sitzen unter dem Flügelansatz und werden nach innen in die Übergangsverkleidung zwischen Rumpf und Tragflügel eingefahren. Das Einfahren dauert zwölf, das Ausfahren 14 Sekunden. Im Notfall können die lenkbaren Hauptfahrwerke allein durch Entriegeln kraft ihres Eigengewichtes ausgefahren werden. Das Bugfahrwerk läßt sich auch manuell ausfahren. Die Traversen der vorderen Hauptfahrwerke sind so aufgehängt, daß die jeweils hinteren Radpaare bei der Landung tiefer hängen und beim Aufsetzen das Gewicht gleichmäßig aufgenommen wird. Um die gewaltige Masse der 747 sicher abzubremsen, sind alle 18 Räder des Fahrwerks mit gegen Blockieren gesicherten Bremsen ausgestattet, ein übriges trägt die Schubumkehr der vier Triebwerke bei. Zum leichteren Manövrieren am Boden sind die Hauptfahrwerke des Jumbos lenkbar. Zur Ermittlung von Startgewicht und Trimmlage kann die 747 mit einer elektronischen Wägeeinrichtung versehen werden, mit der auch die Lufthansa-Maschinen ausgestattet sind. Sie ermittelt aus der elastischen Verformung der Radachsen das Gewicht des Flugzeuges und über einen Rechner die exakte Schwerpunktlage, so daß auf die bisher manuell zu erstellende Trimmberechnung verzichtet werden kann. Automatisch registriert diese Anlage auch den jeweiligen Landestoß.
Zur umfangreichen elektronischen Ausrüstung des Jumbo Jet gehört die Trägheits-Navigation, die den Jumbo über Kreiselsysteme sicher ans Ziel führt. Bei einem interkontinentalen Flug über 8000 km beträgt die Zielabweichung maximal nur ±30 km. Vor dem Start muß der Kapitän lediglich die geographischen Koordinaten des Start- und Zielortes programmieren. Die exakte Kurssteuerung besorgt die Automatik. Drei voneinander unabhängige Kreiselsysteme garantieren dabei eine hohe Sicherheit gegen Ausfälle des Systems.
Der Erstflug der 747 erfolgte am 9. Februar 1969, nachdem der erste Jumbo am 30. September 1968 mit einem Tag Vorsprung vor dem Mitte 1966 aufgestellten Terminplan aus der Montagehalle in Everett gerollt worden war.
Der erste Linieneinsatz der 747 erfolgte schließlich in Pan-Am-Farben am 22. Januar 1970. Die Lufthansa erhielt ihre ersten drei Maschinen vom Typ 747-130 im März, April und Mai 1970 und nahm am 26. April auf der Strecke Frankfurt–New York den planmäßigen Linienverkehr mit dem Jumbo Jet auf. Der vierte Jumbo vom Typ 747-230B mit gesteigerter Reichweite wurde am 5. Mai 1971 an die Lufthansa ausgeliefert. Zuvor am 2. April 1971, hatte auch die Lufthansa-Tochter Condor ihren ersten Jumbo 747-230B erhalten. Im Februar 1972 folgte eine weitere 747-230B für die Lufthansa und im März eine zweite Maschine für die Condor.
Im gleichen Monat erhielt die Lufthansa als erste Luftverkehrsgesellschaft der Welt einen Jumbo-Frachter, die D-ABYE mit von vorn zu beladendem Frachtraum.

Oben: Am 9. März 1972 übernahm die Lufthansa als erste Fluggesellschaft der Welt einen Jumbo-Frachter, die 747-230F mit dem Kennzeichen D-ABYE und der auch hier noch sichtbaren Übergangsregistrierung N 1794B der US-Luftfahrtbehörde. Inzwischen ist der Frachter gegen eine modernere Version mit zusätzlicher seitlicher Frachtluke am Heck und General Electric-Triebwerken ausgetauscht worden. Die neuen Fracht-Jumbos tragen die Kennzeichen D-ABYO, D-ABYU und D-ABZB und wurden 1978, 1981 bzw. 1985 in Dienst gestellt.

Rechts oben: Die große seitliche Frachttür erleichtert das Beladen des Frachtabteils hinter der Passagierkabine. Hier die erste 747SL der Lufthansa, die D-ABYJ mit ihrer US-Übergangsregistrierung N1786B am Rumpf. Das deutsche Kennzeichen im blauen Rumpfband ist noch überklebt.

Inzwischen wurde diese 747-230F allerdings bereits durch eine modernere Version ersetzt, die zusätzlich eine Frachttür an der linken hinteren Rumpfflanke besitzt und am 22. November 1978 übernommen wurde (D-ABYO).

Auf seinem Frachtdeck, das mit einem System von angetriebenen Rollen und am Rumpfboden verankerten Zurrgeschirren ein schnelles Be- und Entladen erlaubt, und in den Unterflur-Frachträumen vermag der neue Jumbo-Frachter 99 Tonnen Frachtgut zu transportieren. Im Frühjahr 1972 beförderte der erste Lufthansa-Fracht-Jumbo auf einem Flug von New York nach Frankfurt sogar die Rekordlast von 108 Tonnen. Diese Maschine vom Typ 747-230F gehörte, wie die Typenbezeichnung erkennen läßt, zur Baureihe 230, deren erstes Muster 1971 ausgeliefert wurde. Eine Weiterentwicklung dieses Typs stellt die 747-230B-SCD dar, die bei der Lufthansa als 747-230 B/SL oder intern als 747 D bezeichnet wird.

Die Lufthansa setzte ihre erste, am 30. November 1976 übernommene 747-230 B/SL ab 14. Dezember des gleichen Jahres auf ihrer mit 17 000 km längsten Strecke von Frankfurt nach Sydney mit Zwischenlandungen in Bombay, Singapur und Djakarta ein. Das Flugzeug übernahm den Taufnamen der D-ABYB ›Hessen‹, einer 747-130, die am 20. November 1974 beim Start in Nairobi mit 140 Passagieren verunglückte, wobei 59 Opfer zu beklagen waren. Ursache des Unfalls war ein Auftriebs-Defizit infolge nicht ausgefahrener Nasenklappen, die als ausgefahren gemeldet worden waren. Aufgrund dieses Unfalls erhielten die 747 nachträglich eine zusätzliche Kontrollanzeige für die Position der vom Cockpit aus nicht sichtbaren Nasenklappen.

Die neue 747 D ist äußerlich an der 3,40 x 3,12 m großen seitlichen Frachtluke auf der linken Heckseite zu erkennen, die auch zur Boeing-Bezeichnung SCD (*s*ide *c*argo *d*oor) führte. Ferner hat sie anstelle von nur drei Seitenfenstern im Oberdeck, wo die Erster Klasse Lounge hinter dem Cockpit liegt, zehn Kabinenfenster. Auffallend sind auch die wuchtigeren, tonnenförmigen Triebwerksverkleidungen der General Electric CF 6-50-Mantelstromturbinen, die die SL mit dem Airbus und der DC 10 gemeinsam hat. Sie haben sich als besonders zuverlässig erwiesen und zeichnen sich durch einen besonders niedrigen Geräuschpegel aus. Ihr sparsamer Treibstoffverbrauch und die vergrößerte Tankkapazität der 747 SL erlauben gegenüber der 747-230B bei gleicher Nutzlast eine gesteigerte Nonstop-Reichweite von maximal 8700 km. Mit auf knapp 35 Tonnen verringerter Nutzlast kann die SL sogar 10 350 km nonstop zurücklegen. Die 9300 km lange Strecke Frankfurt–Los Angeles bewältigt sie in elf Stunden und 45 Minuten.

Angesichts des knapper und teurer werdenden Jet-Treibstoffes ist ein von Lufthansa-Technikern entwikkeltes Treibstoff-Sparsystem erwähnenswert, das durch eine automatische Schubregelung während des gesamten Fluges vom Start bis zur Landung die optimale Triebwerksleistung sicherstellt und den Kraftstoffverbrauch verringert. Ende 1976 wurde die jährliche Einsparung pro Maschine von der Lufthansa mit 300 000 DM beziffert.

Die Lufthansa 747-230 B/SL bietet insgesamt 278 Passagieren Platz, davon 238 in der Economy- und 40 in der Ersten Klasse. Außerdem können auf jedem Flug insgesamt 35 Tonnen Fracht transportiert werden. Dies geschieht nicht nur in den Unterflur-Frachträumen unter der Passagierkabine wie bei den Vorgänger-Mustern, sondern zum Teil auch in einem Fracht-Compartment auf dem Passagierdeck, das durch die erwähnte Side-Cargo-Door beladen wird.

Dieses Frachtabteil ist durch eine herausnehmbare und verschiebbare Trennwand von der Passagierkabine abgeteilt und so für die Passagiere unzugänglich. Anstelle des dritten Economy-Passagierabteils der normalen 747-230 hat die 747 SL eine 9 m lange Frachtkabine, die im Idealfall sechs 10-Fuß-Container aufnehmen kann. Aus Gründen der Gewichtsersparnis wurde in diesem Rumpfteil auf eine Verkleidung von Rumpfwänden und Decke verzichtet.

Entsprechend dem Verkehrsaufkommen läßt sich das Flugzeug dem jeweiligen Kapazitätsbedarf angleichen. So kann die normalerweise bei der Sitzreihe 41 montierte Trennwand nach Ausbau der Sitzreihen 32 bis 41 hinter der Reihe 31 eingebaut werden und ermöglicht so die Aufnahme von sechs weiteren Paletten. Umgekehrt läßt sich der Heckfrachtraum auf dem Passagierdeck auch nach Einbau von Wand- und Deckenverkleidung sowie Sitzreihen voll für die Beförderung von Passagieren nutzen. Damit wird die Sitzkapazität der normalen 230 B erreicht.

Rechts Mitte: Innenansicht der Passagierkabine einer Boeing 747 vor der Innenausstattung.

Rechts unten: An einer besonderen Aufhängung in der Nähe der Flächenwurzel kann die 747 ein Reservetriebwerk außen transportieren. Hier die Montage eines »fünften« Triebwerkes.

Eine Boeing 747-130 der Lufthansa mit Pratt & Whitney-Triebwerken ...

... und zum Vergleich das General Electric CF6-Triebwerk der 230B, 230F und 230B/SL-Versionen. Hier an einer 747 SL.

Im Zuge einer fortschreitenden Flottenerweiterung und Modernisierung erhielt die Lufthansa inzwischen weitere 747-230B/SL. Die zweite Maschine dieses Typs wurde am 15. Dezember 1976 übernommen und ging ab Januar 1977 auf der Chikago-Strecke sowie ab April auf der Los Angeles-Route, die von nun an nonstop bedient werden kann, in Dienst. Im März 1978 folgte die dritte Maschine, weitere drei kamen im Oktober, November und Dezember 1978 hinzu. Weitere Bestellungen für diesen Typ werden die Flottenumstellung und Erweiterung weiterführen. Heute sind bereits alle Jumbos der Bauserie 747-130 durch 747-230B beziehungsweise 747-230B/SL ersetzt.

Zur Wartung und Instandhaltung ihrer Jumbo-Flotten schlossen sich am 14. März 1969 fünf europäische Luftverkehrsgesellschaften in der ATLAS-Gruppe zusammen. In Arbeitsteilung wurde der Lufthansa die Triebwerks-Betreuung und die Haltung des 747-Simulators übertragen, während die Air France die Arbeiten an der Zelle übernahm. Die französische UTA, Alitalia und Sabena teilen sich in die Gebiete Elektronik, Instrumente und übrige Aggregate.

Auch bei der Boeing 747 ist die technische Entwicklung nicht stehengeblieben. Nach der Baureihe 747-300 mit einem nach hinten erweiterten Upper-Deck für maximal 400-516 Passagiere, die im April 1983 erstmals im Luftverkehr eingesetzt wurde, steht jetzt die Ausführung 747-400 als Super-Langstrecken-Version in Entwicklung. Der neue Jumbo wird 450 Passagieren Platz bieten und über eine Reichweite von 13 400 km verfügen.

Die erste Bestellung über zehn Flugzeuge der 400er-Reihe plazierte die US-Gesellschaft Northwest Orient am 22. Oktober 1985. Die Auslieferung der ersten Maschinen ist für Ende 1988/Anfang 1989 geplant.

Am 21. Mai 1986 entschied sich auch die Lufthansa für die neue Langstrecken-Version. Sie bestellte sechs Maschinen fest und erwarb eine Option für neun weitere Exemplare. Die festen Bestellungen sollen zu je zwei Exemplaren in den Jahren 1989, 1990 und 1991 an die Lufthansa ausgeliefert werden. Die Optionen über weitere neun Exemplare sehen einen Abnahmetermin 1989-1991 vor.

Wie auch schon bei vorausgegangenen Boeing-Entwicklungen hat die Lufthansa in nicht unerheblichem Maße Einfluß auf die Entwicklung der 747-400 genommen. So gelang es auch, den Hersteller zur Realisierung aller möglichen technischen Verbesserungen en bloc zu verpflichten, um auf diese Weise eine homogene Flotte baugleicher Maschinen zu erhalten, obwohl die Flugzeuge in größerem zeitlichen Abstand zur Auslieferung gelangen.

Die neue Boeing 747-400 baut auf dem Rumpf der 300er-Baureihe auf, die wegen ihrer beschränkten Reichweite für die Lufthansa nicht infrage gekommen war. Auffälligstes Merkmal der neuen 747 sind die Winglets an den ebenfalls überarbeiteten Flügelspitzen. Gleichzeitig vergrößert sich die Spannweite bei ansonsten unveränderten Hauptabmessungen von 59,60 m auf 64,82 m. Diese konstruktiven Maßnahmen verbessern die aerodynamische Qualität der Zelle um rund drei Prozent.

Die Übernahme des gestreckten Oberdecks der 747-300 bedeutet für die Lufthansa-Ausstattung eine Vergrößerung der Passagierkapazität von 15 bis 25 Sitzen in der reinen Passagier-Version und von 10-15 Sitzen in der Combiversion.

Durch einen zehn Tonnen fassenden Tank im Höhenleitwerk und zusätzliche Flügeltanks wächst die Tankkapazität bei den Passagiermaschinen um 14,8 Tonnen auf 172,3 Tonnen, wodurch mit 13 400 km eine Nonstop-Reichweite auch für extreme Langstrecken wie Frankfurt – Buenos Aires oder Frankfurt – Hamburg – Tokio garantiert ist.

Vergrößerte Nutzlast und erhöhte Tankkapazität schlagen dank moderner gewichtsparender Werkstoffe und Bauweisen in einer bescheidenen Gewichtserhöhung von nur 3,2 Tonnen gegenüber der 747-200 zu Buche. Ohne diese Gewichtseinsparungen hätte das Herstellerleergewicht der 747-400 rechnerisch um rund 7,5 Tonnen über dem der Baureihe 200 gelegen. Theoretisch wären sogar noch weitere Gewichtseinsparungen durch eine ursprünglich geplante Verwendung von Aluminium-Lithium-Legierungen möglich gewesen. Diese mit rund fünf Tonnen Einsparung kalkulierten Maßnahmen konnten jedoch aus Termin- und Kostengründen jetzt noch nicht realisiert werden. Ein späterer Einsatz von Aluminium-Lithium ist jedoch bei Boeing in Zukunft geplant. Zur Gewichtseinsparung wurden jedoch bei der 747-400 im Flügel verbesserte, bereits bei den Typen 757/767 erprobte Aluminium-Legierungen eingesetzt. Hierdurch konnte das Strukturgewicht um rund 3,5 Tonnen gesenkt werden. Weitere 0,8 Tonnen konnten durch den Einsatz von Kohlefaser-Bremsen eingespart werden.

Bei der Triebwerksausstattung werden das General Electric GE CF6-80C2, dem die Lufthansa den Vorzug geben wird, das Pratt & Whitney PW 4256 sowie voraussichtlich das Rolls-Royce Triebwerk RB 211-524D4D zur Wahl stehen. Dabei ergeben die neuen Triebwerke gegenüber den Vorläufermotoren des Leistungsniveaus von 1983 eine Verringerung des spezifischen Kraftstoffverbrauches zwichen 9 und 11,5 Prozent. Dies kommt gleichermaßen der Wirtschaftlichkeit, der Reichweite wie auch dem Umweltschutz zugute. Zugleich steigt mit dem Einsatz der neuen Triebwerke der Schub je Motor von bisher 23,8 auf nunmehr 26,3 Tonnen. Hieraus resultieren im Verein mit den aerodynamischen Verbesserungen verbesserte Start- und Steigleistungen der 747-400.

Neu ist auch die vollelektronische Triebwerksregelung per FADEC (Full Authority Digital Engine Control), die

747

einen Verzicht auf den bisher üblichen hydromechanischen Backup-Regler erlauben. Durch die digitale Übertragung der Steuersignale können die bisher unverzichtbaren Seilzüge zur Triebwerksregelung entfallen.
Gleichzeitig wird die Triebwerksanlage der 747-400 durch eine automatische Datenerfassungsanlage (Aircraft Integrated Data System) überwacht. Sie registriert nicht nur den Ist-Zustand der Triebwerke, sondern ermöglicht auch eine Trendverfolgung des Triebwerks- und Modulzustandes, wie sie bereits bei der A 310 praktiziert wird.
Als Hilfsturbine ist ein Aggregat von Pratt & Whitney of Canada vorgesehen, das sich durch einen erheblich günstigeren Kraftstoffverbrauch auszeichnet. Eine wesentlich genauere Treibstoffmengenanzeige ermöglicht bei der 747-400 ein exakteres Betanken und reduziert die Mitnahme unnötigen Extratreibstoffes, was wiederum der Wirtschaftlichkeit zugute kommt.
Gleichzeitig ermöglicht der Systemaufbau der neuen Kraftstoffmengenanzeige eine bessere Fehlerdiagnose.
Als erster 747-Jumbo erhält die 747-400 ein modernes digitalisiertes Zwei-Mann-Cockpit. Das Forward Facing Crew Cockpit räumt mit dem mit Instrumenten und Armaturen überfüllten, engen Drei-Mann-Cockpit auf und nutzt die Erfahrungen der ersten Generation (Airbus A 310, Boeing 767) von den Flugzeugen mit Digital-Cockpit. Sechs große Bildschirme liefern alle Anzeigen zur Flug- und Systemüberwachung. Bei einer gleichzeitigen Verbesserung der Übersicht verringert sich die Anzahl der Anzeigen, Instrumente und Schalter im neuen Cockpit um mehr als 60 Prozent von 1000 Komponenten auf weniger als 400. Auf starkes Drängen der Lufthansa wurde außerdem zur Entlastung der Besatzungen wie auch im Hinblick auf eine wirtschaftliche Abwicklung des Fluges ein modernes Flight Management System (FMS) im Cockpit der 747-400 installiert.

Hauptmerkmal der neuen 747-400, die ab 1989 die Lufthansa Jumbo-Flotte modernisieren wird, sind die Winglets an den Flügelspitzen und das gestreckte Oberdeck, das die hier im Modellfoto gezeigte 747-400 mit dem Vorläufermodell 747-300 gemeinsam hat.

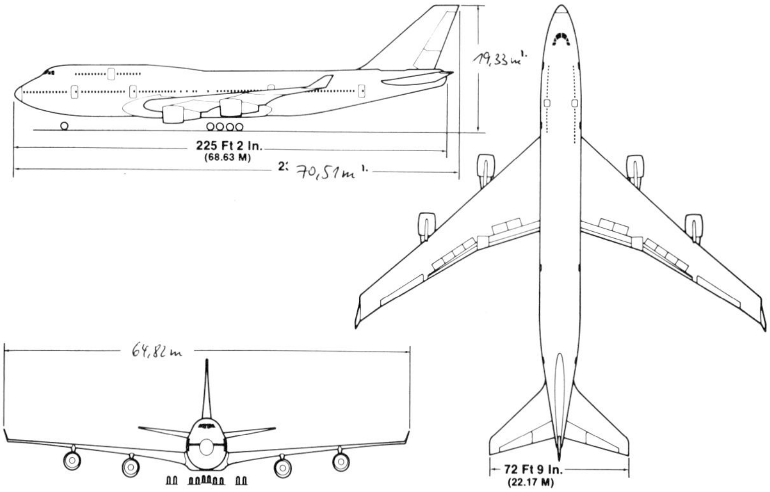

Und so präsentiert sich die Boeing 747-400 in ihren Abmessungen und Formen.

Ihrer führenden Rolle im Fracht-Flugverkehr wird die Lufthansa durch vier Großraum-Frachter vom Typ Boeing 747-230 F gerecht. Es sind die D-ABYO »America« (Lieferdatum 22. 11. 78), die D-ABYU »Asia« hier im Bild (Lieferdatum 4. 9. 1981), die D-ABZB »Europa« (Lieferdatum 25. 10. 85) und die D-ABZF »Africa« (Lieferdatum November 1986).

Aufgrund der zahlreichen Neuerungen ist die Boeing 747-400 in der Lage, größere Reichweiten bei gleicher Nutzlast oder höhere Nutzlasten auf langen Strecken zu erzielen und damit die Wirtschaftlichkeit wie auch das Ertragspotential zu verbessern. Der Einsatz der 747-400 erlaubt es, bisherige Nutzlastbeschränkungen auf vielen Strecken fallenzulassen oder auch neue Strecken zu erschließen.

Neben diesen wichtigen grundlegenden Verbesserungen zeichnet auch eine Reihe weiterer interessanter Details den neuen Langstrecken-Jumbo aus. Hierzu gehört eine Verbesserung der Kontrolle der Kabinentemperatur, ein optimiertes Regelsystem und eine Verteilung der zugeführten Frischluftmenge entsprechend der Sitzdichte.

Das Bremsregelsystem wird durch eine Bremsdrehmoment-Kontrolle auf die speziellen Erfordernisse der neuen Kohlenstoffbremsen abgestimmt. Zusätzliche Sicherheit verspricht die Einführung eines Reifendruckmeßgerätes.

Im Hinblick auf die Verbesserung von Sicherheit und Ökonomie erhält die 747-400 einen automatischen Eisfühler, der selbsttätig die Enteisung zu- oder abschaltet. Zur flexibleren Kabinennutzung soll eine variable Küchen- und Toilettenanordnung beitragen. Ein Vacuum-System soll bei der Toilettenanlage wie bei der A 300-600 und der A 320 die hygienischen Bedingungen der Toiletten verbessern und zugleich dem Konzept der »flexiblen Kabine« zugutekommen.

Ein weiteres, neues Feature der 747-400 soll ein Ruheraum für die Cabin-Crew sein. Er ist auf dem Hauptdeck unmittelbar vor dem Seitenleitwerk eingeplant.

Technische Daten:

Typ:	**Boeing 747-130**	**747-230B**	**747-230F**	**747-230B/SL (SCD = SL)**	**747-230B**	**747-430********
Lufthansa-Bezeichnung:	747A	747B	747C	747 D	747E	–
Hersteller:	The Boeing Company Seattle (Washington/USA)					
Erstflug:	Prototyp 747-130 am 9. Februar 1969					
Baujahre:	seit 1969 Serienproduktion					
Anschaffungswert: (ohne Ersatzteile, abhängig vom Wechselkurs)	105 Mio. DM (1970)	130 Mio. DM (1980)	235 Mio. DM (1986)	243 Mio. DM (1986)	228 Mio. DM (1986)	–
Besatzung:	3/13–14	3/14	3/0	3/12	3/16	2/14
Passagiere:	28 F / 333 Y	28 F / 333 Y	31 Container + 9 Paletten	21 F/84 B/131 E + 6 Paletten	35 F/108 B /212 E**	348 Sitze in 3 Klassen
Kabinenbreite:	6,13 m	6,13 m	6,13 m	6,13 m	6,13 m	6,13 m
Frachtvolumen:	147 m^3	151,8 m^3	628,1 m^3	229,2 m^3	128,7 m^3	128,7 m^3
Bauweise:	freitragender Tiefdecker, Rumpf mit durchgehendem Hauptdeck für Passagiere bzw. Fracht, Cockpit und Erster Klasse Lounge im Oberdeck, Frachträume unter dem Passagier- bzw. Frachtdeck, bei SL-Version Frachtcompartment zusätzlich hinter der Kabine. Frachtversion mit aufklappbarer Nase. Tragflügel mit Hochauftriebshilfen, vier Hauptfahrwerke mit je vier Rädern hydraulisch nach innen bzw. nach oben in den Rumpf einziehbar, Bugrad doppelt bereift. Hauptfahrwerke lenkbar. Alle 18 Räder bremsbar mit Anti-Blockiereinrichtung, Hilfsgasturbine im Heck, Trägheitsnavigation, automatische Gewichts- und Trimmermittlung.					
Spannweite:	59,64 m	59,64 m	59,64 m	59,64 m	59,64 m	64,82 m
Länge:	70,51 m	70,51 m	70,51 m	70,51 m	70,51 m	70,51 m
Höhe:	19,33 m	19,33 m	19,33 m	19,33 m	19,33 m	19,33 m
Flügelfläche:	511 m^2	511 m^2	511 m^2	511 m^2	511 m^2	–
Maximales Startgewicht:	333 400 kg	362 900 kg	362 900 kg	362 900 kg	362 900 kg	385 560 kg
Maximales Landegewicht:	265 300 kg	265 300 kg	285 800 kg	265 300 kg	265 300 kg	265 300 kg
Flächenbelastung:	652,45 kg/m^2	710,18 kg/m^2	710,18 kg/m^2	710,18 kg/m^2	710,18 kg/m^2	–
Reisegeschwindigkeit:	914 km/h	914 km/h	910 km/h	910 km/h	910 km/h	925 km/h
Landegeschwindigkeit:	263 km/h	263 km/h	282 km/h	269 km/h	269 km/h	–
Reichweite/mit Nutzlast (km/t):	6920/51,0 9260/24,1	8325/54,2 10 375/31,7	5300/103,3 10 750/46,7	7410/66,5 10 480/29,9	8210/58,8 10 830/31,0	10 060/62,9
Steiggeschwindigkeit:	518 m/min.	457 m/min.	457 m/min.	579 m/min.	457 m/min.	–
Triebwerke:	Pratt & Whitney JT9D-7 4×20 640 kp 4×202,48 kN	Pratt & Whitney JT9D-7W 4×21 320 kp 4×209,15 kN	Gen. Electric* CF6-50E2 4 x 23812 kp 4 x 233,52 kN	Gen. Electric CF6-50E2 4 x 23812 kp 4 x 233,52 kN	Gen. Electric CF6-50E2 4 x 23812 kp 4 x 233,52 kN	Gen. Electric CF6-80C2 4 x 26 300 kp 4 x 257,92 kN
Kraftstoffkapazität:	178 700 l	197 000 l	197 000 l	197 000 l	197 000 l	215 400 l
Reiseflugverbrauch:	14 000 l	15 200 l	15 500 l	15 500 l	15 500 l	15 750 l
Lufthansa Einsatzdaten:						
Erster Einsatz:	26. April 1970 (747-130)					
Stückzahlen bei Lufthansa:						
Bei Einführung:	3/1970	1/1972	1/1972	2/1976	1/1978	ab 1989
Bestand per 1. Juli 1986:	0	0	3	13	4	
Bestellungen/Optionen:	0	0	1/0	1/0	1/0	6/9***

* Erster Frachter (D-ABYE) mit Pratt & Whitney JT9D-7W
** F = First Class, B = Business-Class, E = Economy
*** zur Lieferung ab 1989
**** vorläufige Daten

Rißzeichnung Boeing 747-130 Jumbo Jet, Maßstab 1:500

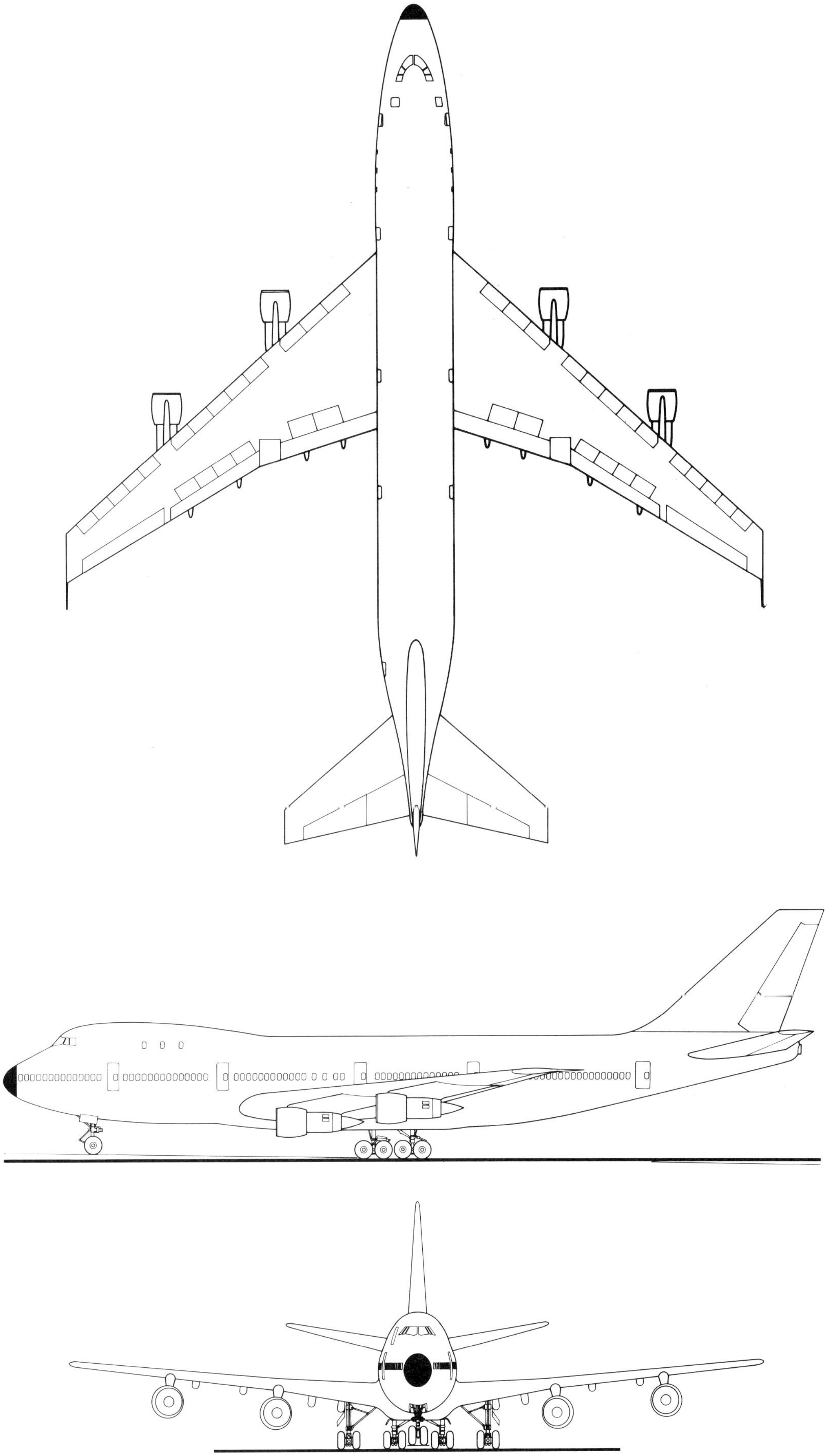

McDonnell Douglas DC 10 seit 1973

In den ausgehenden sechziger Jahren zeichnete sich infolge eines steigenden Passagieraufkommens auf langen Strecken die Notwendigkeit ab, die Boeing 707 in absehbarer Zeit durch ein Baumuster zu ersetzen, das in seiner Kapazität zwischen der 707 und der 747 lag. Diese Lücke wollte Boeing ursprünglich durch die Boeing 767 schließen, die aber schließlich nicht kam. Als Alternative boten sich der Lufthansa die DC 10 von McDonnell Douglas und die Lockheed L.1011 Tri Star an. Die Entscheidung zugunsten der DC 10 fiel am 23. September 1970, als die Lufthansa vier dreistrahlige DC 10-30ER bestellte, die ab 1974 auf den Langstrecken nach Fernost und Südamerika zum Einsatz kommen sollten. Das erste Flugzeug wurde am 12. November 1973 abgenommen, nach Erhöhung der Bestellung folgten dieser Maschine vier weitere im Jahre 1974 und noch einmal fünf im darauffolgenden Jahr.

Die Lufthansa setzte die DC 10 zunächst mit 24 Erster Klasse Sitzen und 183 Economy-Plätzen ein, wobei das Passagiergepäck im Heck in einem vom Passagierdeck abgeteilten Raum ähnlich dem Frachtcompartment der 747SL transportiert wurde, um die eigentlichen Stauräume unter der Fluggastkabine voll zur Frachtbeförderung nutzen zu können. Mittlerweile fliegen die DC 10 der Lufthansa entsprechend dem gestiegenen Passagieraufkommen mit einem voll zur Passagierbeförderung genutzten Kabinendeck und 265 Sitzen, wovon 22 auf die Erste und 243 auf die Touristenklasse entfallen.

Wie bei vielen Airlinern geht auch die Entwicklungsgeschichte der DC 10 auf ein militärisches Projekt zurück, denn wie Boeing hatte sich auch McDonnell Douglas an der Air-Force-Ausschreibung für einen militärischen Großtransporter beteiligt, die schließlich zur Lockheed C-5A führte. Wie Boeing wollte auch McDonnell Douglas die erarbeiteten Grundlagen zivil nutzen. Das militärische Projekt war ausschreibungsgemäß vierstrahlig gewesen, die von Douglas angesprochenen Air Lines wünschten eine zweistrahlige Mittelstreckenmaschine mit großer Passagierkapazität. Zwei Triebwerke erschienen hinsichtlich der direkten Betriebskosten günstiger, drei Triebwerke hätten ein höheres Startgewicht und eine höhere Reichweite, aber auch eine leichtere Möglichkeit zur Weiterentwicklung des Flugzeuges geboten. Diese Phase der Unentschlossenheit traf mit einer damals für Douglas ohnehin schon schwierigen Situation zusammen. Das renommierte Unternehmen Douglas war durch verspätete Lieferung der Triebwerke für die DC-8 und DC-9 in Finanzierungsschwierigkeiten geraten, da man die bestellten Flugzeuge nicht termingerecht abliefern konnte. Die Fusion mit dem bis dahin nur auf dem militärischen Sektor tätigen Unternehmen McDonnell Aircraft Corporation mit Sitz in St. Louis im Staate Missouri brachte schließlich die Lösung. Sie erfolgte am 28. April 1967 und gab den Konstrukteuren der zivilen Abteilung des neugegründeten Konzerns McDonnell Douglas wieder Handlungsfreiheit.

Im Juli 1967 erging eine Ausschreibung von American Airlines für ein Flugzeug hoher Passagierkapazität zum Einsatz auf langen inneramerikanischen Mittelstrekken.

McDonnell Douglas legte im November 1967 einen Entwurf vor, der dreistrahlig ausgelegt war und bei einem Startgewicht von 155 000 kg 230 Passagiere über eine Distanz von maximal 4600 km befördern sollte. Das dritte Triebwerk hatte man in der Wurzel des Seitenleitwerkes vorgesehen. Ansonsten ließen sich aber wesentliche Merkmale des ursprünglich vierstrahligen Projektes übernehmen. Neben der Grundversion dachte man auch an eine DC 10B für 310 Passagiere, die bei einem Startgewicht von 174 000 kg eine Reichweite von 3700 km haben sollte. Wie bei der Boeing 747 sollte das Cockpit in einem zweiten Deck über der Passagierebene liegen.

Dieses Konzept wurde Ende 1967 noch einmal aufgrund spezieller Wünsche der amerikanischen Luftverkehrsgesellschaften modifiziert, wobei sich eine Grundversion mit 259 Plätzen herausschälte, die allerdings erweiterungsfähig war.

Erste Besteller wurden American Airlines mit 25 Einheiten, die am 19. Februar 1968 in Auftrag gegeben wur-

den, und am 25. April 1968 die US-Gesellschaft United, die 30 Maschinen orderte. Beide Airlines erwarben zudem Optionen auf weitere Maschinen in gleicher Zahl wie die festen Bestellungen. Dies gab den Ausschlag für den Entschluß zum Bau der DC 10, der am Tage des Einganges der United-Bestellung verkündet wurde.
Chefkonstrukteur Herold W. Adams nahm gegenüber dem ursprünglichen Entwurf der DC 10A vom November 1967 einige markante Änderungen vor. So wurde der Rumpf um rund 3 m verlängert und auch das Startgewicht erhöht, das nun bei 175 000 kg liegen sollte. Um einen strömungstechnisch unter Umständen schwierigen wie geplant zweigeteilten Lufteinlauf für das mittlere Triebwerk zu vermeiden, hob Adams das gesamte Triebwerk an, so daß es nun über dem Rumpf lag und direkt von vorn angeströmt wurde. Probleme gab es allerdings hinsichtlich der Triebwerkswahl. Ursprünglich hatte Adams das angekündigte Pratt & Whitney JT18D oder das General Electric CF-6-6 vorgesehen. Das Pratt & Whitney-Triebwerk ging nicht wie erwartet in Produktion. Auch das als wünschenswerte Alternative von American Airlines favorisierte Rolls-Royce RB-211 schied aus, da es bei der Lockheed L.1011 zum Einsatz kommen sollte und der englische Hersteller nicht über die Kapazität verfügte, dieses Triebwerk innerhalb der vorgegebenen Zeit in ausreichenden Stückzahlen an beide Hersteller zu liefern. So erhielt der Prototyp schließlich doch das von Douglas von Anfang an bevorzugte General Electric CF-6-Triebwerk, das auch bei der Lockheed C-5A, dem damals größten Flugzeug der Welt, Verwendung fand.
Adams gab seiner Maschine einen trapezförmigen Tiefdeckerflügel, der für eine Reisegeschwindigkeit von Mach 0,88 ausgelegt war. Die Pfeilung der Flächen betrug bei 25 Prozent Flügeltiefe 35°. Seine Stabilität erhielt das Tragwerk durch einen an das durch den Rumpf gehende rechteckige Mittelstück angeflanschten Torsionskasten, bestehend aus zwei Holmen und dazwischen angeordneten konventionellen Rippen. Ein zusätzlicher Träger diente zum Abfangen des vorderen und hinteren Kastenholms zur Rumpfmitte hin. Bei der Langstrecken-Version sollte das Flügelmittelstück als integraler Treibstoffbehälter dienen und zur Aufhängung eines zusätzlichen Fahrwerkes mit zwei Rädern unter der Rumpfmitte herangezogen werden, das notwendig wurde, um das erhöhte Gewicht der Maschine aufzufangen.
Wie bei der Boeing 707 und der DC-8 war die Flügelhinterkante in Rumpfnähe geknickt, um einen tieferen Innenflügel zu erhalten. Der Flügel war an der Wurzel 13,75 m tief, verjüngte sich bis zur Knickstelle auf 7,70 m und bis zur Flügelspitze auf 3,20 m. Die Flächen zeigten eine leichte V-Form von 6° und nahmen von der Wurzel zu den Flächenspitzen von 11,5 auf 10 Prozent relativer Dicke ab.
Wie alle modernen Verkehrsflugzeuge erhielt auch die DC 10 ein wirkungsvolles System von Hochauftriebshilfen für Start und Landung. Die Flügelnase ist zwischen Rumpf und Triebwerkskonsole mit zweigeteilten Nasenklappen ausgestattet, die beim Start auf 17° und zur Landung auf 24° ausfahren. Die Vorderkante der äußeren Flügel trägt sechsteilige Nasenklappen, die beim Start auf 21° 14' und zur Landung 30° weit ausgefahren werden. Die Betätigung erfolgt hydraulisch. Für die äußeren Klappen wird zur Enteisung heiße Triebwerkszapfluft verwendet. Alle Klappensegmente werden in drei Führungsschienen geführt und sind in vier Rollenlagern gelagert. Die Führungsschienen sind am Hauptholm aufgehängt und fahren beim Einziehen der Klappen durch Aussparungen im Holm ein.
Die Landeklappen an der Flächenhinterkante sind in Rumpfnähe als einteilige Doppelspalt-Klappe ausgebildet, an die sich nach außen die geteilten 20° nach oben und unten ausschlagenden Hochgeschwindigkeits-Querruder anschließen. Vor den Flaps, die zwischen dem äußeren Querruder und dem Hochgeschwindigkeits-Querruder liegen, sind über eine Länge von 3 m Spoiler auf der Flügeloberseite angeordnet. Mit dem schon bei der DC-8 bewährten Direct-Lift-Control-System läßt sich durch den Spoiler-Einsatz der Gleitwinkel exakt steuern. Zur Quersteuerung bei allen Geschwindigkeiten dienen die inneren Spoiler in Kombination mit den inneren Querrudern. Das Klappensystem wird von Servos über Steuerkabel betätigt.
Der Rumpf der DC 10 besteht aus sechs in Teilschalen aufgeteilten Hauptbaugruppen, hat einen zylindrischen Querschnitt mit einem größten Durchmesser von 6,09 m. Der Kabinenboden liegt etwas unterhalb der Rumpfmitte, darunter liegt der für Container-Einsatz bestimmte Frachtraum. Die Rumpfstruktur besteht aus

Leichtmetall-Ringspanten, die durch Stringer verbunden und beplankt sind. Das Lüftungssystem ist in der oberen Rumpfmitte über der Deckenverkleidung untergebracht und läßt die Frischluft über zwei Längskanäle austreten.
Die Kabinenbreite beträgt in Bodenhöhe 5,70 m und erlaubt eine Bestuhlung mit je einer Doppelreihe an den Fenstern und zwei Doppelreihen in der Rumpfmitte.
Die Kabine besitzt auf beiden Seiten je vier Einstiegstüren. Die beiden unmittelbar hinter dem Cockpit liegenden messen 0,81 m in der Breite und sind 1,91 m hoch, alle übrigen sind bei gleicher Höhe 1,06 m breit.
Die Frachträume unter dem Passagierdeck sind von rechts jeweils vorn und hinten durch 1,78 x 1,67 m große Luken zugänglich. Auf der linken Seite liegt eine weitere mit den Abmessungen 1,17 x 1,22 m im Bereich des Hecks. Der Frachtraum wird durch den durchgehenden Torsionskasten des Mittelflügels unterbrochen. Hinter diesem Kasten liegen die Fahrwerksschächte des Hauptfahrwerkes, das nach innen eingeschwenkt wird. Das Hilfsfahrwerk der Langstreckenversion wird dazwischen nach oben eingefahren. Vor dem Bugradschacht ist das Elektronik-Zentrum untergebracht. Zwischen Fahrwerkschacht und hinten anschließendem vorderem Frachtraum liegt die eigentliche Klimaanlage.
Das vordere Frachtabteil mit 72,4 m^3 und das mittlere mit 45 m^3 werden durch ein kleineres Abteil im Heck ergänzt, das mit Druckausgleich versehen ist und 14,4 m^3 mißt. Dahinter liegt der Druckspant, hinter dem das 150 PS (110,4 kW) Hilfsaggregat eingebaut ist. Als Heckträger für Leitwerk und Hecktriebwerk dient ein solider, geschmiedeter Träger, der von seinem Rohgewicht von 2400 kg auf ein Endgewicht von 230 kg abgemagert ist.
In den Bau der DC 10 teilen sich wie bei der Boeing 747 ebenfalls mehrere Unternehmen, so liefern Douglas-Canada die Flächen, Holme, Nasenklappen, Spoiler und Querruder, Douglas Long Beach das Rumpfheck und den Mittelflügel, Convair in San Diego den Hauptrumpf, Douglas Santa Monica den Rumpfbug, Aerfer-Aeritalia, Neapel, das Seitenleitwerk, Ling-Temco-Vought das Höhenleitwerk, die Rohr Corporation die Triebwerksaufhängungen, Howmet und Menasco das Hauptfahrwerk sowie Abex (Kanada) und Dowty (England) die Komponenten des Bugfahrwerkes.
Der Erstflug der DC 10-10 erfolgte am 29. August 1970

Die DC 10-30 D-ADAO »Düsseldorf« war die erste DC 10-30 der Lufthansa

de am 12. November 1973 übernommen.

mit einem Serienflugzeug. Fünf Maschinen wurden zur Flugerprobung für die Musterzulassung eingesetzt. Diese Maschinen hatten eine maximale Reichweite von 5870 km. Die Auslieferung der ersten beiden bestellten Flugzeuge erfolgte am 29. Juli 1971. Am 8. Juni 1973 konnte bereits die 100. DC 10 ausgeliefert werden.

Die Entwicklung einer Langstreckenversion wurde schon Ende 1968 durch die Bestellung der US-Gesellschaft Northwest Orient ausgelöst, die eine Reichweite von knapp 9000 km bei voller Passagierkapazität wünschte. Hierzu wurde das Flächenmittelstück als Kraftstoffbehälter ausgebildet und die Kraftstoffzuladung durch weitere Tankbehälter über und unter dem Mittelstück weiter gesteigert. Durch Verlängerung der Flächenspitzen vergrößerte sich die Spannweite um 2,95 m. Das Startgewicht nahm allerdings beträchtlich zu und stieg von 195 045 kg auf 240 400 kg, wodurch zur Verteilung der Pistenbelastung das dritte Fahrwerksbein notwendig wurde. Um das gleiche Triebwerk wie bei ihren Boeing 747-Jumbos zu verwenden, ließ die Northwest Orient ihre Langstrecken-DC-10 mit Pratt & Whitney JT9D-Triebwerken ausrüsten. Diese Ausführung der DC 10 wurde zunächst als DC 10-20 bezeichnet, die gleiche Maschine mit General Electric CF-6-Triebwerken wurde als DC 10-30 bezeichnet und stellt auch die von der Lufthansa geflogene Ausführung dar. Die ersten Bestellungen für die DC 10-30 kamen Anfang Juni 1969 von KLM, Swissair, SAS und UTA. Die ersten Maschinen wurden am 21. November 1972 ausgeliefert.

Die DC 10-40 ist nichts anderes als eine auf Betreiben der Northwest Orient eingeführte Bezeichnung für die DC 10-20 dieser Gesellschaft.

Besonderes Interesse verdient das Triebwerk der DC 10-30, das ein Nebenstrom-Verhältnis von 4,4 : 1 besitzt, wobei der Nebenstrom 85 Prozent des Gesamtschubes liefert. Die außerordentlich hohe Leistung des Triebwerkes wird außer durch die große Bläserstufe durch sehr hohe Gastemperaturen erreicht. So strömen bei dem aus dem Galaxy-Triebwerk TF 39 entwickelten CF6-50 die Verbrennungsgase mit Temperaturen bis zu 1260° C in die Turbine, deren Schaufeln nicht nur von innen luftgekühlt sind, sondern auch im Betrieb durch einen dünnen Luftfilm von außen gekühlt werden. Hierzu tritt Luft aus dem Schaufelinnern durch kleine Öffnungen in der Schaufelvorderkante aus und hüllt das Blatt ein. Anstelle von Einzelbrennkammern ist das CF6-Triebwerk mit einer Ringbrennkammer ausgestattet. Es arbeitet rauchlos. Die Schubumkehr besteht aus mehreren Klappen, die rund um die Schubdüse sitzen und an der Triebwerksaufhängung angelenkt sind, wodurch der Triebwerkswechsel erheblich vereinfacht wird. Außerdem läßt sich das Triebwerk wartungs- und reparaturfreundlich in Module zerlegen. Jedes Triebwerk besteht aus sechs Baugruppen: Gebläse-Rotor, Gebläse-Gehäuse, Verdichter, Brennkammer, Hochdruckturbine und Niederdruckturbine. Zu jeder Triebwerksaufhängung gehört eine fest eingebaute Kranschiene, an die das ganze Triebwerk oder auch die einzelnen Module bei Wartungs- oder Reparaturarbeiten angehängt werden können.

Mit Hilfe eines Kleincomputers ist die DC 10-30 der Lufthansa als erstes Flugzeug der Flotte dazu ausgestattet, automatische Landungen nach Kategorie IIIA, d. h. bei einer Horizontalsicht von nur 200 m und bei einer Vertikalsicht von Null durchzuführen, sofern der anzufliegende Platz über die entsprechende technische Ausstattung verfügt. Das Performance and Failure Assessment Monitor-System (PAFAM) überwacht laufend die Funktion der für den automatischen Anflug notwendigen Anlageteile und ermittelt den voraussichtlichen Aufsetzpunkt auf der Landebahn. Diese Information wird auf einem farbigen Bildschirm perspektivisch dargestellt. Ebenso werden Kommandos zur manuellen Übernahme durch den Piloten oder zum Durchstarten auf dem Gerät angezeigt, wenn es die Situation erfordert. Auf dem Streckenflug sorgt eine Trägheits-Navigationsanlage wie bei der 747 für einen präzisen Kurs. Für einen rentablen Flugbetrieb sorgt der automatische Vortriebsregler. Wie die 747 und der Airbus besitzt die DC 10 eine im Notfall ausfahrbare, vom Fahrtwind angetriebene Turbine, die bei Ausfall der normalen Hydraulik-Versorgung durch die Triebwerksaggregate oder das APU-Aggregat den notwendigen Druck zur Betätigung der Ruder liefert.

Insgesamt erwies sich die DC 10-30, von der Mitte 1979 insgesamt 274 Maschinen im Einsatz waren, als überaus zuverlässiges, leistungsfähiges, wirtschaftliches und umweltfreundliches Flugzeug. Der tragische Absturz einer DC 10-10 von American Airlines, bei dem am 25. Mai 1979 in Chikago alle Insassen der vollbesetzten

Transport einer Rumpfsektion der DC 10 mit der Super Guppy zur Endmontage.

Maschine ums Leben kamen, führte am 6. Juni 1979 zu einem vorläufigen Entzug der amerikanischen Zulassung aller DC 10, nachdem die Untersuchung des Wracks den Hinweis auf den Bruch der Triebwerksaufhängung ergeben hatte und bei weiteren Maschinen Risse in der Aufhängungsstruktur entdeckt worden waren. Entsprechende Untersuchungen an den Langstrecken-Maschinen der europäischen Gesellschaften verliefen negativ, so daß diese Gesellschaften, darunter auch die Lufthansa, schließlich eine Aufhebung des Startverbotes bei den nationalen Luftfahrtbehörden ihrer Länder erwirkten und ihre Maschinen nach erneuter eingehender Überprüfung und zusätzlichen Inspektionen ab 19. Juni nach fast zweiwöchiger Flugpause wieder auf Strecke schicken. Die FAA behielt ihr Flugverbot für amerikanische Maschinen insgesamt 38 Tage lang aufrecht. Als Ursache für den Unfall in Chikago stellte sich schließlich ein nicht vorschriftsmäßiges Wartungsverfahren heraus, bei dem die US-Gesellschaften American Airlines und Continental, Triebwerk samt Aufhängung gemeinsam ein- und ausgebaut hatten. Außerdem wurde der Triebwerkswechsel bei American Airlines ebenfalls vorschriftswidrig mit einem Gabelstapler vorgenommen, mit dem die Einheit von Triebwerk und Aufhängung unter die Fläche gebracht wurde. Dabei wurde unbemerkt die hintere der drei Verbindungen zwischen Flügel und Pylon angerissen. Auch als man den Haltebolzen einführte, wurde der Riß übersehen. In die vordere Verbindung, die ebenfalls die vertikale Last aufnimmt, kamen wie üblich zwei Bolzen. Die mittlere Verbindung, die zur Übertragung der Schubkräfte dient, wird mit einer Buchse hergestellt, durch die ebenfalls ein Bolzen gesteckt wird. Dieser Bolzen erhält nach Vorschrift eine Sicherungsscheibe, die das Wandern der Buchse, die die Schublast aufnimmt, verhindert. Diese Scheibe konnte am Unfallort nicht gefunden werden, obwohl alle übrigen Montageteile der Triebwerksaufhängung geborgen werden konnten. Dies ließ den Schluß zu, daß diese Sicherungsscheibe von Anfang an gefehlt hatte. Ihr Fehlen allein hätte die Katastrophe von Chikago allerdings nicht ausgelöst. Hierzu mußte der erwähnte Montagefehler hinzukommen. Die Tatsache, daß bei den übrigen 42 Haltern von DC 10-Maschinen, die ihre Triebwerkswartung vorschriftsmäßig durchgeführt hatten, keinerlei Schäden an der Triebwerksaufhängung gefunden wurden, die das Unglück von Chikago hätten auslösen können, scheint das Rätsel um den folgenschweren Unfall eindeutig zu klären und stellt das Herstellerwerk von der Verantwortung frei. Anders war dies allerdings bei einer Reihe früherer Zwischenfälle mit DC 10-Maschinen gewesen, als ein nicht ganz zuverlässiger Verschluß der Frachtluke zum Heck-Frachtraum zu einem Druckabfall im Frachtraum führte. Diesem Fehler fiel eine DC 10 der Turkish Airlines zum Opfer, die bei Paris abstürzte, als der Druckabfall in der Frachtkabine zu einem Einbrechen des Kabinenbodens führte und die Steuerung der Maschine lahmgelegt wurde. Eine verbesserte Verriegelung der Frachtluke wie auch ein verstärkter Kabinenboden räumten dieses Risiko jedoch für die Zukunft, wenn auch leider zu spät für die Opfer des Pariser Unfalls, aus. Die DC 10 gehört heute zu den zuverlässigsten und sichersten Maschinen im zivilen Luftverkehr. Dies weisen internationale Statistiken einwandfrei aus.

Zu jedem Triebwerk der DC 10 gehört eine bordeigene Kranschiene, mit deren Hilfe das ganze Triebwerk oder auch einzelne Module ausgebaut werden können.

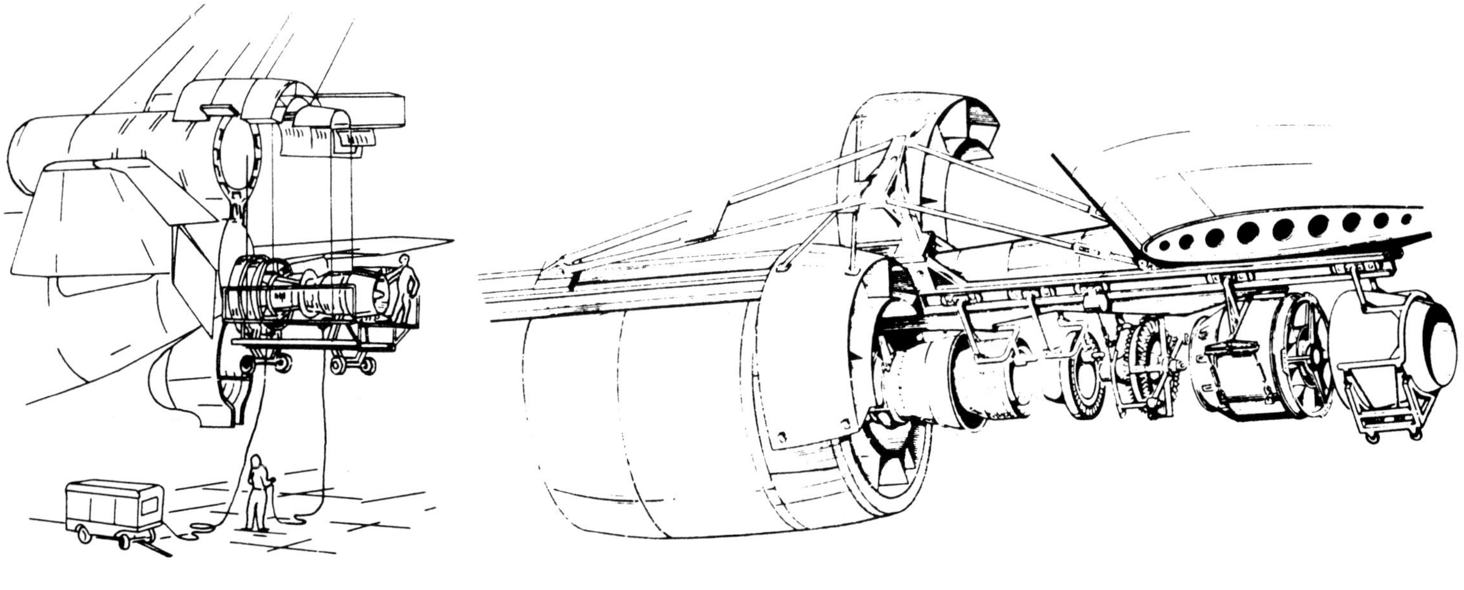

Rechte Spalte:

Oben: Die Verkleidung des Mitteltriebwerkes der DC 10 hat mit 2,75 m einen um knapp 35 cm größeren Durchmesser als der Rumpf der einst berühmten DC-3.
Mitte: Das Triebwerk General Electric CF 6-50 findet bei der DC 10 wie auch bei der 747-230 und dem Airbus A 300 der Lufthansa Verwendung. Imposant die gewaltige Bläser-Stufe.
Unten: Verladung eines Luftfracht-Containers in die Unterflur-Frachträume einer Lufthansa DC 10.

Technische Daten:

Typ:	**McDonnell Douglas DC 10-30**
Hersteller:	McDonnell Douglas, Long Beach (Kalifornien/USA)
Erstflug:	Prototyp DC 10-10 am 29. August 1970 DC 10-30 1972
Baujahre:	seit 1970 (DC 10-10) seit 1972 (DC 10-30)
Produktionszahl:	bis 30. 9. 76 255 aller Serien bis 30. Juni 1979 insgesamt 276 im Dienst, weitere 64 bestellt
Anschaffungswert:	202 Millionen DM (ohne Ersatzteile, Preis abhängig vom Wechselkurs Preisbasis 1986)
Besatzung:	3/10 (Cockpit/Kabine)
Passagiere:	ursprünglich: 24 F / 183 Y (plus Fracht auf Passagierebene) jetzt: 24 F/76 B/137 E*
Frachtvolumen:	107,80 m^3
Kabinenbreite:	5,79 m
Bauweise:	freitragender Tiefdecker mit 35° Flügelpfeilung. Hochauftriebsklappensystem, zwei Triebwerke unter den Flügeln eines am Heck im Seitenleitwerk. Tanks in den Flügeln und im durchgehenden Mittelstück (Integralbehälter). Zwei Hauptfahrwerke je vierfach bereift, ein Hilfsfahrwerk doppelt bereift unter Rumpfmitte, Bugradfahrwerk doppelt bereift. Frachträume Unterflur durch Mittelflügel und Fahrwerksaufnahme unterbrochen. Hilfsturbien im Heck, automatische Landevorrichtung für Kategorie III A, Trägheitsnavigation und Vortriebsregler. Triebwerksaufhängung mit integrierter Kranschiene, Triebwerksverkleidungen sind Teile der Zelle, Triebwerke in sechs Module unterteilt. Schubumkehr an Triebwerksaufhängung angelenkt.
Spannweite:	50,40 m
Länge:	55,35 m
Höhe:	17,55 m
Flügelfläche:	339 m^2
maximales Startgewicht:	251 750 kg
maximales Landegewicht:	182 800 kg
Flächenbelastung:	742,63 kg/m^2
Reisegeschwindigkeit:	885 km/h
Landegeschwindigkeit:	259 km/h
Startbahnlänge:	3170 m
Landebahnlänge:	1814 m
Steiggeschwindigkeit:	823 m/min.
Reichweite (km) / mit	7470/41,6
Nutzlast (t):	10 260/19,4
Triebwerke:	3 x General Electric CF6-50C2 mit je 23 812 kp (233,52 kN) (erste Maschinen noch mit CF6-50A mit je 22 226 kp = 217,96 kN Startschub, jetzt durch CF6-50C2 ersetzt).
Kraftstoffkapazität:	138 750 Liter
Reiseflugverbrauch:	11 400 Liter/h

Lufthansa-Eindatzdaten:

Erster Einsatz:	erste Maschine D-ADAO ›Düsseldorf‹ nach Übernahme am 12. 11. 73 zunächst zur Besatzungsschulung Linieneinsatz 14. Januar 1974 von Frankfurt nach Tokio
Stückzahlen bei Lufthansa:	
Bei Einführung:	1/1973 bzw. 5/1974 (effektiver Einsatz)
Bestand per 1. Juli 1986:	11 (+ 3 fest an Condor verchartert)
Bestellungen/Optionen:	0/0

* F = First Class, B = Business-Class, E = Economy

Rißzeichnung McDonnell Douglas DC 10-30, Maßstab 1:500

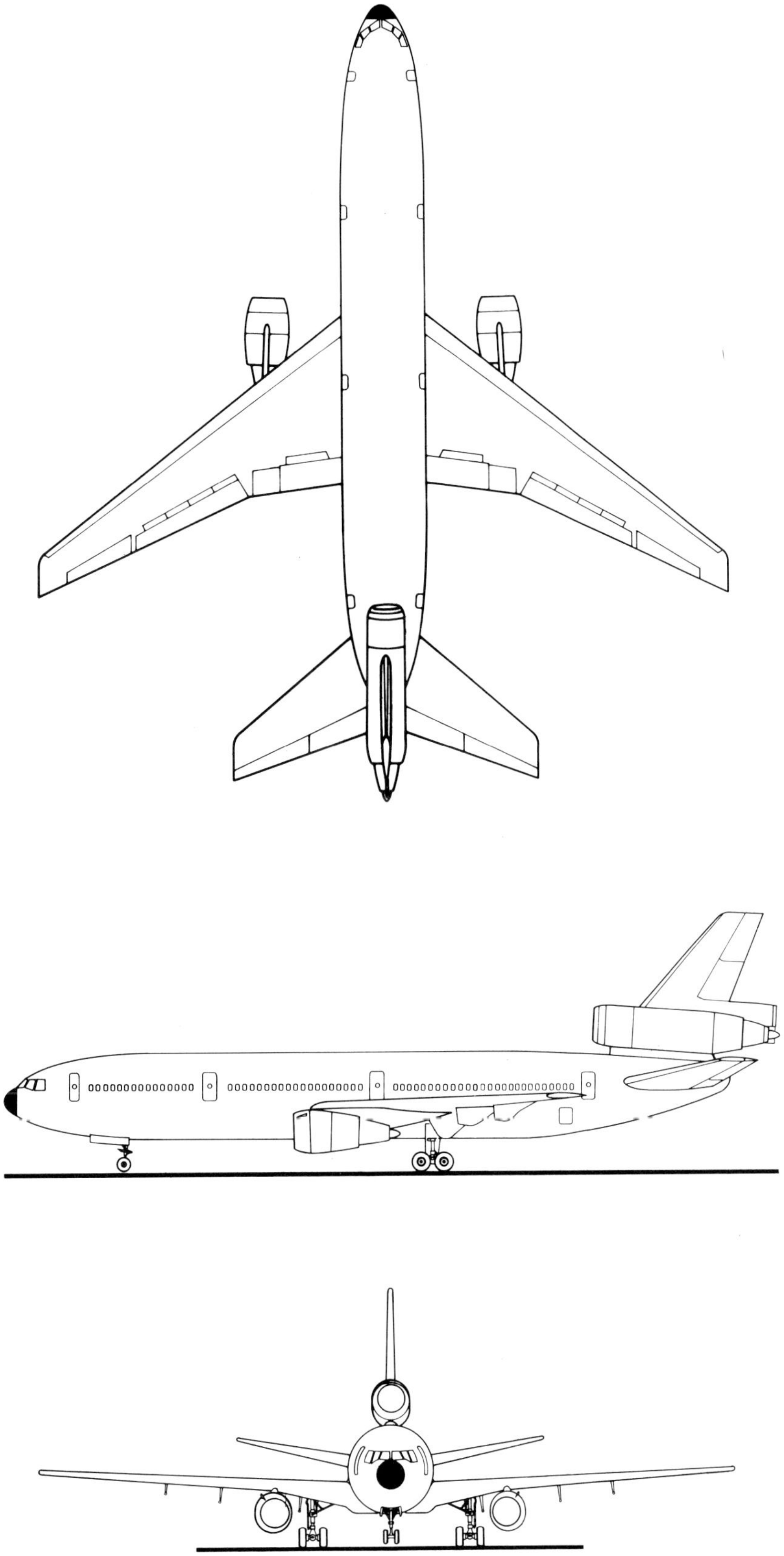

Airbus A 300 seit 1976

Im Jahre 1965 faßten Frankreich, Großbritannien und die Bundesrepublik Deutschland den Entschluß, gemeinsam ein Großraumflugzeug zum Einsatz auf Mittelstrecken zu bauen. Während die Regierungsverhandlungen noch liefen, nahm das Projekt schon Gestalt an. Im Mai 1969 wurde das Airbus-Projekt vertraglich abgesichert. Partner waren jetzt Frankreich, die Bundesrepublik und Spanien, das am 23. Dezember 1971 beitrat. Später sollten auch die Niederlande hinzukommen. Die britische Regierung hatte sich inzwischen aus dem Gemeinschaftsprojekt zurückgezogen. So wurde Hawker Siddeley, das damals schon erhebliche Vorarbeiten für den Airbus-Flügel geleistet hatte, schließlich auf eigenes Risiko Partner der Airbus-Unternehmen. Das neue Flugzeug wurde wie die amerikanischen Großraum-Flugzeuge zu einem Gemeinschaftswerk, nur mit dem Unterschied, daß der Airbus in multinationaler Zusammenarbeit entstand.
Messerschmitt-Bölkow-Blohm, ein durch Fusion traditionsreicher deutscher Flugzeug-Hersteller nach dem Kriege entstandener Luftfahrt-Konzern, übernahm die Produktion des gesamten Rumpfhecks samt Seitenleitwerk wie auch die Oberschale des Mittelrumpfes, VFW-Fokker, ein deutsch-niederländisches Unternehmen, in dem auf niederländischer Seite die Tradition von Fokker und auf deutscher die von Focke-Wulf und Heinkel fortgeführt wurde, die vordere Rumpfsektion mit Ausnahme des Bugs mit der Cockpit-Einheit und dem Übergangsstück zum zylindrischen Hauptrumpf. Diese Teile wurden zusammen mit dem Flügelanschluß-Stück, das zugleich die Rumpfmitte bildet und den Motorträgern von Aérospatiale, Frankreichs größtem staatlichem Luft- und Raumfahrt-Unternehmen, entwickelt und gefertigt. Die niederländischen Fertigungsstätten von Fokker-VFW sind für das gesamte Klappensystem des Airbus verantwortlich, während das spanische Unternehmen CASA die vordere Rumpftür und das gesamte Höhenleitwerk beisteuern sollte. Der Bau des eigentlichen Flügels fiel Hawker Siddeley Aviation, dem britischen Partner zu, während das französische Spezialunternehmen Messier die Fahrwerke übernahm. Als Triebwerkshersteller kam der US-Konzern General Electric hinzu.
Zur Koordination des Zusammenspiels dieser Partner, zu denen auch noch kleinere Partner wie die belgische SABCA und andere Zulieferer kamen, wurde im Dezember 1970 die Airbus Industrie gegründet, ein Unternehmen nach französischem Recht, das als GIE (*G*roupement d'*I*ntérèt *E*conomique) gegründet für den Bau und den Verkauf des Airbus verantwortlich ist. An diesem europäischen Unternehmen sind über die Deutsche Airbus GmbH mit Messerschmitt-Bölkow-Blohm (MBB) und VFW-Fokker als Partner die beiden größten deutschen Flugzeug-Unternehmen beteiligt, auf französischer Seite die Aérospatiale und als spanischer Partner die Construcciones Aeronauticas SA (CASA), das Unternehmen, das 1928 bereits in Cadiz Dornier-Wale gebaut hatte. Die europäischen Partner haben etwa folgende Anteile am Produktionswert des Airbus: 20 Prozent entfallen auf Aérospatiale, 13,4 Prozent auf MBB, weitere 11,4 Prozent auf die Gruppe VFW-Fokker. Auf die CASA entfallen 2,4 Prozent, während Hawker Siddeley 10,2 Prozent des Auftragswertes für sich verbuchen kann.
Toulouse, im Süden Frankreichs, wurde zum Koordinations- und Endmontagezentrum des Airbus. Hier laufen auch die Anlieferungen der von den Partnern gefertigten Komponenten zusammen. Um alle Teile des Airbus an einem Ort zu fertigen, hätte man unter nicht zu vertretendem Kostenaufwand ein riesiges Flugzeugwerk neu bauen müssen, das neben den Montagehallen Bürogebäude und sonstige Anlagen für über 15000 Ingenieure und Flugzeugbauer hätte bieten müssen.
Wie schon beim Bau der US-Saturn-Rakete und der McDonnell Douglas DC10 wurden zum Transport der

Rechte Seite:

Frontansicht eines Airbus A 300B im Fluge. Unter den Tragflügeln sind die Klappenführungen gut sichtbar.

Lufthansa Airbus A 300B2 D-AIAB »Rüdesheim am Rhein«, der zweite Airbus der Lufthansa (Übernahme am 19. März 1976).

Airbus-Großbauteile zwei Riesenflugzeuge vom Typ Super Guppy gechartert. Sie bringen nach einem genauen Terminplan die in Deutschland gefertigten Rumpfsektionen und die bei Hawker Siddeley produzierten Flügel zur Endmontage nach Toulouse. Der Zeitplan ist so perfekt, daß kein Bauteil länger als 48 Stunden gelagert werden muß. Fertig montiert und vorerprobt geht jeder fertige Airbus schließlich ›auf eigenen Flügeln‹ nach Hamburg zum MBB-Betrieb in Finkenwerder, wo jede Maschine nach den Wünschen des späteren Abnehmers ihre Innenausstattung erhält. Danach wird jeder Airbus wieder nach Toulouse überführt, um nach gründlichen Testflügen an den Käufer ausgeliefert zu werden.

Wie die Typenbezeichnung A 300 erkennen läßt, war der Airbus zunächst mit einer Sitzkapazität von 300 Plätzen konzipiert – zu groß, wie die als Kunden in Frage kommenden Luftverkehrsgesellschaften einwanden. Auf Wunsch der Airlines kam es schließlich zum Bau einer kleineren Version für 250 Passagiere, an deren endgültiger Auslegung die Lufthansa maßgeblichen Anteil hatte. Die Gesellschaften der 1969 gegründeten ATLAS-Gruppe hatten die Lufthansa beauftragt, einen wirtschaftlichen Airbus für die ATLAS-Partner zu spezifizieren. Insgesamt brachten die Lufthansa-Ingenieure rund 1500 Vorschläge und technische Änderungen ein, die aus den Erfahrungen des täglichen Flugbetriebs resultierten. Erste Besteller des Airbus A300 wurden die Air France, Iberia und Sterling Airways, die Lufthansa folgte am 25. Juni 1975 mit einer Bestellung über drei A300 und einer Option für weitere neun.

Der Jungfernflug des ersten Prototyps des Airbus A300 mit dem französischen Kennzeichen F-AWUB erfolgte am 28. Oktober 1972 vom Aérospatiale-Werksflugplatz Toulouse-Blagnac.

Die Lufthansa übernahm ihren ersten Airbus der Version A 300B-2 am 2. Februar 1976, zwei weitere Maschinen dieses Typs folgten im Februar und März (D-AIAA, D-AIAB, D-AIAC), 1977 kamen die D-AIAD, eine weitere A300B-2, von der Lufthansa auch als A300A bezeichnet, und die erste A300B-4, eine gleichgroße Ausführung mit jedoch höherem Startgewicht und einer von 1045 auf 2500 km gesteigerten Reichweite bei voller Nutzlast bzw. von 3610 auf 4850 km gesteigerter maximaler Reichweite. Diese erste A300B-4 wurde am 29. September 1977 übernommen und erhielt das Kennzeichen D-AIBA. Die zweite Maschine dieses auch von Lufthansa als A300B bezeichneten Typs (D-AIBB) kam am 23. März 1978 zur Lufthansa, die zu diesem Zeitpunkt insgesamt fünf B-2 und zwei B-4-Maschinen besaß.

Gegenüber der ursprünglichen Version B-1 erhielt die zuerst von der Air France bestellte Version B-2 einen um fünf Spanten verlängerten Rumpf, der eine Sitzkapazität von maximal ca. 280 Plätzen erlaubt, wovon die Lufthansa, die diesen Typ ab 1. April 1976 auf innerdeutschen und europäischen Strecken einsetzt, durch eine großzügigere Bestuhlung jedoch nur 249 Plätze (24 in der Ersten und 225 in der Touristenklasse) nutzt. Ursprünglich war für den Airbus das Rolls-Royce-Triebwerk RB. 211 vorgesehen, das zur 20000-kp-Klasse gehörte und nach Ausscheiden der britischen Regierung aus dem Kreis der Airbus-Interessenten im April 1969 fallengelassen wurde. An seine Stelle trat das General Electric-Triebwerk CF-6, das auch bei der DC 10 und der Boeing 747SL zum Einsatz kommt und sich so auch hervorragend in die Flottenplanung der Lufthansa einfügt, die mit der Bestellung des Airbus zwar jetzt eine auf drei Herstellerfirmen aufgebaute Flotte besitzt, aber durch gemeinsame Komponenten wie Klimaanlage und viele Teile der Avionik doch eine relativ breite Basis von Gemeinsamkeiten behielt.

Dank seinen umweltfreundlichen CF6-50-Triebwerken, die zu den derzeit schubstärksten zivilen Strahlturbinen zählen, ist der Airbus nicht nur ein sehr leistungsfähiges, sondern zugleich auch leises und sauberes Flugzeug, das die strengsten derzeit gültigen Bestimmungen zur Lärmbekämpfung (ICAO-Annex 16)nicht nur erfüllt, sondern deutlich unterschreitet. Recht imposant ist der Vergleich mit einer Boeing 707, deren vier Triebwerke gegenüber 46200 kp beim Airbus nur rund zwei Drittel dieser Leistung, nämlich 31760 kp, abgeben. Trotzdem ist die Fläche, auf der beim Start mehr als 90 EPNdB (Effective Perceived Noise Dezibels) gemessen werden, nur ein Achtzehntel so groß wie beim Start einer Boeing 707, was übrigens auch für die mit den gleichen Triebwerken ausgestattete DC 10 gilt.

In ihrem Aufbau entspricht die A300 dem modernsten Standard im Bau von Großflugzeugen. Der Rumpf hat einen kreisrunden Querschnitt und ist aus Ringspanten

Ebenfalls zur Baureihe B2 gehört die D-AIAD »Westerland-Sylt«, die am 16. April 1977 als vierter Airbus abgenommen wurde.

und Stringern aufgebaut. Das Passagierdeck liegt geringfügig unterhalb der Rumpfmitte. Das Cockpit ist wie bei der DC 10 auf der Ebene des Passagierdecks angeordnet. Die Erster Klasse Kabine ist bei der Lufthansa mit drei zweisitzigen Sitzreihen bestückt, deren mittlere durch je einen Gang von den Fensterreihen getrennt sind. In der Economy-Kabine gibt es je eine zweisitzige Sitzreihe an den Fenstern und durch je einen Gang davon getrennt eine Viererreihe in der Rumpfmitte. Auf beiden Seiten des Rumpfes liegen vier Passagiertüren. Die beiden Tragflügel sind an den stabilen Mittelteil angesetzt, der zugleich Bestandteil des Mittelrumpfes ist und die beiden vierfach bereiften Hauptfahrwerke, die nach innen einschwenken, aufnimmt. Die Fahrwerksbeine sind mit ihrer Hilfsstrebe am Flügelmittelstück angelenkt. Die Fläche ist auf zwei Hauptholmen aufgebaut, die mit den dazwischen liegenden Rippen einen verwindungssteifen Kasten bilden. Die Flügelvorderkante verläuft unter einem Pfeilwinkel von 30° und ist gerade ausgebildet, während die Flügel-Hinterkante etwa im ersten Drittel der Spannweite senkrecht zur Rumpflängsachse verläuft und dann 20° nach hinten knickt. Bis zum Ansatz der Triebwerkskonsolen, die etwas innerhalb dieses Hinterkantenknicks liegen, ist der

Mittelflügel durch zwei starke zusätzliche Holme versteift. Zwischen dem hinteren dieser beiden Zusatzholme und dem hinteren Hauptholm liegen die beiden Hauptfahrwerke. Die Fläche des Airbus ist über die volle Spannweite mit Nasenklappen ausgestattet, die an den Außenflügeln in zwei Sektionen unterteilt sind. Zwischen Rumpf und Triebwerkskonsole sitzt eine weitere Nasenklappe. Triebwerkszapfluft besorgt die Enteisung. An der Flügel-Hinterkante ist die A300 mit geschlitzten Landeklappen ausgestattet, davor liegen in sieben Sektionen unterteilte Spoiler. Unmittelbar vor dem Endkantenknick ist das Hochgeschwindigkeits-Querruder angeordnet. Zusätzlich gibt es normale Querruder an den Flächenenden.

Die beiden Triebwerke sind an schwach geneigten Pylonen in geringem Abstand unter der Fläche aufgehängt und mit zwei seitlich auffahrenden Umkehrmuscheln versehen. Die Triebwerksaufhängung ist entgegen Behauptungen in der US-Presse im Zusammenhang mit dem Unfall der DC10 von American Airlines nicht mit der Triebwerksaufhängung der DC10 identisch, sondern eine Eigenentwicklung von Aérospatiale, so daß die kurzfristig erwogene Flugsperre für den Airbus in USA jeglicher Grundlage entbehrte. Im Hintergrund mag vielleicht die Konkurrenz-Situation gestanden haben, nachdem der Airbus auch bei Eastern in USA Fuß gefaßt hatte.

Die Airbus-Industrie konnte anläßlich des Internationalen Aéro Salons in Paris 1979 voller Stolz die im Wettbewerb mit der leistungsfähigen amerikanischen Luftfahrtindustrie erzielten Verkaufserfolge präsentieren. 1978 hatte der Airbus rund 20 Prozent des Umsatz-Dollarwertes aller in diesem Jahr verkaufter Verkehrsflugzeuge gestellt. Am 25. Mai 1979 waren es sogar 40 Prozent des Weltmarktes. Nach relativ langsamem Anlauf konnte die Airbus-Industrie im Juni 1979 auf insgesamt 352 Airbus-Verträge mit Luftverkehrsgesellschaften aus 28 Ländern zurückblicken, ein Erfolg, mit dem bei der Unterzeichnung des Partnerschaftsvertrages im Jahre 1969 wohl selbst die Optimisten nicht gerechnet haben dürften. Dabei darf allerdings auch nicht vergessen werden, daß das gesamte Unternehmen, das der europäischen Luftfahrtindustrie den Anschluß im modernen Verkehrsflugzeugbau ermöglichte, nur mit massiver finanzieller, im deutschen Falle rückzahlbarer Unterstützung der beteiligten Regierungen möglich war. Die zitierte Vertragszahl von 352 Einheiten schließt auch die 25 Bestellungen der Deutschen Lufthansa für die A310 ein, die am 2. April 1979 unterzeichnet wurde.

Im Sommer 1986 war die Zahl der großen Airbusse der Lufthansa auf einen Restbestand von nur noch fünf Exemplaren zusammengeschmolzen. Alle fünf Maschinen gehören der Version A 300 B4 an und stehen ebenfalls zur Ausmusterung an. Es sind die D-AIBA, die 1977 übernommen wurde, die D-AIBB aus dem Jahre 1978 und die D-AIBC (Lindau/Bodensee), D-AIBD (Erbach/Odenwald) und die D-AIBF (Kronberg/Taunus), die allesamt 1979 übernommen wurden.

Im Laufe des Jahres 1987 werden jedoch sieben Airbusse der neuen Version A 300-600 zur Flotte der Lufthansa stoßen.

Die A 300-600 wurde zuerst im März 1984 mit Pratt & Whitney JT9D-7R4-Triebwerken zugelassen und im folgenden Monat von Saudi Arabian Airlines in Dienst gestellt, die im Sommer 1986 elf Flugzeuge dieses Typs betreibt. Bei Kuweit Airways fliegen derzeit drei umrüstbare A 300-600 Convertible.

Die erste Maschine mit dem auch von Lufthansa eingesetzten General Electric Turbofan-Triebwerkes CF6-80C2 flog am 20. 3. 1985 zum erstenmal. Mit diesem Triebwerkstyp werden neben den sieben A 300-600 der Lufthansa auch ihre neuen Boeing 747-430 Jumbos ausgestattet sein. Das erste CF6-80C2 beendete im Juni 1985 einen 150-stündigen Dauerlauf zur Erlangung der Zulassung und erreicht in Meereshöhe einen Standschub von 268 Kilonewton.

Neben den neuen General Electric-Triebwerken zeigt die A 300-600 Winglets an den Flügelspitzen und eine Kohlefaser-Seitenleitwerksflosse. Das Flugzeug ist mit gewichtsparenden Kohlefaserbremsen ausgestattet. Es verfügt außerdem über ein völlig neues Zwei-Mann-Cockpit.

Die neuen A 300-600 der Lufthansa bieten 200 Passagieren (18 First, 91 Business und 91 Economy) Platz. Mit maximaler Nutzlast von 39 Tonnen kann der neue 600er-Airbus 4030 Kilometer weit fliegen. Seine größte Reichweite liegt bei 6475 km mit 24,6 Tonnen Nutzlast. Der Anschaffungswert ohne Ersatzteile betrug im Sommer 1986 rund 169 Millionen DM.

Technische Daten:

Typ:	**Airbus A 300B-2**	**A 300B-4-200**	**A 300B-4-600**
Lufthansa-Bezeichnung:	300A	300B	306
Hersteller:	Airbus Industrie, Toulouse-Blagnac in Cooperation mit der Deutschen Airbus GmbH München.		
Erstflug:	Prototyp A 300B1 am 28. Oktober 1972		
Baujahre:	seit Dezember 1971		
Produktionszahl:	bis Juni 1979: 352 Kaufverträge.		
Anschaffungswert:	77 Mio. DM (Preisbasis 1982)	157 Mio. DM (Preisbasis 1986)	169 Mio. DM (Preisbasis 1986)
Besatzung:	3/8-10	3/8-10	2/10
Passagiere:	24 F/225 E	18 F/124 B/72 E	18 F/91 B/91 E
Frachtvolumen:	94,56 m^3	86,0 m^2	94,7 m^2
Kabinenbreite:	5,40 m	5,40 m	5,40 m
Bauweise:	freitragender, zweistrahliger Tiefdecker mit Pfeilflügel, Hochauftriebshilfen an Flügelnase und Hinterkante, Rumpf mit kreisförmigem Querschnitt, Hilfsaggregat im Rumpfheck in spornartigem Rumpffortsatz. Hauptfahrwerke in Tandembauweise je vierfach bereift nach innen in den Rumpf einfahrend, Bugrad doppelt bereift nach vorn in den Rumpfbug einfahrend. Computer zur Regelung der jeweils optimalen Triebwerksleistung und Ermittlung des Startschubes in Abhängigkeit von Temperatur und Luftdruck, A 310 mit verkürztem Rumpf und neuem Flügel.		
Spannweite:	44,84 m	44,84 m	44,84 m
Länge:	53,62 m	53,62 m	54,08 m
Höhe:	16,53 m	16,53 m	16,53 m
Flügelfläche:	260 m^2	260 m^3	260 m^3
maximales Startgewicht:	137 000 kg	165 000 kg	165 000 kg
Maximales Landegewicht:	130 000 kg	134 000 kg	138 000 kg
Flächenbelastung:	526,92 kg/m^2	634,62 kg/m^2	634,62 kg/m^2
Reisegeschwindigkeit:	870 km/h	850 km/h	865 km/h
Landegeschwindigkeit:	246 km/h	250 km/h	–
Startbahnlänge:	1850 m	–	–
Landebahnlänge:	1770 m	–	–
Steigleistung:	1189 m/min.	–	–
Reichweite (km)/mit Nutzlast (t):	1045/30,6 3610/13,4	4130/30,7 5285/22,9	4030/39,0 6475/24,6
Triebwerke:	2×General Electric CF6-50C mit je 23 132 kp 226,85 kN	2 x General Electric CF6-50C2 mit je 23 812 kp 233,52 kN	2 x General Electric CF6-80C2 mit je 27 306 kp 267,78 kN
Kraftstoffkapazität:	42 500 l	59 375 l	62 000 l
Reiseflugverbrauch:	7700 l/h	8000 l/h	6 800 l/h

Lufthansa-Einsatzdaten:

Erster Einsatz:	1. April 1976	Ende 1977	Frühjahr 87
Stückzahlen bei Lufthansa:			
Bei Einführung:	3/1976	1/1977	7/1987
Bestand 1. Juli 1986:	0	5*	
Bestellungen/Optionen:	0/0	0/0	

* Ausmusterung steht bevor
** Auslieferung der Bestellung ab Februar 1987, Optionen 1988-90

Rißzeichnung Airbus A 300 B2/B4, Maßstab 1:500

Ab 1987 modernisiert die A 300-600 als in Leistung und Reichweite verbesserte Version der A 300 die Mittel- und Kurzstreckenflotte der Lufthansa mit sieben Exemplaren. Patenstädte der neuen großen Airbusse sind Fulda (D-AIAH), Stade (D-AIAI), Nördlingen (D-AIAK), Celle (D-AIAL), Rosenheim (D-AIAM), Böblingen (D-AIAN) und Bingen (D-AIAP).

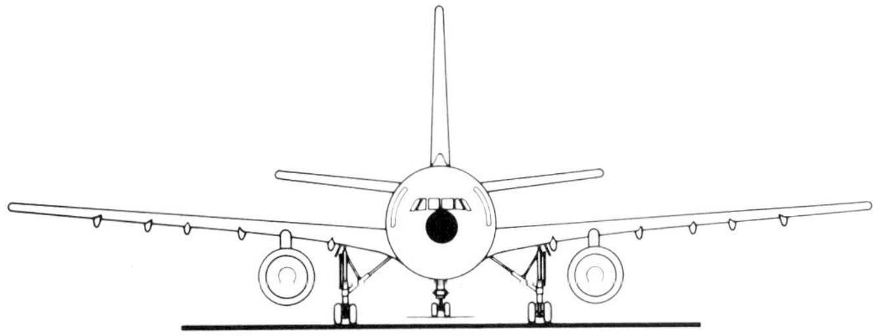

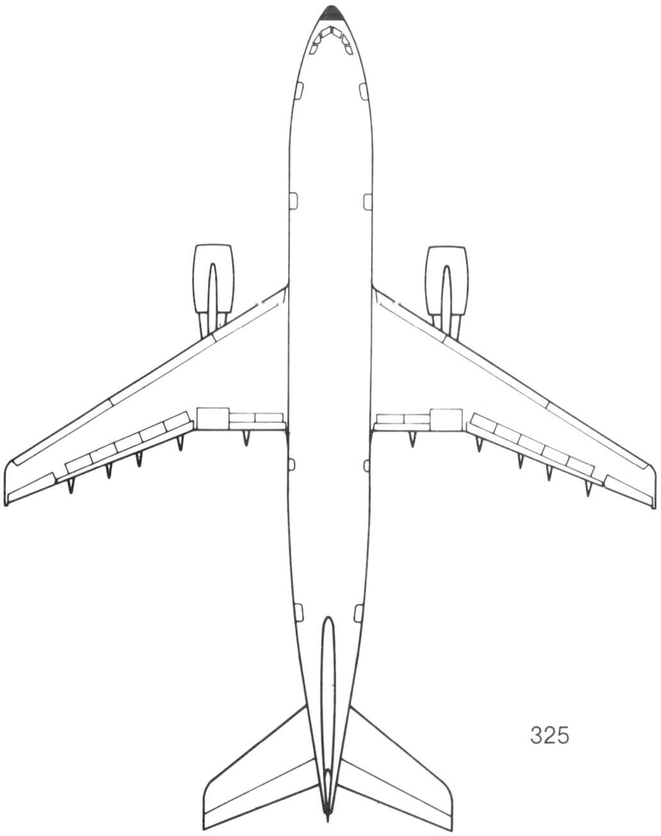

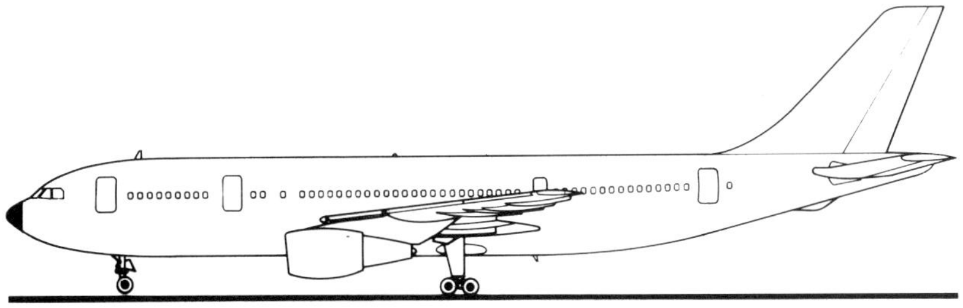

Airbus A 310 seit 1983

Eigentlich hatte die Airbus Industrie mit der Entwicklung des Airbus A 310 nur eine verkürzte Ausführung der großen A 300 zur Anpassung der Passagierkapazität an Passagieraufkommen geplant, die für den großen Airbus zu gering und für herkömmliche Kurz- und Mittelstreckenflugzeuge wie die Boeing 727 und 737 zu groß waren.

Es zeigte sich jedoch in Gesprächen mit den potentiellen Kunden, allen voran die Lufthansa und Swissair, die hinsichtlich Größe, Gewicht und Treibstoffverbrauch des zukünftigen Fluggeräts für Strecken mittleren Passagieraufkommens ganz konkrete Vorstellungen hatten, daß sich die Wünsche der Luftverkehrsgesellschaften kaum durch eine bloße Schrumpfung des A 300 befriedigen ließen. So schufen die Konstrukteure der Airbus Industrie schließlich mit dem A 310 ein komplett neues Flugzeug, das zwar auf den ersten Blick äußerlich wie ein kleinerer Bruder des großen A 300 anmuten mag, tatsächlich aber eine ganz neue, höchst fortschrittliche Flugzeuggeneration darstellt, die den A 300 in den Schatten stellt.

In seiner Technologie ist der „kleine" A 310 vom Flügel bis zum Cockpit wie auch hinsichtlich vieler anderer Details ein völlig neues, revolutionierendes Flugzeug. Mit 207 Sitzplätzen ist der A 310 um rund 17 Prozent kleiner als der 249-sitzige A 300 und entspricht so besser der tatsächlichen Nachfrage. In einer Zeit, in der hohe Treibstoffkosten und steigendes Umweltbewußtsein neue Denkanstöße gaben und die Forderung nach Verbesserung der Wirtschaftlichkeit in einem von scharfem Wettbewerb gekennzeichneten Luftverkehr unüberhörbar wurde, galt es, beim neuen Airbus A 310 konsequent neue Wege zu beschreiten. Um dieses Ziel zu erreichen, investierte die Airbus Industrie rund zwei Milliarden Mark in das neue Flugzeug, das vier Jahre nach Festlegung der ersten Projektdaten am 3. April 1982 seinen erfolgreichen Erstflug – auf einer Seite in Lufthansa-Farben und auf der anderen im Gewand der Swissair – absolvierte. Im neuen Zwei-Mann-Cockpit des Prototyps saßen die Testpiloten Bernard Ziegler und Pierre Baud, die auf dem Jungfernflug runde drei Stunden in der Luft blieben, eine größte Höhe von 9450 m und eine Geschwindigkeit von Mach 0,75 erreichten.

Schon die frühe Erprobungsphase sollte zeigen, daß mit dem neuen Flugzeug ein großer Wurf gelungen war. Dies gilt vor allem für den Treibstoffverbrauch, der fast 20 Prozent unter dem des großen Airbus A 300 lag, der seinerseits für die damalige Zeit schon als besonders wirtschaftliches Flugzeug galt. Besonders eindrucksvoll war die erneute Senkung des spezifischen Kraftstoffverbrauches, weil dieser normalerweise bei kleineren Flugzeugen größer ist als bei größeren. Die neue Technologie hatte die alte Faustregel umgekehrt.

Größten Anteil an diesem Ergebnis hat der neue, transsonische oder auch „superkritische" Flügel des A 310, der auch im schallnahen Bereich die Strömung weitgehend laminar anliegen läßt und somit weniger Widerstand erzeugt. Bei gleicher Größe liefert ein transsonischer Flügel, wie ihn der A 310 besitzt, mehr Auftrieb als Tragflügel mit herkömmlichem Profil. Folglich konnte der Flügel des A 310 in der Fläche deutlich kleiner gehalten werden. Der geringere Materialverbrauch bedeutete zugleich weniger Gewicht. In der Draufsicht präsentiert sich der Flügel des A 310 im Vergleich zum Tragwerk des großen Bruders bei nahezu gleicher Spannweite als sehr schlank. Mit 219 Quadratmetern ist die Flügelfläche des A 310 tatsächlich um 16 Prozent kleiner als die des A 300.

Der geringere Widerstand des kleineren transsonischen Flügels erlaubte auch eine geringere Antriebsleistung, die in der Lufthansa-Ausführung des A 310 von General Electric Triebwerken CF680A3 erbracht wird. Dieses Triebwerk zeichnet sich gegenüber dem CF6-50C des großen Airbus durch einen um sechs Prozent geringeren Kraftstoffverbrauch aus, was der Wirtschaftlichkeit des A 310 ebenfalls zugute kommt.

Gegenüber einer konventionellen Tragfläche mit dem üblichen tropfenförmigen Profil weist der transsonische Flügel eine verhältnismäßig flache Oberseite, eine

Montage des Rumpfhecks des ersten Lufthansa Airbus A 310-203.

dickere Nase und eine stärker gewölbte Unterseite auf. Sie ist mit Ausnahme des hinteren Bereiches deutlich konvex gewölbt und zeigt eine nach unten gezogene Hinterkante mit konkavem Profilauslauf.

Die Entwicklung dieses ungewöhnlichen Flugprofils leitete der amerikanische Aerodynamiker R. T. Whitcomb um die Mitte der sechziger Jahre ein, seine Realisierung beim ersten in Serie gebauten Verkehrsflugzeug, dem A 310 ist jedoch eindeutig das Verdienst europäischer Aerodynamiker, die Whitcombs Forschungen in die Realität umsetzten.

Als NASA-Mitarbeiter entwickelte Withcomb das von ihm als „superkritisch" bezeichnete Profil in langen Windkanalversuchen. Withcomb fand, daß das neue, dickere und an der Oberseite flachere Profil im schallnahen („kritischen") Unterschallbereich weniger Wi-

Die D-AICA „Neustadt an der Weinstraße" wurde am 9. März 1984 übernommen.

derstand erzeugt als herkömmliche Flügelprofile. Daraus folgt, daß man mit einem solchen Flügel bei gleichem Schub schneller fliegen oder mit weniger Schub ebenso schnell fliegen kann wie mit einem herkömmlichen Profil.

Gleichzeitig bietet sich aufgrund dieses Sachverhaltes auch an, die Flügeldicke zu vergrößern und so bei gleicher Reisegeschwindigkeit einen leichteren Flügel zu bauen. Mit einem dickeren Flügel nimmt logischerweise auch das Tankvolumen zu. Sowohl die Gewichtsersparnis durch den an sich leichteren Flügel als auch sein größeres, als Tankraum nutzbares Volumen lassen sich in eine größere Reichweite umsetzen. Gleichzeitig bietet der Transport des gesamten Treibstoffes im Flügel günstigere Belastungsbedingungen. Gegenüber einem Flugzeug mit zusätzlichen Tanks im Rumpf weist der A 310-Flügel eine geringere Biegebelastung auf.

Von der Theorie des transsonischen Flügels zu seiner technischen Realisierung in einem in Großserie gebauten Verkehrsflugzeug war es jedoch noch ein langer Weg, der vor allem die Fertigungstechniker der Airbus Industrie vor große Probleme stellte. Um das neue aerodynamische Konzept zu realisieren, bedurfte es neuzeitlicher Produktionsverfahren wie der Verformung im

Die Frachtkapazität des A 310 demonstriert diese Beladungsszene der D-AICD „Detmold". Der Unterflur-Laderaum des Großraum-Jets nimmt nicht nur Großcontainer auf, sondern bietet auch Platz für den Transport von kompletten Autos.

Ein voluminöser Rumpf und schlanke Tragflächen charakterisieren den kleinen Airbus A 310.

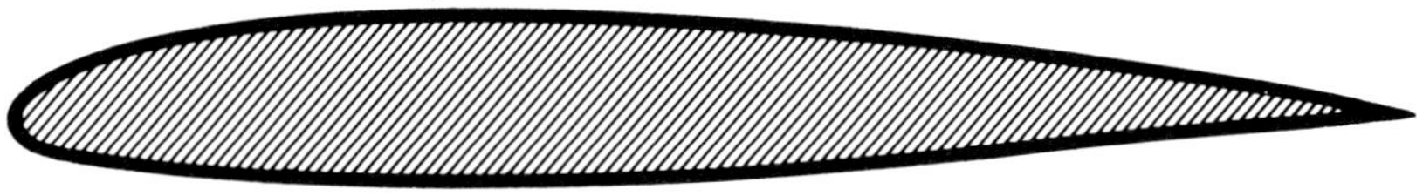

Herkömmlicher Flügel/Conventional airfoil

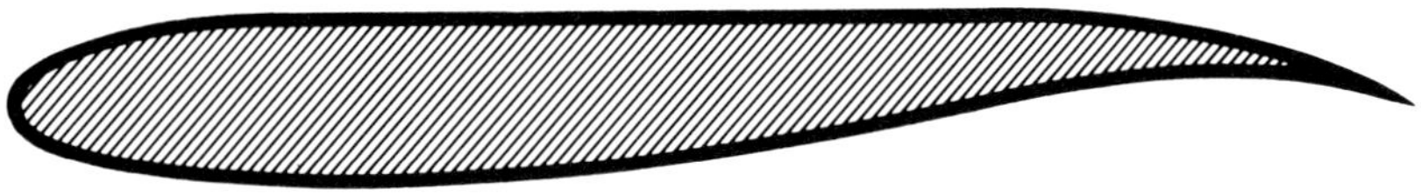

Transsonischer Flügel/Transonic airfoil

Der Vergleich eines herkömmlichen Flügelprofils mit dem des neuen transsonischen Flügels des A 310 zeigt die markanten Unterschiede. Das neue superkritische Profil hat eine fast planebene Oberseite und eine weitgehend konvex gewölbte Unterseite, die erst im hinteren Bereich in einem S-Schlag in eine konkave Wölbung übergeht. Die Hinterkante ist leicht nach unten gezogen. Die besser anliegende Strömung kommt dem Auftrieb zugute und reduziert den Widerstand: so wird weniger Treibstoff verbraucht.

Diese Ansicht zeigt deutlich die relativ flache Oberfläche des transsonischen Flügels des A 310. An den ausgefahrenen Landeklappen ist die nach unten gezogene Flügelhinterkante zu erkennen.

Kugelstrahl. Nur so gelang es, exakt die dreidimensionalen Krümmungen der unteren Flügelhaut zu formen, wie sie die raffinierte Aerodynamik des transsonischen Flügels erfordert.

Wer als Passagier im Airbus A 310 reist, wird nicht nur mit Erstaunen das ungewohnte Bild einer fast planebenen Flügeloberseite wahrnehmen, sondern auch das völlige Fehlen ansonsten üblicher aerodynamischer Kunstgriffe wie etwa der bekannten „vortex generators" auf der Flügelhaut registrieren. Somit ist mit dem A 310 erstmalig im modernen Flugzeugbau ein aerodynamisch vollkommen sauberer Flügel verwirklicht, womit die Aerodynamiker der Airbus Industrie ihre Leistungsfähigkeit und Innovationskraft sichtbar unter Beweis stellen.

Neben der schlanken Grundform und seinem neuen Profil zeigt der Flügel des kleinen Airbus auch noch einige andere Verbesserungen und Neuerungen gegenüber dem Tragwerk des A 300. So wurde der Flügel des A 310 zum Beispiel auch mit neuen Landeklappen ausgestattet, die nicht nur Gewicht sparen, sondern auch die Wartung erleichtern.

Erstmals bestehen die Spoiler statt aus Leichtmetall aus hochfestem und zugleich sehr leichtem Kohlefaser-Kunststoff. Neuartige Verbundwerkstoffe aus Kunstharzen mit eingearbeiteten Verstärkungsmaterialien helfen auch an anderen Stellen Gewicht zu sparen, so zum Beispiel im Bereich der Flügelnase, beim Seitenruder, den Triebwerksverkleidungen und an den Vorderkanten des Höhenruders wie der Seitenflosse.

Nicht minder revolutionierend wie der neue Flügel des A 310 ist das neue, digitalisierte Zwei-Mann-Cockpit. Hier manifestieren sich ein weiteres Mal überdeutlich die Geburt einer neuen Flugzeuggeneration und der Bruch mit herkömmlichen Techniken.

Auf den ersten Blick besticht das A 310-Cockpit durch seine große Übersichtlichkeit. Hochmoderne, digitale Elektronik und sechs Bildschirme mit farbiger Darstellung sowie zwei einfarbige Displays informativ aufbereiteter Daten und Informationen dämmen die bisherige

Die Unteransicht des schlanken Flügels des A 310 zeigt das Klappensystem wie auch den leichten S-Schlag des Profils im Bereich der Flügelhinterkante.

Informationsflut und beschränken die Anzeige auf das für den jeweiligen Zeitpunkt Wichtige.
Eine neue Warnsystem-Technik verzichtet darauf, das einwandfreie Funktionieren der Systeme mit grünem Licht zu signalisieren, wie dies bislang üblich gewesen war. Die Funktionsanzeigen für die verschiedenen Bordsysteme bleiben, solange alles normal funktioniert, dunkel. Erst bei Fehlfunktionen verlangen aufleuchtende Lichter Aufmerksamkeit. Ein einheitlicher Farbcode für alle Anzeigen erlaubt es, die Dringlichkeit der jeweiligen Anzeigen auf einen Blick zu bewerten. Weiß aufleuchtende Anzeigen zeigen an, daß das betreffende System abgeschaltet ist. Ockergelbe Leuchtzeichen machen den Piloten darauf aufmerksam, daß er möglicherweise eingreifen muß und stellen so eine Art Vorinformation dar. Rot aufflammendes Licht ist schließlich ein Alarmzeichen, das sofortiges Handeln erfordert. Damit man es nicht übersehen kann, wird das Aufleuchten roter Signale von einem akustischen Signal begleitet.
Im neuen Zwei-Mann-Cockpit des A 310 gibt es übrigens auch kaum noch die früher so zahlreichen Kippschalter mit den daneben angeordneten Kontrollämpchen. Sie sind weitgehend Druckschaltern mit einer weißen, ockergelben oder roten Beleuchtung gewichen, die im Normalbetrieb jedoch dunkel bleibt und nur zur Signalisierung besonderer Zustände aufleuchtet. Augenfälligste Neuerung im Cockpit der Zukunft, als dessen erster Vertreter das Digital-Cockpit des A 310 bezeichnet werden kann, sind die farbigen Monitore. Je zwei der insgesamt acht Bildschirme sind im linken und rechten Instrumentenpanel im direkten Blickfeld der Piloten angeordnet und liefern in der Regel identische Anzeigen. Sie sind die elektronischen Fluginstrumente und liefern ihre Informationen zur besseren Übersicht in Farbe. Zwei weitere, auf dem mittleren Instrumentenbrett angeordnete Bildschirme dienen der gemeinsamen Information von Kapitän und Co-Pilot und zeigen ebenfalls farbig unterschiedliche Daten an. Die beiden übrigen Monitore auf der Mittelkonsole vor den Schubhebeln liefern zusätzliche Informationen in einem einfarbigen Bild. Ein großes Tasten-Eingabefeld dient der Zwiesprache der Piloten mit den umfangreichen Rechnersystemen an Bord.
Vergeblich wird man im Cockpit des A 310 den vertrauten künstlichen Horizont suchen. Auch er ist einer Bildschirmanzeige gewichen und erscheint als von einem Kathodenstrahl gezeichnete Grafik auf der Mattscheibe der beiden oberen Monitore. Gleichermaßen werden für den ILS-Anflug auf diesem Monitor die herkömmlichen Kreuzzeiger eingeblendet. Auch diese Anzeige erfolgt nicht mehr in Formen von schwingenden Zeigern vor dem Künstlichen Horizont. Sie erscheinen als

Dies ist das neu digitalisierte Forward Facing Cockpit des A 310. Rechts die aktuelle Ansicht, links die Darstellung der Instrumente und ihrer Funktion in Form einer Grafik.

Das Cockpit ist in drei Bereiche unterteilt. Das Hauptinstrumentenbrett, das die Flugzeugführer gut einsehen, aber nicht so gut erreichen können, enthält folgerichtig die Anzeigen. Die Bedientafel über den Köpfen der Flugzeugführer (Overhead Panel) sowie die Konsole sind für beide Flugzeugführer gut erreichbar; auf ihnen sind im wesentlichen die Bedienelemente untergebracht

Overhead Panel
Bedienfelder für
1 Steuerflächen
2 Hydraulik
3 Elektrik
4 Treibstoff
5 Enteisung und anderes
6 Klimaanlage
7 Feuerlöschanlage
8 Verschiedenes (zum Beispiel Kabinendruck, Scheinwerfer)

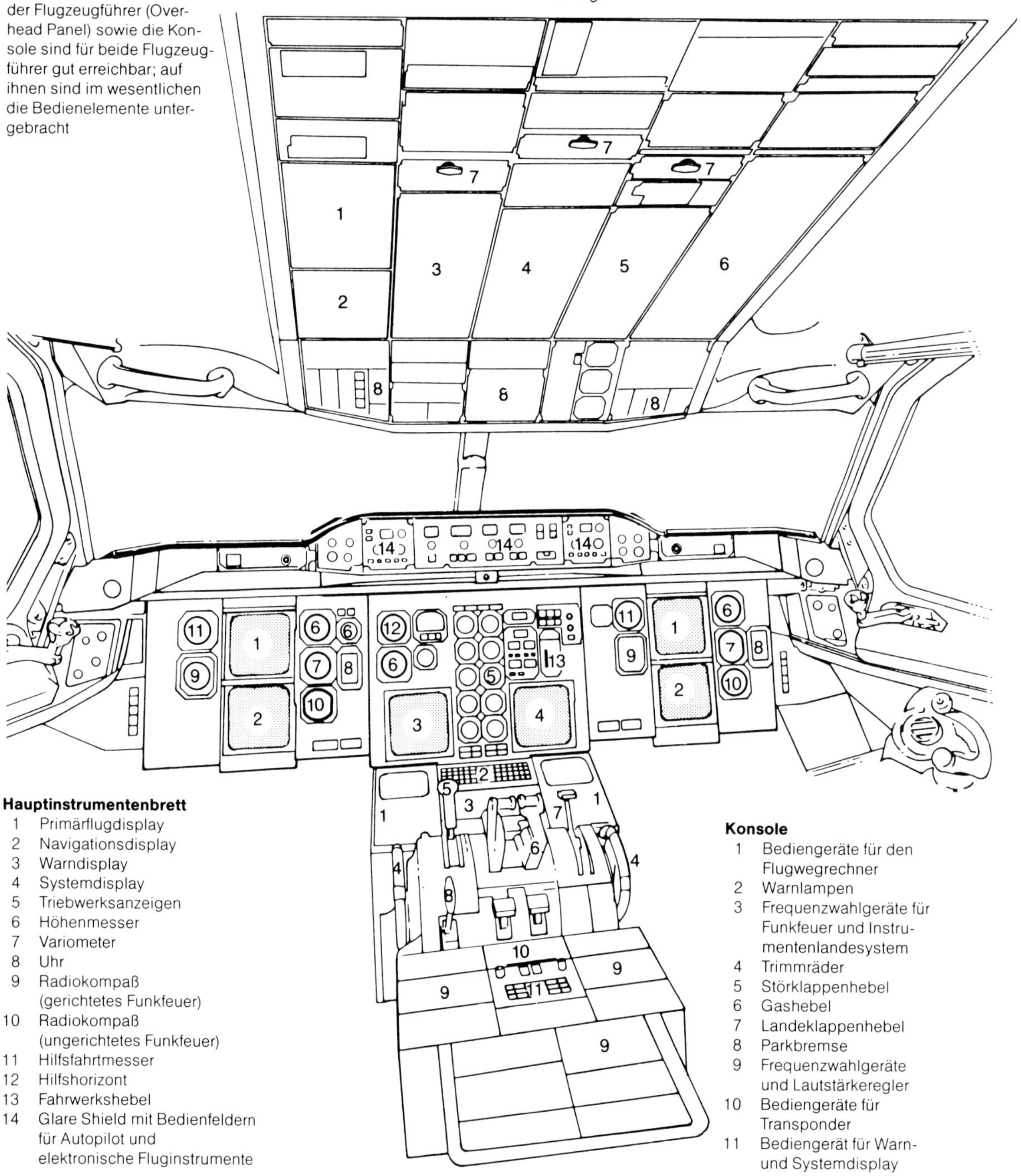

Hauptinstrumentenbrett
1 Primärflugdisplay
2 Navigationsdisplay
3 Warndisplay
4 Systemdisplay
5 Triebwerksanzeigen
6 Höhenmesser
7 Variometer
8 Uhr
9 Radiokompaß (gerichtetes Funkfeuer)
10 Radiokompaß (ungerichtetes Funkfeuer)
11 Hilfsfahrtmesser
12 Hilfshorizont
13 Fahrwerkshebel
14 Glare Shield mit Bedienfeldern für Autopilot und elektronische Fluginstrumente

Konsole
1 Bediengeräte für den Flugwegrechner
2 Warnlampen
3 Frequenzwahlgeräte für Funkfeuer und Instrumentenlandesystem
4 Trimmräder
5 Störklappenhebel
6 Gashebel
7 Landeklappenhebel
8 Parkbremse
9 Frequenzwahlgeräte und Lautstärkeregler
10 Bediengeräte für Transponder
11 Bediengerät für Warn- und Systemdisplay

farbige Linien auf dem Bildschirm und werden durch eine Reihe eingeblendeter weiterer Informationen ergänzt. Links vom künstlichen Horizont bewegt sich eine Geschwindigkeitsskala hinter einem gelben Kreis mit einem Markierungspfeil vorbei und zeigt dem Flugzeugführer in „real time“ und auf einen Blick die in dieser Sekunde geflogene Geschwindigkeit an. Zugleich gibt die Spitze des nach oben weisenden Pfeiles auch die bei einer gegenwärtigen Beschleunigung oder Verzögerung die innerhalb der nächsten zehn Sekunden erreichte Geschwindigkeit an.

Der Bordrechner liefert aber auch selbsttätig wichtige Geschwindigkeitsinformationen, zum Beispiel die Geschwindigkeit, bei deren Erreichen die Landeklappen eingefahren werden können.

Auf dem „Navigation Display“, dem zweiten Bildschirm, präsentiert die Elektronik die notwendigen Navigationsdaten. Auf Knopfdruck liefert der Rechner alle für den Landeanflug wichtigen Informationen, die bisher aus Karten herausgelesen werden mußten, in Form von Grafiken und Zahlen.

Im Reiseflug genügt ebenfalls ein Knopfdruck, um den jeweils interessanten Teil der Flugkarte auf den Monitor zu bringen. Kurs und aktueller Standort werden durch Linien und einen Leuchtpunkt auf der eingeblendeten Karte markiert. Ebenso sind Windrichtung und Windgeschwindigkeit ablesbar. Zusätzlich kann das Bild des Wetterradars auf diese Darstellung überblendet werden.

Die moderne Avionik des A 310 erlaubt eine vollautomatische Landung nach Kategorie III (d. h. bei aufliegenden Wolken und nur 75 m Horizontalsicht) einschließlich Ausrollen, sofern der anzufliegende Platz über entsprechende Bodeneinrichtungen verfügt. Die umfangreiche elektronische Ausrüstung des A 310, die in voneinander unabhängigen Mehrfach-Systemen in einer klimatisierten Elektronikzelle im Rumpf installiert ist, unterstützt die beiden Flugzeugführer umfassend und macht so den Verzicht auf den dritten Mann im Cockpit, den Flugingenieur, möglich.

So dient die Digital-Elektronik zum Beispiel auch der zentralen elektronischen Überwachung des Flugzeuges und seiner Systeme. Die in Schaubildern und Daten aufbereiteten Informationen erscheinen dabei auf den beiden mittleren Bildschirmen, wann immer sie erforderlich sind. Dabei dient ein Bildschirm zur Systemdarstellung und der zweite als Warn-Display. Normalerweise werden beide Systeme gemeinsam benutzt. So zeigt der rechte Bildschirm beispielsweise, wenn das Flugzeug auf dem Vorfeld startklar gemacht wird, in einer schematischen Darstellung des Flugzeuges, welche Türen und Luken geschlossen und welche noch geöffnet sind. Dabei werden die geschlossenen grün angezeigt, die noch offenen ockergelb. In Klarschrift läßt sich zudem ablesen, ob es sich bei der jeweiligen Tür zum Beispiel um einen Notausstieg oder um eine Frachtluke handelt. Der linke Bildschirm kann gleichzeitig anzeigen, daß die Rauchverbot- und Anschnallzeichen eingeschaltet sind.

Sobald alle notwendigen Vorbereitungen abgeschlossen sind und das Flugzeug klar zum Anlassen der Triebwerke ist, verschwindet die gesamte Anzeige und wird durch eine neue für den Anlaßvorgang und die Funktion der Triebwerke ersetzt. So wird der Bildschirmdialog

zur elektronischen Checkliste, die automatisch antwortet und zugleich alle notwendigen Datenanzeigen liefert.
Im Falle einer Störung oder eines Notfalls kann die Elektronik den Flugzeugführern umgehend alle jetzt zu treffenden Maßnahmen präsentieren. Sie registriert auch, wenn bestimmte Systeme ab- oder umgeschaltet worden sind, so daß die beiden Flugzeugführer zu jeder Zeit alle Informationen über die Veränderungen abrufen können.
Auch in der Abwicklung des Flugablaufes, der Integration von Leistungsdaten des Flugzeuges, Wetterinformationen und Anweisungen der Flugsicherung, in der Fachsprache als „flight management“ bezeichnet, leistet die Avionik des A 310 Beachtliches zur Entlastung der Cockpit Crew. Die Informationsbrücke bilden hier die beiden gleichartigen Bildschirme auf der Konsole zwischen den beiden Pilotsitzen. Sie sind an den Flugführungsrechner angeschlossen, in dem neben den Leistungsdaten des Flugzeuges das gesamte Streckennetz des A 310 gespeichert werden kann. Dies schließt die Wegpunkte, die Flughafendaten und die verschiedenen Funkfrequenzen wie auch die wichtigsten Daten für den normalen Flugverlauf auf jeder Strecke ein.
Diese Grunddaten werden vor dem Abflug und während des Fluges durch aktuelle Daten wie Wetterinformationen oder Anweisungen der Flugsicherung ergänzt oder modifiziert. Der Rechner sorgt dann dafür, daß der Flug bei möglichst geringem Treibstoffverbrauch abgewikkelt wird.
Alle programmierten Funktionen und Abläufe werden durch den Flugführungscomputer automatisch ausgeführt, sofern der Kapitän nicht in den Ablauf eingreift. Der Flugführungsrechner hält den A 310 automatisch sowohl in der Horizontalen als auch in der Vertikalen exakt auf dem vorprogrammierten Weg und regelt gleichzeitig den Triebwerksschub entsprechend den jeweiligen Erfordernissen.
Die Entscheidung der Lufthansa zwischen der Boeing 757 und dem Airbus A 310 fiel zugunsten des Airbus nicht zuletzt, weil dieses Flugzeug anders als die „757“ ebenfalls ein Großraum-Jet ist und so zum Beispiel die direkte Umladung von Großcontainern von der Langstrecke auf Kurz- und Mittelstrecken-Fluggerät zuläßt. Nachdem die Airbus Industrie 1978 grünes Licht für den Bau des A 310 gegeben hatte, schloß die Lufthansa noch im Juni des gleichen Jahres einen Vorvertrag über zwölf Einheiten, der bereits am 2. April 1979 in eine feste Bestellung für 25 Exemplare des A 310 umgewandelt und erweitert wurde. Als erstes Flugzeug wurde die D-

Oben und unten:
Während des Fluges werden an Bord der Lufthansa Airbusse des Typs A 310 zu Diagnosezwecken alle wichtigen Triebwerksdaten automatisch registriert und vom Borddrucker (rechts im Bild) im Cockpit ausgegeben. Sofort nach der Landung übermittelt die Lufthansa-Station am Flughafen die Daten des Ausdruckes an den zentralen Rechner der Wartungsbasis in Frankfurt. Dort vergleicht ein Rechner die eingegangenen Werte mit den Sollwerten des Triebwerkes. So können beim geringsten Verdacht sich anbahnender Triebwerksprobleme sofort Gegenmaßnahmen eingeleitet werden.

Viele konventionelle Instrumenten-Anzeigen werden beim A 310 durch Bildschirm-Darstellungen ersetzt. Hier das Primärdisplay mit dem Display des „Künstlichen Horizontes" und eingeblendeten Geschwindigkeitsinformationen. Darunter das Navigationsdisplay mit Kursanzeige.

Übersichtliche und schnelle Information durch das Warndisplay (links) und das Systemdisplay (rechts). Hier zeigt das Warndisplay einen Fehler am Triebwerk 1 und eine Störung im Flap-System 2 an. Das System-Display informiert auf einen Blick über die Druck- und Temperaturverhältnisse des Triebwerkes.

AICC „Kaiserslautern" am 28. März 1983 nach 1680 Stunden Flugerprobung übernommen. Der erste Einsatz des A 310 erfolgte im April 1983. Heute (Oktober 1986) verfügt die Lufthansa über insgesamt 13 Airbusse des Typs A 310-203, der von der Lufthansa intern als 310 A bezeichnet wird. Drei dieser Maschinen (D-AICM, D-AICN und D-AICP) sind fest an die Tochtergesellschaft Condor Flugdienst verchartert. Derzeit laufen noch sechs Bestellungen auf den Airbus A 310-300, dessen Prototyp am 8. Juli 1985 in Toulouse zu seinem Erstflug startete. Diese weiterentwickelte Version zeichnet sich durch eine Reihe neuer Technologien aus. So verfügt der A 310-300 über Trimmtanks in der Höhenflosse mit einem entsprechenden Kraftstoff-Transfer-System. Der Kraftstofftank im Höhenleitwerk faßt 5000 Kilogramm (= 6170 Liter Kerosin). Der zusätzliche Treibstoff ermöglicht eine Steigerung der Reichweite von 7000 auf 8500 Kilometer. Durch Umpumpen des Kraftstoffes läßt sich die Schwerpunktlage im Fluge beeinflussen und in der jeweils günstigsten Position halten. Hierdurch wird der Trimmwiderstand minimiert und Treibstoff gespart. Das Trimmtank-System wird durch einen Rechner gesteuert, der die notwendigen Daten vom Flight Management System im Cockpit erhält und je nach Flughöhe, Geschwindigkeit und Beladung die günstigste Kraftstoffverteilung errechnet.

Neben dieser Festbestellung von sechs A 310-300 zur Lieferung zwischen Februar 1988 und Februar 1993 hält die Lufthansa noch Optionen über weitere 25 Einheiten ab 1988.

Technische Daten:

Typ	**Airbus A 310-203**	**Airbus A 310-300**
Lufthansa-Bezeichnung	**A 310**	
Hersteller:	Airbus Industrie, Toulouse in Cooperation mit der Deutschen Airbus GmbH München.	
Erstflug:	A 310: 3. April 1982	A 310-300: 8. Juli 1985
Baujahre:	seit 1981	seit 1984
Anschaffungswert: Preisbasis 1986	145 Mio. DM	–
Besatzung:	2/7	2/?
Passagiere:	18 First/189 Economy	ca. 220
Frachtvolumen:	69,00 m^3	–
Kabinenbreite:	5,40 m^3	5,40 m^3
Bauweise:	freitragender, zweistrahliger Tiefdecker mit transsonischem Pfeilflügel, Hochauftriebshilfen an Flügelnase und Hinterkante, Rumpf mit kreisförmigem Querschnitt, Hilfsaggregat (APU) an der Rumpfunterseite, Hauptfahrwerk in Tandem-Bauweise je vierfach bereift nach innen in den Rumpf einfahrend, Bugrad doppelt bereift, nach vorn einfahrend, digitales Zwei-Mann-Cockpit.	
Spannweite:	43,90 m	43,90 m
Rumpflänge:	46,67 m	46,67 m
Höhe:	15,81 m	15,81 m
Flügelfläche:	219 m^2	219 m^2
max. Startgewicht:	125 000 kg	ca. 150 000 kg
max. Landegewicht:	118 500 kg	–
Flächenbelastung:	570,78 kg/m^2	–
Reisegeschwindigkeit:	860 km/h	–
Reichweite (km) /mit	1800/27,8	ca. 8500 max.
Nutzlast (t):	7520/0,5	
Triebwerke:	2 x General Electric CF6-80A3 mit je 22 678 kp = je 222,4 kN	2 x General Electric CF6-80A3 mit je 22 678 kp = je 222,4 kN
Kraftstoff-Kapazität:	55 200 l	ca. 60 200 l
Reiseflugverbrauch:	5 300 l/h	5.300 l/h

Lufthansa-Einsatzdaten:

Erster Einsatz:	April 1983	ca. ab 1988
Stückzahlen bei Lufthansa:		
Bei Einführung:	6/1983	–
Bestand am 1. Juli 1986:	13*	0
Bestellungen/Optionen:	0/0	6/25

* davon drei an Condor Flugdienst fest verchartert – Daten für Airbus A 310-300 sind vorläufige Werte.

Rißzeichnung Airbus A 310-203, Maßstab 1:500

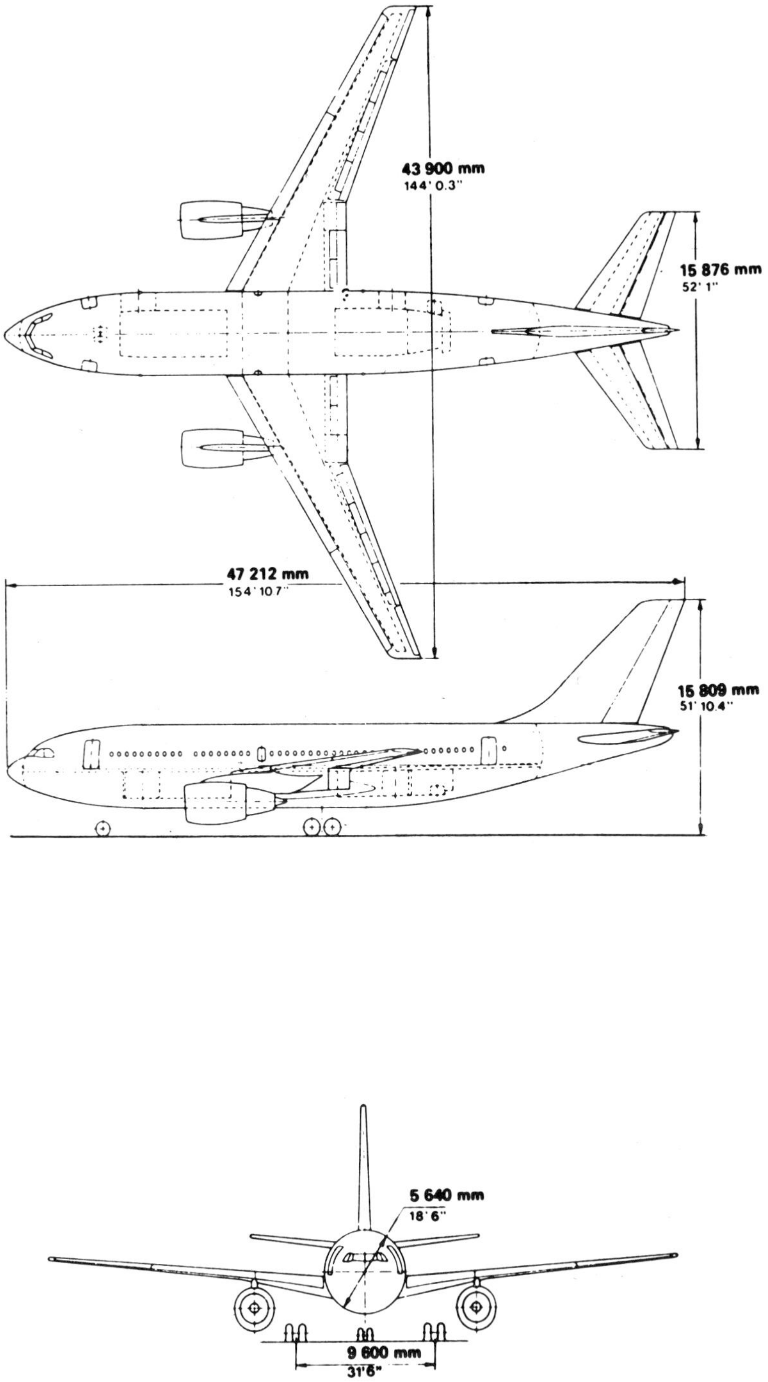

Airbus A 320 ab 1990

Zu Beginn der neunziger Jahre stehen bei der Lufthansa die Boeing 727-Flugzeuge zum Ersatz durch moderneres Fluggerät an. Im Juli 1985 fiel die Entscheidung zugunsten der in der Entwicklung stehenden A 320 der Airbus Industrie. Die Lufthansa bestellte im Juli 1985 insgesamt 15 Maschinen, deren erste beiden Exemplare im Oktober 1989 ausgeliefert werden sollen. Bis Ende 1989 sollen drei weitere Exemplare folgen. Die restlichen Maschinen sind zur Lieferung zu je zwei Exemplaren in den Monaten Januar bis Mai 1990 bestimmt. Über weitere 25 Einheiten hat die Lufthansa gleichzeitig eine Option mit Lieferterminen ab 1990 bis 1994 erworben.
Die A 320 ist als fortschrittliches Kurzstreckenflugzeug für 150 Passagiere konzipiert. Das Projekt wurde bereits zu Beginn der 80er Jahre geplant. Die Realisierung verzögerte sich allerdings infolge wirtschaftlicher Probleme. Durch diese Verzögerung wurde es jedoch möglich, die Betriebserfahrungen mit dem kleinen Airbus A 310 zu nutzen und diese in das Projekt des 150-Sitzers einfließen zu lassen.
Die A 320 ist ein Tiefdecker mit zwei unter den Flügeln aufgehängten Triebwerken. Dabei ist das von General Electric und SNECMA gemeinsam entwickelte und in Frankreich gebaute CFM 56-5 vorgesehen. Es erreichte im Februar 1986 auf dem SNECMA-Prüfstand nach einer Probelaufzeit von etwa 120 Stunden erstmals seinen vollen Nennschub von 113,5 kN. Dieses Triebwerk ist als Prototyp für die Serienfertigung vorgesehen und mit einem FADEC-Kontrollsystem (Full Authority Digital Electronic Control) ausgestattet, das etwaige Schäden am Triebwerk schon in der Entstehungsphase an die Besatzung meldet.
Das Abfluggewicht des Airbus A 320 soll bei 66 Tonnen liegen. Mit 158 Passagieren wird eine Reichweite von ca. 3000 km erwartet. Durch einen Zusatztank im Flügelmittelstück kann die Treibstoffkapazität jedoch so gesteigert werden, daß bei voller Auslastung eine Reichweite von 4260 km möglich wird.
Anders als A 300 und A 310 wird der A 320 kein Wide-Body-Jet sein, sondern einen Rumpf mit nur einem Mittelgang besitzen. Dennoch wird er mit einem Durchmesser von 3,95 m den Passagieren viel Komfort bieten. Bei diesem Rumpfdurchmesser wird es auch möglich sein, im Frachtraum verkleinerte LD 3-Container zu transportieren. So kann das Verladegerät für Großraumflugzeuge ohne Änderungen auch beim A 320 eingesetzt werden.
Auch der Airbus A 320 wird einen kleinen, hochbelastbaren Flügel mit hoher Streckung aufweisen. Sein Zwei-Mann-Cockpit soll für Allwetter-Landungen der Kategorie IIIb zugelassen werden und weist eine neue Art der Steuerung auf. Leitwerke, Querruder, Spoiler und Trimmung, Vorflügel wie auch Klappen werden ausschließlich elektrisch betätigt. Dieses Verfahren wurde zuvor nur bei der Concorde angewendet. Neu ist auch der Verzicht auf die vertraute Steuersäule, die durch einen Mini-Stick auf der Seitenkonsole ersetzt wird.
Zur Gewichtseinsparung wird beim A 320 in umfangreichem Maße von Verbundwerkstoffen aus Kunstharzen und Verstärkungen aus Kohle- oder Kevlar-Fasern Gebrauch gemacht. Insgesamt werden in folgenden Bereichen moderne, faserverstärkte Kunststoffe eingesetzt: bei Seiten- und Höhenrudern, bei den innen- und außenliegenden Spoilern, bei den äußeren Querrudern, bei den Bugfahrwerkklappen wie auch den Klappen des Hauptfahrwerkes, bei der Flügel-Rumpf-Verkleidung, bei den Triebwerksverkleidungen, bei den Klappenverkleidungen, bei Nase und Endstück der Seitenflosse, beim Endstück der Höhenflosse, bei der Kabinenverkleidung und dem Kabinenboden.
Außerdem wird der A 320 Kohlefaserbremsen besitzen. Der Erstflug des Prototyps ist für das Frühjahr 1987 geplant. An ihn wird sich ein mit vier Flugzeugen zu erfliegendes 1180-Stunden-Erprobungsprogramm anschließen. Die Musterzulassung wird für Anfang 1988 erwartet. Im Herbst 1987 soll der neue 150-Sitzer der Airbus Industrie jedoch schon auf der Luftfahrtschau in Le Bourget seine öffentliche Premiere feiern. Beim Roll-out am 14. Februar 1987 lagen 261 Bestellungen und 156 Optionen vor.

Ab 1990 wird die Lufthansa auf Kurz- und Mittelstrecken den neuen Airbus A 320 einsetzen, der die Boeing 727 Europa Jet ablösen wird. Der Erstflug des Prototyps ist für das Frühjahr 1987 geplant.

So soll das Cockpit des A 320 aussehen. Die moderne Elektronik hat die Zahl der Bedienungselemente und Anzeigen schrumpfen lassen. Links und rechts auf den Seitenkonsolen die Mini-Sticks, die die bisherige Steuersäule ersetzen. Alle Steuersignale werden bei dieser Maschine ausschließlich elektrisch übertragen.

Modellfoto des A 320 in Lufthansa-Farben

Entwicklungsdaten des Airbus A 320

Hersteller: Airbus Industrie, Toulouse-Blagnac in Cooperation mit der Deutschen Airbus GmbH München

Erstflug:	geplant für Frühjahr 1987
Besatzung:	2/5
Passagiere:	ca. 150-172, Lufthansa 132
Kabinenbreite:	3,71 m
Spannweite:	33,91 m
Länge:	37,57 m
Höhe:	11,76 m
Flügelfläche:	122,4 m^2
maximales Startgewicht:	66 000 kg
maximales Landegewicht:	61 000 kg
Flächenbelastung:	539,22 kg/m^2
Reisegeschwindigkeit:	Mach 0,74 bis 0,80
Startbahnlänge:	1600 m
Reichweite:	ca. 3000 km
Triebwerke:	2xCFM 56-5 mit je 11574 kp = je 113,5 kN
Lufthansa-Einsatzdaten:	
Erster Einsatz:	ab 1990
Bestellungen/Optionen:	15/25

Rißzeichnung des Airbus A 320, Maßstab 1:250

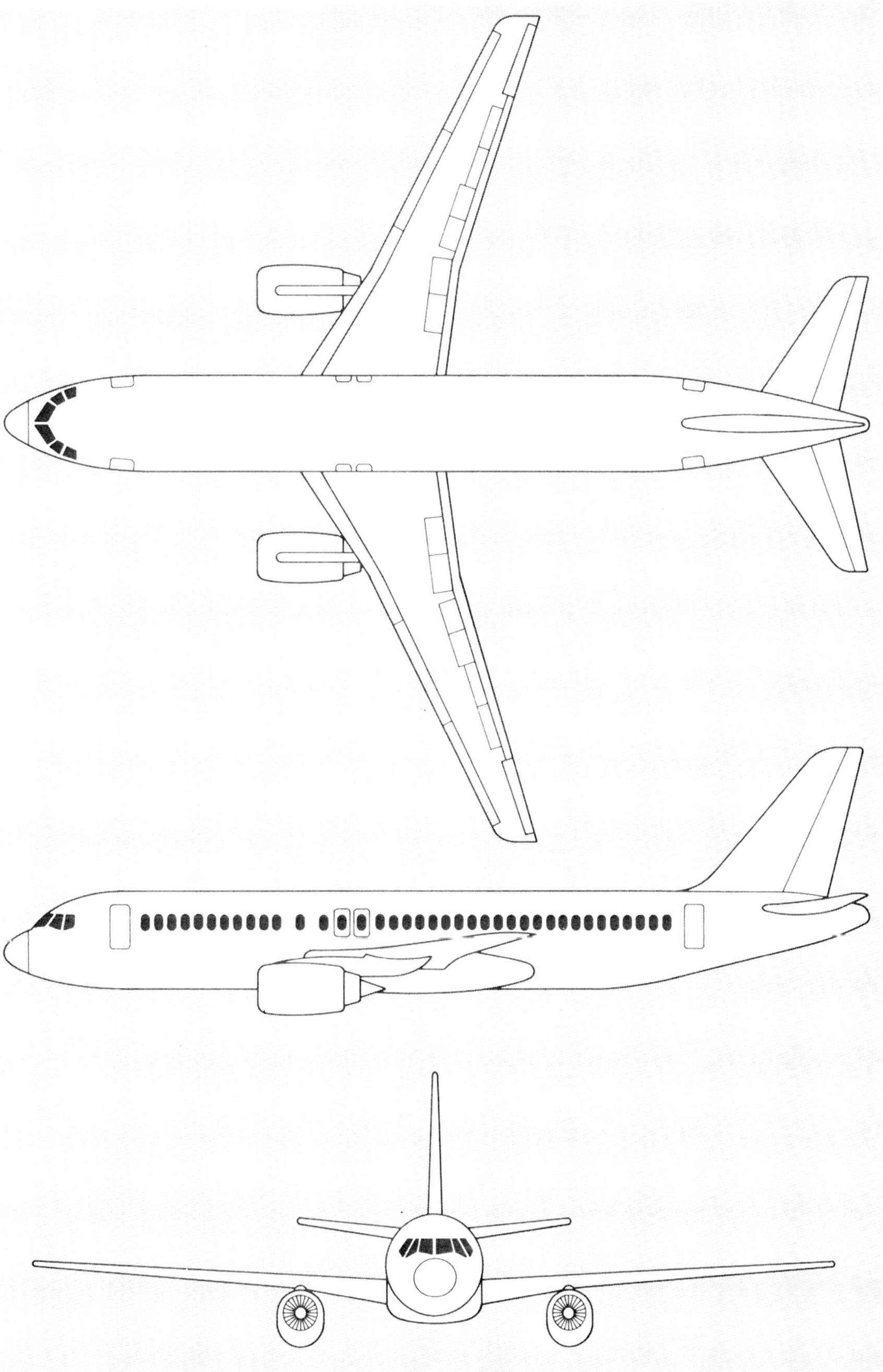

Anhang 1:

Flotte der Lufthansa
Stand: 1. 7. 1986

Baumuster	Kennzeichen		Lieferdatum
Airbus A300 B4	D-AIBA		29. 9. 1977*
300 B[1]	D-AIBB		23. 3. 1978*
	D-AIBC	Lindau/Bodensee	23. 3. 1979*
	D-AIBD	Erbach/Odenwald	30. 3. 1979*
	D-AIBF	Kronberg/Taunus	21. 4. 1979*
Airbus A300 B4-600	D-AIAH	Fulda	2. 1987°
	D-AIAI	Stade	2. 1987°
	D-AIAK	Nördlingen	3. 1987°
	D-AIAL	Celle	4. 1987°
	D-AIAM	Rosenheim	5. 1987°
	D-AIAN	Böblingen	6. 1987°
	D-AIAP	Bingen	6. 1987°
Airbus A310-203	D-AICA	Neustadt/Weinstraße	9. 3. 1984
310 A[1]	D-AICB	Garmisch-Partenkirchen	29. 6. 1983
	D-AICC	Kaiserslautern	28. 3. 1983
	D-AICD	Detmold	30. 3. 1983
	D-AICF	Rüdesheim am Rhein	31. 3. 1983
	D-AICH	Lüneburg	1. 6. 1983
	D-AICK	Westerland/Sylt	7. 7. 1983
	D-AICL	Rothenburg ob der Tauber	20. 1. 1984
	D-AICM		10. 1. 1985[2]
	D-AICN		7. 2. 1985[2]
	D-AICP		15. 2. 1985[2]
	D-AICR	Freudenstadt/Schwarzwald	10. 1. 1986
	D-AICS	Recklinghausen	28. 2. 1986°
Boeing 747-200 B/SCD	D-ABYJ	Hessen	24. 11. 1976
747 D[1]	D-ABYK	Rheinland-Pfalz	15. 12. 1976
	D-ABYL	Saarland	17. 3. 1978
	D-ABYM	Schleswig-Holstein	20. 10. 1978
	D-ABYR	Nordrhein-Westfalen	11. 1. 1979
	D-ABYS	Bayern	8. 2. 1979
	D-ABYT	Hamburg	19. 11. 1980
	D-ABYW	Berlin	23. 12. 1981
	D-ABYX	Köln	25. 2. 1982
	D-ABYY	München	20. 12. 1982
	D-ABYZ	Frankfurt	24. 5. 1985
	D-ABZA	Düsseldorf	28. 6. 1985
	D-ABZC	Hannover	14. 2. 1986
	D-ABZE		1. 1987°
Boeing 747-200 B	D-ABYN	Baden-Württemberg	10. 11. 1978
747 E[1]	D-ABYP	Niedersachsen	7. 3. 1979
	D-ABYQ	Bremen	13. 12. 1978
	D-ABZD	Kiel	10. 4. 1986
	D-ABZH		2. 1987°
Boeing 747-200 F	D-ABYO	America	22. 11. 1978
747 C[1]	D-ABYU	Asia	4. 9. 1981
	D-ABZB	Europa	25. 10. 1985
	D-ABZF	Africa	11. 1986°
Boeing 727-200	D-ABCI	Karlsruhe	27. 1. 1971
727 B[1]	D-ABDI	Lübeck	9. 3. 1971
	D-ABFI	Münster	12. 12. 1971
	D-ABGI	Leverkusen	25. 2. 1972
Boeing 727-200 adv.	D-ABHI	Mönchengladbach	22. 5. 1972
727 B[1]	D-ABKE	Mannheim	2. 5. 1975
	D-ABKH	Kiel	7. 3. 1975
	D-ABKI	Bremerhaven	14. 2. 1973
	D-ABKM	Hagen	18. 3. 1978

Flotte der Lufthansa
Stand: 1. 7. 1986

Baumuster	Kennzeichen		Lieferdatum
	D-ABLI	Ludwigshafen am Rhein	22. 2. 1973
	D-ABNI		5. 3. 1973[4]
	D-ABPI		2. 4. 1973[4]
	D-ABQI	Hildesheim	11. 1. 1974
	D-ABRI	Esslingen	11. 2. 1974
	D-ABSI	Hof	25. 2. 1974
	D-ABKA	Heidelberg	17. 6. 1974
Boeing 727-200 adv.	D-ABKB	Augsburg	28. 6. 1974
727 B[1]	D-ABKC	Braunschweig	26. 7. 1974
	D-ABKD	Freiburg	2. 8. 1974
	D-ABKF	Saarbrücken	6. 1. 1975
	D-ABKG	Kassel	7. 2. 1975
	D-ABKJ	Wiesbaden	4. 4. 1975
	D-ABKN	Ulm	30. 10. 1978
	D-ABKP	Krefeld	3. 11. 1978
	D-ABKQ	Mainz	7. 12. 1978
	D-ABKR	Bielefeld	20. 12. 1978
	D-ABKS	Oberhausen	12. 1. 1979
	D-ABKT	Aachen	19. 1. 1979
Boeing 737-200 adv.	D-ABFA	Regensburg	28. 5. 1981
737 B[1]	D-ABFB	Flensburg	15. 4. 1983
	D-ABFC	Würzburg	19. 12. 1980
	D-ABFD	Bamberg	16. 1. 1981
	D-ABFF	Gelsenkirchen	27. 1. 1981
	D-ABFH	Pforzheim	30. 1. 1981
	D-ABFK	Wuppertal	2. 2. 1981
	D-ABFL	Coburg	6. 2. 1981
	D-ABFM	Osnabrück	13. 2. 1981
	D-ABFN	Kempten	19. 2. 1981
	D-ABFP	Offenbach	5. 3. 1981
	D-ABFR	Solingen	12. 3. 1981
	D-ABFS	Oldenburg	2. 4. 1981
	D-ABFT		19. 3. 1981[2]
	D-ABFU	Mülheim an der Ruhr	9. 4. 1981
	D-ABFW	Wolfsburg	16. 4. 1981
	D-ABFX	Tübingen	23. 4. 1981
	D-ABFY	Göttingen	14. 5. 1981
	D-ABFZ	Wilhelmshaven	21. 5. 1981
	D-ABHD		25. 6. 1981[2]
	D-ABHT		30. 10. 1981[2]
	D-ABHX		1. 11. 1981[2]
	D-ABHA	Koblenz	4. 6. 1981
	D-ABHB	Goslar	18. 6. 1981
	D-ABHC	Friedrichshafen	1. 7. 1981
	D-ABHF	Heilbronn	16. 7. 1981
	D-ABHH	Marburg	30. 7. 1981
	D-ABHK	Bayreuth	12. 8. 1981
	D-ABHL	Worms	20. 8. 1981
	D-ABHM	Landshut	27. 8. 1981
	D-ABHN	Trier	3. 9. 1981
	D-ABHP	Erlangen	17. 9. 1981
	D-ABHR	Darmstadt	24. 9. 1981
	D-ABHS	Remscheid	1. 10. 1981
	D-ABHU	Konstanz	16. 2. 1982
	D-ABHW	Baden-Baden	19. 2. 1982
	D-ABMA	Idar-Oberstein	17. 1. 1985
	D-ABMB	Ingolstadt	24. 1. 1985
	D-ABMC	Norderstedt	31. 1. 1985

Flotte der Lufthansa
Stand: 1. 7. 1986

Baumuster	Kennzeichen		Lieferdatum
	D-ABMD	Paderborn	7. 2. 1985
	D-ABME	Schweinfurt	21. 2. 1985
	D-ABMF	Verden	7. 3. 1985
Boeing 737-200 C	D-ABGE		19. 1. 1971[3]
737 C[1]	D-ABHE		18. 2. 1971[3]
Boeing 737-300	D-ABXA	Giessen	8. 1986°
737 X[1]	D-ABXB	Passau	9. 1986°
	D-ABXC	Delmenhorst	9. 1986°
	D-ABXD	Siegen	10. 1986°
	D-ABXE	Hamm	10. 1986°
	D-ABXF	Minden	10. 1986°
	D-ABXH	Cuxhaven	11. 1986°
	D-ABXI	Berchtesgaden	11. 1986°
	D-ABXK	Ludwigsburg	11. 1986°
	D-ABXL	Neuss	12. 1986°
Douglas DC 10-30	D-ADAO		12. 11. 1973
	D-ADBO	Bochum	15. 1. 1974
	D-ABCO		11. 2. 1974
	D-ADDO	Duisburg	15. 2. 1974
	D-ADFO	Fürth	14. 11. 1974
	D-ADGO	Bonn	3. 1. 1975
	D-ADHO		28. 2. 1975
	D-ADJQ	Essen	10. 3. 1975
	D-ADKO	Stuttgart	31. 3. 1975
	D-ADLO	Nürnberg	1. 12. 1975
	D-ADMQ	Dortmund	9. 12. 1977
	D-ADPO		22. 11. 1979[2]
	D-ADQO		15. 12. 1979[2]
	D-ADSO		20. 1. 1981[2]
Douglas DC 8-73	D-ADUI		6. 8. 1984[5]
	D-ADUA		13. 11. 1984[5]
	D-ADUE		5. 9. 1984[5]
	D-ADUO		13. 10. 1984[5]
	D-ADUC		1. 5. 1985[5]
Ju 52/3m[6]	D-CDLH	Berlin-Tempelhof	28. 12. 1984

° geplant
* stehen zur Ausmusterung an
[1] Lufthansa-Bezeichnung
[2] fest an CFG verchartert
[3] Umrüstung in Nur-Frachter
[4] fest von CFG gechartert
[5] fest an GCS verchartert
[6] seit Juni 1986 Eigentum der „Deutsche Lufthansa Berlin-Stiftung“

Flotte der CFG
Condor Flugdienst
Stand: 1. 7. 1986

Baumuster	Kennzeichen	Übergabe an CFG
Boeing 737-200 adv.	D-ABFT[1]	19. 3. 1981
	D-ADHD[1]	25. 6. 1981
	D-ABHT[1]	30. 10. 1981
	D-ABHX[1]	1. 11. 1982
Boeing 727-200 adv.	D-ABMI	2. 3. 1973
	D-ABNI[2]	5. 3. 1973
	D-ABPI[2]	2. 4. 1973
	D-ABTI	19. 3. 1974
	D-ABVI	22. 3. 1974
	D-ABWI	25. 3. 1974
	D-ABKK	2. 12. 1975
	D-ABKL	12. 12. 1975
Douglas DC 10-30	D-ADPO[1]	20. 11. 1979
	D-ADQO[1]	15. 12. 1979
	D-ADSO[1]	22. 1. 1981
Airbus A310-203	D-AICM[1]	10. 1. 1985
	D-AICN[1]	6. 2. 1985
	D-AICP[1]	11. 2. 1985

[1] fest von Lufthansa gechartert [2] fest an Lufthansa verchartert

Flotte der GCS
German Cargo Services
Stand: 1. 7. 1986

Baumuster	Kennzeichen	Übergabe an GCS
Douglas DC 8-73	D-ADUI*	12. 7. 1984
	D-ADUA*	16. 10. 1984
	D-ADUE*	6. 8. 1984
	D-ADUO*	10. 9. 1984
	D-ADUC*	11. 10. 1984

* fest von Lufthansa gechartert

Anhang 2:

Übersicht über die Streckenflugzeuge der alten und neuen Lufthansa, die nicht ausführlich beschrieben sind.

Luftfahrzeugdaten

Hersteller:	Allgemeine Elektricitäts-Gesellschaft, Abteilung Flugzeugbau, Berlin-Hennigsdorf		Albatros-Flugzeugwerke GmbH, Berlin-Johannisthal		Arado-Flugzeugwerke GmbH, Potsdam-Babelsberg
Baumuster und Name (Lufthansa-Bezeichnung)	A.E.G.J II (K)	A.E.G. N I	L 58a Wolkensegler	L 73b und L 73c Fliegender Schlafwag.	V 1 Teneriffa
Verwendungszweck	Passagier-u. Postflugz.	Passagier-u. Postflugz.	Passagierflugzeug	Passagierflugzeug	Passagier-u. Postflugz. auf Versuchsstrecken
Entwurfsidee					
Konstrukteur(e)	Georg König	Georg König	Dipl.-Ing. Walter Blume	Dipl.-Ing. Walter Blume	Ing. Rethel
Besatzung und Passagiere	1 + 2	1 + 2	1 + 6	2 + 8 (2 Klappbetten)	2 + 4
Abmessungen:					
Spannweite in m	13,46	15,30	15,94	19,7	18
Länge in m	7,9	7,30	10,35	14,60	12
Höhe in m			3,82		
Tragflügelfläche in m²	33,18		34,5	92	47,24
Kabinenbreite in m					
Frachtraum in m³					
Gewichte (Massen):					
Rüst- oder Leergewicht in kg	1100	880	1180	2914	1350
Besatzung in kg					
Kraftstoff in kg (in Liter)				570	
Schmierstoff in kg (in Liter)					
Zuladung in kg (Nutzlast in kg)	520	520	880	1696 (800)	1000
Fluggewicht in kg	1620	1400	2060	4610	2350
Leistungen:					
Reisegeschwindigkeit in km/h in m Flughöhe	150	143	140 in 2000	140	195
Reisegeschwindigkeit in km/h in m Flughöhe			160 in 1000		200
Höchstgeschwindigkeit in km/h in m Flughöhe				150	
Steiggeschwindigkeit in m/s					
Steigzeit auf m in min					
auf m in min					
Reiseflughöhe in m	4500	3500		3000	
Gipfelhöhe in m					
Startweg in m				260	
Landegeschwindigkeit in km/h				95	75
Landeweg in m					
Flugdauer (Reichweite in km)	4 h		(625)	(540)	
Triebwerk: Hersteller, Baumuster und Name	Daimler Benz Bz IV oder Armstrong Siddeley Puma	Daimler Benz Bz IV	Rolls Royce Eagle VIII	Junkers L 5 (L 73b); BMW Va (L 73c)	Pratts Whitney (BMW) Hornet
Startleistung in kW	1x147 oder 1x177	1x147	1x265	2x228; 2x265	1x368
in PS	1x200 oder 1x240	1x200	1x360	2x310; 2x360	1x500
Höhenleistung in kW					
in PS					
Bemerkungen:	4 Exemplare 1926 übernommen D-14, D-24, D-68, D-74	1 Exemplar 1926 übernommen D-38	2 Exemplare 1926 übernommen, nachgewiesen D-576 Wolkensegler	ab 1926: D-960 Preußen und D-961 Brandenburg Einsatz auf Nachtstrecken letzter Einsatz: 1932	1 Maschine D-1594 als Postflugzeug für Versuchsflüge eingesetzt. Berlin-Marseille-Sevilla in 15 Std. Berlin-Istanbul in 11 Std. Sowie Flüge nach Teneriffa und Las Palmas. Am 19. 12. 1929 abgestürzt.

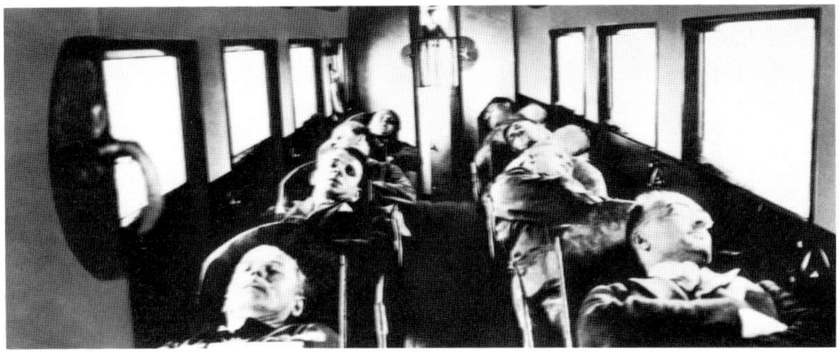

Linke Spalte:
Oben: Von ihren Vorläufern übernahm die Luft Hansa 1926 vier A.E.G. J II mit Kabinenaufbau. Hier ein Exemplar der DLR mit 200 PS Daimler Benz Bz IV.
Mitte: Die A.E.G. NI mit dem Kennzeichen D 38 kam 1926 aus der ehemaligen DLR-Flotte zur Luft Hansa.
Unten: Die D 244 gehörte der Baureihe L 58a an und flog mit einem 360 PS Rolls-Royce Eagle VIII, mit dem auch die D-567 der Luft Hansa ausgerüstet war, die die Baunummer 10006 trug und im Juni 1928 durch Absturz verlorenging.

Rechte Spalte:
Oben: Die Albatros L 73 flog auf den Strecken Berlin – Lübeck – Kopenhagen – Malmö und Berlin – Breslau – Gleiwitz – Brünn – Wien. Ihre Sitze ließen sich, wie die Innenansicht zeigt, in Schlafsessel verwandeln. Außerdem gab es auch zwei Klappbetten. Die D-961 stürzte im Mai 1928 ab, die D-960 blieb bis 1932 in der Flotte.
Unten: Die einmotorige Arado V 1 diente der Lufthansa als Postflugzeug und auch zur Streckenerkundung.

Luftfahrzeugdaten

Hersteller:	Caspar-Werke Kom.-Ges. a. A Lübeck-Travemünde			Dornier-Werke GmbH. Friedrichshafen und Manzell	
Baumuster und Name (Lufthansa-Bezeichnung)	C 32 Wismar	C 35 Priwall	S 1	Do-R Ris Superwal	Do-R Gas Superwal 2 (Do-R Sas)
Verwendungszweck	Frachtflugzeug	Passag.-u. Frachtflugz.	Passagier-Seeflugzeug	Verkehrsflugboot	Verkehrsflugboot
Entwurfsidee				2-motorige Ausführung 1926/27	4-motorige Ausführung 1928/29
Konstrukteur(e)	Hans H. Herrmann	Hans H. Herrmann	Ernst Heinkel		
Besatzung und Passagiere	1	2+8	3–4	3/19	3/20
Abmessungen:					
Spannweite in m	15,00	16,72	17,50	28,60	28,60
Länge in m	9,10	13,27	12,66	24,60	24,60
Höhe in m	3,82			5,85	5,20
Tragflügelfläche in m^2	53	70		143	143
Kabinenbreite in m					
Frachtraum in m^3					
Gewichte (Massen):					
Rüst- oder Leergewicht in kg	1400	2530	1600	7900	9750
Besatzung in kg					
Kraftstoff in kg (in Liter)					
Schmierstoff in kg (in Liter)					
Zuladung in kg (Nutzlast in kg)	900	1770	750	2600	4250
Fluggewicht in kg	2300	4300	2350	10500	14000
Leistungen:					
Reisegeschwindigkeit in km/h in m Flughöhe	158	180		165	190
Reisegeschwindigkeit in km/h in m Flughöhe					
Höchstgeschwindigkeit in km/h in m Flughöhe		203	160	180	210
Steiggeschwindigkeit in m/s					
Steigzeit auf m in min	1000 – 8,1	1000 – 5			2000 – 31
auf m in min					
Reiseflughöhe in m					
Gipfelhöhe in m	3700	4000			2000
Startweg in m					
Landegeschwindigkeit in km/h	50	95		106	115
Landeweg in m					
Flugdauer (Reichweite in km)		(1000)		(2000)	(1500)
Triebwerk: Hersteller	BMW IV	BMW VI	Maybach Mb IVa oder Daimler-Benz IVa oder Junkers L5	Rolls-Royce Condor III	Gnôme-Rhône Jupiter 9aK (oder Siemens Jupiter VI) (oder Napier Lionu)
Baumuster und Name					
Startleistung in kW	1x184	1x441	1x191	2x478	4x382 (390)
in PS	1x250	1x600 (460 ?)	1x260	2x650	4x520 (530)
Höhenleistung in kW		1x368			
in PS		1x500			
Bemerkungen:	1 Exemplar als Frachter D-1143 „Wismar" von 1929-1932 in Lufthansa-Besitz	1 Exemplar D-1360 „Rostock" 1928 an Lufthansa, ab 1929 als Frachter	Im Dienst der Lufthansa Küstenflugabteilung Baujahr 1923 b. LH 1928-29	Kraftstoffkapazität 3540 l D-1255 „Narwal" bei Lufthansa	Kraftstoffkapazität 3860–4200 l D-1337 „Pottwal" D-1447 „Graf Zeppelin" D-1500 „Blauwal" später „Eckener" D-1761 „Rügen" D-1774 „Fehmarn" Einsatz auf Skandinavienrouten 1928

Linke Spalte:
Oben: Die Caspar C 32 gehörte von 1929 bis 1932 zur Luft Hansa Flotte und flog als Frachter.
Mitte: Die Caspar C 35 Priwall konnte acht Fluggäste befördern und flog ab 1929 als Frachter. Sie wurde im Juli 1930 zerstört.
Unten: Von der Caspar S 1 sind drei deutsche Zulassungen bekannt: D-292, D-450 und D-830. Nur von letzterer steht fest, daß sie von Februar bis Juli 1929 bei der Luft Hansa war.

Rechte Spalte:
Oben: Flugaufnahme der ursprünglich nur zweimotorigen Dornier Do R Super Wal, von dem die Luft Hansa nur ein Exemplar besaß.
Unten: Über den Einsatz der viermotorigen Super Wale bei der Luft Hansa ist nur bekannt, daß einige Maschinen 1928 auf den Routen Lübeck – Kopenhagen – Gothenburg – Oslo und Berlin – Stettin – Kalmar – Stockholm eingesetzt waren.

Luftfahrzeugdaten

Hersteller:	Dornier-Werke GmbH, Friedrichshafen und Manzell	Douglas Aircraft Corporation, Santa Monica, Kalifornien, U. S. A.	
Baumuster und Name (Lufthansa-Bezeichnung)	Do-11 D (Da)(Do-F)	DC-2 Taunus	DC-3
Verwendungszweck	Transportflugzeug	Passagierflugzeug	Passagier- und Frachtflugzeug
Entwurfsidee			
Konstrukteur(e)		Donald Wills Douglas Harry Wetzel; Art Raymond	
Besatzung und Passagiere		2/14	2+1/21-26-28 (24)
Abmessungen:			
Spannweite in m	26,30	25,91	28,95 (28,96)
Länge in m	18,80	18,89	19,63 (19,65)
Höhe in m	5,60	4,95	5,85 (5,17)
Tragflügelfläche in m²	107,8	87,2	91,62 91,62
Kabinenbreite in m			
Frachtraum in m³			
Gewichte (Massen):			
Rüst- oder Leergewicht in kg	5830	5620	7600–8400
Besatzung in kg			
Kraftstoff in kg (in Liter)		(2000)	(3040)
Schmierstoff in kg (in Liter)			
Zuladung in kg (Nutzlast in kg)	2370	2790	3830
Fluggewicht in kg	8200	8410	11430–12700
Leistungen:			
Reisegeschwindigkeit in km/h in m Flughöhe	200	306–308	240–280 (330)
Reisegeschwindigkeit in km/h in m Flughöhe			
Höchstgeschwindigkeit in km/h in m Flughöhe	250	338	345
Steiggeschwindigkeit in m/s		5,5	
Steigzeit auf m in min	1000 – 6′		
auf m in min	4000 – 38′		
Reiseflughöhe in m			
Gipfelhöhe in m	4100	6500	6675
Startweg in m			
Landegeschwindigkeit in km/h	105	100	125
Landeweg in m			1400
Flugdauer (Reichweite in km)	(960)	(2500)	(2250) (3000)
Triebwerk:		Wright Cyclone	Pratt & Whitney R-1830 oder Wright Cyclone R-1820-G2
Hersteller	Siemens & Halske AG, Flugmotorenwerk		
Baumuster und Name	Sh 22 B2 (SAM 22B) 9-Zylinder Sternmotor		
Startleistung in kW	2x478	2x515	2x883
in PS	2x650	2x700	2x1200
Höhenleistung in kW			
in PS			
Bemerkungen:	D-3029 Frachter Erstflug des Prototyps 7. 5. 1932	Von Ĉeska Letecka Spoleĉnost, Prag gechartert. Am 29. 10. 40 Totalschaden und vertragsgemäß gekauft	1944: 1 Lufthansa-eigene DC-3 sowie 3 vom RLM gecharterte Maschinen dieses Typs 1955–1960 drei DC-3 im Kurzstrecken Einsatz D-CADE (Foto), D-CADO, D-CADI Umbauten aus militärischen C 47

Luftfahrzeugdaten

Hersteller:	McDonnel Douglas Long Beach, Kalifornien Umbau: Cammacorp (USA)/UTA (Frkr.)	Focke-Wulf Flugzeugbau A. G., Bremen	
Baumuster und Name (Lufthansa-Bezeichnung)	DC-8-73	A 16b (16c)	A 17 Möwe
Verwendungszweck	Frachter, teilweise für Passagierbeförderung umrüstbar	Verkehrsflugzeug für Kurzstrecken	Verkehrsflugzeug
Entwurfsidee			
Konstrukteur(e)			
Besatzung und Passagiere	3/252 als Passagierjet	1/3	2/8-9
Abmessungen:			
Spannweite in m	45,20	13,90	20,00
Länge in m	57,10	9,10	13,50
Höhe in m	13,10	2,30	3,20
Tragflügelfläche in m^2	3,50	27,00	62,5
Kabinenbreite in m			
Frachtraum in m^3	280		
Gewichte (Massen):			
Rüst- oder Leergewicht in kg	68300	570–600	2150
Besatzung in kg			
Kraftstoff in kg (in Liter)	(91900)		
Schmierstoff in kg (in Liter)			
Zuladung in kg (Nutzlast in kg)	48800	415	1460
Fluggewicht in kg	161000	970–1000	3610–4000
Leistungen:			
Reisegeschwindigkeit in km/h in m Flughöhe	860	132	150
Reisegeschwindigkeit in km/h in m Flughöhe			
Höchstgeschwindigkeit in km/h in m Flughöhe		145 (150)	185
Steiggeschwindigkeit in m/s			
Steigzeit auf m in min		1000 – 10′	1000 – 8,4
auf m in min			3000 – 33
Reiseflughöhe in m			
Gipfelhöhe in m		(3500)	
Startweg in m			
Landegeschwindigkeit in km/h		75 (65)	85
Landeweg in m			150
Flugdauer (Reichweite in km)	(6000) mit 42 t, (9850) mit 17,2 t	(500)	(700)
Triebwerk:	Gen. Electric/SNECMA CFM 56-2-C5		
Hersteller		Junkers Flugzeug- und Motorenwerke AG	Siemens & Halske AG, Flugmotorenwerk
Baumuster und Name		Junkers L1a (Siemens Sh 6)	Jupiter (oder Sh 20U oder Gnôme Rhône Jupiter 9AK oder Jumo 5B)
Startleistung in kW	4x9979 kp (97,86 kN)	1x63 (79)	1x375 (441) (405)
in PS	Reiseverbrauch 7300 l/h	1x85 (108)	1x510 (600) (550)
Höhenleistung in kW			
in PS			
Bemerkungen:	Erster Einsatz August 1984 Bestand im Sommer 1986 zwei reine Frachter, drei zu Passagier-Jets umrüstbare Convertibles zur gemeinschaftlichen Nutzung mit Condor. Neuwert 1986: 72 Mio. DM	1926 Übernahme von 5 Exemplaren, letzte 2 Maschinen 1930 abgegeben.	A 17a, b und c 1928 Kauf von 10 A 17a letzte 2 Maschinen 1936 abgeschrieben.

Linke Spalte:
Oben: Von der Dornier Do F besaß die Luft Hansa selbst nur ein als Frachter eingesetztes Exemplar. Das ursprüngliche Einziehfahrwerk wurde auf Grund vieler Schwierigkeiten festgesetzt.
Mitte: Die Douglas DC-2 Taunus gehörte ursprünglich der tschechischen Gesellschaft Česka Letecka Společnost.
Unten: Die neue Lufthansa setzte zwischen 1955 und 1960 drei aus C 47 Militärtransportern entstandene DC-3 ein, deren erste dieses Foto zeigt, aber schon die alte Luft Hansa hatte eine DC-3 besessen und drei sogenannte Beuteflugzeuge vom RLM gekauft.

Rechte Spalte:
Oben: Die Focke-Wulf A 16c Borkum der Luft Hansa hatte zum Schutz des Piloten bei einem eventuellen Überschlag einen Überschlagbügel über dem offenen Cockpit. Als Antrieb diente ein Siemens & Halske Sternmotor.
Unten: Die D-1149 war der Prototyp der Focke-Wulf A 17 Möwe und trug die Baunummer 32. Die Bremen kam über den »Norddeutschen Luftverkehr« und den »Nordbayerischen Verkehrsflug« zur Luft Hansa. Neben dem Prototyp wurden nur elf Serienmaschinen gebaut.

Luftfahrzeugdaten

Hersteller:	Focke-Wulf Flugzeugbau AG Bremen				
Baumuster und Name (Lufthansa-Bezeichnung)	GL 18 Helgoland	A 28 Habicht	A 29a Möwe	A 32 Bussard	A 33 Sperber
Verwendungszweck Entwurfsidee	Verkehrsflugzeug für Kurzstrecken und Pilotenausbildung	Verkehrsflugzeug für Kurzstrecken	Verkehrsflugzeug/ Mittelstrecken	Verkehrsflugzeug	Verkehrsflugzeug für Zubringerstrecken
Konstrukteur(e)		Wilhelm Bansemir			
Besatzung und Passagiere	2/–	1/5	2/8	1–2/6–7	1/3
Abmessungen:					
Spannweite in m	16,00	16,00	20,00	16,00	12,00
Länge in m	8,50	10,2	14,80	12,20	9,65
Höhe in m	2,60	3,00	4,00	3,25	
Tragflügelfläche in m²	32,00	34,50	62,50	34,5	22
Kabinenbreite in m					
Frachtraum in m³					
Gewichte (Massen):					
Rüst- oder Leergewicht in kg	925	1100	2850	1465	670
Besatzung in kg					
Kraftstoff in kg (in Liter)				235	120
Schmierstoff in kg (in Liter)					
Zuladung in kg (Nutzlast in kg)	525	700	1650	440	250
Fluggewicht in kg	1450	1800–1900	4500	2300	1120
Leistungen:					
Reisegeschwindigkeit in km/h in m Flughöhe	125	160	176	162	145-2000
Reisegeschwindigkeit in km/h in m Flughöhe					
Höchstgeschwindigkeit in km/h in m Flughöhe	135	180	200		
Steiggeschwindigkeit in m/s				2,5	
Steigzeit auf m in min	1000 – 10	1000 – 6,5	1000 – 5,7	1000 – 5,7	
auf m in min	3000 – 15		3000 – 21,7	3000 – 24,2	
Reiseflughöhe in m	3400	4500			
Gipfelhöhe in m		5000	4700	4500	3000
Startweg in m			480	450	
Landegeschwindigkeit in km/h	85	85	92	80	75
Landeweg in m					
Flugdauer (Reichweite in km)	(500)	(700)	(800 1000)	(750–900)	(500–600)
Triebwerk:		Gnôme-Rhône Titan			Walter Mars
Hersteller	Junkers Flugzeug- u. Motorenwerke AG L 1a		BMW-Flugmotoren GmbH VI, Wassergekühlter Zylinder-Reihenmotor V-Form	Junkers Flugzeug- u. Motorenwerke AG L 5 6-Zylinder-Reihenmotor	
Baumuster und Name					
Startleistung in kW	2x63	1x162	1x552	1x228	1x110
in PS	2x85	1x220	1x750	1x310	1x150
Höhenleistung in kW					1x107
in PS					1x145
Bemerkungen:	1926: 1 GL 18 eingebracht 1929: abgegeben	D-OXYK (ex D-1664) einziges Exemplar kam 1937 zur Lufthansa	ab 1929 bis 1934: D-1757, D-1775, D-1867 und D-1922 flogen bei Lufthansa	2 Exemplare gechartert im April 1934 D-OBES und D-ODUL von Deutsche Verkehrsflug A.G. bis Januar 1935 Foto: D 1910 - D-OBES	D-ONUT 1937 Von Luftverkehrsgesellschaft Wilhelmshaven Rüstringen an Lufthansa

Linke Spalte:
Oben: Von der Focke-Wulf GL 18 besaß die Luft Hansa nur ein einziges Exemplar, Baujahr 1926, Baunummer 28. Sie trug das Kennzeichen D-967 und den Namen »Helgoland«.
Mitte: Die D-1664 wurde im Juni 1929 für die Norddeutsche Luftverkehr AG erstmals zugelassen und ging schon im Juli an die Luftverkehr GmbH Wilhelmshaven-Rüstringen. Sie kam 1937 als D-OXYK zur Lufthansa.
Unten: Die Focke-Wulf A 29a war eine Variante der A 17 und besaß den gleichen Flügel. Insgesamt wurden nur fünf Exemplare gebaut, davon flogen die D-1757, 1775, 1867 und 1922 bei der Luft Hansa.
Rechte Spalte:
Oben: Die D-1910 war wahrscheinlich der Prototyp der Focke-Wulf A 32 Bussard. Sie wurde im Juli 1930 für die Nordbayer. Verkehrsflug, Fürth zugelassen und wurde im November 1931 auf die Deutsche Verkehrsflug, Nürnberg umgeschrieben, von der sie unter dem neuen Kennzeichen D-OBES zusammen mit dem Schwesterflugzeug D-ODUL an die Lufthansa verchartert wurde. Insgesamt existierten nur fünf A 32.
Unten: Die D-1851 vom Typ Focke-Wulf A 33 Sperber existierte in nur drei Exemplaren, wovon zwei im Liniendienst eingesetzt waren. Das Foto zeigt die Maschine, die vom Norddeutschen Luftverkehr eingesetzt wurde.

Luftfahrzeugdaten

Hersteller:	Focke-Wulf Flugzeugbau AG Bremen		Ernst Heinkel Flugzeugwerke GmbH, Rostock	
Baumuster und Name (Lufthansa-Bezeichnung) Verwendungszweck Entwurfsidee	A 38 Möwe (38b)	Fw 58C Weihe Verbindungsflugzeug, Schulflugzeug	He 111 Doppelblitz Passagier- und Postflugzeug	He-116 Langstrecken-Postflugzeug
Konstrukteur(e)	Wilhelm Bansemir	Kurt Tank	Siegfried und Walter Günter	Siegfried und Walter Günter
Besatzung und Passagiere	3/10–12	2/6	2/10	4/–
Abmessungen:				
Spannweite in m	20,00	21,00	22,60	22,00
Länge in m	15,40	14,20	17,10	13,70
Höhe in m		3,90	4,40	3,80
Tragflügelfläche in m^2	62,5	47,00	88,50	62,90
Kabinenbreite in m				
Frachtraum in m^3				
Gewichte (Massen):				
Rüst- oder Leergewicht in kg	2200 (2700)	2400	5515	3890
Besatzung in kg				
Kraftstoff in kg (in Liter)	360			
Schmierstoff in kg (in Liter)				
Zuladung in kg (Nutzlast in kg)	1060	1200	2355 (1000)	3156
Fluggewicht in kg	4400	3600	7870	7046
Leistungen:				
Reisegeschwindigkeit in km/h in m Flughöhe	170	242	305	300–330
Reisegeschwindigkeit in km/h in m Flughöhe				
Höchstgeschwindigkeit in km/h in m Flughöhe	204	270	315	375
Steiggeschwindigkeit in m/s		5		
Steigzeit auf m in min		1000 – 3,8	1000 – 4	1000 – 4
auf m in min		3000 – 12,9		4000 – 16,5
Reiseflughöhe in m		5400	4800	
Gipfelhöhe in m	3500	5600	5400	4400
Startweg in m	580			400
Landegeschwindigkeit in km/h	75	82–84	92	105–110
Landeweg in m				330
Flugdauer (Reichweite in km)	(750)	(800)	(1000)	(4500)
Triebwerk:	Siemens Jupiter VI (Siemens Sh 20u)	Argus As 10 C oder Hirth HM 508 D		
Hersteller			BMW-Flugmotorenbau GmbH VI u, Wassergekühlter 12-Zylinder Reihenmotor in V-Form	Hirth HM 508 B
Baumuster und Name				
Startleistung in kW	1x294 (368)	2x177 (206)	2x552	4x177
in PS	1x400 (500)	2x240 (280)	2x750	4x240
Höhenleistung in kW				
in PS				
Bemerkungen:	1931: 4 Maschinen erworben; 1934 abgegeben D-2073, D-2082, D-2107 und D-2114	1938: 4 Maschinen erworben für Hansa – Luftbild, 1939 weitere 5 Maschinen, davon 1 für Condor-Syndikat. 1944 noch 3 Maschinen (an Luftwaffe verchartert) D-ONBR, D-OAFD, D-OBJH, D-OORK, D-OHLM, D-OTRE, D-OVXF, D-OKDN	V2, V4, C-O, L, G 1/1/6/2/2/ insgesamt 12 Maschinen bei Lufthansa ab 1936, 1937 zwei Totalschäden, Restbestand von 10 Maschinen 1940 an Luftfahrtministerium verkauft	1. Maschine 1938 bei Lufthansa (jedoch RLM-Eigentum) für Südatlantik-Postdienst vorgesehen. Einsatz auf Versuchsflügen D-AJIE, D-ATIO, D-ARFD

Linke Spalte:
Oben: Die D-2082 Focke-Wulf A 38 kam im Juni 1931 zur Luft Hansa und hatte einen Siemens & Halske Jupiter VI U-Motor.
Mitte: 1938 erwarb die Lufthansa für die Tochtergesellschaft Hansa Luftbild vier Focke-Wulf Fw 58C Weihe, fünf weitere folgten 1939. Das Foto zeigt die D-OVXF „Elbe“ (Baunummer 3104) mit Hirth HM 508D-Motoren im winterlichen Einsatz.
Die DC-8-Langstrecken-Frachtflugzeuge der Lufthansa Frachtchartertochter German Cargo Services (GCS) können bis zu 49 Tonnen Frachtgut befördern.

Rechte Spalte:
Oben: Die He 111 kam 1936 auf Inlandsstrecken zum Einsatz. Im folgenden Jahr kamen auch Auslandsverbindungen hinzu. Das Bild zeigt die He 111C-0 Leipzig.
Unten: Die He 116 war für die Südamerika-Postlinie und für Fernost-Routen gedacht. Das Muster kam jedoch über das Stadium von Versuchsflügen bei der Lufthansa nicht hinaus. Das Bild zeigt den Prototyp He 116V1, der zuerst »Lübeck« hieß und später in »Schlesien« umgetauft wurde.

Luftfahrzeugdaten

Hersteller:	Junkers Flugzeug- und Motorenbauwerke AG, Dessau				
Baumuster und Name (Lufthansa-Bezeichnung)	K 16	A 20L* und A 20W**	F 24	A 35a und b	Ju-60
Verwendungszweck Entwurfsidee	Reiseflugzeug für Kurzstrecken	Postflugzeug *L = Landausführung **W= Schwimmer-ausführung	Passagier- oder Frachtflugzeug	Post- und Schulflugzeug	Schnellverkehrsflugzeug
Konstrukteur(e)					
Besatzung und Passagiere	1/2–3	2/–	2/9	2/–	2/6
Abmessungen:					
Spannweite in m	12,78 (Prototyp: 11m)	15,34	25,98	15,94	14,32
Länge in m	7,80	8,35 (A 20 W: 9,2)	15,63	8,22	11,84
Höhe in m	2,56	3,10	5,05	3,50	3,45
Tragflügelfläche in m^2	19,00	28	78,7	29,80	31,00
Kabinenbreite in m					
Frachtraum in m^3					
Gewichte (Massen):					
Rüst- oder Leergewicht in kg	550 (530)	940 (1090) A 20 W	3550 (3700)	1030	2100
Besatzung in kg					
Kraftstoff in kg (in Liter)					
Schmierstoff in kg (in Liter)					
Zuladung in kg (Nutzlast in kg)	250	560	1150	570	1000
Fluggewicht in kg	850	1500 (1600) A 20 W	4700 (5000)	1600	3100
Leistungen:					
Reisegeschwindigkeit in km/h in m Flughöhe	135	150 (140)	185–2000	170	240
Reisegeschwindigkeit in km/h in m Flughöhe					
Höchstgeschwindigkeit in km/h in m Flughöhe	(155)	170	200–2000	203	283 in 0
Steiggeschwindigkeit in m/s	7,5				
Steigzeit auf m in min		1000 – 4,5	1000 – 10	1000 – 3,5	
auf m ln mln					
Reiseflughöhe in m					5200
Gipfelhöhe in m	4000	3500–4000	5500	6000	
Startweg in m					
Landegeschwindigkeit in km/h	83–88	95		100	95
Landeweg in m					
Flugdauer (Reichweite in km)	(300–560)				(1100)
Triebwerk: Hersteller Baumuster und Name	Siemens & Halske AG Flugmotorenwerk Sh 4 oder Sh 5 (oder Bristol Lucifer oder Sh 11 oder Sh 12)	Daimler-Benz D IIIa (oder BMW IIIa) oder Junkers L 2 oder L 5 oder BMW IV	BMW Flugmotorenbau VI U (oder BMW VIIa U oder Jumo 4 oder Jumo 204	Junkers Flugzeug- und Motorenwerke Jumo L 5 (oder BMW IV)	BMW Flugmotorenbau Hornet C, 9-Zylinder Sternmotor
Startleistung in kW	1x63 (74)	1x118	1x552 (507/530)	1x228 (235)	1x441
in PS	1x85 (100)	1x160	1x750 (690, 720)	1x310 (320)	1x600
Höhenleistung in kW	1x46			1x206	
in PS	1x62			1x280	
Bemerkungen:	nur 11 Maschinen gebaut. 3 Exemplare bei Lufthansa D-654 } 1926 D-500 } bis D-983 } 1930 1 Maschine davon 1929 bereits verkauft	Im Nachtluftverkehr, auch auf Schwimmern eingesetzt. 1926: 10 Exemplare übernommen, letzte Maschine 1937 abgeschrieben	1928 erste 5 Maschinen durch Umbau aus G-24, 4 weitere 1929, letzte 4 Maschinen 1939 ausgeschlachtet	Land- und Seeausführung, mindestens 7 bei Lufthansa 1. Maschine D-356 Mai 1932 an Lufthansa D-1502 ab Okt. 1933 D-2199 ab Jan. 1932 D-2241 } ab April 1932 D-2242 } D-2472 } ab Juni 1933 D-2473 }	1 Exemplar bei Lufthansa D-2400 Pfeil (D-UPAL) Einsatz als Frachter im Sommer 1933 (Berlin–Athen) 1934 als Passagierflugzeug im Innerdeutschen Dienst 1936 an RLM abgegeben

Linke Spalte:
Oben: Die Junkers K 16 entstand 1922. Das Foto zeigt die D 941 des »Fliegenden Paters« Schulte, die für die MIVA Köln zugelassen war und einen Siemens & Halske Sh 12 als Antrieb hatte.
Mitte: Die Junkers A 20 entstand 1923 und wurde 1924 vom Junkers Luftverkehr im Nachtpostdienst zwischen Warnemünde und Karlshamn (Schweden) eingesetzt.
Unten: Die Junkers F 24 entstand 1928 als einmotorige Variante der dreimotorigen G 23/24. Diese D-1017 war ursprünglich eine G 24 (Hera), die im Juli 1928 von der Lufthansa zur F 24 umgebaut wurde und unter dem Namen Bayern flog, späteres Kennzeichen D-UDOP.

Rechte Spalte:
Oben: Die Junkers A 35 wurde ab 1926 gebaut und ist mit der A 20 verwandt. Hier eine Maschine mit österreichischem Kennzeichen A-75.
Unten: Die Junkers Ju 60 markierte die Abkehr von der Junkers'schen Wellblechbauweise und war als Konkurrenzmuster zur Lockheed Orion gedacht. Sie erfüllte die Erwartungen jedoch nicht. Die D-2400 (Bild) war der zweite Prototyp und hatte ein Einziehfahrwerk.

Luftfahrzeugdaten

Hersteller:	Junkers Flugzeug- und Motorenwerke AG, Dessau		Luft-Fahrzeug-Gesellschaft mbH, Stralsund, Sedd.	Luft-Verkehrs GmbH Berlin-Johannisthal und Köslin/Pommern	
Baumuster und Name (Lufthansa-Bezeichnung)	Ju-86 A	Ju-160 A u. D-0	L. F. G. V 130 Strela Land	L.V.G. C V	L. V. G. C VI
Verwendungszweck	Schnellverkehrsflugzeug für Mittelstrecken	Passagier- und Postflugzeug			Kurzstrecken-Verkehrsflugzeug
Entwurfsidee					
Konstrukteur(e)	Dipl.-Ing. Ernst Zindel	Dipl.-Ing. Ernst Zindel	Ing. Semmerow		
Besatzung und Passagiere	3/10	2/6	1/4	2/–	1/2
Abmessungen:					
Spannweite in m	22,50	14,32	17,50	13,62	12,85
Länge in m	17,41	12,00	10,30	8,07	7,45
Höhe in m	4,08	3,92			
Tragflügelfläche in m²	82,00	34,8	70	42,7	34,6
Kabinenbreite in m	1,45				
Frachtraum in m³	Nurfrachtausf.: 12,2 m³				
Gewichte (Massen):					
Rüst- oder Leergewicht in kg	4960–5520	2320–2430	1400	1013	965
Besatzung in kg					
Kraftstoff in kg (in Liter)	1050 (1500)				
Schmierstoff in kg (in Liter)					
Zuladung in kg (Nutzlast in kg)		1230	700	520	435
Fluggewicht in kg	7700–8000	3550	2100	1533	1400
Leistungen:					
Reisegeschwindigkeit in km/h in m Flughöhe	285	315 in 2000		164 – 2000	160 – 2000
Reisegeschwindigkeit in km/h in m Flughöhe					
Höchstgeschwindigkeit in km/h in m Flughöhe	310	340	135		170
Steiggeschwindigkeit in m/s		4,5			
Steigzeit auf m in min	1000 – 4		1000 – 8′		
auf m in min					
Reiseflughöhe in m					
Gipfelhöhe in m	6100	5200	4000	5000	6000
Startweg in m		580			
Landegeschwindigkeit in km/h	90–98	100	70		
Landeweg in m					
Flugdauer (Reichweite in km)	(1200)	3 h 13 min (1000)	(865)	3,5 h	3,5
Triebwerk: Hersteller	Junkers Flugzeug- u. Motoren Werke AG Jumo 205 C (oder BMW 132 H)	BMW-Flugmotorenbau 132 E 9-Zylinder Sternmotor	Daimler-Benz Bz IVc BMW Flugmotorenbau IV	Daimler-Benz Bz IV oder D.IIIa oder Junkers L 2	Daimler-Benz Bz IV oder D.III oder Junkers L 2
Baumuster und Name					
Startleistung in kW	2x441 (735)	1x485	1x162 (177)	1x147	1x147
Startleistung in PS	2x600 (1000)	1x660	1x220 (240)	1x200	1x200
Höhenleistung in kW			1x147		
Höhenleistung in PS			1x200		
Bemerkungen:	1936: erste 6 Maschinen. 1937 weitere 2 erworben, 1 Totalverlust, 1939 ein Neukauf 1940: 12 Exemplare an RLM verkauft letztes Exemplar 1941 an RLM abgeliefert	Erstflug Juni 1934 erste 10 Lufthansa-Maschinen 1935 gekauft. 1936 weitere 10 Maschinen, 2 Totalverluste, 1 weiterer 1937, 1 Totalverlust 1939, Restliche 16 Maschinen 1941 ausgeschlachtet	Landversion der 1921 entwickelten V 13 Strela-See, Produktionsaufnahme der V. 130 Strela-Land 1924, 1927: 7 Maschinen von Lufthansa gekauft, letzte Maschine 1932 abgegeben	1926: 1 Exemplar C V übernommen. 1928 ausgeschlachtet 1926: 1 Exemplar (CH 2) übernommen, 1928 verkauft, (D–1179 »Bisam«)	Einsatz auch bei Süddeutsche Luft Hansa u. Badisch-Pfälzische Luft Hansa. 1 Maschine bei Lufthansa D-73 1926 zu Lufthansa in September 1928 ausgeschlachtet

Linke Spalte:
Oben: Die Junkers Ju 86, deren vierten Prototyp mit dem Kennzeichen D-AREV (Baunummer 4904) unser Foto zeigt, war mit sparsamen Junkers Jumo 205 Schweröl-Motoren ausgestattet.
Mitte: Die Ju 160 war eine Weiterentwicklung der Ju 60. Die D-UQOR »Löwe« (Bild) trug die Baunummer 4209. Die Flugzeuge wurden auf innerdeutschen Expreß-Strecken eingesetzt.
Unten: Die L.F.G. V 130 Strela Land war die Land-Version der V 13 und wurde ab 1924 gebaut. Die D-810, Baunummer 112, Baujahr 1925 hatte einen BMW IV und wurde im Juni 1930 verkauft.

Rechte Spalte:
Oben: Die L.V.G. C V wird häufig auch als L.V.G. Ch 2 bezeichnet. Diese Bezeichnung ist jedoch irreführend, denn sie rührt von der an Ad Astra gelieferten CV her, die das Kennzeichen CH 2 trug und eine leicht abgewandelte Ausführung des Aufklärers war, die im zivilen Luftverkehr zum Einsatz kam und zu der auch die D-1179 Bisam gehörte.
Unten: Die L.V.G. C VI war ebenfalls ein ehemaliger Aufklärer, der ab 1919 im zivilen Luftverkehr unter anderem von der DLR eingesetzt wurde.

Luftfahrzeugdaten

Hersteller:	Messerschmitt A. G. Augsburg u. Bamberg	Rohrbach Metall-Flugzeugbau GmbH, Berlin und Kopenhagen		Sablatnig Flugzeugbau GmbH, Berlin	Udet-Flugzeugbau GmbH, München-Ramersdorf
Baumuster und Name (Lufthansa-Bezeichnung)	M 28	Ro V Rocco	Ro X Romar 1 u. 2	P III	U 8
Verwendungszweck	Schnellpostflugzeug	Passagier-Flugboot	Transatlantik-Flugboot	Passagierflugzeug	Kleinverkehrsflugzeug
Entwurfsidee	Prof. Dr. Ing. e. h. Willy Messerschmitt				
Konstrukteur(e)		Dr.-Ing. Adolf Rohrbach		Dr. Hans Seehaase	Hans Herrmann
Besatzung und Passagiere	1/–	3/10	4–5/12–20	2/4	1/3
Abmessungen:					
Spannweite in m	15,5	26,00	36,90	16,00	12,00
Länge in m	10	19,30	22,00	8,94	7,28
Höhe in m			8,50		2,67
Tragflügelfläche in m²	25,6	94	170	44,9	18,00
Kabinenbreite in m					
Frachtraum in m³					
Gewichte (Massen):					
Rüst- oder Leergewicht in kg	1160	6210–7230	11162–11625	1334	490
Besatzung in kg			6130		
Kraftstoff in kg (in Liter)	780				
Schmierstoff in kg (in Liter)					
Zuladung in kg (Nutzlast in kg)	1590 (500)	3490	7838 (1080)	(450)	370
Fluggewicht in kg	2750	9700	19000–19700	2184	860
Leistungen:					
Reisegeschwindigkeit in km/h in m Flughöhe	218	168	150–178	150	140
Reisegeschwindigkeit in km/h in m Flughöhe					
Höchstgeschwindigkeit in km/h in m Flughöhe	255	210	210		170
Steiggeschwindigkeit in m/s					
Steigzeit auf m in min					
auf m in min					
Reiseflughöhe in m		2500	2500–3000		
Gipfelhöhe in m	4400				3500
Startweg in m					80–100
Landegeschwindigkeit in km/h	112				75
Landeweg in m					
Flugdauer (Reichweite in km)	(1900)	(1500)	24,5 h (2000–3900)	3,5 h	4 h (550)
Triebwerk:		Rolls Royce Condor IIIa		Daimler-Benz Bz IV Wassergekühlter 6 Zylinder-Reihenmotor	
Hersteller	BMW-Flugmotorenbau Hornet luftgekühlter 9 Zylinder Sternmotor		BMW-Flugmotorenbau VI U (oder VI Z), wassergekühlter 12 Zylinder-Motor in V-Form		Siemens & Halske AG, Flugmotorenwerk Sh 6, 9-Zylinder Sternmotor (oder Bristol Lucifer)
Baumuster und Name					
Startleistung in kW	1x386	2x530	3x516 (596)	1x169	1x81 (74)
in PS	1x525	2x720	3x650 (750)	1x230	1x110 (100)
Höhenleistung in kW		2x478		1x147	
in PS		2x650		1x200	
Bemerkungen:	Versuchsmuster 1 Exemplar D-2059 bei Lufthansa ab 1932, Rückgabe an RLM 1935	Fertigstellung 1927 D-1261. Einsatz bei Luft Hansa im Mai und Juni 1928 auf Skandinavien Route, aufgrund unbefriedigender Ergebnisse abgegeben	1929: 3 Exemplare gekauft, 1933 als Schrott verkauft. Für Transatlantik-Einsatz ungeeignet, wurden die Maschinen ab 1929 in der Ostsee erprobt und bei einem mißglückten Gruppenstart. D-1693 Hamburg D-1734 Bremen D-1747 Lübeck	1926: 10 Exemplare eingebracht, 1 Totalschaden im gleichen Jahr. 1927 drei weitere Verluste 1928: 1 ausgeschlachtet, 1930: 1 verschrottet und 2 an RLM abgegeben. Letzte 2 Maschinen 1932 abgeschrieben	3 Exemplare 1926 eingebracht, 1 Totalschaden im gleichen Jahr, (D-670) beide restliche Maschinen 1928 ausgeschlachtet. (D-417, D-483)

Linke Spalte:
Oben: Die Messerschmitt M 28, an deren Konstruktion auch Kurt Tank beteiligt war, spielte eine ungeklärte Rolle bei der Lufthansa, die das abgebildete Exemplar 1932 übernahm und 1935 an das RLM zurückgab.
Mitte: Die Rohrbach V Rocco erfüllte die in sie gesetzten Erwartungen nicht und wurde nach nur zweimonatigem Gastspiel bei der Luft Hansa an die RDL-Erprobungsstelle, Travemünde abgegeben.
Unten: Die Ro X Romar sollte als Transatlantik-Flugboot eingesetzt werden, eignete sich aber nicht für den vorgesehenen Zweck und flog so auf Ostsee-Routen der Luft Hansa.

Rechte Spalte:
Oben: Die Sablatnig PIII hatte eine komfortable, geschlossene Passagierkabine mit vier Sitzen, und kam im Juni 1919 heraus. Die zehn Luft Hansa-Flugzeuge hatten neben dem Standard-Triebwerk Daimler Benz Bz IV auch andere Motoren (Armstrong Siddeley Puma, BWM IV oder Junkers L 2).
Unten: Von der Udet U 8 übernahm die Luft Hansa 1926 drei Maschinen aus der Aero Lloyd Flotte. Die 1926 verunglückte D-670 hatte abweichend von den beiden anderen einen 100 PS Bristol Lucifer Motor.

Luftfahrzeugdaten

Hersteller:	Udet-Flugzeugbau GmbH, München-Ramersdorf
Baumuster und Name (Lufthansa-Bezeichnung)	U 11 Kondor
Verwendungszweck	Passagierflugzeug
Entwurfsidee	
Konstrukteur(e)	Hans Herrmann
Besatzung und Passagiere	3/8
Abmessungen:	
Spannweite in m	22,00
Länge in m	15,50
Höhe in m	3,70
Tragflügelfläche in m²	70,00
Kabinenbreite in m	
Frachtraum in m³	
Gewichte (Massen):	
Rüst- oder Leergewicht in kg	3050
Besatzung in kg	160
Kraftstoff in kg (in Liter)	300
Schmierstoff in kg (in Liter)	20
Zuladung in kg (Nutzlast in kg)	1202
Fluggewicht in kg	4572
Leistungen:	
Reisegeschwindigkeit in km/h in m Flughöhe	150
Reisegeschwindigkeit in km/h in m Flughöhe	
Höchstgeschwindigkeit in km/h in m Flughöhe	165
Steiggeschwindigkeit in m/s	
Steigzeit auf m in min	120
auf m in min	
Reiseflughöhe in m	
Gipfelhöhe in m	3500
Startweg in m	200
Landegeschwindigkeit in km/h	90
Landeweg in m	
Flugdauer (Reichweite in km)	4 x Sh 12
Triebwerk:	
Hersteller	Siemens & Halske AG, Flugmotorenwerk Sh 12, 9-Zylinder Sternmotor
Baumuster und Name	
Startleistung in kW	4x92
in PS	4x125
Höhenleistung in kW	4x79
in PS	4x108
Bemerkungen:	1926: 1 Maschine D-828 eingebracht 1929 abgegeben an DVS, Bruch bei Landung zur Übergabe in Staaken 1931 verschrottet

Einziges viermotoriges Flugzeug in der von den Vorläufer-Gesellschaften übernommenen Luft Hansa-Flotte des Jahres 1926 war die Udet U 11 Kondor mit dem Kennzeichen D-828, die 1924/25 unter der Baunummer 243 entstanden war und 1931 nach Abgabe an die DVS verschrottet wurde. Sie stand jedoch nie im Streckendienst der Luft Hansa.